Wolfgang Licht

Einführung in die Pflanzenbestimmung

Wolfgang Licht

Einführung in die Pflanzenbestimmung

nach vegetativen Merkmalen

Quelle & Meyer Verlag Wiebelsheim

Bibliografische Information der Deutschen Nationalbibliothek
Die Deutsche Nationalbibliothek verzeichnet diese Publikation in der Deutschen Nationalbibliografie; detaillierte bibliografische Daten sind im Internet über http://dnb.d-nb.de abrufbar.

1. Auflage 2012

www.verlagsgemeinschaft.com

Zeichnungen: Christel Adams, Luise Florin
Fotos: Wolfgang Licht, Q & M-Archiv
Umschlagfotos: Wolfgang Licht, Wolfgang Willner
Druck und Verarbeitung: Bosch-Druck GmbH, Ergolding
Printed in Germany/Imprimé en Allemagne
ISBN 978-3-494-01509-5

Inhalt

Zu diesem Buch

Dieses Buch ist, um dies gleich vorwegzunehmen, kein Bestimmungsbuch im eigentlichen Wortsinn. Es ist ebenfalls nicht Absicht dieses Buches, den inzwischen zahlreichen Abbildungsbänden zur deutschen Flora ein weiteres hinzuzufügen. Bei der Qualität, die einige dieser Werke zeigen, wäre dies auch unnötig.
Das vorliegende Buch strebt vielmehr an, Möglichkeiten aufzuzeigen, mithilfe welcher Merkmale man „ganz allgemein" nichtblühende Pflanzen ansprechen kann. Gängige Floren verwenden ja bekanntlich – zumindest für Krautige – bevorzugt Merkmale der Blüte zur Bestimmung. Nicht immer aber kann man sich erlauben, sich bei der Geländearbeit auf blühende Pflanzen zu beschränken oder das betreffende Gebiet (der unterschiedlichen Blütezeiten halber) mehrfach im Jahr aufzusuchen. Auf landwirtschaftlichen Nutzflächen kann zudem Mahd oder Ernte die Vegetation auf kümmerliche Reste schrumpfen lassen. In solchen Fällen ist man auf vegetative Merkmale angewiesen. Aber auch bei blühenden Pflanzen – etwa bei nah verwandten Arten oder unscheinbaren, schwierig zu analysierenden Blüten – können vegetative Teile für die Determination nützlich sein.

Das Ziel wird auf unterschiedlichen Wegen zu erreichen versucht:

- Merkmale und Merkmalsträger, die für eine Bestimmung nichtblühender Pflanzen relevant oder nützlich sind, werden vorgestellt und erläutert. Weitaus wichtigstes Organ dabei ist das Blatt; doch können – vor allem bei Krautigen – auch die Sprossachse oder Merkmale, die die ganze Pflanze betreffen (wie Behaarung oder Geruch) wertvolle und in der Praxis häufig zu wenig genutzte Hinweise geben.
- Die Variationsmöglichkeiten dieser Merkmale werden beschrieben und an Beispielen verdeutlicht. Einige Bestimmungsschlüssel zeigen exemplarisch die Anwendungsmöglichkeiten dieser Merkmalsvariationen.
- Ein kurzer Text beschreibt – soweit überhaupt möglich und sinnvoll – die grundsätzlichen Merkmale der Blätter der in Deutschland einheimischen Pflanzenfamilien und/oder nennt die Spannbreite der Gestaltungsmöglichkeiten des Blattes innerhalb dieser.
- Ein ausführlicher Abbildungsteil illustriert das Beschriebene und kann unter Umständen zur direkten Bestimmung eines Objekts herangezogen werden.

Entsprechenden Inhalts sind die einzelnen Kapitel:

- Kapitel 1 steckt den thematischen Rahmen ab.
- Kapitel 2 behandelt die Grundlagen, um die Ausführungen in Kap. 3

sinnvoll anwenden zu können bzw. die zusammenfassenden Darstellungen in Kap. 4 besser zu verstehen. Zu diesen Grundlagen gehören zunächst natürlich Themen, wie sie auch im Einleitungskapitel eines jeden besseren Bestimmungsbuchs behandelt werden (z.B. der Aufbau eines Fiederblattes). Es werden aber auch andere Merkmale im Zusammenhang besprochen, die in Bestimmungsbüchern nicht immer in wünschenswerter Ausführlichkeit behandelt werden. Dabei gehen die Ausführungen gelegentlich bewusst über das hinaus, was zur reinen *Anwendung* eines Merkmals erforderlich wäre, weil auch (zumindest peripher) versucht wird, die Dinge so darzustellen, dass ein *Verständnis* des Merkmals erreicht wird. Es ist, um ein Beispiel zu bringen, für die Unterscheidung eines Hahnenfuß- und eines Storchschnabel-Blattes völlig ausreichend zu wissen, dass der Stiel des Hahnenfuß-Blattes oberseits eine Rille hat, während der des Storchschnabel-Blattes gänzlich rund ist; es ist – für die Bestimmung – unerheblich, dass dies auf der Unifazialität des Storchschnabel-Blattstiels beruht und wie man sich diese erklären kann. Genau solche Dinge sollen hier aber von Fall zu Fall eingefügt werden. Damit versucht das Buch, über das Einführungskapitel eines Bestimmungsbuches hinauszugehen. Insofern hat Kapitel 2 also durchaus auch den Charakter eines Lehrbuchabschnitts. Um eine Überfrachtung zu vermeiden, wurde allerdings auf die Schilderung einiger an sich grundsätzlicher Gestaltungsmöglichkeiten des pflanzlichen Vegetationskörpers verzichtet, wenn diese in der bestimmungstechnischen Praxis keine Rolle spielen. Im Übrigen stehen die weiterführenden Informationen in Kleindruck bzw. in Fußnoten und können problemlos überschlagen werden.

- Kapitel 3 hat die Variationsmöglichkeiten der Merkmale als Mittel zur Pflanzenbestimmung zum Thema und damit eine rein praktische Zielsetzung. Zunächst geben allgemeine Ausführungen einen Einblick in diese Variationsmöglichkeiten, getrennt nach Gehölzen, di- bzw. monokotylen Krautigen sowie Farnen. Das Wissen darum schärft den Blick für diakritische[1] Merkmale, was der Wiedererkennung einer einmal bestimmten Pflanze im vegetativen Zustand erfahrungsgemäß zugutekommt. – Die zahlreichen Beispiele dienen zum einen der Illustration der allgemeinen Ausführungen, liefern zum anderen aber auch konkrete Hinweise zur Erkennung bzw. zur Unterscheidung von Arten mit ähnlichen Merkmalen, die unmittelbar in der Praxis angewandt werden können. Diese Hinweise erfolgen in textlicher Form und/oder in Form von Abbildungen (vgl. Abbildungsteil).

[1] *Diakritisch:* der Unterscheidung dienend

- Kapitel 4 gibt einen kurzen Abriss über die grundsätzlichen Merkmale der Blätter der einheimischen Pflanzenfamilien. Selbstverständlich kann man nicht erwarten, dass diese Beschreibung in die Lage versetzt, jede sterile Pflanze im Gelände anzusprechen. Anordnung, Form und manche Details können jedoch durchaus gewissen familienspezifischen Regeln folgen, deren Kenntnis die Zuordnung eines Objekts zu einer bestimmten Familie (bzw. den Ausschluss aus dieser) möglich oder doch wahrscheinlich macht. Darüber hinaus finden sich wieder Beispiele für die Unterscheidung von Arten, diesmal innerhalb der Familie und vorzugsweise solcher, die ähnliche Biotope besiedeln. Falls von praktischer Bedeutung – und nur dann – sind auch weitere Angaben zur nichtblühenden Pflanze gemacht (etwa bei auffälliger Fruchtmorphologie).
- In Kapitel 5 und im Abbildungsteil steht die exemplarische Bestimmung eines vorgegebenen Objekts im Vordergrund. Was die Bestimmungsschlüssel (Kap. 5) betrifft, so verwenden sie teilweise Merkmale, die der Literatur entnommen sind, ohne dass sie hätten überprüft werden können. Da vegetative Merkmale meist stärker variieren als florale Charakteristika, sind diese Literaturangaben nicht immer in wünschenswerter Weise übereinstimmend. Es ist daher durchaus möglich, dass die Schlüssel Ungenauigkeiten enthalten. Sie sind eher als Demonstrationsobjekt für die Verwendung der hier behandelten vegetativen Merkmale gedacht, weniger für den praktischen Einsatz (dafür wären sie zu beliebig herausgegriffen). Wenn sie dennoch in der Praxis benutzt werden – umso besser!
- Der Abbildungsteil schließlich soll der Illustration der Kap. 2–4 dienen sowie direkte Bestimmungshilfe leisten. Nach diesen beiden Gesichtspunkten erfolgte auch die Auswahl der abgebildeten Beispiele. So sind z. B. die Objekte nicht in systematischer oder alphabetischer Reihenfolge zusammengestellt, sondern nach Merkmalen (also nach äußerer Ähnlichkeit). Bevorzugt werden „verwechslungsträchtige“ Blattpaare abgebildet sowie solche, die besonders charakteristisch gestaltet sind (also einen hohen „Wiedererkennungswert“ haben). Die Auswahl ist natürlich etwas subjektiv – man erinnert sich gerne an jene Arten, die einem selbst Schwierigkeiten mach(t)en. Dies erklärt auch eine gewisse Bevorzugung der kollinen bis montanen Stufe Süddeutschlands. Dass man auch eine andere Auswahl hätte treffen können, wird nicht bestritten. – Sehr seltene Arten werden bewusst nur vereinzelt dargestellt. Wasserpflanzen und Holzgewächse sind unterrepräsentiert, da viele Floren hierfür gute Schlüssel beinhalten, die vorwiegend auf Blattmerkmalen aufbauen. Entsprechendes gilt für Graminoide, zu welchen brauch-

bare bebilderte Schlüssel in Buchform vorliegen (vgl. Literaturverzeichnis).

Diese weniger thematisch als didaktisch motivierte Kapiteleinteilung hat den Vorteil, dass die Kapitel in gewisser Weise unabhängig voneinander sind, dass sie also auch unabhängig voneinander gelesen werden können. Wiederholungen oder thematische Rück- bzw. Vorgriffe lassen sich bei dieser Struktur nicht ganz vermeiden. Allerdings darf man vermuten, dass gelegentliche Wiederholungen dem Lerneffekt nicht entgegenstehen. Zudem erleichtern zahlreiche Querverweise die Lektüre. Die Gruppierung der Abbildungen schließt sich dieser Gliederung an. Die – weitgehend eher erläuternden und der Literatur entnommenen – Abb. 1 bis 99 sind den Kap. 2 und 3 zugeordnet, Abb. 100 gehört zum Schlüssel 4. Die Nummerierung der Abb. im Abbildungsteil beginnt mit 101. Mit diesen „runden" Zahlen können Verweise auf bestimmte Abbildungen rascher einem Kapitel zugeordnet werden.

Dieses Buch hat zwei „Vorgänger", die beide ebenfalls bei Quelle & Meyer erschienen und nunmehr vergriffen sind: Meine „Einführung in die Pflanzenbestimmung" von 1995 und den „Taschenatlas zur Pflanzenbestimmung" von 1997. Als Vorlage zu den Zeichnungen diente in den weitaus meisten Fällen Frischmaterial, vereinzelt auch ein Herbarbogen – somit ist jeweils ein bestimmtes Blatt abgebildet worden. Bei der (taxonspezifisch unterschiedlichen) Variabilität der Blätter dürfen diese Abbildungen also nicht zu „wörtlich" genommen werden. In besonderen Fällen ist in der Legende darauf hingewiesen.

Die Zeichnungen wurden von Frau Adams und Frau Florin angefertigt. Sie haben sich dieser Aufgabe mit viel Interesse und Engagement unterzogen. Dem Verlag Quelle & Meyer, hier insbesondere Frau Koppenhöfer, danke ich für deren Aufgeschlossenheit gegenüber meinen Vorschlägen und für die technische Hilfe bei der Verarbeitung der Abbildungen. Frau Gerhardi hat das fertige Manuskript einer kritischen Prüfung unterzogen und auf eine Reihe verbliebener Ungenauigkeiten hingewiesen, wofür ich ihr ebenfalls herzlich danke. Nicht zuletzt danke ich der Leitung des Instituts für Spezielle Botanik der Universität Mainz, die es mir ermöglichte, auf die Ressourcen des Botanischen Gartens, des Herbars und der Bibliothek zurückzugreifen.

1. Thematische Einführung

1. Das vorliegende Buch befasst sich ausschließlich mit **Kormophyten**. Darunter verstehen wir Pflanzen, deren Vegetationskörper grundsätzlich aus *Sprossachse, Blatt* und *Wurzel* aufgebaut ist. Aber nicht nur diese drei sog. Grundorgane als solche, sondern auch ihre relative Lage zueinander ist für Kormophyten kennzeichnend. So stehen z. B. Blätter grundsätzlich nur an Sprossachsen; man bezeichnet eine beblätterte Sprossachse auch kurz als „Spross" und die Kormophyten danach als **Sprosspflanzen.** Neben diesen Gemeinsamkeiten sind sie noch durch weitere Merkmale als einheitliche phylogenetische Gruppe zu erkennen, z. B. durch den regelhaften Besitz von Leitbündeln (sog. „Gefäßen", daher auch **Gefäßpflanzen**). Die Gefäßpflanzen lassen sich nun nach verschiedenen Kriterien in Gruppen unterteilen.
2. Aus systematischer Sicht – d. h. aus Sicht der natürlichen Verwandtschaft – lassen sich innerhalb der Gefäßpflanzen die Abteilungen[2] *Pteridophyta* (Gefäßsporenpflanzen oder Farne im weitesten Sinn) und *Spermatophyta* (Samenpflanzen) mit den Unterabteilungen *Gymnospermae (Coniferophytina,* Nacktsamer) und *Angiospermae (Magnoliophytina,* Bedecktsamer) unterscheiden. Die letztgenannten werden in den Bestimmungsbüchern meist in *Dicotyledoneae* (Zweikeimblättrige Pflanzen) und *Monocotyledoneae* (Einkeimblättrige Pflanzen) unterteilt.

In der heutigen phylogenetisch orientierten Systematik werden innerhalb der Angiospermen nur noch die Monokotylen[3] (Liliopsida) als natürliche Gruppe betrachtet. Die Beibehaltung einer informellen Gruppe von „Dikotylen", die die übrigen Angiospermen[4] umgreift, ist aus praktischer Sicht aber zweckmäßig, da die beiden Gruppen durch ein umfangreiches Merkmalssyndrom fast immer gut zu unterscheiden sind (Tab. 1).

Eine weitere Gliederung wollen wir hier nicht durchführen. Hier folgen die einzelnen Bestimmungsbücher unterschiedlichen Systemen in der Umgrenzung und Benennung der einzelnen Taxa[5].

---

[2] „Abteilung", „Klasse" usw. sind bekanntlich Rangstufen, die den Grad der Verwandtschaft widerspiegeln. Diese Rangstufen werden unterschiedlich beurteilt; so werden z. B. die Spermatophyten auch als Unterabteilung angesehen. Entsprechend verschieben sich die nachfolgenden Einheiten.

[3] *„Monocotyledoneae"* usw. sind taxonomische Begriffe mit festgelegter Orthografie *(„-c-");* sie werden meist kursiv geschrieben. „Monokotyle", „Monokotyledonen" usw. sind Begriffe der botanischen Umgangssprache, die man – im Deutschen – mit „c" oder mit „k" schreiben kann. Da der Wortstamm *-kotyl-* dem Griechischen entstammt, ziehen wir die Schreibweise mit „k" vor.

[4] In der 95. Auflage des Schmeil-Fitschen wären dies also die Klasse der Dikotylen „s. str." und der Magnoliopsiden

[5] Ein *Taxon* (Pl. *Taxa*) ist eine systematische Rangstufe beliebigen Umfangs. Arten und Gattungen z. B. sind *niedrige Taxa* (oder *taxonomische Stufen*), Familie, Ordnung und Klasse sind *höhere Taxa*. Der entsprechende deutsche Begriff lautet *Sippe*.

Tab. 1 Unterschiede zwischen dikotylen und monokotylen Pflanzen

Nur mitteleuropäische Vegetation berücksichtigt

Merkmal	dikotyl (di)	monokotyl (mo)	wichtige Ausnahme(n)
Blatt			
Blattstellung	gegen- oder wechselständig (dann oft 2/5)	wechselständig (meist 1/2 oder 1/3)	mo: stängelständige Scheinquirle bei *Paris* u. a. (vgl. Schlüssel 10)
Spreite	einfach oder zusammengesetzt	einfach	
Nervatur	meist fieder- oder handnervig (netznervig)	parallel- oder bogennervig	di: schmalblättrige Arten, *Plantago* mo: *Paris*, *Araceae*
Rand	unterschiedlich	ganzrandig	
Stiel	vorhanden oder fehlend	fehlend	mo: vgl. Schlüssel 9
Unterblatt	wenig entwickelt	oft scheidig(-röhrig)	di: Scheide zuweilen bei *Apiaceae* und selten bei *Ranunculaceae*
Stipel usw.	oft vorhanden, paarig	1 oder 2 stipelartige Bildungen zuweilen vorhanden; Ligula	di: Ochrea bei *Polygonaceae*
Sprossachse			
Verholzung	häufig	nein	
Querschnitt	rund mit Leitbündelring oder 4-eckig	rund oder 3-eckig (selten oval) mit diffuser Leitbündelverteilung	
Bewurzelung	Primärwurzelsystem und/oder sprossbürtige Wurzeln	nur sprossbürtige Wurzeln	
Sonstiges			
Köpfchendrüsen	mitunter	nein	
Pflanze kletternd	mitunter	nein	mo: *Tamus*
Milchsaft	mitunter	nein	mo: *Alismataceae*
Dornen/Stacheln	mitunter	nein	

3. Was die Gefäßsporenpflanzen betrifft, zu denen neben den Farnen im engeren Sinn *(Polypodiophytina* bzw. *Polypodiopsida)* auch die Bärlappe, Moosfarne, Brachsenkräuter und Schachtelhalme gehören, so sollen hier nur diejenigen Farne berücksichtigt werden, die dem landläufigen Bild eines Farns entsprechen – im Folgenden „Echte Farne" genannt –, sowie die Schachtelhalme, bei denen die Bestimmung nach vegetativen Merkmalen eine große Bedeutung hat.
4. Nach anderen, in Kap. 2.9 näher besprochenen Kriterien lassen sich die hier behandelten Gefäßpflanzen auch in **Holzpflanzen** und **krautige Pflanzen** einteilen. Dabei umfasst die Bezeichnung „Holzpflanzen" nicht nur *Gehölze* (hier: *Bäume, höhere Sträucher* und holzige *Kletterpflanzen),* sondern auch Halb- und Zwergsträucher. In vorliegendem Buch werden diese jedoch zusammen mit den Krautigen bzw. innerhalb der Dikotylen[6] behandelt. Die Grenze zwischen „Strauch" (meist > 1 m) und „Zwergstrauch" (meist < 50 cm) ist nämlich in der Regel einfacher zu ziehen als etwa zwischen „Zwergstrauch", „Halbstrauch", „Stängelbasis bisweilen verholzt" und „krautig" im eigentlichen Wortsinn. (Grenzfälle finden sich z. B. bei den Weiden [*S. repens* u. a.] oder Birken *[Betula humilis]*). Auch optisch und in der Pflanzensoziologie gehören die Halb- und Zwergsträucher zur „Krautschicht".
5. In diesem Buch werden die in den Absätzen **2.** bis **4.** genannten Parameter kombiniert. Zuerst werden jeweils die übergreifenden Merkmale behandelt, dann werden die Gehölze (d. h. Bäume und höhere Sträucher) ausgegliedert, weil für deren Bestimmung teilweise andere Kriterien gelten als für Zwergsträucher und Krautige (Vgl. Kap. 2). Damit passen wir uns zudem der üblichen Praxis unserer Bestimmungsbücher an, die in der Regel eigene Schlüssel für Holzpflanzen[7] bieten. – Dann folgen die Besprechungen der Di- bzw. der Monokotylen sowie gegebenenfalls der Gefäßsporenpflanzen.
6. Ein Wort noch zur **Terminologie.** Wie auch in den meisten unserer Floren üblich, werden hier der leichteren Lesbarkeit halber in der Regel die deutschen Fachbegriffe benutzt, um Sachverhalte zu umschreiben (z. B. „fein behaart", „verkehrt eiförmig" oder „blaugrün" statt der entsprechenden Fachtermini „pubeszent", „obovat" oder „glauk"). Wo es sinnvoll erscheint und den Text nicht überfrachtet, sind jedoch die wissenschaftlichen Begriffe in Klammern beigefügt.
7. Was die **Namen** der Pflanzen betrifft, so werden hier die wissenschaftlichen („lateinischen") und die deutschen Namen gewissermaßen gleichberechtigt behandelt. Wo eine parallele Angabe der beiden

---

[6] Es gibt bei uns keine verholzten Pflanzen unter den Monokotylen.
[7] Man beachte die Wortwahl (*Holzpflanzen* bzw. *Gehölze;* vgl. oben).

Namen nicht sinnvoll ist – weil ganz einfach zu umständlich (beispielsweise bei Aufzählungen) –, wird versucht, einen Kompromiss zu finden. So haben z.B. bei den Gehölzen die deutschen Namen das Vorrecht, weil sie gut eingeführt sind und allgemein verstanden werden. Wenn es dagegen darum geht, beispielsweise Unterschiede innerhalb eines Taxons zu erwähnen, lässt sich dieses Taxon häufig besser mit dem wissenschaftlichen Namen umgrenzen. Beide Namen werden vor allem dann angegeben, wenn der deutsche Name nicht eingebürgert ist und der wissenschaftliche Name gewissermaßen klarstellen soll, um welches Taxon es sich handelt. Ansonsten orientieren wir uns hier am SCHMEIL-FITSCHEN (2011) – auch dort, wo man anderer Meinung sein könnte.

In der wissenschaftlichen Benennung der Taxa richten wir uns hier ebenfalls nach SCHMEIL-FITSCHEN und bringen Synonyme nur in Ausnahmefällen, vor allem bei abweichendem Epitheton[8].

Der räumliche Geltungsbereich beschränkt sich auf Deutschland; insofern ist das berücksichtigte Gebiet kleiner als das des SCHMEIL-FITSCHEN.

[8] Unter „Epitheton" (Pl. Epitheta) verstehen wir den zweiten Teil des Artnamens, also z.B. *campestre* innerhalb des Artnamens *Acer campestre*. Entgegen eines weitverbreiteten Sprachgebrauchs besteht der Artname (*hier:* des Feld-Ahorns) nämlich aus dem Gattungsnamen *und* dem (Art-)Epitheton und beschränkt sich nicht auf dieses (*„campestre"*) – genauso wie die deutsche Artbenennung „Feld-Ahorn" lautet und nicht „Feld".

2. Grundlagen

2.0 Allgemeines

Grundlage des Bestimmens und des (Wieder-)Erkennens einer Pflanze ist zunächst deren äußere Gestalt. Die Wissenschaft von der „äußeren Gestalt" und der dieser Gestalt innewohnenden Gesetzmäßigkeiten[1] wird als **Morphologie** bezeichnet. In unserem Zusammenhang von Bedeutung ist dabei vor allem die beschreibende *(deskriptive) Morphologie* oder *Phytografie* („Pflanzenbeschreibung"). Sie liefert das begriffliche Gerüst für den praktischen Umgang mit einem Bestimmungsschlüssel.

Abb. 1 und 2 zeigen zwei schematisierte Beispiele für die Organisation des Vegetationskörpers einer Samenpflanze; Abb. 1 etwa stellt gewissermaßen die Grundform dar, wie sie sich vor allem bei kurzlebigen

Abb. 1

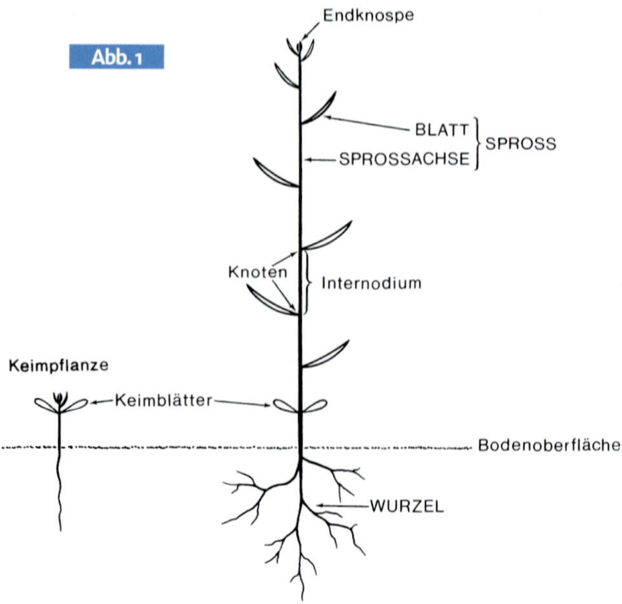

Abb. 1: Schema einer unverzweigten dikotylen Pflanze. (Aus Fitschen 2002.)

[1] Dieser Zusatz ist wichtig, weil in zunehmendem Maß die Morphologie auf die *deskriptive* Morphologie reduziert wird. Diese liefert aber genau genommen nur die Bausteine, die von der Morphologie erst sinnvoll verknüpft werden müssen.

dikotylen Krautigen und, *mutatis mutandis*, auch bei Bäumen zeigt. Abb. 2 ist das Beispiel einer krautigen Pflanze mit unterirdischer Sprossachse. Zu den dort verwendeten Termini vergleiche man auch die Kap. 2.1 und 2.2, in denen wir uns mit der bestimmungsrelevanten Variabilität der einzelnen Grundorgane beschäftigen wollen.

Abb. 2

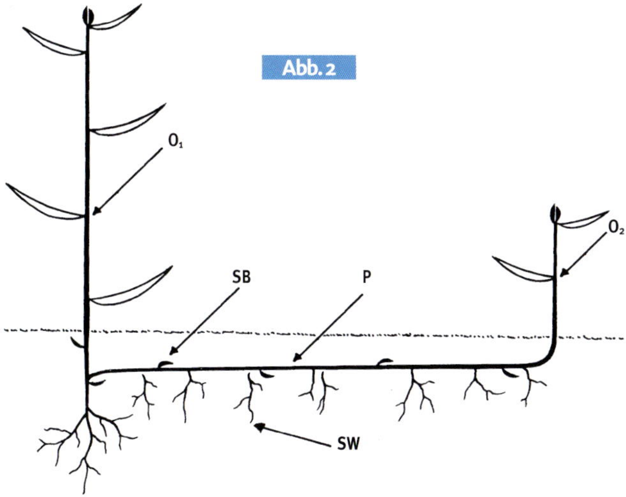

Abb. 2: Schema einer Pflanze mit unterirdischem Spross. Der plagiotrope (d. h. horizontal wachsende) Spross P entspricht einer Seitenachse des orthotropen (d. h. aufrecht wachsenden) Hauptsprosses O1. Er ist zunächst mit sprossbürtigen Wurzeln (SW) und Schuppenblättern (SB) besetzt und geht dann zu orthotropem Wuchs (O2) über. (Aus Fitschen 2002, verändert.)

Aus praktischen Gründen unterscheidet man an einem pflanzlichen Vegetationskörper häufig zwei Bereiche. Die **vegetative Region** umfasst jene Organe, die der Aufrechterhaltung der Lebensvorgänge dienen – also im Wesentlichen Wurzel, assimilierende Blätter und Sprossachsen, die diese exponieren. Als **generative Region** wird dagegen der gesamte blühende Bereich einer Pflanze bezeichnet. Im Grundsatz folgen beide Regionen natürlich ähnlichen morphologischen Regeln (z. B. bei der Verzweigung), doch sind diese aufgrund der unterschiedlichen Funktionen bisweilen abgewandelt. Zur Bestimmung werden hauptsächlich die Merkmale der generativen Region – vor allem der Blüte selbst – benutzt, insbesondere auf dem taxonomischen Niveau bis hinunter zur Gattung, weil diese systematischen Kategorien zumeist durch Merkmale der Blüte (bzw. Frucht) definiert werden

oder wurden. Erst für die Bestimmung der Art werden dann u. a. vegetative Merkmale herangezogen, die sich – aus evolutionärer Sicht – insgesamt rascher und stärker verändern können.
Auch die üblichen mitteleuropäischen Taschenfloren verwenden vorwiegend Merkmale der generativen Region; selbst Schlüssel zum Bestimmen „vorwiegend nach vegetativen Merkmalen" greifen früher oder später auf Blütenmerkmale zurück[2]. Sind diese nicht zugänglich, hilft auch „Probieren" oft nicht, weil die Schlüssel nur diakritische Merkmale, aber keine Artbeschreibungen enthalten. Dieses Problem wird in Kap. 2.11 an einem Beispiel erläutert.
Der praxisbezogenen Zielsetzung des vorliegenden Buches entsprechend werden wir uns hier jedoch hauptsächlich auf die vegetative Region beschränken und die generative Region nur in Ausnahmefällen näher betrachten.
Dabei besprechen wir zunächst die organbezogenen Merkmale von Blatt (vgl. 2.1), Wurzel und Sprossachse (vgl. 2.2). Anschließend werden zum einen übergreifende Merkmale behandelt, deren Verwendungsmöglichkeit nicht an ein bestimmtes Organ gebunden ist (vgl. 2.3 bis 2.7), und zum anderen einige generative Merkmale erwähnt (vgl. 2.8). Zuletzt stellen wir noch allgemeine Merkmale zur Biologie[3] der Pflanze vor, soweit diese bei der Bestimmung nützlich sind (vgl. 2.9 und 2.10). In vielen Fällen können wir uns dabei kurz fassen, weil jedes bessere Bestimmungsbuch ähnliche Zusammenstellungen bringt und der Besitz eines solchen beim Leser des vorliegenden Buches vorausgesetzt werden kann. Außerdem werden im speziellen Teil (vgl. Kap. 3) genügend praktische Beispiele für die jeweiligen Verhältnisse gegeben.

Organbezogene Merkmale

2.1 Blatt

Das Blatt spielt beim Bestimmen nach vegetativen Merkmalen mit Abstand die größte Rolle. Dies liegt an der Mannigfaltigkeit der Formen und Variationsmöglichkeiten.
Wir wollen hier zunächst die allgemeinen Eigenschaften eines Blattes sowie die sich daraus ergebenden Variationsmöglichkeiten besprechen, auch wenn diese naturgemäß nicht überall verwirklicht sind. In

2 Ausgenommen sind davon Holzgewächse und Wasserpflanzen, für die es oft eigene Schlüssel gibt, die generative Merkmale nicht oder nur als Ergänzung verwenden.

3 Zur „Biologie" einer Pflanze gehören alle Merkmale, die deren Lebensweise beschreiben und erläutern – vor allem auch die Ökologie des Umfeldes sowie die anatomischen, morphologischen und (öko-)physiologischen Charakteristika, die ihr dieses Vorkommen ermöglichen.

den folgenden Kapiteln werden dann spezielle bestimmungsrelevante Eigentümlichkeiten des Blattes eines Gehölzes und einer krautigen dikotylen bzw. monokotylen Pflanze genannt. Anhangsweise soll auch das Blatt der Gefäßsporenpflanzen kurz erwähnt werden.

2.1.1 Blattgestalt

1. Blätter sind seitliche Ausgliederungen der Sprossachse. Sie sind im typischen Fall flächig entwickelt, bilateral und dorsiventral: Sie haben eine *Mediane* (Spiegelebene), die senkrecht auf der Blattfläche steht und durch die Mittelrippe bzw. (bei Fiederblättern, vgl. unten) durch die Blattspindel verläuft; desweiteren weisen sie eine zumindest anatomisch von der Oberseite verschiedene Unterseite auf. Die Grenze zwischen Ober- und Unterseite bildet der *Blattrand*.

2. Das Blatt ist kein einheitliches Organ, sondern setzt sich aus mehreren Abschnitten zusammen, die allerdings nicht immer ausgebildet sind. Ein vollständig ausgebildetes Blatt besteht aus dem Blattgrund, dem Blattstiel und der Blattspreite (Abb. 3). Der **Blattgrund** verhält sich bei Di- bzw. Monokotylen durchaus unterschiedlich (vgl. 2.1.5, 2.1.6 und 3.3.6). Bei den meisten Dikotylen ist er relativ schwach entwickelt, während er bei vielen Monokotylen als *Blattscheide* wesentlich am Aufbau des gesamten Blattes beteiligt ist. Er trägt bisweilen zipfelige Auswüchse, die *Stipeln*[4]; deren Vorhandensein bzw. Fehlen kann für bestimmte Verwandtschaftskreise sehr

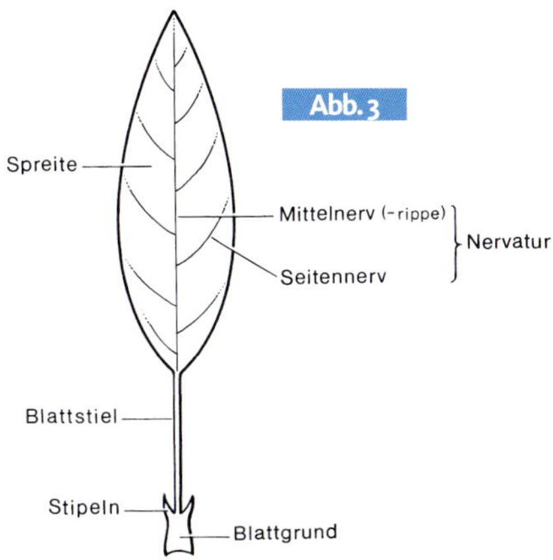

Abb. 3: Dikotylenblatt, schematisch. Spreite und Stiel werden auch als *Oberblatt* dem *Unterblatt* (Blattgrund mit Stipeln, soweit vorhanden) gegenübergestellt. (Aus Fitschen 2002.)

[4] Der deutsche Ausdruck „Nebenblätter" ist ein wenig unglücklich: Es sind nun mal keine „Blätter", sondern nur Teile eines Blattes. Treffender wäre hier der Ausdruck „Neben*blättchen*", weil man mit „Blättchen" auch bei einem Fiederblatt einen Blattteil (die Fieder) meint – ähnlich wie bei den „Nüsschen" für die Teilfrucht von *Ranunculus* u. a.

typisch sein, sodass sie ein wichtiges Bestimmungselement darstellen. Der Blattgrund – und mit ihm die Stipeln – entwickeln sich vor dem restlichen Blatt *(proleptisch)*. Gelegentlich wird die Blattentwicklung sogar nach Ausbildung des Blattgrundes gehemmt, Stiel und Spreite können dann reduziert sein (vgl. 2.1.3.1).

Dieser unterschiedlichen Entwicklung halber werden Blattgrund und Stipeln auch als *Unterblatt* dem *Oberblatt* (Stiel und Spreite) gegenübergestellt. Sind keine Stipeln vorhanden, entsprechen sich also inhaltlich die Begriffe „Unterblatt" und „Blattgrund".

Der **Blattstiel** ist häufig nicht entwickelt; das Blatt ist dann *sitzend*. Für die Bestimmung ist der Blattstiel nur selten wichtig und dann auch fast nur innerhalb der Dikotylen, weshalb er erst in Kap. 2.1.5 besprochen wird. – Die **Blattspreite** schließlich, der eigentliche, normalerweise flächige Teil des Blattes, kann *einfach* oder *zusammengesetzt* sein. Im ersten Fall ist die Spreite ± einheitlich oder in unterschiedlichem Maß eingeschnitten sein (Abb. 4–8), stets hängen in diesem Fall aber die einzelnen Teile der Spreite in der Nähe der Mittelrippe noch zusammen oder sitzen dieser zumindest in voller Breite auf (vgl. z. B. Abb. 442a). Ein zusammengesetztes Blatt besteht im Gegensatz dazu aus mehreren deutlich getrennten (basal verschmälerten oder sogar kurz gestielten) Einzelblättchen, den *Fiedern*. Diese Fiedern können entlang der Rhachis (Blattspindel; sie entspricht der Mittelrippe des ungeteilten Blattes) angeordnet sein, dann ist das Blatt *gefiedert* oder

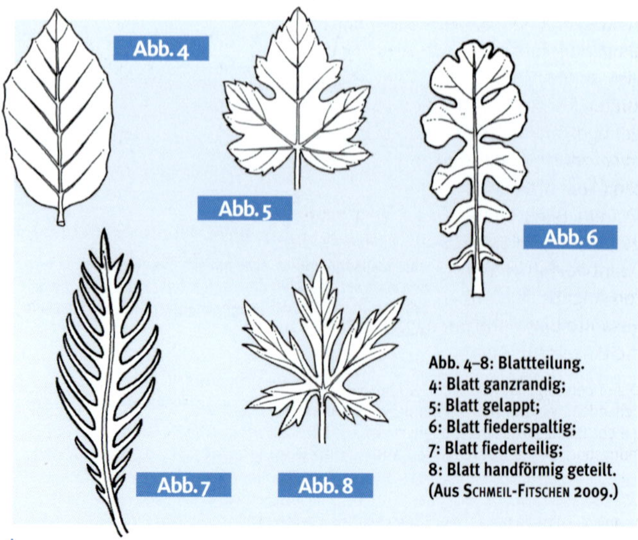

Abb. 4–8: Blattteilung.
4: Blatt ganzrandig;
5: Blatt gelappt;
6: Blatt fiederspaltig;
7: Blatt fiederteilig;
8: Blatt handförmig geteilt.
(Aus Schmeil-Fitschen 2009.)

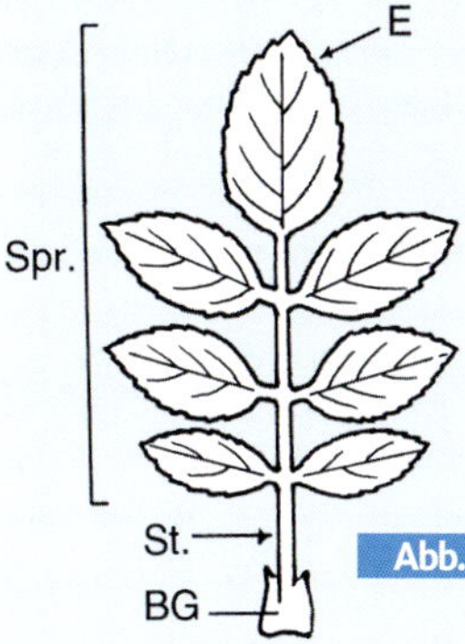

Abb. 9

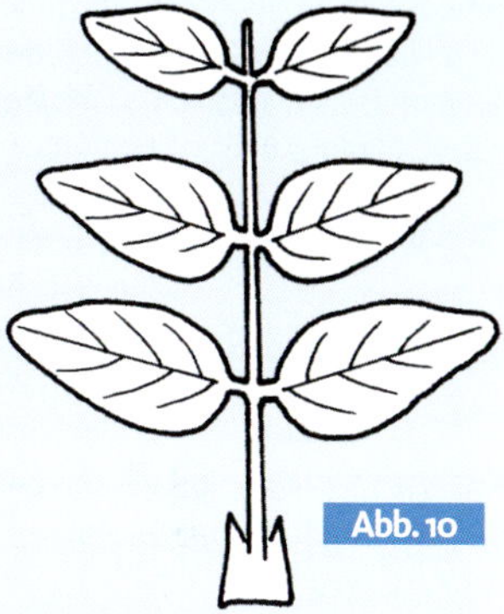

Abb. 10

Abb. 9–10: Blattfiederung. 9: Blatt unpaarig gefiedert (BG: Blattgrund, hier mit Stipeln; St.: Stiel; Spr.: gefiederte Spreite mit Endfieder E); 10: Blatt paarig gefiedert (Endfieder reduziert). (Aus Schmeil-Fitschen 2009, verändert.)

pinnat (Abb. 9–10). Die Fiedern können auch dem apikalen[5] Ende des Blattstiels entspringen. Eine Rhachis ist dann nicht entwickelt und man bezeichnet das Blatt als *gefingert* oder *digitat* (Abb. 11); dabei gibt es bisweilen Übergänge mit sehr kurzer Rhachis. – Eine Sonderform des gefingerten Blattes ist das sog. *fußförmige* oder pedate Blatt; es ist sehr selten (Abb. 162a).

Abb. 11

Abb. 11: Blatt handförmig gefiedert. (Aus Schmeil-Fitschen 2009.)

Ob ein Blatt einfach oder zusammengesetzt ist, ist auch die erste Frage, die beantwortet werden muss; die weiteren Angaben zu Größe, Form usw. beziehen sich im ersten Fall auf das gesamte Blatt bzw. auf die Blattspreite, im zweiten hingegen meist auf die einzelne Fieder.

Die in den folgenden Abschnitten besprochenen Merkmale sind hier nur in dem Maße behandelt, wie dies zum Verständnis des weiteren Textes erforderlich ist. Die Terminologie der Pflanzenbeschreibung geht vielfach noch stärker ins Detail. Eine für ein Bestimmungsbuch sehr umfassende Auflistung dieser Begriffe findet sich in Rothmaler, Band 4.

[5] *Apikal:* spitzenwärts („oben") gelegen; Gegenteil: *basal*

3. Bei der **Fiederung** unterscheidet man mehrere Typen. Im Regelfall stehen Fiedern in ± (!) gegenständigen Paaren entlang der Rhachis, an deren oberem Ende sich noch eine einzelne *Endfieder* befindet (Abb. 9). Man spricht deshalb von einem *unpaarig* gefiederten Blatt. Fehlt diese Endfieder oder ist sie durch ein Spitzchen ersetzt (Abb. 10), nennt man das Blatt paarig gefiedert. Die Fiedern können wiederum gefiedert sein (*doppelt, dreifach ...* gefiedert; Abb. 12). Die der Rhachis des gesamten Blattes entsprechende „Fiederspindel" wird als *Rhacheole* bezeichnet. Einige Sonderformen werden wir noch in Kap. 3.2.3 vorstellen.

Abb. 12

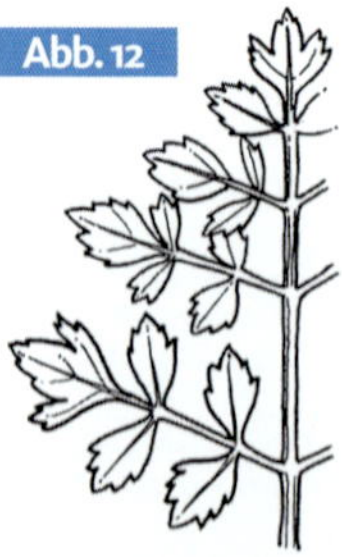

Abb. 12: Blatt doppelt gefiedert. (Aus Schmeil-Fitschen 2009.)

4. Zur Beschreibung eines Blattes[6] wird zunächst die **Blattform** (oder der **Blattumriss**) herangezogen (vgl. Tab. 2). Dabei orientiert man sich am Längen-Breiten-Verhältnis und unterscheidet hauptsächlich *rund(lich)* (ca. 1 : 1), *elliptisch* (1,5 : 1–2,5 : 1), *lanzettlich* (3 : 1–8 : 1) und *linealisch* (> 9 : 1, mit ± parallelen Rändern; Abb. 13–16). Gewissermaßen eine Sonderform von linealisch sind *nadelförmige* Blätter („Nadeln"), die sich im Wesentlichen durch ihre Konsistenz von anderen linealischen Blättern unterscheiden: Nadeln sind dicklich, nicht flächig, bisweilen verholzt, spitz oder stumpf und oft ± immergrün. In ihrer Fläche reduzierte Blätter sind *pfriemlich* (± spitz zulaufend) oder *schuppenförmig* (Abb. 21–22). Die Übergänge sind naturgemäß fließend („lineal-lanzettlich").
Bei Blättern mit konvexen Seitenrändern (Abb. 14 und 15) wird dabei vorausgesetzt, dass sich die größte Blattbreite ca. in der Mitte der Spreite befindet; ist dies nicht der Fall, spricht man von *eiförmig (ovat)* bzw. *verkehrt eiförmig (obovat)* usw. (Abb. 17–20). Daneben gibt es eine Reihe von Sonderformen wie *nierenförmig* (breiter als lang), *pfeilförmig* (mit nach unten weisenden Spreitenlappen) usw.
Von besonderer Bedeutung in Bezug auf die Form des Blattes können die Ausgestaltung von *Blattspitze* (Abb. 23–29) und/oder *Spreitengrund*[7] (Abb. 30–34) sein. Ist der Spreitengrund herzförmig und die Spitze ± ausgezogen, bezeichnet man das ganze Blatt als *herzför-*

[6] Wenn im Folgenden von „Blatt" die Rede ist, gilt der jeweilige Sachverhalt sinngemäß auch für „Fieder".

[7] Man verwechsle nicht *Spreitengrund* und *Blattgrund*. Bei einem gestielten Blatt befindet sich der Blattgrund am unteren, der Spreitengrund am oberen Ende des Stiels (vgl. **2.**). Bei ungestielten Blättern freilich können diese beiden Blatt-Kompartimente vom Augenschein her zusammenfallen und werden in der Praxis auch nicht unterschieden (vgl. *Öhrchen*, 2.1.5.1).

Abb. 13

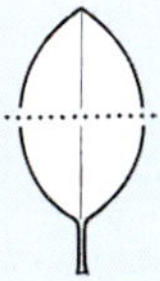

Abb. 14

Abb. 15

Abb. 16

Abb. 13–16: Spreitenformen (1).
13: rundlich,
14: elliptisch,
15: lanzettlich,
16: linealisch.
(Aus Fitschen 2002.)

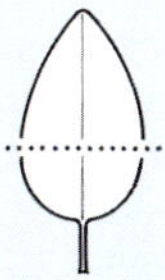

Abb. 17

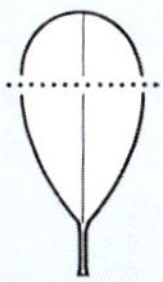

Abb. 18

Abb. 19

Abb. 20

Abb. 17–20: Spreitenformen (2).
17: eiförmig;
18: verkehrt eiförmig;
19: eilanzettlich;
20: verkehrt eilanzettlich.
(Aus Fitschen 2002.)

Abb. 21

Abb. 22

Abb. 21–22: Reduzierte Blätter.
21: pfriemlich;
22: schuppenförmig. (Aus Fitschen 2002.)

Tab. 2 Terminologie der Spreitenform (Auswahl)

Kursiv gesetzte lateinische Begriffe sind in eingedeutschter Form nicht üblich. Die Schreibweise für ursprüngliches „c" (also *c*, *k* oder *z*) erfolgt hier je nach hauptsächlich eingebürgerter Schreibweise und ist nicht konsequent.

Deutsch	Wissenschaftlich
Spreitenform:	
nierenförmig	*reniformis*
rund(lich)	*(sub)rotundus, (sub)orbicularis*
elliptisch	*ellipticus*
lanzettlich	lanzeolat
verkehrt eilanzettlich	oblanzeolat
linealisch	*linearis*
nadelförmig	*acicularis*
eiförmig	ovat
verkehrt eiförmig	obovat
pfriemlich	subulat
schuppenförmig	squamat, squamiform
Spreitenspitze:	
spitz	akut
zugespitzt	acuminat
stumpf	obtus
abgerundet	rotundat
gestutzt	truncat
ausgerandet	emarginat
stachelspitzig	mucronat
grannenspitzig	aristat
Spreitengrund:	
keilförmig	cuneat
abgerundet	rotundat
gestutzt	truncat
herzförmig	cordat
pfeilförmig	sagittat
stängelumfassend	amplexicaul
durchwachsen	perfoliat
Spreitenrand:	
ganzrandig	*integer*
wellig	undulat
gekerbt	crenat
gebuchtet	sinuat
gezähnt *fein gezähnt*	dentat denticulat
gesägt	serrat
doppelt ... (z. B. doppelt gesägt)	bi- (z. B. biserrat)

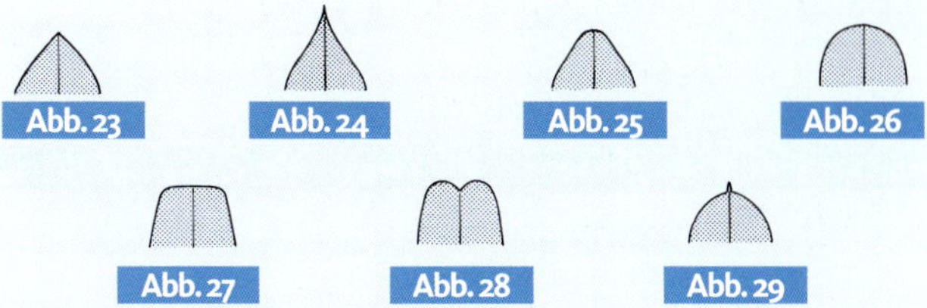

Abb. 23–29: Spreitenspitzen. 23: spitz; 24: zugespitzt; 25: stumpf; 26: abgerundet; 27: gestutzt; 28: ausgerandet; 29: stachelspitzig. (Aus Fitschen 2002.)

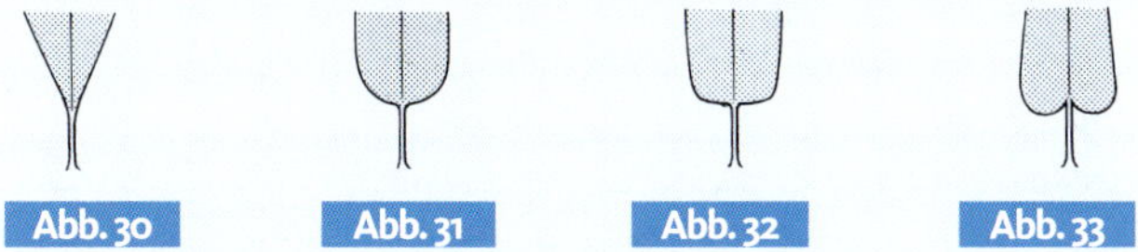

Abb. 30–34: Spreitengrund (1).
30: keilförmig;
31: abgerundet;
32: gestutzt;
33: herzförmig;
34: pfeilförmig. (Aus Fitschen 2002)

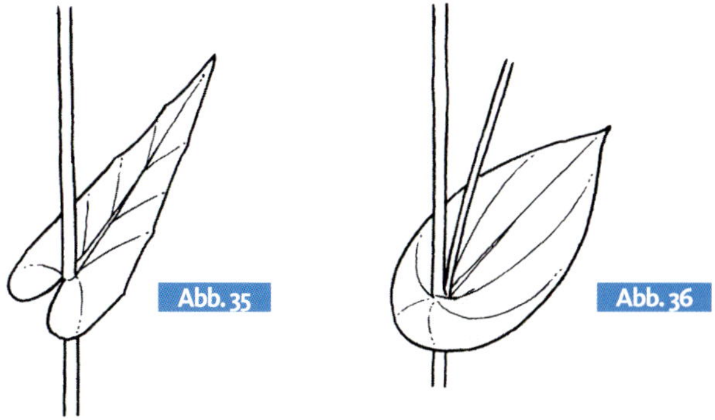

Abb. 35–36: Spreitengrund (2). 35: stängelumfassend; 36: durchwachsen. (Aus Schmeil-Fitschen 2009.)

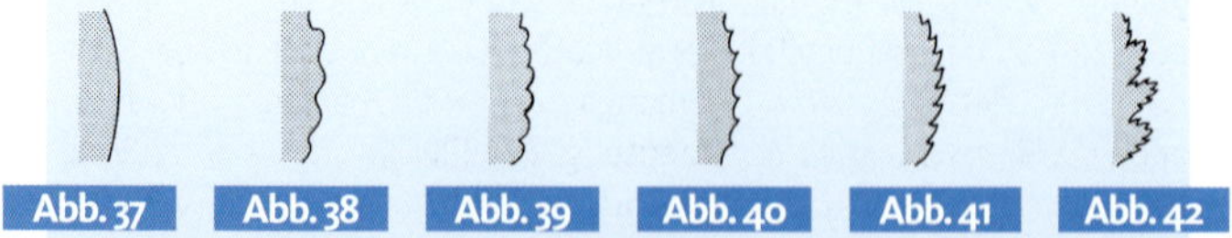

Abb. 37–42: Spreitenrand. 37: ganzrandig; 38: wellig; 39: gekerbt; 40: gezähnt; 41: gesägt; 42: doppelt gesägt. (Aus Fitschen 2002.)

mig. Nicht selten umgreift bei ungestielten Blättern ein herzförmiger Spreitengrund den Stängel; dann sind die Blätter *(halb)stängelumfassend* (Abb. 35) oder – sehr selten – sogar vom Stängel *durchwachsen* (Abb. 36).

Blätter sind normalerweise bilateralsymmetrisch, d.h. die Hälfte „rechts" des Mittelnervs (bzw. einer gedachten Längslinie in der Spreitenmitte) und die „linke" Hälfte sind ± gleichgestaltet. Ausnahmen davon sind bei Gehölzen gelegentlich von bestimmungstechnischer Bedeutung (vgl. 3.1.4.).

5. Charakteristische Merkmale liefert sodann der **Spreiten-** bzw. **Blattrand.** Bei ansonsten ungegliederter Spreite kann er *ganzrandig, wellig, gekerbt, gezähnt* oder *gesägt* sein (Abb. 37–42); natürlich ist auch *doppelt gesägt* usw. möglich. Ist die Spreite stärker gegliedert (aber noch nicht zusammengesetzt), spricht man von *gelappt* (oder *gebuchtet*) *eingeschnitten* oder – bei besonders tiefen Einschnitten – von *fiederspaltig* bzw. – mit fortschreitender Tiefe der Einschnitte – *fiederschnittig* und *-teilig*[8]. Im letztgenannten Fall muss man allerdings schon sehr genau hinschauen, um zu erkennen, dass das Blatt nicht gefiedert ist (Abb. 5–7).

6. Auch die **Blattnervatur,** also die Anordnung der Leitbündel, kann sehr typisch sein. Die „Grundtypen" (Abb. 43–46) sind *parallel-* oder *bogennervig* (mit ± zahlreichen Haupt- und oft fehlenden Seitennerven), *fiedernervig* (*pinnat*[9]; ein Hauptnerv mit meist mehreren Seitennerven) und *handnervig* (*palmat;* mehrere von einem Punkt ausgehende, meist verzweigte Hauptnerven). Diese Grundtypen sind eng mit der systematischen Position der Pflanze korreliert und werden deshalb in Kap. 2.1.5 bzw. 2.1.6 nochmals aufgegriffen.

Schmale und/oder kleine Blätter sind oft einnervig. Die Nervatur ist auf der Blattoberseite bisweilen etwas eingesenkt, auf der Unterseite häufig hervortretend.

---

8 Die Grenzen sind naturgemäß nicht scharf; deshalb wird diese Differenzierung nur in Ausnahmefällen sinnvoll sein.

9 Es gibt also ein pinnates (gefiedertes) *Blatt* (vgl. **2.**) und eine pinnate *Blattnervatur.*

7. Einige weitere Merkmale werden seltener zur Beschreibung herangezogen. So haben manche frische Blätter eine kennzeichnende *Farbe, Fleckung* oder *Musterung*. In manchen Verwandtschaftsgruppen ist auch die Knospenlage von Bedeutung. Die Blätter sind innerhalb der Knospe meist gefaltet (auch mehrfach) oder nach oben bzw. unten eingerollt und „ent-falten" sich erst im Laufe des Wachstums; in anderen Fällen liegen die jungen Längshälften des Blattes in der Knospe wie zwei Buchdeckel aneinander und klappen im Zuge der Entwicklung auf oder liegen – bei sehr schmalen Blättern – einfach ungefaltet dicht aufeinander. Man kann es an jungen Blättern zumeist relativ leicht erkennen. Gelegentlich unterbleibt diese Aufrollung. Dann ist das fertige Blatt durch zurückgerollte Blattränder gekennzeichnet, sodass man im Extremfall die Blattunterseite gar nicht sieht (*Rollblatt*; vgl. etwa Abb. 335).
Nachdem wir die Parameter besprochen haben, mithilfe derer sich ein einzelnes Blatt charakterisieren lässt, bleibt noch auf einige Dinge einzugehen, die die Anordnung der Blätter an der Sprossachse insgesamt betreffen (Blattstellung und Blattfolge) oder die sonst für die Beschreibung eines Blattes herangezogen werden können.

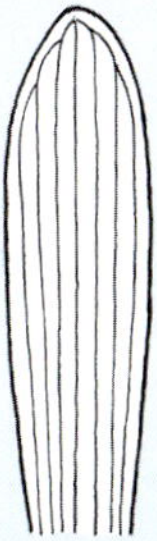
Abb. 43

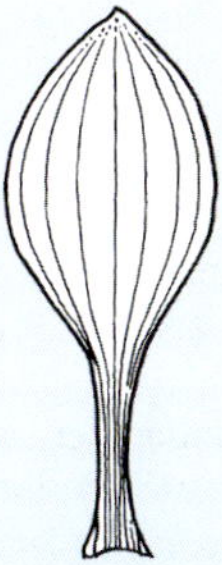
Abb. 44

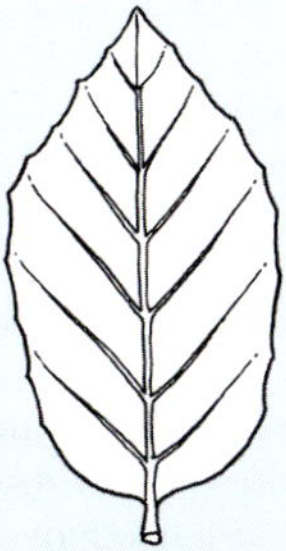
Abb. 45

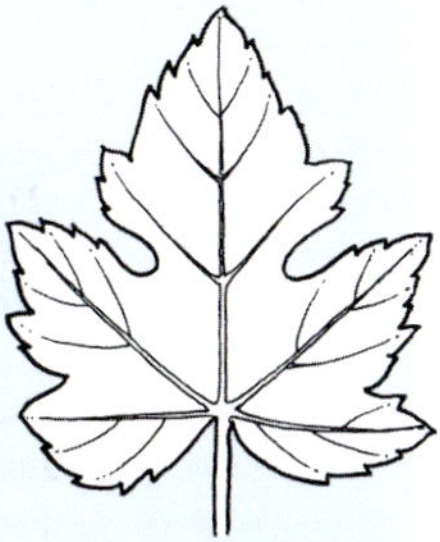
Abb. 46

Abb. 43–46: Blattnervatur. 43: parallelnervig; 44: bogennervig; 45: fiedernervig; 46: handnervig. (Aus Schmeil-Fitschen 2009.)

2.1.2 Blattstellung

1. Während die Blattform auch innerhalb enger Verwandtschaftskreise sehr unterschiedlich sein kann, ist die Blattstellung häufig auch innerhalb größerer Verwandtschaftskreise (wie z.B. Familien) einheitlich und insofern ein wichtiges (und leicht kenntliches) Merkmal. Ganz allgemein wird darunter die Anordnung der Blätter an den Knoten[10] der Sprossachse verstanden. Grundsätzlich können dabei an einem Knoten ein Blatt, zwei oder mehr als zwei Blätter stehen. Entsprechend unterscheiden wir *wechselständige, gegenständige* und *wirtelige* Blattstellung (Abb. 47–50).

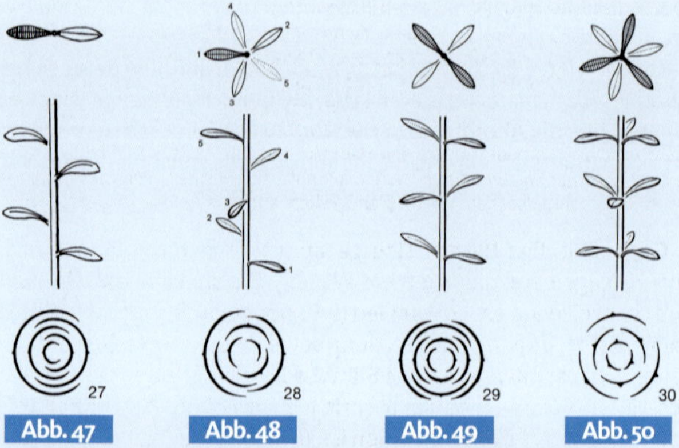

Abb. 47–50: Blattstellung (jeweils von oben, von der Seite und im Diagramm). 47: zweizeilig (Distichie); 48: wechselständig (Dispersion); 49: gegenständig (Dekussation); 50: Blattwirtel (hier: trimer). (Nach verschiedenen Autoren.)

2. Blattwirtel (Blattquirle[11]) sind im vegetativen Bereich der Pflanze eher selten. Nach der Zahl der am betreffenden Knoten inserierten

[10] Unter *Knoten* wird die Insertionsstelle eines oder mehrerer Blätter verstanden (vgl. 2.2.1.2).

[11] Die beiden Begriffe werden fast stets synonym gebraucht. Man könnte dahingehend differenzieren, dass man mit *Wirtel* tatsächlich die Blätter eines Knotens versteht (also eine morphologische Aussage macht), während *Quirl* rein beschreibend ist und sowohl „echte" wie auch die sogleich zu besprechenden *Scheinwirtel* umfasst; der Begriff *Scheinquirl* wäre dann eine Tautologie. – Erschwert wird diese Terminologie allerdings durch den in der Beschreibung von Infloreszenzen fest eingebürgerten Begriff „Scheinquirl" *(Verticillaster)*. Darunter versteht man die quirlartig zusammengedrängten Blüten zweier gegenüberstehender Teilblütenstände (Cymen), etwa bei den Lippenblütlern.

Blätter werden sie als *tri-*, *tetra-* oder *polymer* (drei-, vier- oder vielzählig) bezeichnet. Blattwirtel dürfen nicht mit Rosetten verwechselt werden; diesen liegen fast immer wechselständige Blätter zugunde (vgl. **5.**). Blattwirtel im engen Wortsinn beschränken sich – vom Wacholder abgesehen – auf dikotyle Pflanzen. Es gibt daneben aber auch Fälle, wo bei wechselständiger Blattstellung aufeinanderfolgende Internodien so stark gestaucht sind, dass die zugehörigen Blätter einen sog. *Scheinwirtel* bilden (vgl. **5.**). Solche Scheinwirtel finden sich auch – sogar bevorzugt – bei den Monokotylen (vgl. Schlüssel 10).
Auffällig ist die Häufung wirteliger bzw. scheinwirteliger Blattstellung bei Wasserpflanzen (vgl. Schlüssel 1).

Ein Sonderfall ist der Scheinwirtel der Rötegewächse. Die meisten Rubiaceen sind Holzgewächse der Tropen mit gegenständigen Blättern. Unsere Vertreter der Familie sind durchweg krautig und durch eine sehr bemerkenswerte Eigenart gekennzeichnet: Sie besitzen 4- bis 8-zählige „Blattwirtel". Über dieses Phänomen ist viel geschrieben worden, die (immer noch) wahrscheinlichste Erklärung ist folgende: Die Rubiaceen gehören innerhalb der Asteriden[12] zu den wenigen Familien mit Stipeln. Wenn die benachbarten Stipeln gegenüberstehender Blätter paarweise verwachsen (Interfoliarstipeln, vgl. 2.1.5.1) und das Verwachsungsprodukt zudem den Habitus[13] *eines* Laubblattes annimmt, entstehen dadurch 4-zählige „Wirtel". Kompliziert werden die Verhältnisse allerdings dann, wenn sich diese Stipeln aufspalten, sodass „Zähligkeiten" von > 4 entstehen (vgl. Abb. 390).

3. Gegenständige Blätter sind genau genommen nur ein Spezialfall der wirteligen Stellung („dimere Wirtel"). Sie sind jedoch sehr häufig und kennzeichnen ganze Familien (z. B. Lippenblütler) und werden deshalb meist als „eigene" Blattstellung behandelt. Dabei stehen die Blattpaare stets über Kreuz, d. h. die Blätter aufeinanderfolgender Wirtel bilden einen Winkel von 90°; man spricht auch von *Kreuzgegenständigkeit* oder *Dekussation*. Die Folge davon ist, dass die Blätter in insgesamt vier Reihen *(Blattzeilen, Orthostichen)* längs an der Sprossachse stehen. – Dieses „Auf-Lücke-Stehen" gilt übrigens grundsätzlich für alle Formen der wirteligen Blattstellung und wird als *Regel der Alternanz* bezeichnet. Aber auch die Anordnung der jeweiligen Blätter eines Wirtels an ihrem Abstammungsknoten ist nicht zufällig. Der *Regel der Aequidistanz* folgend nehmen sie stets den größtmöglichen Abstand voneinander ein: beim dimeren Wirtel also 180°, beim trimeren 120° usw.

Gegenüberstehende Blätter sind häufig in irgendeiner Weise miteinander verbunden. Dies kann sich z. B. in einer quer über die Sprossachse verlaufenden Linie äußern – ein insbesondere bei der Gehölzbestimmung oft abgefragtes Merkmal (Abb. 51) – in Interfoliarstipeln (vgl. oben) oder verwachsenen Blatt- bzw. Spreitenbasen, die dann die Sprossachse einschließen (Abb. 52, 53 und 386; vgl. auch 3.2.2.2).

---

[12] Unter *Asteridae* wird eine Unterklasse der Dikotylen verstanden; über deren jeweiligen Umfang informiere man sich im Bestimmungsbuch.

[13] *Habitus:* das äußere Erscheinungsbild einer Pflanze; *habituell:* den Habitus betreffend

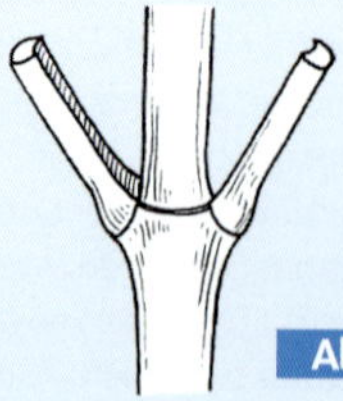

Abb. 51

Abb. 51: Verbindende Querlinie bei gegenständigen Blättern. (Aus Schmeil-Fitschen 2009.)

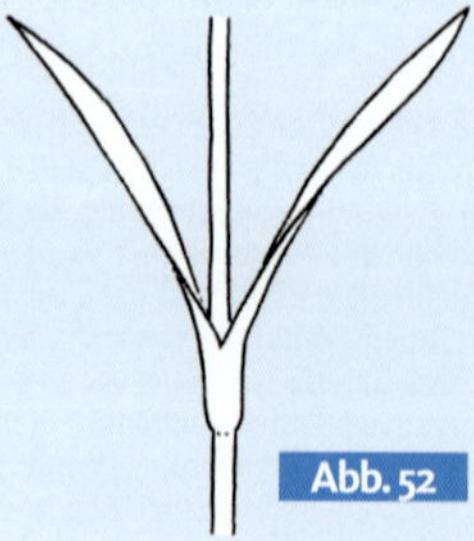

Abb. 52

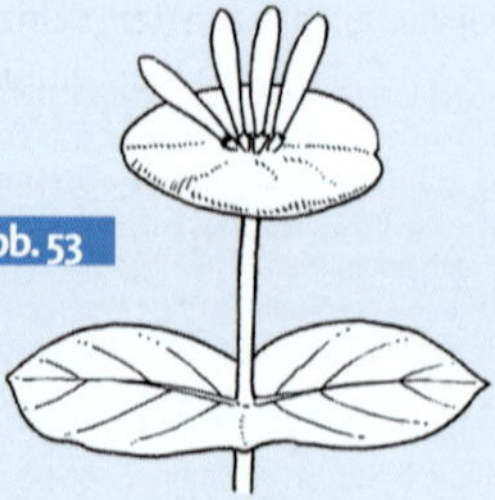

Abb. 53

Abb. 52–53: Verwachsene Blattbasen. (Aus Schmeil-Fitschen 2009.)

4. Findet sich pro Knoten nur ein Blatt, spricht man von **wechselständigen Blättern.** Gelegentlich wird dabei – ähnlich, wie man innerhalb der Wirtel die Dekussation gesondert behandelt – zweizeilige und zerstreute Blattstellung (Distichie und Dispersion) unterschieden. Bei der **Distichie** stehen die einzelnen Blätter *aufeinanderfolgender*[14] Knoten gegenüber, das dritte Blatt befindet sich somit wieder über dem ersten. Die Blätter schließen einen sog. *Divergenzwinkel* von 180° ein, d. h. also einen halben Kreisumfang (daher auch „1/2-Stellung"). Die Blätter stehen damit in zwei Längsreihen („zweizeilige Blattstellung"). Wir finden diese Blattstellung in vielen Verwandtschaftskreisen. – Noch häufiger ist die **Dispersion,** worunter man alle wechselständigen Blattstellungen zusammenfasst, deren Divergenzwinkel < 180° ist. Bei der 1/3-Stellung oder Dreizeiligkeit z. B. beträgt er naturgemäß 120°.

Eine über die 1/2- bzw. 1/3-Stellung hinausgehende Differenzierung wird in der Praxis nur selten durchgeführt, zumal gerade bei Krautigen Verdrehungen der Sprossachse um deren Längsachse (Torsionen) häufig die theoretisch vorhandene Regelhaftigkeit verde-

[14] Zur Wiederholung: Bei der Dekussation stehen jeweils die beiden Blätter *eines* Knotens gegenüber, also durch 180° getrennt.

cken. Dies gilt übrigens auch schon für die sonst gut kenntliche Distichie, weshalb es von Wichtigkeit ist, das Augenmerk vor allem auf die Ansatzstelle des Blattes zu wenden und weniger auf die Ausrichtung der Blattspreite.

5. Die Internodien zwischen den Blättern sind häufig stark gestaucht, sie haben in diesem Fall fast die Länge null. Die Blätter stehen dann so dicht gedrängt, dass man meinen könnte, sie stünden wirtelig. Wenn dies über der Bodenoberfläche der Fall ist, sprechen wir von einer **Rosette.** Solche Rosetten sind entweder die einzigen grünen Blätter einer Pflanze, dann erhebt sich darüber ein blattloser Schaft („Vollrosettenpflanze"); oder aber es sind auch normale Stängelblätter ausgebildet („Halbrosettenpflanze"). Pflanzen mit Schuppenblättern tragenden Stängeln bilden den Übergang. – Selten kommt es aber auch vor, dass Stängelblätter „wirtelig genähert" sind. Dann sprechen wir von einem Scheinwirtel (oder -quirl)[15]. In der Regel kann man hier bei genauerer Betrachtung noch erkennen, dass die Blattansätze übereinander angeordnet sind.

2.1.3 Weitere Merkmale

1. Sowohl Blattform als auch Blattstellung können sich im Laufe der Entwicklung der Pflanze ändern. Dies lässt sich vor allem bei Krautigen beobachten. Was die *Blattform* betrifft, so sind z. B. die ersten Blätter (nach dem Keimblatt bzw. den Keimblättern) bei den Mono- bzw. Dikotylen häufig von sehr vereinfachter, oft schuppenförmiger Gestalt *(Niederblätter).* Erst dann folgen ± „normal" entwickelte Blätter, die eigentlichen Laubblätter, in diesem Zusammenhang *Folgeblätter* genannt. Diese können apikal – besonders oft im Blütenstandsbereich – an Größe und Form wieder reduziert sein *(Hochblätter).* Eine solche regelhafte Abfolge bestimmter Blattformen an einem Individuum bezeichnet man als **Blattfolge.** Sie kann unvollständig sein oder neben den hier genannten Gliedern auch noch weitere enthalten. Bei Dikotylen ist sie zumeist auffälliger als bei Monokotylen.

Die Unterschiedlichkeit von Nieder- bzw. Hochblättern[16] und Folgeblättern lässt sich als Entwicklungshemmung bei den Erstgenannten verstehen; eine solche betrifft naturgemäß zunächst den zuletzt einsetzenden Entwicklungsschritt, und das ist die Ausbildung des Blattstiels. Ein unentwickelter Stiel kennzeichnet denn auch als Erstes den Übergang der voll entwickelten Folgeblätter zur Formation der Hoch- bzw. (nach unten zu) der Niederblätter (vgl. Abb. 162). Als nächster Schritt unterbleibt die Ausbildung der Spreite, sodass zuletzt nur noch das (zuerst angelegte) Unterblatt als „Schuppe" (vorwiegend bei Dikotylen) bzw. als spreitenlose Scheide (bei Monokotylen) zu erkennen ist.

[15] Man sollte vermeiden, auch in diesen Fällen von einer „Rosette" zu sprechen.

[16] Man verwechsle *Nieder-* bzw. *Hochblatt* nicht mit *Unter-* bzw. Oberblatt (zu diesen vgl. 2.1.1.2)!

Bei den Angiospermen lässt sich eine Blattfolge häufig auch an Seitenachsen zeigen: Hier kann das erste Blatt (bei den Monokotylen) bzw. können die ersten beiden Blätter (bei den Dikotylen) wieder vereinfacht gestaltet sein – Verhältnisse also, die ein wenig an die Keimblätter der Primärachse erinnern. Man bezeichnet diese ersten Blätter einer Seitenachse als Vorblätter. Sie spielen vor allem beim Aufbau von Infloreszenzen eine wichtige Rolle und brauchen deshalb hier nicht näher berücksichtigt zu werden.

2. Von der Blattfolge ist die Erscheinung der **Heterophyllie** begrifflich zu trennen. Hier handelt es sich zwar auch um das Auftreten verschiedener Blätter im Laufe der Individualentwicklung der Pflanze, doch beschreibt der Begriff lediglich einen ± plötzlichen Wechsel verschieden gestalteter *Folge*blätter. Heterophyllie steht oft im Zusammenhang mit dem Wechsel des ökologischen Umfeldes und findet sich deshalb z. B. bei Wasserpflanzen, wo wir häufig Unterwasser- (oder Tauch-), Schwimm- und Überwasserblätter unterschiedlicher Form erkennen können (Abb. 54). Sehr viel seltener ist der Fall, dass Rosettenblätter (ohne erkennbaren Grund) in ihrer Gestalt völlig – und ohne Übergang – von den Stängelblättern abweichen (Abb. 55). Im weiteren Sinn kann man aber auch dann von Heterophyllie reden, wenn die Rosettenblätter deutlich anders aussehen als die Stängelblätter, die beiden Blatttypen allerdings durch gestaltliche Übergänge verbunden sind. Dies ist schon häufiger der Fall; dabei sind zumeist die Rosettenblätter ungeteilt, die Stängelblätter gefiedert (z. B. Abb. 395–396).

Abb. 54

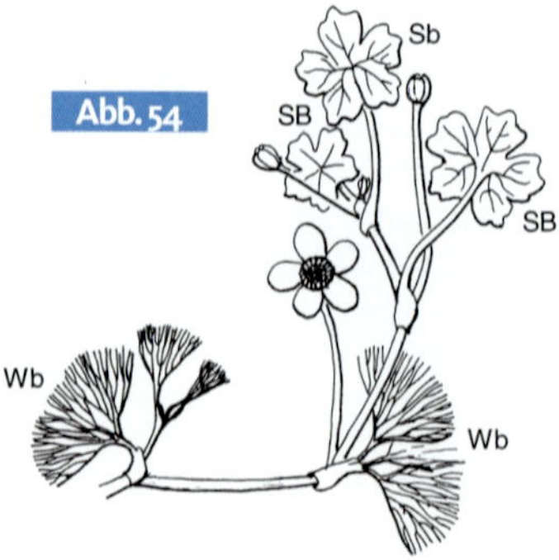

Abb. 54: Heterophyllie bei *Ranunculus aquatilis*. WB: Wasserblätter, SB: Schwimmblätter. (Aus Troll 1959.)

3. Handelt es sich um völlig verschieden gestaltete Blätter an *einem* Blattknoten, bezeichnet man dies als **Anisophyllie;** dafür gibt es allerdings nur sehr wenig Beispiele (vgl. z. B. Schlüssel 1, Fußnote 2: *Salvinia*).

4. Auch ein **Wechsel der Blattstellung** ist nicht sehr häufig, wenn man davon absieht, dass die ersten Blätter einer dikotylen Pflanze – die Keimblätter – immer gegenständig und die Blattorgane einer Blüte, mit denen eine Sprossachse ihre Entwicklung einstellt, fast immer in Wirteln stehen. Ein solcher Wechsel erfolgt zumeist von dekussiert nach dispergiert (nicht umgekehrt), und der ist naturgemäß auf die Dikotylen beschränkt, da es echte Wirtelbildung bei den Monokotylen nicht gibt; es wird also gewissermaßen die Blattstellung der Keimblätter „erst einmal" beibehalten, bevor man zur Dispersion übergeht. Dies kann für kurze Zeit sein – bei einigen Melden (*Atriplex*-Arten) sind nur die ersten Folgeblätter „noch" gegenständig –, in anderen Fällen erfolgt die Änderung mit dem Übergang von der vegetativen Phase in die Infloreszenz. Dies trifft z. B. für Braunwurz *(Scrophularia)* und Ehrenpreis *(Veronica)* zu. Der Efeu schließlich wechselt mit beginnender Blühphase von der zweizeiligen zur dispergierten Stellung (und ändert zudem die Blattform von gelappt zu ± oval).

5. Die meisten Pflanzen erneuern im **Jahresrhythmus** ihre grünen Blätter (oder zumindest einen Großteil davon). Wenn die Blätter im Herbst abgestorben sind und im nächsten Frühjahr durch neue Blätter ersetzt werden, ist die Pflanze *sommergrün;* sommergrün sind naturgemäß auch alle Sommer-Annuellen[17]. Vielfach überwintern die Blätter jedoch – insbesondere in milden Klimalagen – und werden erst im Folgejahr nach und nach erneuert; dies ist z. B. typisch für Rosettenpflanzen (und damit auch für Winterannuelle und Bienne). Solche Pflanzen können *wintergrün* genannt werden; der Übergang zu „sommergrün" ist aber fließend, weshalb diese Unterscheidung nicht immer getroffen wird. Besser abgegrenzt sind die (bei uns!) wenigen Gewächse – meist holzige Pflanzen –, die ihre Blätter über mehrere (häufig 2–3) Vegetationsperioden behalten; sie sind *immergrün*[18].

Abb. 55

Abb. 55: Heterophyllie bei *Lepidium perfoliatum* (Herbarbeleg).

Die Frage, um welchen Typ es sich im Einzelfall handelt, ist nicht immer einfach zu entscheiden. Sommer- und wintergrüne Blätter unterscheiden sich kaum. Immergrüne Blätter sind meist steifer oder ledriger und haben einen „knorpeligen" Rand. Die Sekundär-

[17] Zu diesen Ausdrücken vgl. Kap. 2.9.

[18] Die Unterscheidung wintergrün" vs. „immergrün" wird nicht immer gemacht, beide Begriffe werden dann synonym benutzt. – Im Übrigen ist der Begriff „wintergrün" nicht exakt, weil damit *auch* und nicht *nur* „im Winter grün" gemeint ist; die Pflanze ist aber natürlich auch im Sommer „grün".

nerven auf der Blattunterseite sind nur selten erhaben, wie überhaupt die Nervatur oft nur wenig entwickelt erscheint.

Abgestorbene Blätter müssen übrigens keineswegs „nutzlos“ sein: Sie üben gelegentlich eine Schutzfunktion aus, beispielsweise als Winterschutz der nächstjährigen Knospe. Eine besondere Bildung abgestorbener Blätter (bei Monokotylen auch nur des Blattgrundes) ist die *Tunika*. Sie umhüllt die Stängelbasis und schützt sie so als isolierende Scheide vor den oft extremen Temperaturen der unmittelbaren Bodenoberfläche (vgl. Abb. 266). Vergleichbar ist der „Faserschopf“ an der Basis mancher Grasartigen, der bei der Bestimmung der Seggen gelegentlich eine Rolle spielt.

2.1.4 Das Blatt der Gehölze

1. Was die **Blattgestalt** betrifft, so gelten hier die allgemeinen, in Kap. 2.1.1 ausgeführten Regeln. Dass sich nadelförmige Blätter an hochwüchsigen Sträuchern[19] und Bäumen nur bei der systematischen Gruppe der Gymnospermen finden, ist bekannt[20]. Im Winter oder wenn man an ein Blatt „nicht herankommt“, kann man sich vielfach an abgefallenen (vorjährigen) Blättern orientieren. Fiederblätter, deren Fiedern meist einzeln abfallen[21], muss man sich dabei allerdings gedanklich zusammensetzen; dass es sich überhaupt um Fiederblätter handelt, erkennt man an den ebenfalls am Boden liegenden Blattspindeln. – Bei Blättern von Bäumen „in Griffhöhe“ muss man vorsichtig sein: Es könnte sich um sog. Schösslingsblätter handeln, die in ihrer Größe (weniger in ihrer Form) beträchtlich von der Norm abweichen können. Auch können sich die Blätter von Lang- bzw. Kurztrieben (zu diesen Begriffen vgl. 2.2.2.1) gestaltlich unterscheiden.
Da – von den Gymnospermen abgesehen – alle einheimischen Holzgewächse zu den Dikotylen gehören (vgl. Kap. 2.1.5), ist die *Nervatur* ihrer Blätter fieder- oder handnervig. Ein zentrales Merkmal für die Bestimmung nach dem Laub kann zunächst die Zahl der Seitennerven pro Spreitenhälfte sein. Wichtig ist auch der Nervenverlauf der fiedernervigen Blätter: Die Seitennerven 1. Ordnung können direkt in die Blattzähne laufen (vgl. z. B. Abb. 137), sie können vor dem Erreichen des Blattrandes blind enden oder bogenförmig miteinander verschmelzen. Dabei muss man oft genau hinschauen (am besten auf der Blattunterseite): Während die bogenförmige Verschmelzung z. B. beim Faulbaum offensichtlich ist (Abb. 124), verläuft sie bei der Buche so nah am Rand

---

19 *Zwerg*sträucher mit nadelförmiger Beblätterung gibt es einige, z. B. innerhalb der *Ericaceae* (vgl. Schlüssel 12).

20 Der Umkehrschluss – alle Gymnospermen haben Nadeln – gilt nur, wenn man sich auf die einheimische Flora beschränkt und dabei den seltenen Sadebaum *(Juniperus sabina)* mit seinen Schuppenblättern nicht berücksichtigt.

21 Dies ist, nebenbei bemerkt, ein sicheres Kriterium, um – insbesondere bei Gehölzen – ein „echtes“ Fiederblatt von einem „nur“ fiederteiligen zu unterscheiden (vgl. 2.1.1.2).

und mit so feinen Bögen, dass man sie ohne Lupe gar nicht nachvollziehen kann; nur das Umbiegen unmittelbar vor dem Rand ist mitunter zu erkennen (Abb. 116).
Viele Gehölze haben *Stipeln,* die in der Regel aber früh abfallen und für die Bestimmung kaum eine Rolle spielen, obwohl sie häufig eine Narbe oder *Ule*[22] hinterlassen. Hingegen sind drüsige Knötchen bzw. kleine Stifte am Blattstiel oder Spreitengrund bisweilen von Bedeutung (Abb. 113, 126).
2. Auch in der **Blattstellung** gibt es keine Besonderheiten. Dekussation, Distichie und Dispersion sind vertreten; meist genügt die Gegenüberstellung „gegen-“ *vs.* „wechselständig“. Im winterkahlen Zustand lässt sich die Blattstellung meist problemlos an der Anordnung der Seitenäste erkennen, da die Verzweigung ja stets in den Achseln von Tragblättern beginnt: Stehen sich die Äste gegenüber (zumindest teilweise; nicht immer treiben beide Seitenäste aus), lag Gegenständigkeit vor.
3. Es gibt auch Merkmale, die sich nur an Gehölzen finden bzw. nur dort bestimmungstechnisch verwendet werden (Beispiele vgl. 3.1):
Domatien sind kleine Effigurationen[23] der Blattunterseite, die von Milben als Wohnstätte genutzt werden (*domus* = Haus, Wohnung). Ihre Bedeutung für die Pflanze ist unbekannt; ebenfalls noch ungeklärt ist die Frage, warum sie nur an Holzgewächsen auftreten. Es gibt mehrere Typen, die in der Evolution offenbar vielfach unabhängig voneinander (konvergent) entstanden sind. Davon kommt in Mitteleuropa allerdings im Wesentlichen nur der „Haarbüscheltyp“ vor (Abb. 119c). Domatien finden sich stets im Zusammenhang mit der Blattnervatur (fast immer in den Nervenwinkeln) und bevorzugt im basalen Bereich der Spreite.
Recht nützlich ist mitunter die *Herbstfärbung.* Zur Bestimmung wird sie zwar nicht eingesetzt – der „Träger“ der Färbung, das Blatt, ist natürlich viel aussagekräftiger –, sie kann aber etwa bei großflächigen Kartierungsarbeiten etwas über den Waldwuchs gegenüberliegender Hänge und Täler verraten oder ermöglicht es, den Artenreichtum einer Hecke anhand der verschiedenen Färbungen schon im Vorbeifahren abzuschätzen.
Eine bedeutende Rolle in der Bestimmung von Gehölzen im winterkahlen Zustand spielen die *Knospenschuppen.* Sie umhüllen den Win-

[22] Unter einer *Ule* versteht man ganz allgemein die zurückgebliebene Narbe eines abgefallenen Organs (fachsprachlich *cicatrix*). Dies kann auch ein Tragblatt oder das abgestorbene und dann abgefallene Endstück einer (relativen) Hauptachse eines sympodialen Sprossverbandes sein. Die Verwendung dieses Begriffs ist sinnvoll, weil sie semantische Verwechslungen mit der „Narbe“ des Fruchtknotens (fachsprachlich *stigma*) vermeidet.

[23] *Effigurationen* (Herausbildungen): Kleine Auswüchse, Zähnchen oder andere ± hervorstehende Bildungen auf sonst meist ± glattem Untergrund; mit dieser Bezeichnung wird keine Aussage über die Morphologie der Bildung gemacht.

Abb. 56: *Viburnum lantana*, Knospe ohne Knospenschuppen. Die jungen Blattanlagen sind deutlich zu erkennen.

ter über die nächstjährige Knospe, können in seltenen Fällen aber auch fehlen; die jungen Blätter sind dann schon als Anlage erkennbar (Abb. 56). Dieses Fehlen ist ebenfalls ein taxonspezifisches Merkmal.

2.1.5 Das Blatt der krautigen Dikotylen

Die Blätter der Dikotylen sind sicher die vielfältigsten innerhalb der Samenpflanzen. Manches, was man über Bau und Entwicklung „des" Blattes weiß, bezieht sich genau genommen nur auf dieses. Auch der allgemeine Bau eines Blattes, wie er in Kap. 2.1.1 kurz referiert wurde, lässt sich am Dikotylenblatt am besten nachvollziehen, so z. B. die Gliederung in Blattgrund, Stiel und Spreite (vgl. etwa Abb. 168). Die Variationsbreite ist in der Tat aber sehr groß.

1. So ist der **Blattgrund** bei den Dikotylen normalerweise nicht sonderlich auffällig, kann aber z. B. bei den Ranunculaceen (Abb. 249–250) oder Apiaceen (Abb. 253 usw.) scheidig erweitert sein. Typisch für viele Dikotyle (insbesondere innerhalb der Rosiden[24]) sind *Stipeln*. Ihre Form ist normalerweise zipfelartig (vgl. z. B. Abb. 168), selten flächig (Abb. 245) oder 2-zipfelig (mit einem nach oben und einem meist kleineren, nach unten gerichteten Zipfel: halbpfeilförmig, Abb. 244–247); nur in Einzelfällen sind sie 3-zipfelig (mit zwei nach unten gerichteten Zipfeln: pfeilförmig). Zuweilen sind sie gezähnt (Abb. 159). Meist sind sie frei, seltener auch mit dem Blattstiel über eine gewisse Länge verwachsen (*adnat;* vgl. z. B. Abb. 191)[25]. Ebenfalls selten ist die Verwachsung der beiden Stipelzipfel untereinander, wobei ein stängelumfassender Kragen (Abb. 227) oder eine kapuzenartige Effiguration oberhalb des Blattstiels (Abb. 206) entstehen kann. Die Genese dieser Bildung kann man oft noch an zwei Zipfeln ablesen. Bei Dekussation können auch die Stipeln gegenüberstehender Blätter ± miteinander verwachsen (*Interfoliarsti-*

[24] Die *Rosidae* sind – neben den in Kap. 2.1.2.2 genannten *Asteridae* – eine weitere Großgruppe innerhalb der Dikotylen.

[25] In Wirklichkeit streckt sich der Blattgrund nachträglich und verlängert damit lediglich die Ansatzstelle der Stipeln.

peln[26]; vgl. Abb. 387). – Bei gestielten Blättern sind Stipeln ohne Schwierigkeit zu erkennen, bei ungestielten Fiederblättern darf man basale, kleine Seitenfiedern nicht mit Stipeln verwechseln („echte" Stipeln kann man an ihrer proleptischen Entwicklung erkennen, vgl. 2.1.1.2).

In wenigen Fällen finden sich auch an der Basis von *Fiedern* stipelartige Bildungen, die mit dem Blattgrund natürlich nichts zu tun haben, sondern als verkümmerte Fiedern gedeutet werden. Sie werden ihrer äußerlichen Ähnlichkeit mit Stipeln halber *Stipellen* genannt.

Seltener gibt es auch Effigurationen des Blattgrundes, die habituell mit Stipeln verwechselt werden können, diesen aber – wie ihre späte Entwicklung zeigt – nicht entsprechen (z. B. die sog. Scheidenlappen, vgl. etwa Abb. 249). Solche Bildungen treten meist „fallweise" auf, d. h. sie kommen zwar in Familien mit wohlentwickelten Blattscheiden gehäuft vor, sind aber von geringer systematischer Aussagekraft und oft auch innerhalb einer Art oder innerhalb der Blattfolge eines Individuums unterschiedlich ausgeprägt. – Eine spezielle Bildung des Blattgrundes ist die tütenförmige *Ochrea* der Polygonaceen, woran diese Familie gut kenntlich ist (Abb. 352–355; vgl. 4.1.64).

Eine weitere mögliche Modifikation des Unterblattes ist seine *Verlaubung*. Darunter versteht man eine flächenhafte Vergrößerung, die bei ungestielten Blättern in die Spreitenfläche integriert sein kann (vgl. 2.1.1.4, Fußnote 7). Nicht selten ist der Blattgrund auch ± weit hinab mit der Achse verbunden; man spricht dann von einem „herablaufenden Blattgrund"; bei besonderer Ausprägung ist eine *Flügelung* des Stängels die Folge (vgl. Abb. 150, 364 sowie 3.2.1.10). – Eine Variante der Verlaubung ist die Bildung von *Öhrchen*. Dabei umgreift der Blattgrund zipfelartig den Stängel (Abb. 57). Das Bild ähnelt in diesem Fall einem stängelumfassenden Spreitengrund (vgl. Abb. 35). Am entwickelten Blatt lässt sich dies meist nicht mehr unterscheiden. Für die Bestimmungspraxis ist die Frage, ob die stängelumfassenden Elemente des Blattes auf den Spreiten- oder auf den Blattgrund zurückgehen, allerdings bedeutungslos.

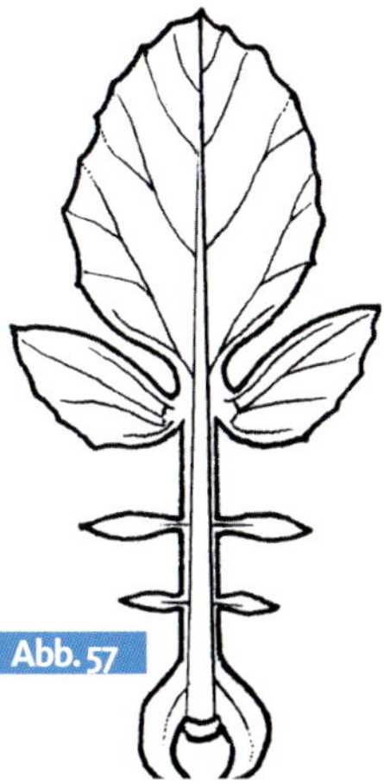

Abb. 57

Abb. 57: Öhrchenbildung. (Aus Schmeil-Fitschen 2009.)

2. Der **Blattstiel** ist innerhalb der Samenpflanzen für die Dikotylen insofern typisch, als er allen Nadelgehölzen und der Mehrzahl der Monoko-

[26] Die Unterscheidung von *Interpetiolar-* (bei gestielten Blättern) und *Interfoliarstipeln* (bei ungestielten Blättern) ist überflüssig.

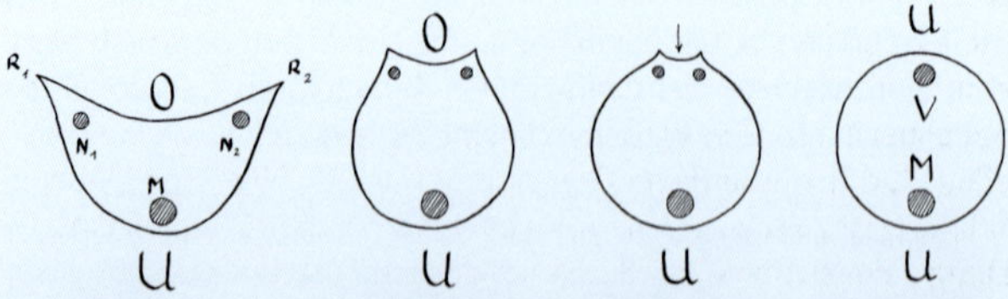

Abb. 58a Abb. 58b Abb. 58c Abb. 58d

Abb. 58: Blattstiel. a: „normaler" bifazialer Blattstiel; b–c: zunehmende Reduktion der Oberseite; d: unifazialer Blattstiel. – O: Ober-, U: Unterseite; R_1 bzw. R_2: Blattrand (Grenze zwischen O und U); M: Mittelnerv; N_1 bzw. N_2: Seitennerven; V: Verwachsungsprodukt der beiden Seitennerven. Der Pfeil in c markiert die rinnenförmige Oberseite eines Blattstiels mit vorwiegender Unterseite (vgl. z. B. Abb. 165). (Aus Troll 1959, verändert.)

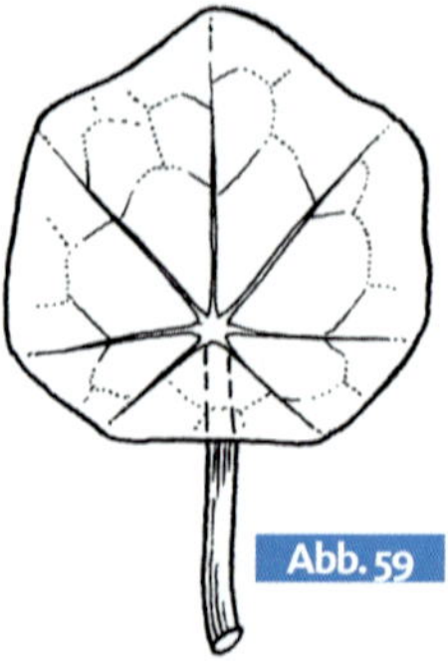

Abb. 59

Abb. 59: Schildförmiges Blatt. (Aus Schmeil-Fitschen 2009.)

tylen fehlt. Sitzende Blätter (also solche ohne Stiel) gibt es allerdings auch bei Dikotylen häufig; der bestimmungstechnische Wert dieses Umstandes ist deshalb eher gering. Außerdem kann die Ausbildung des Stiels innerhalb der Blattfolge wechseln; so sind Rosettenblätter und/oder die unteren Stängelblätter oft gestielt, (obere) Stängelblätter nicht – meist mit allen Übergängen (vgl. Hinweise zur Blattfolge in 2.1.3.1 sowie Abb. 270). Bezogen auf eine bestimmte Blattformation (z. B. untere Stängelblätter) kann die Länge des Blattstiels relativ zur Länge der Spreite gelegentlich von Bedeutung sein. – In seltenen Fällen kann sich der Blattstiel verbreitern und unter Reduktion der Spreite allein die Assimilationsfunktion ausüben *(Phyllodium).*

Der Blattstiel ist im Normalfall übrigens keineswegs „stielrund", sondern – wie die Spreite – dorsiventral. Die Unterseite ist zumeist gewölbt, die Oberseite meist ± plan oder leicht eingesenkt (Abb. 58a). Häufig überwiegt die Unterseite, sodass die Oberseite nur als schmale Furche erkennbar ist (Abb. 58b, c; vgl. auch Abb. 165, 310–312). Selten ist die Oberseite „ganz verschwunden" – nur dann ist der Stiel auch wirklich „stielrund"[27] (Abb. 58d). Da er dann gewissermaßen nur aus einer (Unter-)Seite besteht, wird er auch als unifazial bezeichnet (im Gegen-

[27] Falls er nicht *seitlich* zusammengedrückt ist wie bei manchen Pappeln.

satz zu *bifazial*, wo die Oberseite ebenfalls sichtbar oder zumindest als schmale Furche noch erkennbar ist). In Einzelfällen sitzt der Blattstiel dann ähnlich einem Tischbein unterhalb der Spreite (Abb. 59); man bezeichnet ein solches Blatt als *schildförmig* oder peltat[28]. – Selten ist er geflügelt, d. h. die seitliche Grenzlinie zwischen Ober- und Unterseite (Abb. 58a) ist zu schmalen Flügeln ausgewachsen (Abb. 349); diese Flügelung kann sich auf den Stängel fortsetzen (vgl. **1.**). Auch die Frage, ob er hohl oder markig ist, kann von Bedeutung sein (vgl. Schlüssel 18).

3. Am vielfältigsten variiert die **Blattspreite.** Sie entsteht bei den Dikotylen – vereinfacht ausgedrückt – vor allem durch Breitenwachstum *(pleuroplastes Wachstum).* Dieser Wachstumsmodus hat naturgemäß eine Mittelrippe und davon abzweigende Seitennerven – wichtige Nerven folgen im Allgemeinen der Wachstumsrichtung – und letztlich die für Dikotyle typische Netznervatur zur Folge. – Wichtige Details der Spreite sind der *Blattrand* (also z. B. seine Zähnung) und der *Spreitengrund* (fälschlich oft Blattgrund genannt, vgl. 2.1.1.4, Fußnote 7), also die begrenzende Linie zum Blattstiel oder zur Blattbasis. Eine seltene Besonderheit sind *gespornte* Blätter (Abb. 336, 342).

4. Gesondert erwähnt werden müssen die **zusammengesetzten Blätter,** die den Nadelhölzern und (einheimischen) Monokotylen fehlen.

So ist es zwar bestimmungstechnisch ohne Bedeutung, sollte zum besseren Verständnis aber doch erwähnt werden, dass sich Fiederblätter unterschiedlich entwickeln können: Die Fiedern können z. B. in Richtung auf die Blattbasis hin angelegt werden (basipetale Fiederung), zur Spitze hin (akropetale Fiederung) oder ± gleichzeitig nach oben wie nach unten (divergente Fiederung). Dies lässt sich mitunter am „fertigen“ Blatt insofern sogar noch feststellen, als z. B. bei basipetaler Entwicklung die Fiedergröße nach unten hin abnimmt (vgl. z. B. Abb. 207). Im Extremfall kann dies so weit gehen, dass die Seitenfiedern allesamt reduziert sind, die Entwicklung des Blattes also auf die Ausbildung der Endfieder beschränkt bleibt. Etliche der in Floren mit „ungeteilter Spreite“ beschriebenen Taxa sind in Wirklichkeit solche „Endfiederblätter“; vor allem bei den Rosaceen sind sie weit verbreitet. Bei manchen Fabaceen kann man dies an ein und derselben Pflanze beobachten (vgl. 4.1.32).

Bisweilen sind die untersten Fiedern deutlich vom Rest der Spreite abgerückt; wenn sie sich ganz an der Basis finden – das Blatt also genau genommen ungestielt ist – umfassen sie mitunter zangenförmig den Stängel und bilden Öhrchen (vgl. **1.** und z. B. Abb. 270b oder 277). Mitunter sind sie auch stark reduziert und können dann mit Stipeln verwechselt werden.

[28] Diese Gleichsetzung hat sich eingebürgert, ist aber genau genommen nicht richtig; „schildförmig“ enthält eine bloße Beschreibung, „peltat“ ist eine morphologische Aussage. „Peltat“ setzt lediglich einen unifazialen Blattstiel voraus und hat nicht grundsätzlich eine schildförmige Spreite zur Folge.

Ein weiterer Sonderfall liegt vor, wenn die Fiedern allesamt reduziert sind und die Spreite dann nur noch aus der Rhachis besteht, die dann zumeist spreitenähnlich verbreitert ist *(Rhachisblätter)*. Parallele oder bogenförmige Nerven sind dann die Folge (vgl. 4.1.59).

5. Auch bezüglich der **Blattstellung** sind die Dikotylen variantenreicher als die Monokotylen. Über die verschiedenen Möglichkeiten der Blattstellung ist bereits hinlänglich gesprochen worden. Ergänzend sei nur noch daran erinnert, dass diese sich im Laufe der individuellen Entwicklung der Pflanze ändern kann (vgl. 2.1.3.4).

2.1.6 Das Blatt der Monokotylen

1. Das Blatt der Monokotylen besteht zwar im Prinzip aus den gleichen Elementen wie das der Dikotylen; eine regelhafte Verschiebung der Proportionen sowie eine z. T. unterschiedliche Entwicklungsgeschichte lassen es jedoch fast immer habituell „anders“ erscheinen und ermöglichen deshalb in der Regel die zweifelsfreie Zuordnung einer Pflanze zu einer dieser beiden Gruppen (vgl. Tab. 1).

Die Homologien eines Monokotylenblattes sind nicht immer deutlich; ob sich die gleich benannten Teile eines Mono- bzw. Dikotylenblattes wirklich in ihrem Wesen auch entsprechen – das Unterblatt der Monokotylen also im Prinzip das gleiche ist wie das der Dikotylen – ist nicht endgültig erwiesen. Die folgenden Ausführungen haben demzufolge vor allem beschreibenden Charakter.

Abb. 60

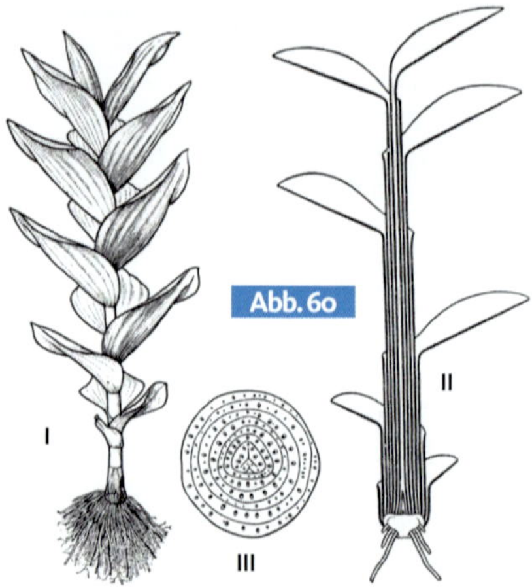

Abb.60: *Veratrum album*, „Scheinstamm“. I: Ansicht, II: Längs-, III: Querschnitt. – Der „Stamm“ wird durch ineinander geschachtelte hülsenförmige Blattscheiden gebildet. Die eigentliche Sprossachse (weiß) ist am Grund der Pflanze gestaucht und sprossbürtig bewurzelt. Erst zur Ausbildung der Infloreszenz wird sie die zentrale Röhre des Scheinstammes durchwachsen (aus Troll 1959)

2. Das **Unterblatt** ist zumeist (aber keineswegs immer) kräftig entwickelt und umgreift den Stängel, diesen scheidig einhüllend (Blattscheide). Dabei können die ventralen Ränder dieser Blattscheide *offen* (Abb. 93) oder geschlossen sein (z. B. Abb. 429, unterer Stängelteil), d. h. sie überlappen sich nur oder sind röhrenartig miteinander verwachsen. Niederblätter, die im Wesentlichen aus dieser

Scheide bestehen und deren Oberblatt höchstens durch einen kurzen Zipfel angedeutet ist, spielen bei den Monokotylen eine bedeutende Rolle. Hülsenartig ineinander geschachtelte Blattscheiden können stabile, stammähnliche Systeme aufbauen: *Scheinstamm*, z. B. beim Germer (*Veratrum*, Abb. 60) – oder Rohrkolben *(Typha)*. Der Stoffspeicherung dienende und deshalb angeschwollene Blattscheiden können eine *Zwiebel* bilden, die die stark gestauchte Sprossachse (den *Zwiebelkuchen*) umhüllen (Abb. 61). – *Stipeln* bzw. stipelähnliche Bildungen wie Öhrchen oder Zipfel kommen vor, häufig in Einzahl in der Blattachsel sitzend (Axillarstipel); ihre morphologische Natur ist nicht immer offensichtlich (vgl. 4.2.2–9). In diesem Zusammenhang ist auch die *Ligula* (das Blatthäutchen) zu nennen: ein zumeist kragenförmiger, seltener der Spreitenbasis als Hautsaum angewachsener (adnater) Hautrand (zuweilen auch ein Haarkranz) an der Grenze zwischen Spreitenbasis und Blattscheide auf der dem Halm zugewandten Seite (Abb. 62); eine Ligula findet sich vor allem bei Grasähnlichen (Graminoiden), also bei den Poaceae und *Cyperaceae*. Vergleichbare Bildungen treten aber auch anderwärts auf (vgl. 3.3.6). – Ein **Blattstiel** ist eher die Ausnahme, sodass es sich gewissermaßen lohnt, solchen Taxa einen eigenen Schlüssel zu widmen (vgl. Schlüssel 9). In den meisten Fällen sitzt die Spreite nämlich direkt dem Blattgrund auf. – Die Größenzunahme der **Blattspreite** im Laufe ihrer Entwicklung

Abb. 61

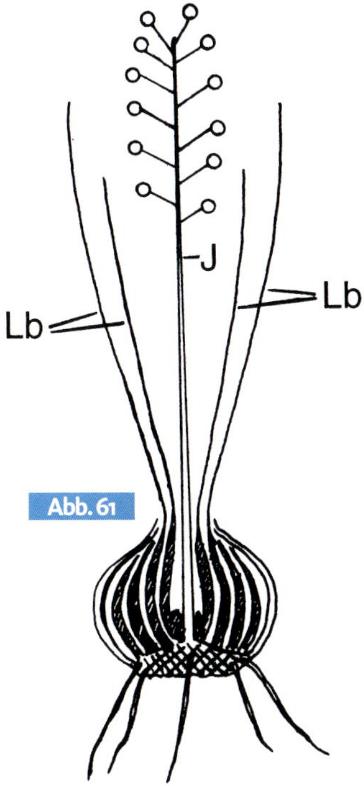

Abb. 61: Zwiebelpflanze (schematisch). Die basalen Teile der Blätter sind infolge Stoffspeicherung angeschwollen (schwarz), nur die inneren Blätter bilden überhaupt laubige Spreiten aus (Lb). Die äußersten Blätter enthalten keine Speicherstoffe (mehr) und sind trockenhäutig („Zwiebelschale"). Der stark gestauchte Spross („Zwiebelkuchen", kreuzschraffiert) ist zum Blütenstand (J) ausgewachsen. An dessen Basis – also in den Blattachseln der innersten Blätter – Erneuerungsknospen (schwarz). Am Zwiebelkuchen einzelne sprossbürtige Wurzeln. (Aus Troll 1959.)

wird hauptsächlich durch Längenwachstum basaler Bereiche bewirkt *(interkalares Wachstum)*. Die Spreite hat also früh ihre endgültige Breite und verlängert sich dann nur noch; daraus erklärt sich die Häufigkeit „grasartiger", also schmal-parallelrandiger Spreiten und die parallele Nervatur. Das lange währende interkalare Wachstum ermöglicht auch die hohe Regenerationsfähigkeit monokotyler Blätter – etwa von Gräsern nach der Mahd. Pleuroplastes Flächenwachstum, wie es für die Dikotylen so typisch ist (vgl. 2.1.5.3), spielt eine eher kleine Rolle und führt allenfalls zu einem (meist nur geringen) „Auseinanderziehen" der parallelen Nerven, die damit bogenförmig werden. Häufig werden später zwischen den parallelen Hauptnerven ± rechtwinklig Quernerven eingezogen, woraus eine regelmäßige *Gitternervatur* resultiert, die sich von der *Netznervatur* der Dikotylen deutlich unterscheidet. – Kennzeichnend für die Monokotylen ist ferner die regelhafte Ganzrandigkeit der Spreite, allerdings kann der Blattrand durch kleine knorpelige oder stachelartige Emergenzen rau oder sogar schneidend scharf werden.

Abb. 62a

Abb. 62b

Abb. 62c

Abb.62: Ligula bei Graminoiden. a: aufrechter Hautsaum bzw. b: Haarkranz bei Gräsern *(Poaceae)*. (Aus Conert in Hegi.)
c: adnate Ligula bei *Carex vesicaria (Cyperaceae)*. (Aus Jeremy & al. 1982.) (Vgl. auch Abb. 420.)

Gelegentlich tritt *Resupination* auf. In solchen Fällen dreht sich die Spreite um ihre Längsachse, sodass die Unterseite nach oben weist (vgl. Abb. 422). Sie ist insbesondere bei Gräsern und Seggen nicht selten und findet sich vor allem – warum auch immer – in ± schattigen Biotopen. Ein ähnlicher Effekt – die Exposition der Blattunterseite nach oben – wird (sehr selten) auch dadurch erreicht, dass das Blatt „überkippt".

Eine weitere, bei den Monokotylen häufige (wenn auch nicht auf sie beschränkte) und auffällige Erscheinung sind ± drehrunde Blätter, etwa nach dem Muster einer Binse oder des Schnittlauchs. Sie haben, da sie gewissermaßen nur aus Unterseite bestehen, keinen Blattrand (der ja die Grenze zwischen Ober- und Unterseite ist, vgl. 2.1.1.1); vergleichbar einem entsprechend gebauten Blattstiel (vgl. 2.1.5.2) werden sie als *unifazial* bezeichnet. Auch die „reitenden" Blätter von *Iris* und anderen Monokotylen (vgl. 3.3.3.2) sind partiell solche unifazialen Blätter, allerdings seitlich abgeflacht.

Fiederblätter gibt es bei den (einheimischen) Monokotylen nicht[29].

3. Bei der **Blattstellung** dominiert die 1/2-Stellung (z. B. Poaceen); auch die 1/3-Stellung (z. B. Cyperaceen) kommt zuweilen vor und ist ein klassisches Unterscheidungsmerkmal dieser beiden Familien. – Echte Dekussation ist nicht bekannt. Des Öfteren stehen die Blätter zwar zu zweit oder auch in Mehrzahl sehr genähert beieinander (Scheinwirtel, vgl. 2.1.2.5 und Schlüssel 10). Diese Anordnung ist aber (im Falle der „Gegenständigkeit") nicht dekussiert; die dimeren Wirtel stehen ja übereinander und nicht um 90° versetzt. Deshalb muss sie von einer distichen Blattstellung abgeleitet werden, wobei jedes zweite Internodium unentwickelt bleibt (Abb. 63). Der „Sinn" dieses rhythmischen Wechsels von langen und extrem kurzen Internodien ist völlig unklar.

Abb. 63

Abb.63: Rhythmische Internodienstauchung bei *Groenlandia densa*. (Aus Troll 1937.)

Eine Übersicht der trennenden Merkmale „dikotyl" vs. „monokotyl" findet sich in Tab. 1. Leider gibt es Blätter, auf die diese Kriterien nicht anwendbar sind, z. B. weil sie wegen ihrer geringen Größe gegebenenfalls außer der Mittelrippe keine Nervatur aufweisen. Solche Blätter wird man in der Regel den Dikotylen zuweisen können. Blattstellung sowie die Sprossmerkmale Verholzung bzw. Stängelquerschnitt können darüber Auskunft geben (vgl. Tab. 1).

2.1.7 Das Blatt der Pteridophyten

1. Die *Pteridophyta* (Farnpflanzen im weitesten Sinn) haben mit den bisher behandelten *Spermatophyta* (Samenpflanzen) die kormophytische

[29] Auch die (ebenfalls monokotylen) Palmen haben keine Fiederblätter im morphologischen Sinn: Die Blätter spalten sich erst sekundär durch „programmiertes" Absterben bestimmter Blattbezirke auf.

Organisation gemeinsam – weshalb beide Gruppen als „Gefäßpflanzen“ zusammengefasst und in den gängigen Bestimmungsbüchern berücksichtigt werden (vgl. Kap. 1). Die Unterschiede zwischen diesen beiden Gruppen sind aber doch beträchtlich. Für die Bestimmungsarbeit bedeutet dies u.a., dass die Blüte als zentraler Merkmalsträger „ausfällt“ und das Blatt diese Aufgabe übernimmt.
Allerdings muss man sich dabei vergegenwärtigen, dass die Blätter aller Gefäßpflanzen vor allem zwei Aufgaben erfüllen müssen, die funktional nichts miteinander zu tun haben: Sie dienen (a) der Assimilation und damit die Ernährung der Pflanze sowie (b) der Erzeugung von Sporangien und damit von Sporen. Blätter, die der Assimilation dienen, nennt man *Trophophylle* (gr. troph- „die Ernährung betreffend“), Sporangien tragende Blätter *Sporophylle* und Blätter, die beide Funktionen erfüllen, entsprechend *Trophosporophylle*. Bei den Spermatophyten herrscht eine strikte Arbeitsteilung: Die „normalen“ grünen Laubblätter – also die Trophophylle – tragen niemals Sporangien, und die Sporophylle – d.h. die Staubblätter und Fruchtblätter[30] – sind normalerweise nicht grün. Bei den Pteridophyten sind die Verhältnisse je nach Unterabteilung bzw. Klasse unterschiedlich.
Zwei der insgesamt 3 Unterabteilungen, die **Bärlappe** (inkl. der Moosfarne) und die **Schachtelhalme** sind durch kleine, stets < 1 cm lange, ungeteilte, häufig schuppige und zumeist zugespitzte Blätter gekennzeichnet. Diese stehen im ersten Fall dicht, bei den Schachtelhalmen in getrennten Wirteln. Obwohl naturgemäß arm an diagnostisch verwertbaren Merkmalen, ist es im Allgemeinen nicht schwierig (und in der Praxis zumeist auch erforderlich), die Vertreter zumindest der Schachtelhalme vegetativ zu bestimmen (vgl. 3.4.5). – Die dritte und weitaus größte Unterabteilung sind die Farne im engen Sinn. Wenn wir uns innerhalb dieser auf die von uns so genannten Echten Farne beschränken (vgl. 1.3), sind deren Blätter meist groß – jedenfalls größer als 1 cm (vgl. oben) – und fast immer gefiedert oder doch fiederschnittig (einzige Ausnahme: *Phyllitis*). Wir bezeichnen diese Blätter als *Wedel*.
Die in Kap. 2.1.1 bis 2.1.3 erwähnten grundsätzlichen Merkmale eines Blattes lassen sich bei den Farnen nur bedingt nachweisen; ein Unterblatt ist selten auszumachen; Stipeln fehlen. Eine Blattfolge ist nur insofern erkennbar, als sich an unterirdischen Sprossachsen häufig Niederblätter nachweisen lassen. Junge Blätter sind an der Spitze sehr charakteristisch eingerollt, weil sie – im Gegensatz zu den Blättern der Angiospermen – an der Spitze lange weiterwachsen.

[30] Inwiefern Staub- und Fruchtblätter Sporophylle sind, können wir hier in der Kürze nicht ausführen und verweisen auf ein entsprechendes Lehrbuch.

Der Wedel eines Echten Farns ist im typischen Fall ein Trophosporophyll: Die Blätter sind alle grün, ± gleich gestaltet, flächig entwickelt (soweit die Trophophyll-Merkmale) und tragen an der Unterseite die Sporangien, die zu ± rundlichen, haken- oder streifenförmigen Aggregaten, sog. Sori (Sing. Sorus) zusammentreten und meist von einem *Indusium,* einem häutigen „Schleier“, eingehüllt werden. Dies sind die wichtigsten Merkmalsträger für die Bestimmung, sollen aber, der Zielsetzung dieses Buches folgend, hier nicht weiter behandelt werden. Ergänzend sei nur vermerkt, dass einige wenige Echte Farne ebenfalls eine „Arbeitsteilung“ in Sporo- und Trophophylle erkennen lassen (vgl. 3.4.4); in sehr seltenen Fällen erfüllen auch unterschiedliche Bezirke *eines* Blattes die jeweilige Funktion.
Die Wedel sind bisweilen nur einige Zentimeter lang, oft aber erreichen sie eine beachtliche Größe von bis zu über zwei Metern. Sie können beim Anfänger schon einmal den Eindruck eines beblätterten Spross-systems erwecken. Es gibt aber keine einheimischen Farne mit oberirdischer Sprossachse (vgl. 2.2.3.5).

2.2 Wurzel und Sprossachse

Diese beiden Organe sollen hier zusammen besprochen werden. Sie haben eine Reihe habitueller Eigenschaften gemeinsam und können gelegentlich verwechselt werden.
Beides sind – im Gegensatz zum Blatt – primär radiär gebaute, theoretisch zu unbegrenztem Wachstum fähige Achsenorgane. Ihre Aufgabe ist nicht die Ausbreitung in der *Fläche* wie beim Blatt (zum Zweck der Assimilation), sondern im *Raum,* z. B. zur optimalen Exposition der Blätter bzw. der Wasser und Nährlösung aufnehmenden Wurzelhaare. In diesem Zusammenhang zeigt auch ihre Anatomie eine Reihe funktioneller Gemeinsamkeiten.

2.2.1 Allgemeines

1. Die **Wurzel** spielt für die Bestimmung der Pflanzen nur eine unbedeutende Rolle. Die gesamte Bewurzelung einer Pflanze bezeichnet man als deren *Radikation.* Sie besteht aus dem Primärwurzelsystem und/oder sprossbürtigen Wurzelsystemen. Das *Primärwurzelsystem* setzt den Spross gewissermaßen „nach unten“ fort; die Grenze zwischen diesen beiden Organen wird als *Wurzelhals* bezeichnet. Er ist – vor allem an Primärwurzelsystemen, vgl. unten – häufig erkennbar an einem Farbwechsel und/oder dem Austreten der ersten Seitenwur-

Abb. 64

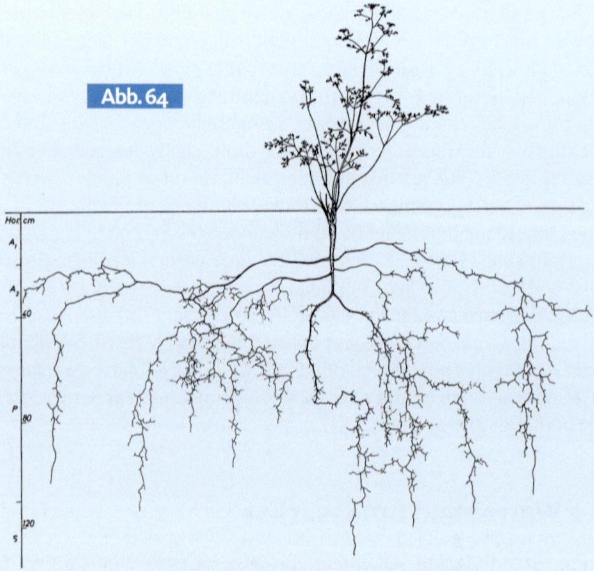

Abb. 64: Primärwurzelsystem von *Silaum silaus*. (Aus Kutschera & al. 1992.)

zel. – Das Primärwurzelsystem geht aus der Keimwurzel hervor und ist deshalb an jedem Individuum höchstens in Einzahl vorhanden; bei Pflanzen mit reinem Primärwurzelsystem besteht die gesamte Radikation somit aus nur diesem einen „Teilsystem“ (Abb. 64). Solche Primärwurzelsysteme sind kennzeichnend für viele dikotyle Krautige und für Bäume. Primärwurzeln dringen oft tiefer in den Boden ein als vergleichbare sprossbürtige Systeme und sind deshalb bei Bewohnern trockener Standorte häufig. – *Sprossbürtige Wurzelsysteme* entspringen in Mehrzahl seitlich an der Sprossachse (Abb. 65). Sie sind charakteristisch für Farne und Monokotyle – also für Krautige –, wobei sich bei den Letzteren zumindest im Keimungsstadium eine Primärwurzel meist noch nachweisen lässt; sie wird erst im Laufe der Entwicklung durch sprossbürtige Systeme ersetzt. Sprossbürtig bewurzelt sind auch zahlreiche krautige Dikotyle, insbesondere wenn sie feuchte oder nasse Standorte besiedeln[31] und/oder horizontal wachsende Sprossachsen besit-

[31] Nasse Böden sind wegen mangelnder Durchlüftung für tiefgehende Pfahlwurzeln wenig geeignet.

Abb. 65

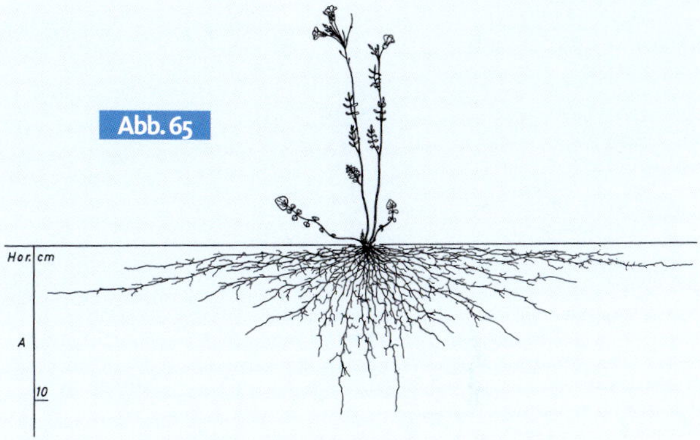

Abb. 65: Sprossbürtiges Wurzelsystem von *Cardamine pratensis*. (Aus Kutschera & al. 1992.) (Vgl. auch Abb. 91–94.)

zen (Rhizome oder Ausläufer, vgl. 2.2.3.2 und 2.2.3.4). – Innerhalb der Dikotylen kommen nicht selten Übergangsformen vor: Die Primärwurzel bleibt in Funktion und wird durch sprossbürtige Wurzeln lediglich ergänzt.

2. Im Gegensatz zur Wurzel, deren architektonischer Aufbau wenig nachvollziehbaren Regeln folgt, ist die **Sprossachse** in kennzeichnender Weise gegliedert: Sie setzt sich aus Knoten und Internodien zusammen, die gesetzmäßig aufeinander folgen. An den **Knoten** (lat. *nodi*, Singular *nodus*) sitzen die Blätter (und bevorzugt auch die sprossbürtigen Wurzeln, wenn die Pflanze diesem Radikationstyp folgt). Die Internodien („Zwischenknotenstücke") bewirken durch ihre Längenentwicklung das Höhen- und Breitenwachstum der Pflanze. Sind sie in ihrer Längenentwicklung gehemmt (gestaucht), sind die Knoten (und damit die Blätter) räumlich genähert. Dadurch kann es zur Bildung einer Blattrosette kommen (vgl. 2.1.2.5).

Sprossachsen können krautig sein (sie werden umgangssprachlich dann als „Stängel" bezeichnet) oder verholzt („Stamm", „Ast"). Holzige Achsen ermöglichen naturgemäß ausgeprägten Höhenwuchs – eine „Chance", die allerdings nicht immer genutzt wird (Zwergsträucher). Zudem dient der Holzkörper auch der Stoffspeicherung.

3. Die Architektur einer Pflanze wird ganz wesentlich von der **Verzweigung der Sprossachse** bestimmt. Diese erfolgt keineswegs regellos. So verzweigen sich alle Samenpflanzen – im Gegensatz zu den Pterido-

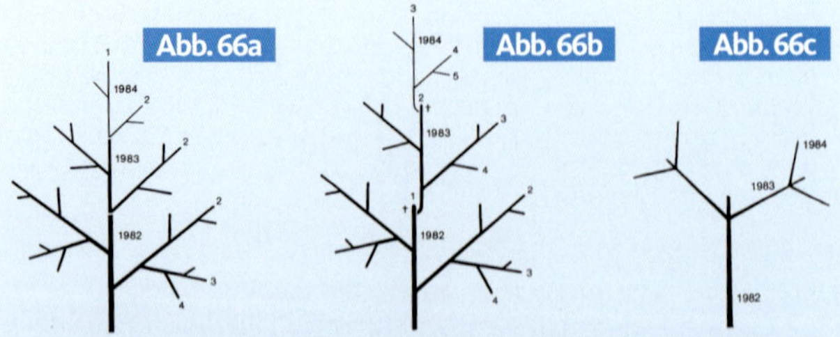

Verzweigungstyp. a: Monopodium: Die Seitenachsen sind einer durchgehenden Hauptachse untergeordnet; b: Sympodium/Monochasium: Jeweils eine Seitenachse setzt die Wuchsrichtung der (hier: abgestorbenen) Hauptachse regelhaft fort; c: Sympodium/Dichasium: Jeweils 2 gleichberechtigte Seitenachsen übergipfeln die Hauptachse. (a und b aus Fitschen 2002.)

phyten – grundsätzlich nur aus den Achseln eines Blattes, also im Winkel der Blattoberseite mit dem sich nach oben fortsetzenden Spross[32]. Dieses Blatt wird damit zum Tragblatt der Seitenachse. Zumindest bei den Angiospermen kann man davon ausgehen, dass jede Blattachsel *potenziell* zur Seitenachsenbildung befähigt ist, auch wenn man in der betreffenden Achsel keinerlei Anlage dazu (Seitenknospe) erkennen kann. Aber auch vorhandene Knospen treiben nicht immer aus, sondern dienen in vielen Fällen lediglich als Organreserve für den Fall, dass Teilsysteme des Sprosses durch äußerliche Einwirkung – etwa durch Tierfraß oder Spätfrost – verloren gehen und ersetzt werden müssen. Knospen, die mehrere Jahre ruhen (können), bevor sie austreiben, nennt man „ruhend“ oder „schlafend“.

Es gibt – insbesondere bei Infloreszenzen – auch den umgekehrten Fall, dass nämlich Verzweigungen scheinbar ohne Tragblatt vorliegen. Hier handelt es sich aber nur um einen Fall extremer Reduktion. – Bei Holzgewächsen mit ihren ausdauernden Ästen ist das Tragblatt natürlich spätestens im zweiten Jahr abgefallen, die Narbe (*Ule*, vgl. 2.1.4.1) ist gelegentlich aber noch gut zu erkennen.

Grundsätzlich kann man zwei Formen seitlicher Verzweigung unterscheiden (Abb. 66):

- Die Hauptachse wächst (theoretisch) unbegrenzt. Zumeist in akropetaler Folge (d.h. von unten nach oben fortschreitend) können Seitenachsen ausgegliedert werden, die sich ihrerseits wieder verzweigen können, in ihrem Umfang jedoch hinter dem der Hauptachse zurückbleiben: Eine durchgängige Hauptachse bleibt gewissermaßen das primäre Element der Sprossarchitektur (**Monopodium**, Abb. 66a)

[32] In der Regel entsteht in einer Blattachsel – wenn überhaupt – nur *ein* Seitenspross; sind es mehrere, werden die „überzähligen“ als *Beiknospen* (bzw. *-sprosse*) bezeichnet.

- Die Hauptachse stellt nach gewisser Zeit regelhaft ihr Wachstum irreversibel ein – etwa zu Beginn des Winters – oder erschöpft sich in der Bildung eines Blütenstandes. Die Fortführung des Sprossverbandes müssen dann Seitenachsen übernehmen, die damit die ursprüngliche Hauptachse übergipfeln und zu „Hauptachsen 2. Ordnung" werden. Da diese sich genauso verhalten wie die ursprüngliche Hauptachse 1. Ordnung, ist der gesamte Sprossverband zuletzt aus fortlaufend neuen, aufeinanderfolgenden Sprossgenerationen immer höherer Ordnung zusammengesetzt (daher **Sympodium**, Abb. 66b, c)

Das Blatt, aus dessen Achsel der Fortsetzungstrieb stammt, ist in der Regel apikal, d. h. im oberen Bereich der jeweils vorangegangenen Achsengeneration zu finden. Bei gegenständiger Beblätterung sind damit zwei potenzielle Tragblätter vorhanden. Dementsprechend werden oft auch zwei (± gleichberechtigte) Fortsetzungstriebe gebildet, deren konkurrierende Entwicklung eine „gabelige" Verzweigung bewirkt. Solch ein **Dichasium** (Abb. 66c) ist als Sympodium also leicht zu erkennen. Bei wechselständiger Blattstellung dagegen gibt es, wenn das Prinzip der apikalen Dominanz konsequent verwirklicht ist, nur einen Fortsetzungstrieb (**Monochasium**, Abb. 66b). Dieser drängt den (ehemaligen) Haupttrieb auf die Seite und setzt dessen Wuchsrichtung scheinbar (!) fort. Monopodien (mit „echter" durchgängiger Hauptachse) und Monochasien (mit einer aus aufeinanderfolgenden Sprossgenerationen zusammengesetzten scheinbaren „Haupt"achse) können sich habituell also stark ähneln. Die Stellung der Tragblätter verrät jedoch die jeweilige morphologische Natur: Bei einem Monopodium entspringen die habituellen (und auch tatsächlichen) Seitenachsen regelgemäß einer Tragblattachsel, bei einem Monochasium findet sich ein Blatt der habituellen Seitenachse (d. h. der morphologischen Hauptachse) gegenüber (Abb. 67)[33].

Abb. 67

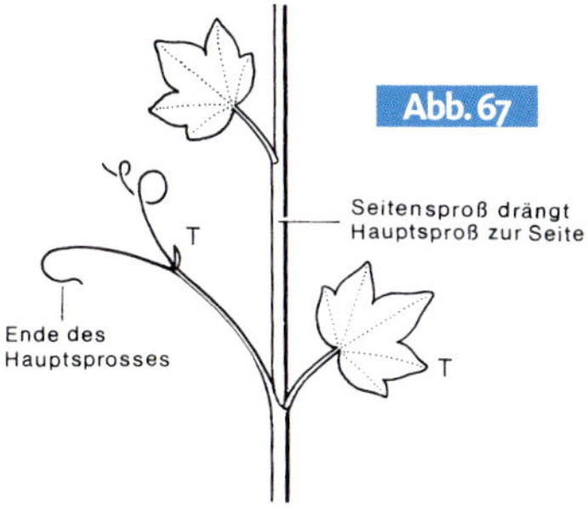

Abb.67: *Vitis*, Monochasium. (Aus Fitschen 2002.)

Die Frage nach dem Verzweigungstyp ist keineswegs nur akademischer Natur, sondern in der Bestimmpraxis für sommergrüne Gehölze im Winter von großer Bedeutung: Bei einem Monopodium endet ein Zweig n-ter Generation mit einer „echten" Endknospe,

[33] Es gibt auch **Pleiochasien;** dort setzt eine Mehrzahl von Seitenachsen die Hauptachse fort. Sie werden allerdings von scheinwirtelig zusammentretenden, aber ansonsten wechselständigen Blättern gebildet und sind insofern mit einem Dichasium nicht vergleichbar. – Pleiochasien finden sich vor allem im Infloreszenzbereich, z. B. vielfach bei Wolfsmilch-Arten.

die somit ebenfalls der Generation n angehört und das Wachstum des Zweiges im folgenden Frühjahr fortsetzt. Bei einem Monochasium dagegen stirbt die Hauptachse (also der Zweig der n-ten Generation) ab und wird nach dem oben Gesagten von einer subterminalen Seitenknospe der Generation n+1 im Folgejahr fortgeführt; eine „echte Endknospe" fehlt. Dass es sich nur um eine „scheinbare Endknospe" handelt, ergibt sich aus dem Umstand, dass sie – als Seitenknospe – ein Tragblatt (oder dessen Ule) haben muss, das einer „echten" Endknospe natürlich fehlt (Abb. 68). Die Frage „Endknospe vorhanden oder fehlend" sollte also nicht nach dem ersten Augenschein beantwortet werden, sondern erst nach genauerer analytischer Betrachtung.

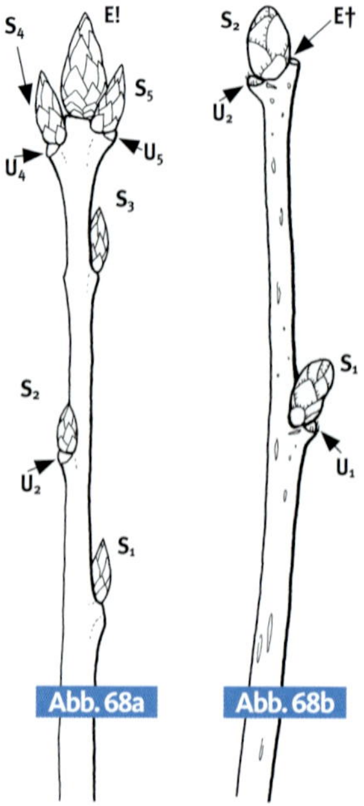

Abb. 68: „Endknospen" bei Holzgewächsen. a: Zweigende von *Quercus petraea* mit „echter" Endknospe; b: Pseudoterminalknospe von *Corylus avellana*. – E!: bleibende Endknospe; E †: abgestorbene Endknospe; S: Seitenknospen; U: dazugehörige Ulen. In b ersetzt S_2 als Pseudoterminalknospe die „eigentliche" Endknospe. (Aus Hecker 2008.)

4. Achsenorgane dienen vielfach auch als **Speicherorgan** für Reservestoffe oder der **vegetativen Ausbreitung.** Dies geschieht bei Holzpflanzen und Krautigen in unterschiedlicher Weise (vgl. die folgenden Kapitel).

2.2.2 Das Achsensystem der Holzpflanzen

1. Auch hier gibt es Merkmale, die – vor allem im winterkahlen Zustand – nur bei Holzgewächsen zum Einsatz kommen (vgl. 3.1). So wird das verzweigte System mitunter gelegentlich von zwei gestaltlich abweichenden Formen von Seitenachsen gekennzeichnet; man spricht von *Lang-/Kurztrieb-Dimorphismus.* Hier sitzen an einer durchgehenden, persistierenden (langlebigen) Hauptachse[34] (oft kurzlebige) Seitenachsen mit stark gestauchten Internodien (Abb. 69), bisweilen auch abweichender Beblätterung und/oder spezieller Funktion; so kann etwa die Blütenbildung auf Kurztriebe beschränkt sein (z. B. Blüten„dolden" der Kirsche, Abb. 69b).
2. Wichtiger als die soeben genannten Merkmale ist zur Ansprache von Bäumen das Merkmal **Borke** bzw. **Rinde.** Es kommt bei Krautigen und

[34] Der Begriff „Hauptachse" ist relativ zu verstehen. Er bringt zum Ausdruck, dass an dieser Hauptachse n-ter Ordnung Seitenachsen n+1-ter Ordnung stehen.

Zwergsträuchern nur sehr selten zum Einsatz, weil es an das sog. sekundäre Dickenwachstum der Holzgewächse geknüpft ist, das bei höheren Gehölzen naturgemäß ausgeprägter ist.

Dieses Dickenwachstum der Sprossachse ist ein außerordentlich komplexer Vorgang. Für unsere Zwecke sind jedoch nur folgende Dinge interessant:

Verantwortlich für das Dickenwachstum unserer einheimischen Gehölze ist eine im Stammquerschnitt kreisförmig angeordnete Lage teilungsfähiger Zellen, das sog. *Kambium*. Das Gewebe außerhalb dieses Kambiums wird als *Rinde* bezeichnet. Die äußeren Schichten der Rinde werden im Laufe der Entwicklung durch Korkschichten vom innerhalb des Kambiums liegenden Teil des Stammes abgeschottet und sterben ab. Sie können dem fortschreitenden Dickenwachstum nicht mehr folgen und reißen. Dieses tote, meist ± braune Abschlussgewebe wird als *Borke* bezeichnet. Die Muster, die sich beim Aufreißen der Borke bilden, können sehr unterschiedlich sein (Abb. 81). Bei der *Platten-* bzw. *Schuppenborke* lösen sich die abgestorbenen Teile unregelmäßigen Fetzen oder Placken oder ± regelmäßigen, würfelartigen Elementen ab. Bei der sehr häufigen *Rippen-* oder *Streifenborke* sind die einzelnen Felder viel länger als breit, sodass insgesamt der Eindruck einer vertikalen Musterung entsteht. Bei der *Furchenborke* gehen die Risse dabei ziemlich tief. – Insbesondere die Rippenborken sind untereinander oft recht ähnlich; die Ansprache eines Baumes nur anhand der Borke setzt dann eine gewisse Erfahrung voraus.

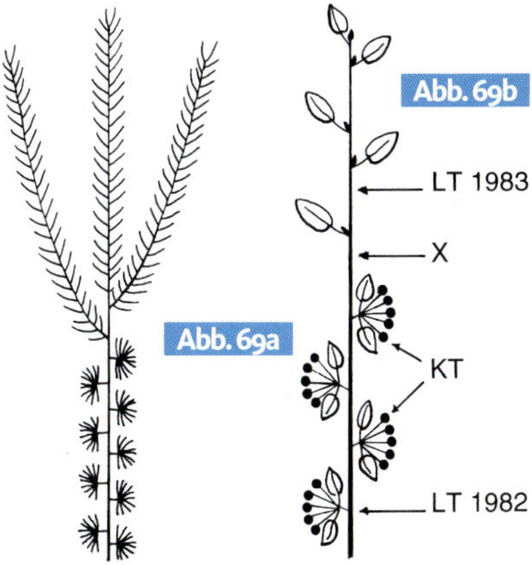

Abb.69: Lang-/Kurztrieb-Dimorphismus. Es ist jeweils ein zwei Jahrgänge umfassender Trieb dargestellt (a: Lärche, b: Kirsche). Der diesjährige Trieb (oberhalb „x“) ist ein „normal“ beblätterter Langtrieb (LT), aus dessen Blattachseln im Folgejahr gestauchte Kurztriebe (KT) wachsen; diese tragen bei der Lärche ein Nadel„büschel“, bei der Kirsche Blüten, die infolge der starken Stauchung des Kurztriebes doldig genähert sind. (Aus Troll 1959, verändert.)

Sehr charakteristisch können dagegen die beiden folgenden Typen sein; leider sind sie eher selten. Bei der *Ringelborke* lösen sich querlaufende, dünne Streifen vom Stamm. Bei der *Spiegelrinde* letztlich unterbleiben die für die Borkenbildung formbildenden Vorgänge weitgehend (daher auch *-rinde* und nicht *-borke)*[35]; sie besitzt demzufolge eine glatte Oberfläche. Gelegentlich haben junge Bäume (bzw. junge Äste) „noch" eine Spiegelrinde, die später aber doch aufreißt. So kann man bei der Hänge-Birke gut beobachten, wie sich die weiße Spiegelrinde zunächst in Ringeln ablöst, um schließlich sukzessive durch die schwarzrissige Borke ersetzt zu werden; infolgedessen wird die Stammbasis mit fortschreitendem Alter zunehmend schwarz (Abb. 81i-k).

Abb. 70

Abb. 70: Lentizellen von *Frangula*.

Abb. 71: Korkleisten von *Euonymus*.

Zwei Erscheinungen müssen in diesem Zusammenhang noch genannt werden, die – wie die Borke – auf die Korkbildung bei Pflanzen zurückgeht: Die sog. *Korkwarzen (Lentizellen)* sind Poren in der äußeren Haut noch relativ junger, noch nicht zur eigentlichen Borkenbildung übergegangener Zweige, die dem Gasaustausch dienen, also gewissermaßen die Spaltöffnungen der krautigen Triebe ersetzen. Sie können rundlich, quer- bzw. längsoval (Abb. 70) oder auch strichförmig sein. Der Kork kann aber nicht nur als Warze, er kann auch als lineare Struktur zum Vorschein kommen. Dann sprechen wir von *Korkleisten* (Abb. 71).

3. Gelegentlich wird auf kennzeichnende **Kronenformen** (Kronenumrisse), insbesondere von näher verwandten Bäumen, hingewiesen. Dieses Merkmal ist theoretisch natürlich sehr praktisch, weil aus der Ferne anwendbar. Es ist wegen großer individueller Variabilität aber mit Vorsicht zu gebrauchen und setzt zudem große Erfahrung voraus. Dies gilt auch für die Bewertung der Wuchsform von Brombeer-Arten, wo sich die Schösslinge z. B. „hochbogig" oder „kriechend" ausbreiten können.
4. Die **Speicherung** von Reservestoffen erfolgt im Holzkörper eines Baumes oder eines Strauches, ohne dass damit wesentliche Verände-

[35] In der Praxis ist es nicht erforderlich, zwischen diesen beiden Begriffen zu unterscheiden, zumal „Borke" ja ein Teil der (ehemaligen) „Rinde" ist.

rungen in der äußeren Form der Achse verbunden sind *(diffuse Speicherung).* – Die **vegetative Ausbreitung** spielt vor allem bei Sträuchern eine Rolle: Viele bilden *Wurzelsprosse* aus, wobei Tochterpflanzen direkt aus den radial ausstreichenden Wurzeln der Mutterpflanze entstehen. Dies ermöglicht es den Jungpflanzen, sich auch bei dichter Wurzelkonkurrenz zu behaupten. Die Überwucherung von Grasbeständen durch Hartriegel oder Schlehe sind Beispiele dafür. Bei den Bäumen sind solche Wurzelsprosse seltener. Man kennt sie z. B. von der Robinie, deren landespflegerisch notwendige Entfernung sie im Übrigen erschweren. Auch bei den Krautigen sind Wurzelsprosse selten; sie werden funktionell durch unterirdische Ausläufer ersetzt (vgl. 2.2.3.2). – Bestimmungstechnisch ist diese Unterscheidung allerdings meist irrelevant. Man sagt allgemein, die Pflanze tritt „in Herden“ auf.

2.2.3 Das Achsensystem der Krautigen

1. Die beiden Formen der **Bewurzelung** – Primärwurzelsystem bzw. sprossbürtige Wurzeln und ihre Übergänge – sind in Kap. 2.2.1 bereits genannt worden. Die Bewurzelung ist vielfach artspezifisch und wird wahrscheinlich zu wenig als Bestimmungsmerkmal genutzt. Dabei kann die gerade für Anfänger nicht immer leicht zu beantwortende Frage, ob eine Pflanze ein- oder mehrjährig ist, oft anhand der Radikation geklärt werden: Das Wurzelsystem einjähriger Pflanzen ist meist schwach entwickelt, sprossbürtige Wurzeln fehlen bei den einjährige Dikotylen oder sind doch nur sehr zurücktretend. Zwei- oder mehrjährige Pflanzen haben zudem oft deutlich speichernde Wurzeln (vgl. **4.** und 2.9.1).

2. Krautige **Sprossachsen** wachsen normalerweise ± aufrecht – sei es „aus eigener Kraft“, sei es als Ranken- oder Windepflanze „mit Unterstützung“. Insbesondere Pflanzen offener Biotope richten sich aber mitunter erst im Lauf der Entwicklung auf (sie wachsen *aufsteigend*) oder liegen der Bodenoberfläche zeitlebens auf *(niederliegend).* Wurzeln diese auf der Erde liegenden Sprosse (zumeist an den Knoten) fortlaufend ein, spricht man von *Kriechsprossen* (Abb. 72). Kriechsprosse mit stark verlängerten Internodien, mithilfe derer die Sprosse sich raumgreifend ausbreiten können, bezeichnet man als *Ausläufer;* sie dienen vielfach der vegetativen Vermehrung (z. B. Erdbeere). Bei beiden, Kriechsprossen und Ausläufern, gibt es ober- und unterirdische Formen. Dies ist zumeist artspezifisch festgelegt und kann ein wichtiges Bestimmungsmerkmal sein (z. B. bei manchen Gräsern oder beim Baldrian); wir werden in Kap. 3.3.7 darauf zurückkommen. – Obwohl unterirdische Ausläufer ± horizontal wachsen, können sie infolge ihrer bleichen

Farbe und ihrer sprossbürtigen Bewurzelung als „Wurzeln" missdeutet werden („Quecken*wurzeln*"), sind als Sprossorgane aber fast immer an ihren schuppenförmigen Blättern erkennbar; Wurzeln haben niemals Blätter, können in seltenen Fällen aber blatttragende Wurzelsprosse bilden (vgl. 2.2.2.4).

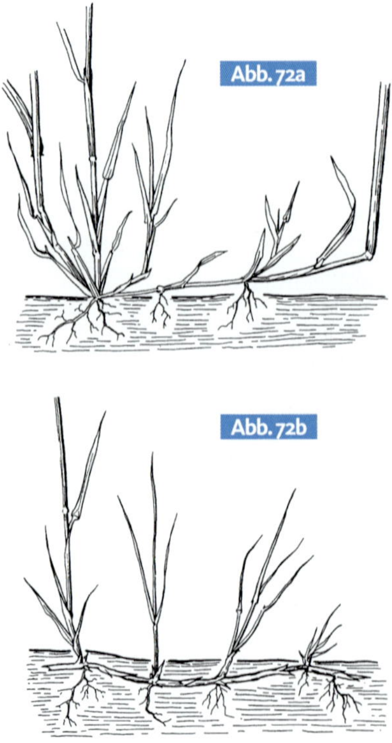

Abb. 72: a: Oberirdischer bzw. b: unterirdischer Kriechspross. (Aus Conert in Hegi.)

3. Im Querschnitt sind Sprossachsen – ähnlich den Wurzeln – meist rund, doch finden sich vielfach Abweichungen, die meist im Zusammenhang mit der Blattstellung zu sehen sind und deshalb oft in bestimmten Verwandtschaftskreisen gehäuft auftreten: So ist z. B. der Stängelquerschnitt der weitaus meisten Lippenblütler viereckig, der vieler Riedgräser dreieckig und der mancher Echten Gräser zusammengedrückt-zweischneidig. Längskanten oder -rillen finden sich z. B. bei vielen Doldenblütlern. Diese Kanten können sogar zu ± häutigen, den Stängel längs herablaufenden „Flügeln" auswachsen.

Die Anatomie der Sprossachse, näherhin die Anordnung der Leitbündel im Querschnitt, liefert bei Krautigen auch einen wichtigen Hinweis darauf, ob es sich um eine Mono- oder Dikotyle handelt: Bei den Monokotylen sind die Leitbündel über den ganzen Querschnitt ± gleichmäßig verteilt, bei den Dikotylen – zumindest bei denen mit rundem Stängel[36] – bilden sie einen Ring (vgl. auch Tab. 1). Diese Verhältnisse lassen sich oft schon mit einer guten Lupe, also auch im Gelände erkennen[37]. – Hilfreich kann die Anatomie des Stängel-Querschnitts bei der Bestimmung von Wasserpflanzen sein (vgl. Schlüssel 1).

[36] Sprossachsen mit vierkantigem Querschnitt kann man in aller Regel von vorneherein den Dikotylen zuordnen.

[37] Irritationen können bei Stängeln mit luftführenden Hohlräumen entstehen (z. B. Wasserpflanzen).

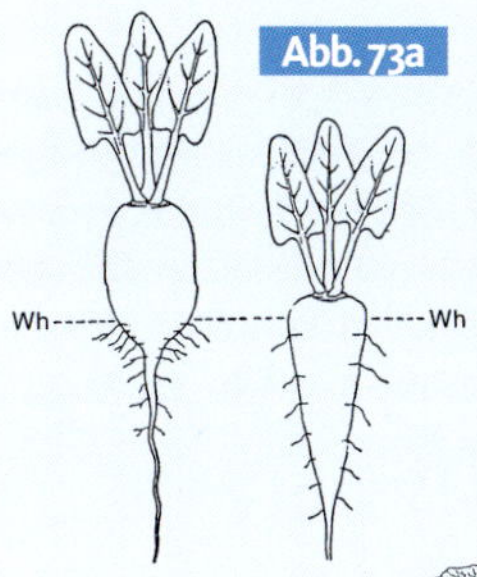

Abb. 73: Wurzel als Speicherorgan. a: *Rüben* sind Speicherorgane, an deren Aufbau die Primärwurzel und basale Sprossabschnitte mit unterschiedlichen Anteilen beteiligt sind. Links: Runkelrübe, rechts: Zuckerrübe. Wh: Wurzelhals. (Aus Troll 1959.)
b: Wurzeldimorphismus bei *Ranunculus ficaria:* Neben „normalen" fädigen Wurzeln gibt es knollenförmige Speicherwurzeln. (Aus Kutschera & al. 1992.)

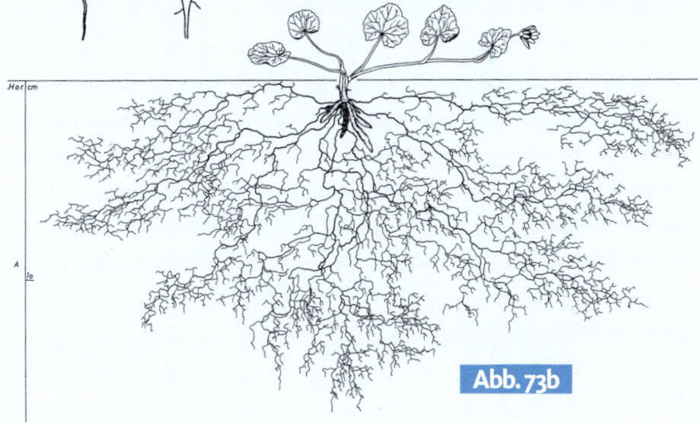

4. Gemäß Kap. 2.2.2.4 ist bei Holzgewächsen eine diffuse **Speicherung** die Regel. – Anders bei Krautigen. Zunächst einmal kann man am Vorhandensein eines Speicherorgans ganz allgemein erkennen, dass die Pflanze zumindest zweijährig ist. Vor allem aber kann die funktionsbedingte Umformung der Gestalt eines Organs oder eines Teils davon die Ansprache der Pflanze ermöglichen. In unseren mitteleuropäischen Bestimmungsschlüsseln wird von dieser Möglichkeit allerdings wenig Gebrauch gemacht, weil fast immer leichter zugängliche diakritische Merkmale herangezogen werden können.
Dies gilt insbesondere für die Wurzel. Eine speichernde Primärwurzel ist zapfenförmig verdickt (Pfahlwurzel) oder bildet Rüben aus, wobei im letzteren Falle auch basale Stängelabschnitte in das Speicherorgan miteinbezogen sind (Abb. 73a). Auch sprossbürtige Wurzeln können zur Stoffspeicherung herangezogen werden. Da sie in Mehrzahl an einem Individuum auftreten, ist in diesem Fall häufig eine „Arbeitsteilung" zu beobachten: Ein Teil der sprossbürtigen Wurzeln bleibt ± unverzweigt und schwillt zum knollenförmigen Speicherorgan an, während andere ihre typische Wurzelgestalt und -funktion (Fixierung der

Pflanze und Aufnahme von Bodenlösung) beibehalten (Wurzeldimorphismus, Abb. 73b).

Speichernde Sprosse sind zum Schutz vor Kälte bzw. Trockenheit meist unter die Erde verlagert. Zunächst speichern auch die bereits erwähnten unterirdischen Ausläufer, deren Hauptaufgabe ja die vegetative Ausbreitung ist. Bei den auf Speicherung spezialisierten Organen unterscheidet man vor allem Rhizome und Knollen. *Rhizome* sind unterirdische, gedrungene, verdickte Achsenorgane[38]; sie können aufrecht (orthotrop) oder – im typischen Fall – waagrecht (plagiotrop) wachsen und sich (wie andere Sprosse) monopodial oder sympodial verzweigen. Sie haben den Charakter einer Hauptachse und treten also pro Individuum – ungeachtet einer möglichen Verzweigung – nur in Einzahl auf. Meist sind sie mit Schuppenblättern besetzt, die in seltenen Fällen ebenfalls als Speicher dienen; von solchen verdickten Schuppenblättern am Rhizom hat die Zahnwurz *(Dentaria)* ihren Namen. – Da Rhizome in dem Maße von hinten (unten) her absterben wie sie vorne (oben) weiterwachsen, sind sie ausschließlich sprossbürtig bewurzelt. Die Erneuerungsknospen liegen meist am vorderen Ende (vgl. Abb. 80e). – *Knollen*[39] sind ± rundliche Gebilde, die häufig am Ende unterirdischer Seitenachsen angelegt werden (und deshalb in Mehrzahl auftreten können). Auch sie tragen meist Schuppenblätter (woran man Sprossknollen von den oben erwähnten Wurzelknollen unterscheiden kann), sind aber in der Regel nicht bewurzelt (vgl. etwa eine Kartoffel).

5. Ergänzend sei angemerkt, dass auch unsere einheimischen **Pteridophyten** unterirdische Sprosse ausbilden, bei den Echten Farnen in Form eines kurzen Rhizoms (dann stehen die Wedel trichterförmig beieinander) oder ausläuferartig gestreckt; dann kommen die Blätter einzeln aus dem Substrat und bilden „Herden“ (vgl. Schlüssel 11). Oberirdische Sprossachsen gibt es bei einheimischen Echten Farnen normalerweise nicht. Dies hängt mit der gewissermaßen taxonspezifischen Frostempfindlichkeit ihrer Sprossachse zusammen.

---

[38] Die Terminologie der unterirdischen Sprossachsen ist sehr unübersichtlich. Mitunter werden alle unterirdischen Sprossachsen als „Rhizom“ bezeichnet – also auch die schlanken, vor allem der vegetativen Ausbreitung dienenden Ausläufer. Wir wollen hier nur dann von einem Rhizom sprechen, wenn das Organ hauptsächlich der Stoffspeicherung dient und gestaltlich entsprechend modifiziert ist (vgl. aber 3.3.7.1, Fußnote 17).

[39] Auch der Begriff „Knolle“ ist nicht einheitlich definiert. Um Missverständnisse zu vermeiden, sollte man den Begriff nicht zu weit fassen und in Fällen einer angeschwollenen *Haupt*achse wie dem Radieschen oder dem Alpenveilchen besser nur von „knollenförmig“ o. Ä. sprechen.

Übergreifende Merkmale

2.3 Indument

Unter einem Indument „versteht man alle Theile, welche die Oberhaut[40] oder überhaupt die Oberfläche einer Pflanze überkleidet (Haare, Drüsen, ... Reif, Mehlstaub, klebrige Stoffe u.s.w." (Bischoff 1839). Dieser Begriff – die von Bischoff vorgeschlagene Übersetzung „Überzug" hat sich nicht durchgesetzt – ist seines breiten Umfangs wegen sehr praktisch. Im Einzelnen unterscheiden wir unter anderem:

1. Haare (Trichome) sind Auswüchse der Epidermis. Ihre Mannigfaltigkeit ist kaum beschreibbar (Abb. 74), insbesondere innerhalb der Dikotylen (vgl. deshalb auch 3.2.1.9). Es gibt einfache kurze oder lange schlauchförmige Ausstülpungen einzelner Epidermiszellen *(einzellige Haare);* manche bestehen aus mehreren Zellen (*mehrzellige* oder *septierte Haare*), die in einer Reihe *(einzellreihig)* oder in parallelen Reihen angeordnet sein können *(mehrzellreihig).* Für die Bestimmungspraxis wichtiger ist die Frage ihrer Gestalt: Sie können einfach oder gabelig, sternförmig (gestielt oder ungestielt) oder bäumchenartig verzweigt, schild- oder schuppenförmig, als kleine Bläschen oder auch drüsig ausgebildet sein (vgl. **2.**). Einfache Haare können einzeln auftreten oder in Büscheln, wobei sie dann jedoch leicht mit Sternhaaren verwechselt werden (in der Literatur werden sie in diesem Fall auch oft „Sternhaare" genannt). Eine Funktion ist oft nicht recht ersichtlich; häufig dienen sie offenbar dem Verdunstungsschutz, bisweilen wohl auch als Schutzmittel vor allem gegen kleine Fraßfeinde (sog. Brennhaare sind auf diese Aufgabe sogar spezialisiert, vgl. **3.**). – Ihre Beschaffenheit (bzw. ihr Fehlen) wird regelmäßig herangezogen, um Arten oder ähnliche taxonomische Einheiten niedrigen Ranges zu beschreiben. Die Terminologie ist diesbezüglich äußerst vielfältig; weil sich entsprechende Übersichten in Bestimmungsbüchern selten finden – nur Rothmaler bietet eine solche –, sind die wichtigsten Begriffe in Tab. 3 zusammengestellt. – Bei diesen Haaren handelt es sich meist um abgestorbene Zellen, die mit Luft gefüllt sind und deshalb weißlich erscheinen (vgl. Angaben wie „Blätter weißfilzig").

Eine sehr feine Behaarung zu erkennen bedarf gelegentlich der Lupe. Ist eine solche nicht zur Hand, kann es hilfreich sein, das Organ (in der Regel wohl ein Blatt) um den Finger zu wickeln und gegen das Licht gehalten zu betrachten.

[40] Gemeint ist die Epidermis.

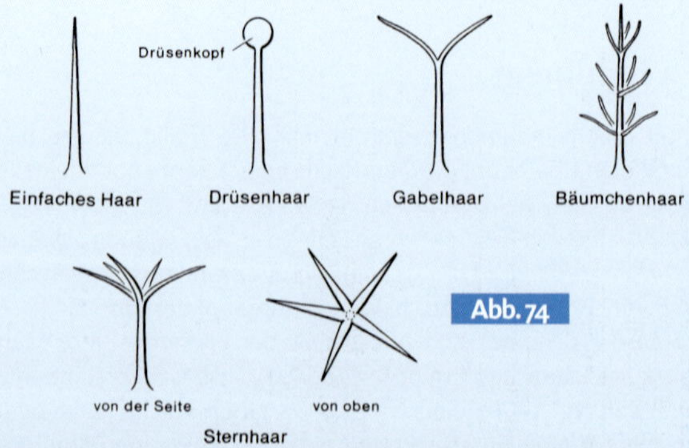

Abb. 74: Haarformen, Beispiele. (Aus Fitschen 2002.) (Vgl. auch Abb. 90.)

2. Drüsenhaare sind überwiegend mehrzellig. Sie bestehen häufig aus einem kurzen oder längeren stielartigen Abschnitt und einem meist einzelligen Drüsenköpfchen (Abb. 90b), seltener sitzen die Drüsenköpfchen der Epidermis direkt auf. Bestimmungstechnisch wird in der Regel nur zwischen diesen „Stieldrüsen", „sitzenden Drüsen" bzw. – wenn die sitzenden Drüsen sehr flach sind – „Drüsenschuppen" unterschieden. Zuweilen wird auch die Dichte des Besatzes oder die Farbe mit angegeben. – Drüsen sind oft von gewisser systematischer Aussagekraft; es gibt weite Verwandtschaftskreise, bei denen sie sehr häufig sind, und andere, denen sie völlig fehlen.

Von diesen dem Indument zugehörigen, gewissermaßen externen Drüsenhaaren oder -schuppen sind die ins Gewebe eingelagerten, also „internen" Drüsen zu unterscheiden (vgl. 2.7.1).

3. Oft entspringen Trichome einem kleinen Sockel, einer **Emergenz.** Darunter versteht man Auswüchse oberflächennaher Gewebebezirke (also nicht nur der äußersten Zelllage, der Epidermis). Hierzu gehören etwa die Brennhaare der Brennnessel, viele Borsten (Abb. 75), aber auch die Drüsenhaare der Sonnentau-Blätter (Abb. 87) und Strukturen wie die Stacheln (vgl. 2.4), die dann nicht mehr dem eigentlichen Indument zugerechnet werden.

Tab. 3 (rechts) Terminologie des Induments bzw. der Blatt-Oberfläche (Auswahl)

Definitionen großenteils in Anlehnung an Bischoff (1839). – In *Kursiv* gesetzte lateinische Begriffe sind in eingedeutschter Form nicht üblich.

Deutsch	Wissenschaftlich	Bedeutung
bärtig	barbat	ein Büschel oder eine dichte Reihe ± abstehender Haare auf sonst kahlem Organ
bewimpert (gewimpert)	ciliat (ziliat)	längere, parallele, ± einzeln abstehende Haare am Rand eines Organs (z. B. Blatt)
borstig	setos	Haare ± lang, dicklich, steif, spitz, aber kaum stechend
fein oder flaumig behaart	pubescent (-zent)	Haare kurz, weich, angedrückt oder abstehend, ohne Lupe nicht einzeln unterscheidbar; ähnlich *samthaarig*
filzig	tomentos	Haare verfilzt, nicht mehr einzeln wahrnehmbar
flockig	floccos	Haare weich, ineinander zu Wollflocken verflochten und als solche abfallend oder leicht abwischbar
kraushaarig	crispat	Haare ziemlich lang und mehrfach unregelmäßig gewunden
langhaarig	pilos	Haare lang, ± weich (biegsam) und oft nur locker stehend
rau behaart	hirsut	Haaren abstehend, mäßig steif
samthaarig	*velutinus*	Haare gerade, kurz, weich, sehr dicht; ähnlich *fein behaart*
schülfrig	*lepidotus*	Haare schildförmig, oft nur an jungen Pflanzenteilen und abwischbar
seidig, seidenhaarig	*sericeus*	weißer oder silbriger (glänzender) Überzug fest in einer Richtung anliegender Haare
spinnwebig	arachnoid	Haare sehr lang und dünn, ineinander verflochten und unregelmäßig ± anliegend
steifhaarig	hispid	Haare borstenähnlich, ± abstehend
kurz steifhaarig	*hirtus*	Haare kurz, ± steif, dicht
stern-/büschelhaarig	*stellato-pilosus*	Haare verzweigt bzw. in Büscheln stehend (vgl. 3.2.1.9)
striegelhaarig	strigos	Haaren steif, in einer Richtung umgebogen und dadurch der Epidermis anliegend
wollig	lanat	Haare lang, weich, ± geschlängelt und dicht stehend
zottig	villos	„Steigerung“ von *lanat*
kahl	*glaber*	(von Anfang an) haarlos
verkahlend	glabreszent	anfangs behaart, die Haare aber mit der Zeit verlierend
mit Aufwölbungen	bullat	
blasig	vesiculos	
drüsig	glandulos	
runzelig	rugos	
schuppig	squamos	
warzig	verrucos	

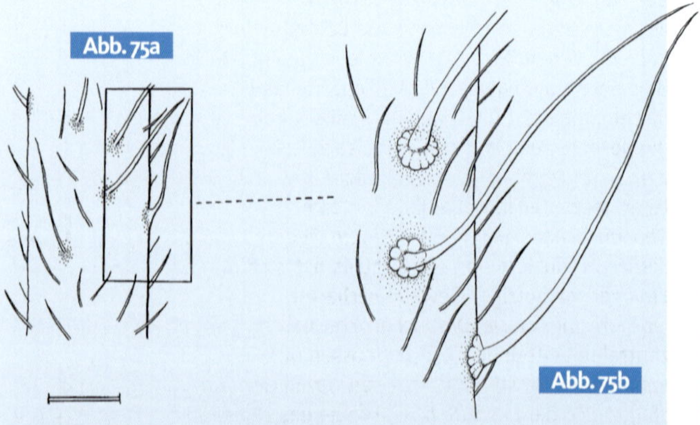

Abb. 75: *Echium*, Stängelstück (a) mit Haaren und ± stechenden, auf Knötchen sitzenden Borsten (b); Markierungsstrich (zu a): 1 mm.

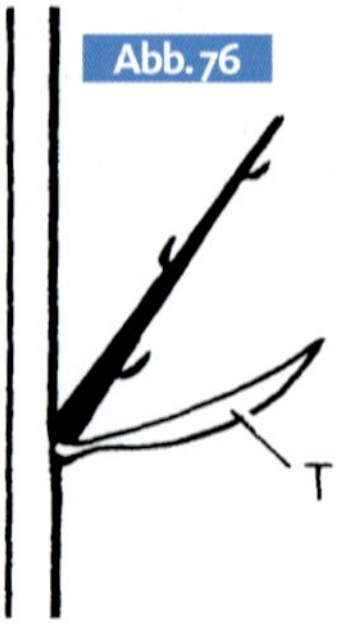

Abb. 76: Sprossdorn. T: Tragblatt der verdornten Seitenachse. (Aus Fitschen 2002.)

2.4 Dornen und Stacheln

1. Die beiden in der Regel (!) stechenden Organe sind morphologisch unterschiedlicher Natur: Bei **Dornen** handelt es sich um umgewandelte Grundorgane oder zumindest um wesentliche Teile davon; entsprechend differenzieren wir zwischen Wurzel-, Spross- und Blattdornen. Die Erstgenannten sind sehr selten und in der einheimischen Vegetation nicht vertreten. *Sprossdornen*, die sich hauptsächlich bei holzigen Pflanzen finden (wird doch die Verdornung meist durch Verholzung bedingt), lassen ihre Natur in der Regel noch gut erkennen (Abb. 76): Es sind meist ± kurze, einer Tragblattachsel (oder deren Ule) entspringende Seitenachsen, die mitunter auch Blüten (Bsp. Schlehe) oder wohlentwickelte Blätter tragen (im typischen Fall sind es freilich Schuppenblätter). Überhaupt gibt es zwischen „normalen“ Sprossen und Dornsprossen alle Übergänge; man kann dies z. B. bei Wild-Äpfeln und -Birnen studieren. Insbesondere Kurzsprosse haben einen gewissen Hang, „spitz auszulaufen“, ohne gleich ein „Dorn“ zu sein. – Bei *Blattdornen* kann entweder das ganze Blatt oder nur ein Teil davon als Dorn ausgebildet sein; ersteres ist z. B. bei der Berberitze der Fall, wo sich bei der

Betrachtung eines Astes von basal nach apikal oft auch der Übergang ± „normaler" Blätter in Dornen nachvollziehen lässt. Die Robinie hingegen ist ein Beispiel für die zweite Möglichkeit: Hier sind es die Stipeln, die sich zu Dornen umgebildet haben und die deshalb auch immer paarweise auftreten (Abb. 77); man spricht dann von *Stipulardornen*. Ein weiterer Spezialfall innerhalb der Blattdornen sind die *Rhachisdornen:* Hier sind bei einem Fiederblatt die Fiedern reduziert und die Rhachis hat sich durch Einlagerung holziger Gewebe verhärtet.

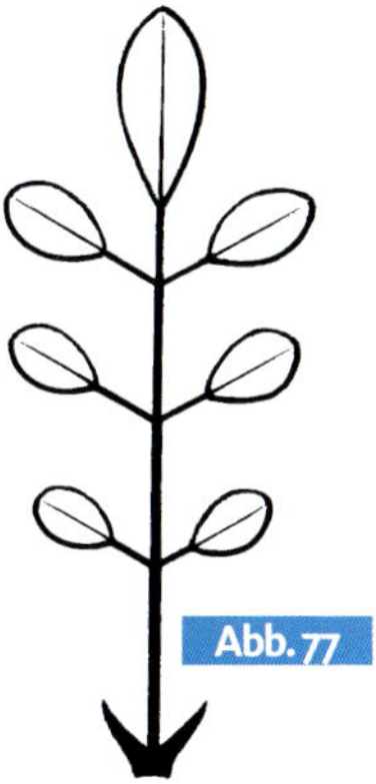

Abb. 77: Blattdorn (hier: Stipulardornen der Robinie). (Aus FITSCHEN 2002.)

Dornen sind, da sie Organcharakter haben, an die zentralen Leitbündeln angeschlossen und deshalb fest mit dem Abstammungsorgan verbunden (Abb. 78a). Außerdem kommen sie infolge des allgemeinen Bauplans der Samenpflanzen nur an bestimmten Stellen vor (*Spross*dornen finden sich z. B. ausschließlich in Blattachseln).

2. Stacheln haben lediglich den Charakter von Emergenzen (vgl. 2.3.3). Man kann sie deshalb meist leicht seitlich abbrechen, sie hinterlassen dann keine tiefgehende Narbe (Abb. 78b). Stacheln können an beliebiger Stelle auftreten. Sie sind in ihrem strukturellen Charakter verwandt mit den Haaren, mit denen sie durch Übergänge verbunden sind („Haar – Borste – Stachel"); insofern gehören sie formal zum Indument.

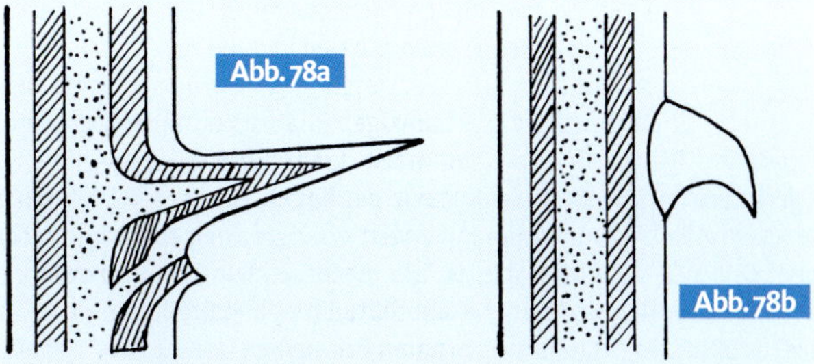

Abb. 78: Sprossdorn (a) und Stachel (b): Der Sprossdorn, einer Seitenachse entsprechend, entspringt oberhalb der Narbe seines Tragblattes; beide – Blatt und Dorn – sind mit dem Holzkörper der Abstammungsachse verbunden (schraffiert gezeichnetes Leitbündel). Der Stachel hingegen entspringt nur dem Rindengewebe. (Aus STRASBURGER & al. 1991.)

Mittels Schlüssel 2 lassen sich bewehrte Holzpflanzen bestimmen; ein entsprechender Schlüssel für bestachelte Krautige wäre wegen der soeben genannten unscharfen Grenze zu bloß „borstigen" Blättern schwierig zu erstellen (vgl. 3.2.1.3).

Im allgemeinen Sprachgebrauch wird zwischen „Dorn" und „Stachel" nicht so sorgfältig unterschieden (Rose und Brombeere z. B. haben Stacheln). Auch Bestimmungsbücher differenzieren nicht immer.

2.5 Windende Sprossachsen und Ranken

1. Kletterpflanzen sind zwar gewissermaßen auf Hilfe angewiesen, um ihre Assimilationsfläche zu exponieren, haben aber den großen Vorteil, nicht viel Assimilate in unproduktives Achsen- und Festigungsgewebe investieren zu müssen. So haben sich im Pflanzenreich vielfach „Strategien" herausgebildet, die diese Wuchsform ermöglichen. Zwei davon seien nur kurz erwähnt:

- *Spreizklimmer* verhaken sich, meist mittels rückwärts gerichteter Emergenzen, in der umgebenden und meist dichten Vegetation und verhindern so, dass sie „zurückrutschen" oder in sich zusammenfallen. Solche Emergenzen können Stacheln (z. B. *Rosa arvensis*), Hakenhaare (z. B. *Galium aparine*) oder klimmende Äste (z. B. *Cucubalus*) sein. Diese Wuchsform ist eher fakultativ und – als Wuchsform – selten bestimmungsrelevant
- *Wurzelkletterer* sind in der einheimischen Vegetation nur durch den Efeu vertreten. Sie haften mit zahlreichen kurzen sprossbürtigen Wurzeln an der ± senkrechten Unterlage an und können so – im Gegensatz zu den anderen Typen – sogar an Felsen hochklettern. Auch einige Zierpflanzen sind Wurzelkletterer. Funktionell verwandt mit den Wurzelkletterern sind die stellenweise eingebürgerten *Parthenocissus*-Arten, die zwar, wie die nächstverwandte Weinrebe, Sprossranken ausbildet, diese aber als Haftorgan benutzt.

Bestimmungstechnisch hauptsächlich von Bedeutung sind die beiden folgenden Typen:

2. Windepflanzen (= *Schlingpflanzen;* wenn holzig: *Liane*): Die (Haupt-) Achse als Ganzes umwindet mit ihren verlängerten Internodien schraubenartig eine Stütze. Dabei ist die Winderichtung meist taxonspezifisch. Zur Festlegung dieser Richtung gibt es bedauerlicherweise zwei Methoden: Die „klassische" Botanik betrachtet den Spross von oben; folgen die Windungen dem Uhrzeigersinn, spricht man von „rechtswindend". Die Mechanik dagegen betrachtet von unten (was insofern sachgerechter ist, als die Pflanze ja auch von unten aus wächst); mit diesem veränderten Blickwinkel, der zunehmend auch in Bestimmungsbüchern eingenommen wird, wird aus einem Rechtswinder eine Linksschraube und umgekehrt. Angaben zur Richtung sind also vorsichtig

zu interpretieren. Betont ein botanischer Autor jedoch nicht, dass er sich der Definition der Mechanik angeschlossen hat, oder handelt es sich um ein älteres Werk, kann man von der „klassischen" botanischen Definition ausgehen.
Die meisten Windepflanzen sind Linkswinder in diesem klassischen Sinn. Rechtswinder sind etwa Hopfen und Geißblatt; der Winden-Knöterich dagegen ist nicht „festgelegt".
3. Im Gegensatz zu den Windepflanzen haben **Rankenpflanzen** spezielle Organe – eben die Ranken – zum Klettern entwickelt. Dabei ist „Ranke" ein funktionaler Begriff; er sagt nichts aus über die morphologische Natur des Organs. Eine Ranke kann einer Wurzel, einer Sprossachse oder einem Blatt bzw. dem Teil eines dieser Organe entsprechen. *Wurzelranken* kommen in der einheimischen Vegetation nicht vor und sind auch sonst sehr selten. Bei *Sprossranken* handelt es sich um tatsächliche Seitenachsen eines monopodialen Systems (eher die Ausnahme) oder um den seitwärts gedrängten Endabschnitt der Hauptachse eines sympodialen Systems, also gewissermaßen um eine habituelle „Seiten"achse (vgl. 2.2.1.3 bzw. Abb. 67). Am häufigsten sind *Blattranken,* wobei fast immer nur Teile des Blattes zur Rankenbildung herangezogen werden (Abb. 79); entsprechend unterscheidet man Fieder-, Blattstiel-, Rhachisranken usw. In einigen Fällen ist die Natur der Ranke nicht leicht zu durchschauen (vgl. 4.1.25, Kürbisgewächse).

Abb. 79

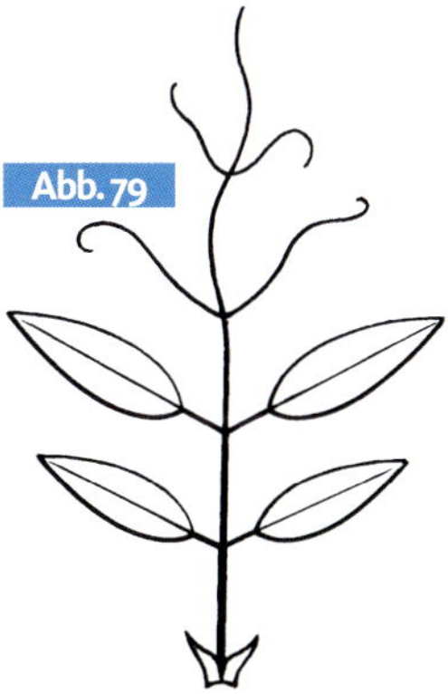

Abb. 79: Blattranke (hier: Fiederranke: Die apikalen Fiedern eines Blattes sind zu Ranken umgebildet.). (Aus Fitschen 2002.)

Schlüssel 3 gibt einen Überblick über die Kletterpflanzen der einheimischen Flora. Die meisten Vertreter sind krautige Dikotyle. Holzpflanzen sind auf ein halbes Dutzend beschränkt. Monokotyle Taxa sind nur mit einer Art vertreten.

2.6 Inhaltsstoffe

Inhaltsstoffe lassen sich vielfach nur bei frischen Pflanzen als Bestimmungshilfe einsetzen. In manchen Fällen erleichtern sie die Ansprache von Pflanzen deshalb vor allem im Gelände.
1. Hier ist zunächst der **Milchsaft** zu nennen, der für bestimmte Taxa – oft ganze Familien – charakteristisch ist. Er ist nicht immer rein weiß, wie man das von der Wolfsmilch *(Euphorbia)* kennt, sondern kann auch

gelb oder rötlich sein. Bisweilen ist er „wässrig", d. h. er sieht aus, als sei dem Zellsaft nur ein wenig weiße Farbe beigemischt. Mit anderen Worten: Die Grenze Milchsaft/Zellsaft ist nicht immer deutlich. So wundert es nicht, dass Angaben zum Vorhandensein von Milchsaft durchaus widersprüchlich sein können. Hinzu kommt, dass oft nur junge Organe milchsaftführend sind. Dies mögen die Gründe dafür sein, dass Milchsaft als Bestimmungsmerkmal eher selten benutzt wird und sich diese Anwendungen auf eindeutige Fälle beschränkt. Dieser „eindeutige" Milchsaft ist im Übrigen meist ± giftig und reizt besonders die Schleimhäute.

2. Häufig eingesetzt wird auch der **Geruch** einer (zerriebenen) Pflanze oder bestimmter Pflanzenteile. Gerüche gehen oft auf ätherische Öle zurück; sie durch Adjektive zu beschreiben, ist meist schwierig („süßlich", „dumpf"). Erfolg versprechender sind Angaben einer bekannten Vergleichspflanze („Minze", „Karotte", „Lauch"). – Angaben zum Geruch sind durchaus subjektiv; so wird der Geruch des Schierlings vielfach als „mäuseartig" beschrieben, was keineswegs jeder nachvollziehen kann; der Diptam, dessen zerriebenen Blättern man Zitronengeruch nachsagt, riecht anderer Meinung zufolge nach Zimt (oder überhaupt nicht). Entsprechend muss der Hinweis im Bestimmungsbuch „Pflanze stinkend" nicht für jeden gültig sein: Der Krähenfuß *(Coronopus)*, gewöhnlich als „stinkend" bezeichnet, riecht für andere nur nach Radieschen, und die Doppelsame *Diplotaxis tenuifolia*, früher sogar „Stinkrauke" genannt, wird heute als „Rucola" in den Salat gemischt[41]. Hinzu kommt, dass die Geruchsintensität von Jahreszeit und Wetter abhängig sein kann.

In seltenen Fällen kann auch der **Geschmack** eines zerkauten Blattes weiterhelfen (scharf, bitter, säuerlich).

2.7 Sonstige vegetative Merkmale

2.7.1 Drüsen

Ins Gewebe eingelagerte Drüsen sind meist als dunkle oder helle (durchscheinende) Punkte an Blättern zu erkennen. Sie können wichtige Bestimmungselemente darstellen; so ist es z. B. möglich, die Johanniskraut-Arten mithilfe der Blattdrüsen und weniger anderer Merkmale vegetativ zu bestimmen (vgl. Schlüssel 16). In Form sog. „extrafloraler Nektarien" kennzeichnen sie manche Wicken-Arten (vgl. Schlüssel 3). Als „Drüsen" werden auch kleine Knötchen bezeichnet, die sich

[41] Die echte Rucola freilich ist die bei uns nicht wild vorkommende Senfrauke *Eruca sativa*.

insbesondere bei Gehölzen am oberen Ende des Blattstiels (z. B. Abb. 126) oder an den Blattzähnen befinden, aber auch zur Bestimmung von Lein-Arten herangezogen werden (Abb. 371; zu Drüsen*haaren* vgl. 2.3.2).

2.7.2 Die Farbe der Pflanze

Das Grün der Pflanzen ist keineswegs immer gleich. Viele Arten sind ± deutlich blaugrün (glauk), gelbgrün oder graugrün. Blaugrüne Pflanzen sind häufig mit einem abwischbaren, wachsartigen Überzug versehen (bereift). **Unterschiedliche Färbung** ansonsten ähnlicher Pflanzen wird oft zur Bestimmung herangezogen. Das Merkmal ist aber nicht unproblematisch; zum einen verhalten sich nicht alle Individuen einer Art gleich (dies gilt insbesondere für die Bereifung), zum anderen wird die Grenze zwischen „grün" und z. B. „gelbgrün" durchaus subjektiv empfunden und kann vom Bestimmer am Objekt nicht immer nachvollzogen werden. – Angaben zur Farbe können sich sowohl auf die gesamte Pflanze beziehen als auch nur auf das Blatt oder die Sprossachse.

Auffälliger sind Blätter mit dunklen oder hellen **Flecken.** Sie treten bei verschiedenen Taxa ± regelmäßig auf, in vielen Fällen aber (leider) nicht grundsätzlich. Pflanzen mit gefleckten Blättern lassen sich oft rasch bestimmen (vgl. Schlüssel 4).

2.7.3 Fehlendes Blattgrün

Für Pflanzen zur Blütezeit ohne grüne Blätter gibt es in Bestimmungsbüchern oft einen eigenen Schlüssel. Naturgemäß greifen diese vor allem auf Blütenmerkmale zurück. In der Tat wird man sterile Sprosse mit bleichen Blättern auch selten finden, da bei Holoparasiten („Vollschmarotzern") der Stängel im Wesentlichen ein Infloreszenzträger mit reduzierten Blattschuppen ist. In anderen Fällen, wie bei Pestwurz, Huflattich oder Herbstzeitlose, aber auch bei frühblühenden Sträuchern wie Hasel oder Weide, sind dagegen grüne Blätter durchaus vorhanden – Blüten- und Blattbildung sind hier lediglich zeitlich getrennte Vorgänge.

Samenpflanzen ohne erkennbares[42] Blattgrün – nur von diesen ist hier die Rede – leben alle parasitisch (also nicht etwa saprophytisch[43]), sei

[42] Das Chlorophyll kann nämlich durchaus vorhanden sein, es wird nur überdeckt und „nicht genutzt". Wer z. B. eine bräunliche Nestwurz mit dem Feuerzeug erwärmt, wird alsbald eine partielle Grünfärbung der Pflanze feststellen.

[43] Saprophyten – Pflanzen, die von *toter* organischer Substanz leben – gibt es innerhalb der Gefäßpflanzen nicht.

es auf einer anderen Samenpflanze (die Regel), sei es auf einem Pilz, der seinerseits saprophytisch lebt. Letzteres wird auch als *Mykotrophie*, d. h. „sich mithilfe von Pilzen ernährend" bezeichnet.
Solche Pflanzen gibt es bei den Dikotylen (meist „echte" Parasiten mit oft spezifischen Wirtspflanzen) wie auch bei den Monokotylen; die Letzteren – durchweg mykotrophe Orchideen – sind an ihrer zweizeiligen Blattstellung bzw. an der Reduktion der Blätter auf eine Blattscheide meist gut kenntlich.
Schlüssel 5 dient der Unterscheidung der einheimischen Pflanzen ohne Blattgrün.

Auch einige Schachtelhalme bilden bleiche, fertile Sprosse. Man erkennt sie an der typischen endständigen „Ähre" und natürlich an den auch hier vorhandenen wirtelständigen Schuppenblättern.

2.8 Merkmale aus dem generativen Bereich

Dieses Buch beschäftigt sich zwar mit den vegetativen Merkmalen einer Pflanze; es gibt aber auch Merkmale im generativen Bereich, die den größten Teil des Jahres zur Verfügung stehen und die deshalb hier kurz angesprochen werden sollen. Auf eine genauere Beschreibung der generativen Merkmale wird dem Charakter des Buches entsprechend jedoch verzichtet.
1. Es gibt eine Reihe von **Infloreszenzen**, die man vom frühen Knospenstadium bis in den Winter hinein als Fruchtstände *(Infrukteszenzen)* gut erkennen kann und die auf ein bestimmtes Taxon hinweisen. So ist die typische Doppeldolde der Apiaceen – die Kenntnis vom Aufbau einer Doppeldolde wird hier vorausgesetzt – unverkennbar. Innerhalb dieser Familie lässt sich das Spektrum der möglichen Arten noch einengen durch die Beachtung von Hülle und/oder Hüllchen, deren Vorhandensein bzw. Fehlen, Zähligkeit, Bewimperung usw. sehr aussagekräftig ist. Allerdings wird man in vielen Fällen dafür eine Flora mit Artbeschreibungen benötigen, die in den üblichen Taschenfloren nur unzureichend enthalten sind. – Ebenfalls charakteristisch sind die Infloreszenzen von *Carex* subgenus *Carex* mit der oder den „endständigen" staminaten und den darunter befindlichen karpellaten Ähre(n) oder die oft streng regelmäßigen dichasialen Infloreszenzen vieler Nelkengewächse. Das typische „Köpfchen" der Korbblütler dagegen findet sich auch außerhalb dieser Familie, vor allem bei den Kardengewächsen, die aber alle dekussiert beblättert sind (was bei den Korbblütlern eher die Ausnahme ist).
2. Während die für die „normale" Bestimmung wichtigen Kronblätter,

Staubblätter und Fruchtknoten oft nur kurzfristig zur Verfügung stehen, erreichen die **Kelchblätter** schon früh ihre endgültige Gestalt und behalten sie auch noch an ausgereiften Früchten. Bei einigen Brassicaceen z. B. ist es ein wichtiges Merkmal, ob bzw. welche Kelchblätter unten „ausgesackt" bzw. oben „gehörnt" sind (Abb. 221c) bzw. ob sie an der Blüte und Frucht aufrecht anliegen oder ± waagrecht abstehen. Besonders kennzeichnend ist das Vorhandensein eines *Außenkelchs* – sei es, dass sich dieser unterhalb des eigentlichen Kelchs befindet (z. B. Malvaceen, vgl. Abb. 174b), sei es, dass er in den eigentlichen Kelch ± integriert ist und damit dessen Zähligkeit (auf 8 bzw. 10) verdoppelt (viele Rosaceen)[44].

3. Wichtigster Merkmalsträger in diesem Zusammenhang aber ist die **Frucht.** Sie spielt vielfach auch in der „regulären" Bestimmung eine wesentliche Rolle. Manche Taxa lassen sich im nur blühenden Stadium gar nicht genau ansprechen (viele Seggen, Korb- und Doldenblütler, Wasserstern usw.), andere blühen nur sehr kurz und/oder sehr früh, sodass man sie innerhalb der üblichen „Geländesaison" nur fruchtend vorfindet. Eine Bestimmung nur mithhilfe der Frucht ist insbesondere auch bei den Holzgewächsen möglich; dafür gibt es gute Literatur (vgl. Literaturverzeichnis). Bei der Ansprache von Bäumen, wo die Frucht praktisch ganzjährig „am Boden liegt" und somit gut zugänglich ist, muss man allerdings sicher sein, dass sie dem Mutterbaum auch richtig zuzuordnen ist.

Auch bei Krautigen gibt es ein paar sehr kennzeichnende Fruchttypen. Dafür einige Beispiele:

Recht typisch sind für die Rötegewächse die „paarweckartigen", meist kleinen Früchte, deren Größe, Form und Oberfläche auch bestimmungstechnisch genutzt wird. Solche paarweckartigen Früchte sind sonst sehr selten; sie kommen sonst z. B. beim Ehrenpreis *Veronica polita* und Verwandten vor und ähneln auch den Frucht*paaren* strauchiger Heckenkirschen (*Lonicera*-Arten). – Ebenfalls familienspezifisch sind die *Hülsen* der Schmetterlingsblütler, die *Schoten* der Kreuzblütler und die *Balgfrüchte* vor allem der Ranunculaceen, doch können diese Formen sehr stark abgewandelt sein (beispielsweise zu einer Nuss oder – bei den Ranunculaceen – zu zahlreichen Nüsschen) und sind dann

[44] Die unterschiedliche Position der Außenkelche zeigt, dass diese sich in ihrer morphologischen Natur wahrscheinlich nicht entsprechen. Während es sich bei einem Außenkelch nach dem Muster der Malvaceen erkennbar um einen Hochblattwirtel handelt, werden beim Außenkelch der Rosaceen auch stipuläre Bildungen der eigentlichen Kelchblätter diskutiert oder darin lediglich blattartige Emergenzen vermutet; jedenfalls alternieren die Außenkelchblätter der Rosaceen regelhaft mit den Kelchblättern, bei den Malvaceen besteht kein Zusammenhang zwischen der Zahl der Kelchblätter (5) und der der Außenkelchblätter bzw. -blattzipfel (3 bis über 10).

nicht immer als solche erkennbar. Höher ist der „praktische Wert" der *Klausenfrüchte*, bei denen der Fruchtknoten durch ein oben eingetieftes Kreuz markiert ist bzw. die Früchte in vier einsamige Nüsschen zerfallen (wobei freilich eine oder zwei reduziert sein können). Sind die Blätter gegenständig, handelt es sich dann um einen Lippenblütler oder die Gattung *Verbena* (Eisenkraut) bzw. – bei einer Wasserpflanze – um den Wasserstern *(Callitriche)*; bei wechselständigen Blättern ist es ein Raublattgewächs. – *Spaltfrüchte* können ebenfalls sehr spezifisch sein, z. B. bei den Malvaceen (Abb. 289b) oder den Ahorn-Arten. Für die Bestimmung der Doldenblütler sind sie z. T. unerlässlich, sind dort als Familienmerkmal allerdings weniger von Bedeutung, weil man die Familie im Regelfall schon an der Doppeldolde schnell erkennt. Ein interessanter Fruchttyp ist die *Deckelkapsel*, die – gewissermaßen ohne erkennbaren systematischen Zusammenhang – beim Fuchsschwanz (*Amaranthus;* wechselständige Blätter), beim Gauchheil (*Anagallis;* gegenständige Blätter), beim Bilsenkraut (*Hyoscyamus niger;* Pflanze durch klebrige Drüsenhaare stinkend) und beim Wegerich (*Plantago;* Blattrosette) auftritt.

Weitere familienspezifische Fruchtformen sind in Kap. 4.1 bei den entsprechenden Familien angeführt.

2.9 Lebensdauer, Lebensform, Wuchsform

1. Lebensdauer im Zusammenhang mit der Kennzeichnung eines Taxons bedeutet weniger „Lebensdauer" im Sinne eines erreichbaren Lebensalters (wobei hier sogar nur wenig differenziert wird), sondern vor allem das Blühverhalten und die Verholzung des Vegetationskörpers. Danach werden unterschieden:

Krautige:

- **Einjährige** (= Annuelle; „Kräuter" im gärtnerischen Sinn[45]; ⊙) leben nur ein Frühjahr (Frühjahrsannuelle) bzw. einen Sommer (Sommerannuelle) oder keimen im Herbst, um im Laufe des nächsten Jahres zu blühen (Winterannuelle[46]). Sie sterben nach der einmaligen Blüte ab. – Die Alternative „annuell vs. nichtannuell" findet sich oft in Bestimmungsschlüsseln. Ob eine Pflanze annuell ist, erkennt man im Gelände relativ gut: Spezielle Speicherorgane sind nicht vorhanden (die

[45] Diese einschränkende, aber weitverbreitete Verwendung der Bezeichnung „Kraut" für Annuelle ist der Anlass, dass in diesem Text für Nicht-Holzpflanzen der Begriff „Krautige" (und nicht „Kräuter") verwendet wird.

[46] Winterannuelle werden häufig auch durch ein eigenes Symbol gekennzeichnet: Der Punkt im Zentrum des Kreises ist durch eine 1 ersetzt.

Pflanze treibt ja kein zweites Mal aus), an der Sprossbasis finden sich naturgemäß keine abgestorbenen Blattreste des Vorjahrs. Das Wurzelsystem ist meist schwach entwickelt, die Pflanze lässt sich also leicht aus dem Boden ziehen (vgl. Abb. 94 mit 97). Wurzel und Sprossachse sind nicht verholzt, der Spross „knackt" nicht beim Umknicken (nur in seltenen Fällen kann die Sprossbasis etwas verholzt sein). – Vor allem Winterannuelle, die bereits eine Übergangsform zur folgenden Gruppe darstellen, bilden oft eine basale Blattrosette aus

- **Zweijährige** (= Bienne; ⊙) machen regelmäßig zwei Vegetationsperioden durch, blühen dann und sterben ab. Im typischen Fall werden dabei im ersten Jahr Assimilate gewonnen (oft über eine Blattrosette), die im nächsten Jahr die Ausbildung einer oft umfangreichen Infloreszenz ermöglichen. Dabei erfolgt die (gewissermaßen „einmalige") Speicherung meist in einer ± rübenförmige Pfahlwurzel. Dieser Typ findet sich daher fast ausschließlich bei den Dikotylen; bekannte Beispiele sind Möhre oder Zuckerrübe. – Bienne Pflanzen lassen sich nicht immer leicht als solche erkennen; der Typ ist aber auch nicht sehr häufig.
- Die Begriffe **Mehrjährige** bzw. **Ausdauernde** wird üblicherweise auf längerlebige *Krautige* beschränkt (obwohl Holzpflanzen natürlich auch „mehrjährig" sind). Diese Pflanzen leben mehrere Jahre (oft sehr lang). Nach einer gewissen „Anlaufzeit" blühen sie einmal (Mehrjährige, *Plurienne*[47]) oder – einigermaßen günstige Vegetationsverhältnisse vorausgesetzt – jährlich (Ausdauernde, Perenne, ♃). Diese Pflanzen verfügen deshalb, soweit sie nicht diffus speichern, über Speicherorgane (also z. B. Rhizom oder Zwiebel). Häufig lassen sich am Vegetationskörper abgestorbene Reste des Vorjahres erkennen, z. B. Blattreste an der Stängelbasis. – Plurienne spielen in der einheimischen Vegetation kaum eine Rolle, sind zudem nicht direkt zu erkennen und werden in der Praxis deshalb auch kaum unterschieden. Infolgedessen werden die Begriffe *mehrjährig* und *ausdauernd* auch vielfach synonym gebraucht

Holzgewächse speichern im Holzkörper (diffuse Speicherung, vgl. 2.2.2.4). Die verholzten Teile überdauern viele Jahre oder Jahrzehnte. Bei den niedrigwüchsigen Holzgewächsen unterscheidet man nach dem Verholzungsgrad

- **Halbsträucher** (ħ): Hier ist nur der untere Sprossabschnitt der Pflanze in typischer Weise verholzt, der obere Teil bleibt krautig und stirbt winters ab
- **Zwergsträucher** (kein eigenes Symbol, es wird das für „Sträucher" benutzt): Die Pflanze ist zwar weitestgehend verholzt, bleibt aber niedrig (meist nur bis ca. 50 cm). Dem Boden angedrückt wachsende und dadurch niedrig bleibende Sträucher (Schneeschutz!) werden als **Spaliersträucher** bezeichnet. Sie sind ein charakteristisches Element der Alpen.

---

[47] Die Pluriennen haben mit den Annuellen und Biennen also gemein, dass sie – anders als die Perennen – nur einmal blühen. Man bezeichnet diese Typen deshalb auch als *hapaxanth* (*hápax:* einmal; *anth-:* Blüte; das Wort ist also „hapax-anth" zu trennen) im Gegensatz zu den *pollakanthen* Perennen und Holzgewächsen, die – nach Erreichen der Blühreife – öfter (bei uns normalerweise jährlich) blühen (*pollákis:* oftmals). – Der Typ ist bei uns sehr selten und wird dann meistens nicht von dem der Perennen unterschieden, mit dem er krautigen Habitus und mehrjährige Lebensweise gemein hat.

Die bisher genannten Gruppen gehören optisch zur „Krautschicht“ (vgl. Kap. 1).

- **Sträucher** (♄) verzweigen sich basal und bilden dadurch mehrere Stämme.
- **Bäume** (♄) haben einen Hauptstamm, der sich erst oben verzweigt und damit eine „Krone“ bildet. Dies – nicht etwa die Wuchshöhe – ist das entscheidende Kriterium.

Sträucher und Bäume sind stets gänzlich verholzt. Sie werden in diesem Buch als „Gehölze“ zusammengefasst.

Eine spezielle Form stellen die „Scheinsträucher“ der Gattung *Rubus* (Brombeere usw.) dar. Obwohl die einzelnen Sprosselemente nur zwei Jahre alt werden – eine Brombeere also eigentlich keinen „Strauch“ darstellt – werden sie aus optischen Gründen (Bestandteil der „Strauchschicht“!) zumeist als solcher behandelt.

2. Von der Lebensdauer ist die **Lebensform** inhaltlich zu trennen, wenn auch diese beiden Termini häufig verwechselt werden. Dies mag darin begründet sein, dass sich – wie sogleich zu sehen sein wird – manche der jeweiligen Gruppen inhaltlich weithin decken; das Kriterium der Gruppenbildung ist jedoch ein grundsätzlich anderes. Es bezieht sich nämlich auf die Frage, in welcher Form ein pflanzlicher Organismus auf die Einwirkungen des jeweils herrschenden Großklimas reagiert, insbesondere dann, wenn in periodischen Abständen eine lebensfeindliche Phase wiederkehrt. Bei uns ist dies die winterliche Kälte: Während des

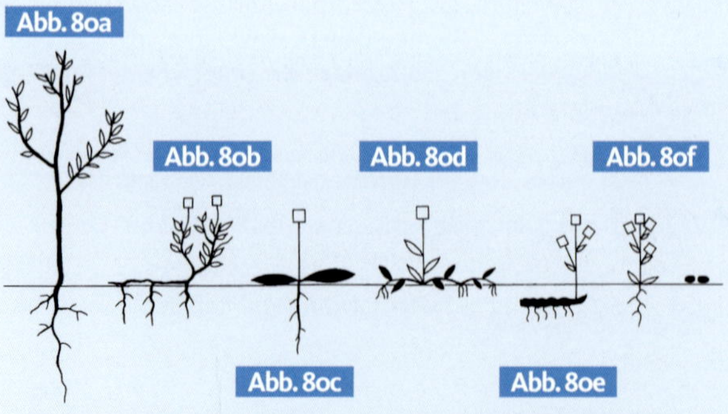

Abb. 80: Lebensform. Die schwarz bzw. dick gezeichneten Pflanzenteile überleben die ungünstige Jahreszeit (bei uns: den Winter), die übrigen sterben vor deren Eintritt (bei uns: im Herbst) ab. Quadrate: Blüten(stände). – a: Phanerophyt (hier: junger, sommergrüner Baum); b: Chamaephyt (hier: Spalierstrauch); c: Hemikryptophyt (Rosettenpflanze); d: Hemikryptophyt (Ausläuferpflanze); e: Geophyt (hier: Rhizomgeophyt; man beachte die Endknospe); f: Therophyt (es überwintert nur der als Punkt dargestellte Samen). (Nach verschiedenen Autoren.)

Winters müssen die Erneuerungsknospen für den nächsten Austrieb vor der Kälte geschützt sein. Wesentlich ist dabei die relative Lage dieser Überwinterungsknospen. Auch hier kann man wieder „Typen" mit unterschiedlichem Verhalten zusammenfassen. – Die Terminologie dieser Lebensformen ist teilweise sehr detailliert und wird international relativ einheitlich gehandhabt. Wir beschränken uns auf die Hauptgruppen, wie sie auch in verschiedenen Floren (meist durch die entsprechenden Abkürzungen) genannt sind (Abb. 80):

- **Therophyten** (wörtlich „Sommerpflanzen"; abgekürzt T oder Th) bilden überhaupt keine überwinternden Erneuerungsknospen aus; sie überstehen die Kälte in Form der sehr „umweltresistenten" Samen. Sie entsprechen also in etwa den Annuellen. Gewisse terminologische Probleme gibt es bei den Winterannuellen, die ja streng genommen durchaus „überwintern".
- **Geophyten** („Erdpflanzen"; abgekürzt G) haben ihre Knospen ins Erdreich verlagert, wo sie besonders gut geschützt sind. Hier gibt es mehrere Varianten, deren Bezeichnung sich nach dem Speicherorgan richtet (Rhizom-, Rüben-, Zwiebelgeophyten ...)
- Bei den **Hemikryptophyten** (wörtlich „Halbverborgenen"; abgekürzt H) befinden sich die Erneuerungsknospen in unmittelbarer Nähe der Erdoberfläche, also z.B. in einer Blattrosette, an der Stängelbasis oder an bodennahen Ausläufern. Hierher gehören auch Klimmstauden, die sich jährlich aus der Basis erneuern. – Diese Gruppe ist sehr vielgestaltig und man unterscheidet demzufolge wieder eine Reihe von Untertypen (z.B. Horst- oder Rosettenpflanzen). – Den Kälteschutz übernehmen die abgestorbenen Blätter des vergangenen Jahres, die dem Boden aufliegende Streu oder der Schnee. Geophyten und Hemikryptophyten gehören – je nach Lebensdauer – meist zu den Perennen, selten auch zu den Biennen.
- Bei den **Chamaephyten** (wörtlich „Niedrigpflanzen"; abgekürzt Ch) ragen die Knospen bis etwa 30 (50) cm über die Erdoberfläche. Hierher gehören vor allem die Halb-, Zwerg- und Spaliersträucher, aber auch perenne Polsterpflanzen und blattsukkulente Arten. Sie sind auf milde Winter oder aber ausreichenden Schneeschutz angewiesen.
- **Phanerophyten** (wörtlich „deutlich sichtbare Pflanzen"; abgekürzt P) schließlich sind durchweg Holzpflanzen (also Sträucher und Bäume sowie holzige Lianen) mit Knospen in über etwa 30 (50) cm Höhe. Diese Knospen müssen, von einigen alpinen Gehölzen in schneesicheren Lagen abgesehen, den Winter gewissermaßen aus eigener Kraft überstehen.
- Sonderfälle, die wir nur erwähnen wollen, sind **Epiphyten** (auf Bäumen „nistende" Pflanzen, ohne Parasiten zu sein; abgekürzt E) und **Hydrophyten** (Wasserpflanzen; abgekürzt W oder HH).

Die Zuordnung einer Pflanze zu einer bestimmten Lebensform ist mitunter nicht einfach, zumal sich nicht alle Arten konstant verhalten.

Die oben erwähnte „lebensfeindliche Phase" kann natürlich auch eine periodische Dürrezeit sein. Das Lebensformspektrum gilt in diesem Fall entsprechend, und man findet es durchweg z.B. auch im Mittelmeergebiet. Manche der oben genannten Typen sind sogar mit ziemlicher Sicherheit eher als Anpassung an eine periodische Trockenzeit entstanden (Therophyten, Zwiebelgeophyten).

3. Der Begriff **Wuchsform** schließlich ist nicht genau definiert. Aus morphologischer Sicht versteht man darunter die Gesamtheit aller Merkmale, die die Gestalt einer bestimmten Pflanze ausmachen. Insofern ist die soeben besprochene Lebensform ein Bestandteil der Wuchsform, doch umgreift diese auch Wachstum und Entwicklung der betreffenden Merkmale. In der Bestimmungspraxis hingegen hat der Begriff meist eher deskriptiven Charakter, wobei die beschriebenen Merkmale häufig eine Folge der speziellen Lebensform sind. So kann die Lebensform „Ausläufergeophyt" bei Grasartigen zur Wuchsform „rasenbildend" führen usw. Auch die oben bereits genannten Begriffe „Horstpflanze" und „Spalierstrauch" sind genau genommen eher Aussagen zur Wuchsform als zur Lebensform.

2.10 Ökologische und pflanzengeografische Grundlagen

1. Ökologische Pflanzentypen: Die Fähigkeit einer Pflanze, sich an einem Standort[48] zu behaupten, hängt ganz wesentlich davon ab, ob die dort herrschenden ökologischen Rahmenbedingungen innerhalb ihres Toleranzbereichs liegen. Durch strukturelle und hier nicht weiter berücksichtigte ökophysiologische Anpassungen – im Rahmen der durch ihre vorgegebene Grundstruktur („Bauplan") festgelegten Grenzen – vermag sie dabei, diesen Toleranzbereich zu verschieben und auch Standorte zu besiedeln, die für andere Pflanzen lebensfeindlich sind. In unserem Zusammenhang von Bedeutung sind hier vor allem die Faktoren *Wasser* und *Temperatur*. Gut kenntliche Anpassungssyndrome an spezielle Bedingungen, diese Faktoren betreffend, haben zu einer „Gruppenbildung" Anlass gegeben; dabei werden Pflanzen zusammengefasst, die einen bestimmten Lebensraum besiedeln und (demzufolge) ein ähnliches Merkmalssyndrom aufweisen. Wir wollen dies am Beispiel des **Wasserfaktors** erläutern (Tab. 4). Hier unterscheiden wir *Xerophyten* (Trockenheit ertragende Pflanzen ohne ausgeprägte Wasserspeicherung), *Mesophyten* (mittlere Ansprüche an den

[48] „Standort" (Habitat) ist weniger der topografische Punkt, an dem eine bestimmte Pflanze wächst (dies ist der *Wuchs*ort oder, inhaltlich entsprechend, der *Fundort*). Er umfasst vielmehr die dort herrschenden Umweltbedingungen. Im weiteren Sinn wird auch jeder potenzielle Wuchsort einer Pflanze als ihr „Standort" bezeichnet: Die Aussage „Dies ist ein typischer Standort für Schilf" besagt in diesem Fall nicht von vorneherein, dass das Schilf auch dort tatsächlich vorkommt.

Wasserhaushalt stellend und deshalb auch ohne spezielle Anpassungen), *Hygrophyten* (Feuchtigkeit – auch Luftfeuchte! – liebende Pflanzen) und *Hydrophyten* (Wasserpflanzen)[49]. Eine gewisse Sonderrolle spielen die *Helophyten* – Sumpfpflanzen, die zwar in ± nassem Boden stocken, deren oberirdische Organe jedoch meist starker Verdunstung ausgesetzt sind und deshalb oft xerophytische Anpassungen zeigen – sowie die bei uns seltenen *Sukkulenten*, die ähnlich den Xerophyten trockene Standorte besiedeln, aber die dort herrschenden Bedingungen mit ganz anderen Mitteln (d. h. ganz anderen Anpassungserscheinungen) meistern.

Die Nomenklatur wird unterschiedlich gehandhabt. Man spricht z. B. von „Xerophyt" auch im umfassenden Sinne als von einer „Pflanze, die trockene Standorte besiedelt", ohne eine Aussage über eventuell damit verbundene Anpassungsmerkmale zu machen; die Sukkulenten wären demnach auch Xerophyten. Will man dagegen die Anpassungsmerkmale der Pflanze an die Trockenheit besonders betonen, sagt man in diesem Fall, die Pflanze sei „xeromorph". Dieser Ausdruck bezieht sich *nur* auf die anatomisch-morphologische Struktur der Pflanze und macht keine Aussage über den speziellen Standort; folgerichtig ist „Xeromorphie" nicht notwendigerweise an trockene Standorte gebunden sondern kommt auch bei Helophyten (vgl. oben) oder in Mooren vor (vgl. 4.1.30). – Diese Terminologie ist sprachlich exakter und sachlich differenzierter, die oben dargelegte in der Praxis aber leichter zu handhaben.

Natürlich lassen sich auch bezüglich anderer Standortfaktoren biologische Gruppen bilden (z. B. „Licht-" vs. „Schattenpflanzen"). Bis ins Einzelne fortgeführt wird dies durch sogenannte **Zeigerwerte**. Hier werden die Faktoren, die den Standort einer Pflanzenart ökologisch bestimmen, durch eine Zahl (1–9 bzw. 1–12) ausgedrückt. Wenn die Große Bibernelle *(Pimpinella major)* z. B. Lichtzahl (L) 7 und Nährstoffzahl (N) 6, die Kleine Bibernelle *(P. saxifraga)* ebenfalls L7, aber N2 hat, so kann man daraus schließen, dass beide in einem die Lichtverhältnisse betreffend ähnlichen Biotop (hier: Grasland) vorkommen – *P. major* auf einer ± gut gedüngten Wiese, *P. saxifraga* dagegen im Magerrasen. Von der Standortsbeschaffenheit auf das Taxon zu schließen, ist oft hilfreich, aber nicht ungefährlich, und setzt eine gewisse „Geländeerfahrung" voraus.

2. Pflanzenarten haben ein bestimmtes **Areal**, also eine gewisse beschränkte Verbreitung. Meist wird dieses Areal durch klimatische Bedingungen vorgegeben und durch standörtliche Bedingungen (Standortsklima[50], Beeinflussungsgrad durch den Menschen, bestimmte spezielle Bodenverhältnisse usw.) im Einzelnen modifiziert.

[49] Der Begriff „Hydrophyt" ist also zweideutig: Er bezeichnet sowohl einen ökologischen Typ als auch eine Lebensform (vgl. 2.9.2). Meist sind aber hier die jeweiligen Taxa die gleichen. In der Tat werden die Wasserpflanzen *als Lebensform* auch nicht immer als eigener Typ unterschieden.

[50] Vom „allgemeinen Klima", wie es etwa auf Klimakarten wiedergegeben ist, kann das Standortsklima beträchtlich abweichen. So sind z. B. Südhänge insgesamt „wärmer" (und meist auch trockener) als es der geografischen Position des Ortes entspricht. Da für die (ortsfeste!) Pflanze das Standortsklima entscheidend ist, kann ein solcher Südhang durch eine Vegetation „südlichen" Charakters gekennzeichnet sein (Gesetz von der relativen Standortskonstanz).

***Tab. 4* Ökologische Pflanzentypen**
die hygrischen Verhältnisse betreffend
„+“: hoch; „–“: niedrig

	Hydrophyten	Hygrophyten	Mesophyten	Xerophyten	Helophyten
	Wasserpfl.	Pfl. (luft-)feuchter Standorte	Pfl. mittlerer Standorte	Pfl. trockener Standorte	Sumpfpfl.
Wasserangebot	++	++	+ / ±	– / – –	stark wechselnd
Lichtangebot	+ / ±	– / – –	+ / ±	++	+ / ++
Luftfeuchte	„++“	+ / ++	+ / +	meist –	meist –
O_2-Angebot im Wurzelraum	– –	+ / ±	+	++	– –
Blattstruktur	hydromorph	hygromorph	mesomorph	xeromorph	oft xeromorph
Belüftungsgewebe (Aerenchym)	vorhanden	meist fehlend	meist fehlend	fehlend	meist vorhanden
Wurzelsystem	reduziert bis fehlend	locker, nicht tiefgehend	verschieden	meist (sehr) umfangreich	flach, dicht
häufige Lebens-/ Wuchsform	mehrjährige Kräuter	verschieden, meist krautig	verschieden	mehrjährig (häufig graminoid) oder holzig	meist graminoid oder binsenförmig

Je spezieller die Ansprüche einer Art sind (also je *stenöker* sie sich verhält) und/oder je konkurrenzschwächer sie ist, desto begrenzter (oder auch zerstückelter) ist im Normalfall ihr Areal gegenüber *euryöken* bzw. konkurrenzkräftigen Arten. Diese Abhängigkeiten des Vorkommens von den ökologischen Rahmenbedingungen ist – neben der morphologischen Charakterisierung – wichtiger Bestandteil einer Artbeschreibung. In Bestimmungsbüchern wird höchst unterschiedlich darauf eingegangen. Oft ist jeder Art zumindest eine *Arealformel* zugeordnet, die grobe Auskunft über ihre Verbreitung und damit meist auch Auskünfte über ihre Ansprüche an das (allgemeine) Klima gibt. Hier ist es besonders wichtig, die entsprechenden Erläuterungen im speziellen Bestimmungsbuch nachzulesen, da diese „Formeln" nicht genormt sind; außerdem hängen sie natürlich ganz wesentlich von der Lage und der Größe des im Bestimmungsbuch behandelten Gebietes ab und wird umso allgemeiner (und damit weniger aussagekräftig) sein, je größer dieses Gebiet ist.
Landesfloren innerhalb Mitteleuropas – und damit auch viele gängige deutsche Floren – berücksichtigen meist drei „Koordinaten": Von *West nach Ost* werden die *atlantischen* (bzw. *ozeanischen*) Elemente (meist im taxonomischen Rang einer Art) zunehmend durch *kontinentale* Elemente ersetzt; von Nord nach Süd die borealen („nordischen") durch *mediterrane* („Mittelmeer-"). Und von *niedrigen Meereshöhen bis in die Alpengipfel* die *planaren/kollinen* durch *montane* und zuletzt durch alpine[51]. Deutschland liegt dabei, was die beiden erstgenannten Koordinaten betrifft, eher im Mittelfeld: Echte atlantische Elemente sind meist durch subatlantische[52] ersetzt usw.
Von anderer Art – und in der Praxis wichtiger – sind Verbreitungsangaben nach topografischen Kriterien: Wenn im Bestimmungsbuch steht: „Nur in Norddeutschland", so ist dies durchaus ein Bestimmungsmerkmal, wenn man sich gerade in Bayern aufhält. Anders aber bei Regional- und Lokalfloren, die – zumindest bei selteneren Arten – oft Einzelfundorte oder Messtischblattquadranten angeben: Hier kann es durchaus sein, dass man für ein Taxon einen neuen Fundort nachgewiesen hat.

Häufig finden sich in Floren auch Angaben zur *pflanzensoziologischen Zugehörigkeit* der betreffenden Art. Ähnlich wie oben anlässlich der Zeigerwerte beschrieben, können auf diese Weise Bestimmungen bestätigt oder auch bestimmte Taxa von vorneherein ausgeschlossen werden. Auf diesen thematischen Komplex hier einzugehen, würde aber zu weit gehen.

---

[51] Der Begriff *dealpin* bezeichnet ein an sich (sub-)alpines Element, das, z. B. von Gebirgsflüssen herabgeschwemmt, auch in tieferen Lagen vorkommt.

[52] *sub-* drückt eine Abschwächung des nachfolgenden Begriffs aus, im arealgeografischen Zusammenhang oft auch eine räumliche Erweiterung der Gültigkeit.

2.11 Zum Aufbau eines Bestimmungsschlüssels

Der übliche Aufbau eines dichotomen (d. h. auf grundsätzlich zwei Merkmalsalternativen aufbauenden) Bestimmungsschlüssel wird als bekannt vorausgesetzt. Wie aber werden nun die bisher im Kap. 2. besprochenen Merkmale verwendet, um Pflanzen im vegetativen Zustand zu bestimmen? Dafür ein Beispiel.
Um den Heil-Ziest (*Stachys officinalis*, vgl. Abb. 325) mittels vegetativer Merkmale zu bestimmen, greifen wir auf den Schmeil-Fitschen zurück[53] und beginnen mit dem Abschnitt C „Tabellen zum Bestimmen [...] in erster Linie nach vegetativen Merkmalen" (in der 95. Auflage ist dies auf S. 108). Dort überspringen wir die ersten, sich selbst erklärenden Schritte zu Beginn und schlagen Tab. XIII auf („Kräuter und Stauden mit ungeteilten Blättern") bzw. XIIIa (S. 133, „Blätter gegen- oder quirlständig"): Die Blätter sind gegenständig; dies führt uns zur Nr. 25. Die dortige Alternative (Blüten- oder Sporenpflanze) ist zunächst nicht zu entscheiden (wir haben ja eine rein vegetative Pflanze vor uns); die weiteren Merkmale in 25b treffen aber erkennbar nicht zu, sodass es sich um eine „Blütenpflanze"[54] (→ 27) handeln muss. – Die Alternative 27 (Blattpaare dekussiert oder übereinanderstehend) ist rein beschreibend (gegenständige Blätter sind bei den Samenpflanzen *immer* dekussiert[55]), führt aber eindeutig zu 30. – Der Spreitenrand ist gekerbt (→ 31). Die dortige Beschreibung von *Chrysosplenium* passt nicht, das ist auch ohne Infloreszenz deutlich (→ 32). Der Stängel ist aufrecht (→ 33).
Ab hier werden nun für längere Zeit – bis zum Aufgreifen der Alternative 32 in 45 – fast nur noch Blütenmerkmale eingesetzt; 3 Familien und 8 Gattungen aus weiteren 6 Familien sind aber noch „im Rennen" – insgesamt überschlägig gut 500 Arten. Natürlich trifft für den größten Teil dieser Arten die bisher zusammengetragene Merkmalskombination nicht zu – nur ein rundes Dutzend Asteraceen (von ca. 340) z. B. haben gegenständige Blätter –, aber das weiß der Bestimmer ja nicht.

In der Tat gelangen wir hier zu einer system-immanenten Grenze eines durchgängig dichotomen Schlüssels: Man müsste, um zu einem Ergebnis zu kommen, (viel zu) viele Taxa über Einzelschritte herausfiltern. Hier kann nur ein anderer Schlüssel-Typ weiterhelfen, der mehr als 2 Wahlmöglichkeiten bietet. Dadurch können sich die Wege zur Bestimmung beträchtlich verkürzen.

---

53 Die Beschreibung des Bestimmungsvorganges ist so gehalten, dass man ihn auch ohne die Vorlage bzw. ohne Objekt nachvollziehen kann.

54 Genauer: Samenpflanze; zumindest *Diphasiastrum* hat „deutlich abgesetzte, endständige (Sporophyll-)Ähren" und damit Blüten.

55 Zur scheinbaren Gegenständigkeit bei *Euphorbia* (gemeint ist Untergattung *Chamaesyce*) vgl. 4.1.31; bei den monokotylen Wasserpflanzen handelt es sich um Scheinwirtel.

Herkömmlicherweise – zumindest in Mitteleuropa – wird folgender streng dichotomer Schlüssel-Typ (A) benutzt

1. Pflanze mit grünen Blättern	2
1+ Pflanze mit bleichen Schuppenblättern	*Pflanze F*
2. Blüten rot	3
2+ Blüten nicht rot	4
3. Pflanze krautig	*Pflanze A*
3+ Pflanze holzig	*Pflanze B*
4. Blüten gelb	*Pflanze C*
4+ Blüten nicht gelb	5
5. Blüten blau	*Pflanze D*
5+ Blüten grünlich	*Pflanze E*

Viel übersichtlicher ist da ein anderer Typ (B), wie er international auch noch vielfach benutzt wird – mit gutem Grund: Er ist logisch und vor allem hierarchisch strukturiert und ermöglicht problemloser als der erste Typ mehr als zwei Wahlmöglichkeiten; äußerlich ist er meist daran erkennbar, dass jeweils eingerückt wird:

1. Pflanze mit grünen Blättern	
2a Blüten rot	
3. Pflanze krautig	*Pflanze A*
3+ Pflanze holzig	*Pflanze B*
2b Blüten gelb	*Pflanze C*
2c Blüten blau	*Pflanze D*
2d Blüten grünlich	*Pflanze E*
1+ Pflanze mit bleichen Schuppenblättern	*Pflanze F*

Dabei muss man (in beiden Fällen) nicht gleich zu einer Art kommen; sinnvoller kann es sein, zunächst „Gruppen“ zu bilden, d. h. einen langen Schlüssel durch mehrere kurze zu ersetzen. Mit einiger Routine wird man dann gleich mit einer dieser Gruppen beginnen können.

Poland & Clement (2009) z. B. gehen diesen Weg „(B)“. Die Alternativen sind dabei nicht fortlaufend beziffert, sondern – wie im Beispiel – lediglich durch das Einrücken gekennzeichnet. So sind im folgenden Beispiel etwa „Blätter einfach“ und „Blätter zusammengesetzt“ Alternativen, innerhalb von „einfach“ sind „Blätter ganzrandig“, „gezähnt“ und „gelappt“. – Damit kommen sie mit relativ (!) wenigen Schritten zu *Stachys officinalis* (die nicht zutreffenden Alternativen sind gekürzt wiedergegeben und nicht weiter ausgeführt: [„...“]):

Obligate Wasserpflanze ...

Landpflanze

Blätter einfach

Blätter ganzrandig ...

Blattrand gezähnt oder gekerbt[56]

Blätter gegenständig → Gruppe O

Blätter wechselständig

Blattrand gelappt ...

Blätter zusammengesetzt ...

Gruppe **O:**

Strauch ...

Kraut

Stipeln vorhanden

Stipeln fehlend

...

Blätter mit Bäumchenhaaren

Blätter mehlig bestäubt

Blätter mit einfachen Haaren oder kahl

Stängel quer viereckig

Blätter mit ausgeprägtem Minzgeruch

Blätter angenehm riechend und/oder weißhaarig

Blätter stinkend oder ± geruchlos

Nur Stängelblätter vorhanden, diese 0–6 mm gestielt

Blätter in basaler Rosette oder (zumindest die unteren) Stängelblätter > 6 mm gestielt

Blätter kahl

Blätter behaart oder bewimpert

Blattstiel mit 2 (oder 4) Leitbündeln

Blattstiel mit 1 oder 3(–7) Leitbündeln, stets in ungerader Zahl

Spreitenbasis herzförmig bis gestutzt → Gruppe OK

Spreitenbasis verschmälert

Stängel ± rund ...

---

[56] Im Original steht „toothed (but not lobed)“; die Alternativen zeigen, dass unter „toothed“ auch gekerbte Blätter zu verstehen sind.

Gruppe ***OK:***

Pflanze sprossbürtig bewurzelt ...

Pflanze nicht sprossbürtig bewurzelt

Randzähne junger Blätter zurückgekrümmt. Haare septat

Blätter vor allem stängelständig. Blattrand jederseits mit 20–40 Zähnen. Spreite runzelig, beidseitig behaart, mit Salbei-Geruch, nur unterseits mit Spaltöffnungen, bis 3 cm gestielt. Rhizompflanze *Teucrium* scorodonia

Pfl. mit Grundblattrosette. Blattrand jederseits mit 7–14 stumpfen Zähnen. Spreite nicht runzelig, vor allem unterseits behaart, geruchlos, beidseitig mit Spaltöffnungen, bis 7 cm gestielt *Stachys* officinalis

Randzähne nicht zurückgekrümmt ...

EGGENBERG & MÖHL (2009) verzichten dagegen teilweise[57] auf Schlüssel im eigentlichen Wortsinn, so auch bei den Lamiaceen. Zu *Stachys officinalis* gelangt man auf folgendem Weg:

Gruppe I „Sonderformen“ (also Objekte mit auffälligen Merkmalen, z. B. Blattquirl oder Polsterwuchs) ...

Gruppe II Blätter geteilt ...

Gruppe III Dikotyle mit ungeteilten Blättern

Blätter gegenständig

1. Blätter fiederteilig bis -schnittig ...

2. Blätter gelappt ...

3. Blätter gesägt-gezähnt ...

4. Blätter gekerbt

4.1 Blätter gestielt

Hier werden dann die Taxa aufgezählt, für die dieses Merkmalssyndrom zutrifft: 2 (kleinere) Familien ohne Gattungsangabe sowie 15 Gattungen aus 3 weiteren Familien (davon 13 Gattungen der Lamiaceen).

4.2 Blätter sitzend ...

5. Blätter ganzrandig ...

[Blätter wechselständig oder rosettig][58] ...

Gruppe IV Monokotyle mit ungeteilten Blättern ...

---

[57] Nicht grundsätzlich, vgl. Anmerkung im Literaturverzeichnis.

[58] Diese Alternative wird nicht direkt als solche bezeichnet, doch beziehen sich die weiteren genannten Untergruppen auf diese Blattstellungen.

Bei den Lamiaceen wird man durch einen teilweise tabellarischen Schlüssel weitergeleitet; diese Schlüsseltabellen bestehen – in diesem Fall – aus Spalten, die Möglichkeiten zur Blattgestalt umfassen (hier: Blatt länglich-lanzettlich) und Zeilen, die sich auf den Blattrand beziehen (hier: gekerbt). Am Schnittpunkt dieser Koordinaten stehen die Arten, für die diese Kombination zutrifft; in diesem Fall sind es 7 Arten. Die endgültige Bestimmung erfolgt dann durch direkten Abbildungsvergleich. „Übersetzt" in einen klassischen Schlüssel ergibt sich also:

Blatt gestielt

  Blatt eiförmig ...

  Blatt länglich-lanzettlich

    Blattrand (fast) ganz ohne Zähne ...

    Blattrand gekerbt

      7 Arten, vgl. oben

    Blattrand gesägt ...

    Blattrand tief eingeschnitten ...

Blatt ungestielt ...

Anhangsweise sei darauf hingewiesen, dass der optimale Schlüssel-Typ für das Bestimmen nach vegetativen Merkmalen auf schrittweise aufeinander aufbauende (bzw. einander bedingende) Alternativ-Fragen (sog. *Single-Access*-Schlüssel) überhaupt verzichten sollte. Insbesondere bei der Verwendung von Datenträgern ist es erheblich effektiver, jede Pflanze durch eine (ungewichtete!) Kombination von Merkmalen zu kennzeichnen, was auch dann zum Ergebnis führen kann, wenn nur ein Teil der Merkmalsausprägungen bekannt ist, ohne dass man beim Bestimmen „steckenbleibt", weil ausgerechnet die wichtigen (soll heißen: schon früh abgefragten) Merkmale nicht erkennbar sind. Solche *Multi-Access*-Schlüssel sind insbesondere dann sehr ökonomisch, wenn eine Pflanze durch seltene Merkmale gekennzeichnet sind („Sofort-Merkmale" oder „spot characters"). Eine Brennnessel z. B. ist durch das Merkmal „Brennhaare" eindeutig bestimmt; geht man dagegen regelgerecht nach dem Bestimmungsschlüssel vor, braucht man z. B. im SCHMEIL-FITSCHEN 19 Schritte, wenn man nach Blütenmerkmalen bestimmt bzw. 16, wenn man vegetative Merkmale benutzt. – Solche Schlüssel gibt es aber bisher nur in Einzelfällen, sodass wir hier leider nicht weiter darauf eingehen müssen.

In den Folgekapiteln werden wir uns mit den speziellen vegetativen Merkmalen der Gehölze, der Di- und der Monokotylen sowie der Pteridophyten (hier vor allem der Echten Farne) befassen, soweit und in welcher Form sie für die Bestimmung eingesetzt werden können. In der Regel wird man ein Objekt auch im nichtblühenden Zustand einer dieser vier Gruppen zuordnen können[59]. Da für sie teilweise unterschiedliche Merkmalsklassen gelten bzw. die Merkmalsklassen unterschiedlich gewichtet sind, empfiehlt es sich auch hier, die Großgruppen getrennt zu betrachten. Dabei sind, da die Gehölze gesondert betrachtet werden, unter „Dikotylen" vorzugsweise Krautige und Zwergsträucher zu verstehen, obwohl natürlich auch die meisten Gehölze „dikotyl" sind (vgl. 1.2).

[59] Gewisse Schwierigkeiten können bei der Beurteilung chlorophyllloser Pflanzen mit reduzierten Blättern auftreten; sie sind deshalb im Schlüssel 5 zusamengefasst. – Grüne Pflanzen (scheinbar) ohne Blätter sind zumeist entweder Gehölze (Typ „Rutenstrauch", vgl. 3.1.5) oder Monokotyle (Typ „Binse", vgl. 3.3.3.4).

3. Spezieller Teil

Aus den Ausführungen in Kap. 2. wird deutlich, dass der zentrale Merkmalsträger für das Bestimmen nach vegetativen Merkmalen das Blatt ist. Es wäre demnach sinnvoll, eine Gruppenbildung nach leicht kenntlichen Blattmerkmalen durchzuführen, nach der Blattstellung etwa oder der Fiederung. Aus den in Kap. 1 dargelegten Gründen sollen hier jedoch als Erstes Gehölze (d.h. Bäume und höhere Sträucher) ausgegliedert werden. Wasserpflanzen, die als eigene Gruppe zu behandeln in der Bestimmungspraxis ebenfalls sinnvoll ist, verfügen – außer ihrem Lebensraum – über kaum grundsätzlich andere Merkmale[1] als Landpflanzen und brauchen hier deshalb zunächst nicht gesondert betrachtet zu werden.

3.1 Gehölze

1. Bei den Gehölzen spielt die vegetative Bestimmung eine größere Rolle als bei den Krautigen. Bäume blühen zum einen in unzugänglichen Höhen, zum anderen sind die meisten windbestäubt und haben daher unscheinbare, auf den ersten Blick merkmalsarme Blüten. Außerdem wird die vegetative Bestimmung durch die relativ geringe Zahl einheimischer Bäume erleichtert. Für Sträucher gilt dies zwar nur eingeschränkt – insbesondere die Blüten sind „abwechslungsreicher" –, aber auch hier bieten vor allem die Blätter gut sichtbare Merkmale.
Im Übrigen müssen wir nicht viele Worte machen. Neben den entsprechenden Schlüsseln in Schmeil-Fitschen bzw. Rothmaler gibt es einige andere Werke, mithilfe derer man nichtblühende Gehölze bestimmen kann (vgl. Literaturverzeichnis). Dabei wird oft auch die Möglichkeit der Bestimmung im winterkahlen Zustand oder nach Fruchtmerkmalen angeboten.

Eine gewisse Erschwernis bei der Verwendung der oben genannten Schlüssel nach vegetativen Merkmalen für Holzgewächse liegt darin, dass diese meist auch Zwergsträucher und/oder gepflanzte Gehölze berücksichtigen. Andererseits gehen sie oft nur bis zur Gattung, obwohl es durchaus möglich wäre, sie bis zur Art weiterzuführen.

2. Zur Bestimmung von Gehölzen werden – während der Vegetationszeit – fast ausschließlich *Blattmerkmale* herangezogen. Kletternde bzw. wehrhafte Pflanzen werden gelegentlich gesondert berücksichtigt (vgl. auch Schlüssel 3 bzw. 2). Kaum Beachtung finden andere Merkmale, die bei Krautigen eine gewisse Rolle spielen, z.B. Milchsaft oder Geruch.

[1] Auffällig ist lediglich die Häufigkeit zipfeliger Blattstrukturen („Hippuris-Syndrom"). Die „Zipfel" können dabei die Blätter selbst sein *(Hippuris)*, kammartige Fiedern (*Myriophyllum* und viele andere), gabelig *(Ceratophyllum)* oder „regellos" *(Salvinia)* zerteilte Blätter (vgl. auch Schlüssel 1).

Sprossmerkmale werden nur in Einzelfällen herangezogen, z. B. bei den Nadelbäumen (vgl. unten). Ebenfalls nur selten verwendet werden Eigenschaften des *Marks*, also des zentralen Teils des quer geschnittenen Astes. So unterscheidet sich der Schwarze Holunder durch sein weißes Mark vom Trauben-Holunder mit braunem Mark.
Relativ wenig wird auf die Merkmale der *Borke* (bzw. *Rinde*) verwiesen, obwohl es einige Beispiele für gut erkennbare Borken gibt (vgl. 2.2.2). Verwandte Taxa lassen sich gelegentlich schon anhand der Borke differenzieren (Abb. 81). So ist die Borke das schnellste Unterscheidungsmerkmal von Eberesche und Speierling; der Berg-Ahorn ist durch eine Schuppenborke gekennzeichnet, die anderen einheimischen Arten haben eine längsrissige Rippenborke. *Weiß*-Tanne bzw. *Grau*-Erle haben eine hellere Borke bzw. Rinde als Fichte bzw. *Schwarz*-Erle (die der Schwarz-Erle ist zudem eine längsrissige Rippenborke, die Grau-Erle hat eine ± glatte Rinde, vgl. Abb. 81e–f). Die Borke der Wald-Kiefer ist – vor allem im oberen Stammbereich – eher rötlich braun, die der Schwarz-Kiefer ist durchgehend eher (schwärzlich) grau; bei der Moor-Birke setzt die Borkenbildung normalerweise später ein als bei der Hänge-Birke, deren Stammfuß deshalb schon früher von der schwärzlichen Borke geprägt wird (vgl. 2.2.2.2). Die glatte Spiegelrinde der Buche ist allenfalls mit der der Hainbuche zu verwechseln, welche aber meist durch streifenförmige, olivfarbene oder silbrige Musterung (und durch einen wie von Strängen durchzogenen Stammquerschnitt) auffällt. Die sich in Fetzen ablösende Rinde der Mandel-Weide sowie die darunter erscheinende zimtbraune Rinde sind unverkennbar. – In anderen Fällen ist die Borke allerdings wenig zuverlässig, so etwa beim Apfel. Auch zur Unterscheidung von Platanen, wie gelegentlich angegeben, ist die Borke nicht geeignet.
Man beachte dabei, dass sich der Borkentyp mit zunehmendem Alter verändern kann. Die in Abb. 81 dargestellten Beispiele stammen daher durchweg von älteren Exemplaren.

Weitere Borken lassen sich nach Hecker (2003–2008) und mittels der Seite http://www.baumkunde.de/baumbestimmung/laubhoelzer/bestimmung-rinde.php bestimmen.

An *Korkleisten* kann man z. B. das Pfaffenhütchen *(Euonymus europaeus)* häufig erkennen (Abb. 71). Diese Leisten können auch zu Flügeln auswachsen, was z. B. bei der Feld-Ulme oder dem Feld-Ahorn bisweilen vorkommt. Auch die *Lentizellen* (Korkwarzen) können in seltenen Fällen hilfreich sein, so z. B. die rautenförmigen Korkwarzen mancher Pappeln.

Die Verwendung der *Kronenformen* zur Ansprache eines Baumes sollte mit gewisser Skepsis gesehen werden (vgl. 2.2.2.3). So wird der Trauben-Eiche ein durchgehender Hauptstamm zugesprochen, während der Stamm der Stiel-Eiche sich bald in zwei oder mehr Hauptstämme verzweigen soll. Recht zuverlässig ist mittels der Kronenform jedoch z. B. eine Unterscheidung von Fichte und Tanne (Abb. 82), von Hänge- und Moor-Birke (Abb. 83) oder von Apfel- und Birnbaum (Abb. 84) möglich; solche Beispiele sind aber selten.

Abb. 81: Borken und Rinden.

a: Eberesche (Rg); b: Speierling (Rp); c: Berg-Ahorn (Sb); d: Spitz-Ahorn (Rp; ähnlich Feld-Ahorn)

F: Furchenborke; P: Plattenborke; Rg: Ringelborke; Rp: Rippenborke; Sb: Schuppenborke; Sr: Spiegelrinde.

e: Schwarz-Erle (Rp); f: Grau-Erle (Sr); g: Wald-Kiefer (P); h: Schwarz-Kiefer (P)

F: Furchenborke; P: Plattenborke; Rg: Ringelborke; Rp: Rippenborke; Sb: Schuppenborke; Sr: Spiegelrinde.

i: Moor-Birke (Sr); k: Hänge-Birke (jung: Sr); l: Buche (Sr); m: Hainbuche (Sr)

F: Furchenborke; P: Plattenborke; Rg: Ringelborke; Rp: Rippenborke; Sb: Schuppenborke; Sr: Spiegelrinde.

n: Sal-Weide (F); o: Bruch-Weide (F); p: Mandel-Weide (P); q: Eiche (Rp)

F: Furchenborke; P: Plattenborke; Rg: Ringelborke; Rp: Rippenborke; Sb: Schuppenborke; Sr: Spiegelrinde.

r: Birne (Rp); s: Kirsche (Rg); t: Zwetschke (Rp); u: Robinie (F)

F: Furchenborke; P: Plattenborke; Rg: Ringelborke; Rp: Rippenborke; Sb: Schuppenborke; Sr: Spiegelrinde.

Nadel- und Schuppenblätter werden immer getrennt aufgeschlüsselt; sie kennzeichnen alle einheimischen *Gymnospermae*, den Strauch *Myricaria germanica* (die einzige einheimische Tamaricacee), den neophytischen Stechginster *(Ulex europaeus)* sowie manche dikotyle Zwergsträucher (vgl. dazu 3.2.1.4 und Schlüssel 12).

3. Innerhalb der **Gymnospermen** ist die jeweilige Gattung in der Regel problemlos anzusprechen:

- Bei *Juniperus communis* (Heide-Wacholder) stehen die Nadeln zu dritt wirtelig

Die beiden folgenden Gattungen zeigen einen ausgeprägten Lang-/Kurztrieb-Dimorphismus:

- *Larix* (Lärche): Nadeln in Büscheln (> 10) an Kurztrieben, außerdem als einziger Nadelbaum sommergrün
- *Pinus* (Kiefer): Nadeln zu 2 *(P. sylvestris, nigra, mugo)*, seltener zu 5 (Zirbe oder Arve, *P. cembra*, und die vielfach als Forstbaum gepflanzte Weymouths-Kiefer, *P. strobus*)

Bei den übrigen Gattungen stehen die Nadeln dicht, aber einzeln. Sie sind jeweils nur durch eine einheimische Art vertreten:

- *Picea abies* (Fichte) und *Abies alba* (Tanne) (vgl. Abb. 114–15)
- *Taxus baccata* (Eibe): Nadeln ähnlich stumpf wie bei *Abies*, aber ohne helle Streifen auf der Blattunterseite
- *Pseudotsuga menziesii* (Douglasie; gepflanzter Forstbaum): Nadeln ähnlich der Tanne, aber ohne Blattkissen

Abb. 82–84: Kronenformen. 82a: Fichte, b: Tanne; die Krone der Fichte ist spitz-pyramidal (größte Breite im unteren Drittel); die der Tanne sehr stumpf, fast tonnenförmig, größte Breite in oder sogar über der Mitte.

83a: Moor-, b: Hänge-Birke; die Krone der Moorbirke hat keine Besonderheiten, die vorne hängenden Äste der Hänge-Birke sind meist auch im belaubten Zustand zu erkennen.

84a: Apfel-, b: Birnbaum; die Krone des Apfelbaums ist ± queroval bis nierenförmig, meist breiter als hoch; die des Birnbaums fast rechteckig oder trapezförmig verjüngt, oft höher als breit.

4. Was nun die in der Praxis besonders wichtige Bestimmung nach dem Laub **dikotyler Gehölze** betrifft, so gelten hier die gleichen Regeln wie bei den krautigen Dikotylen (vgl. 3.2): Hauptkriterien sind Blattstellung, Fiederung, Blatt- bzw. Fiedergestalt sowie Blatt- bzw. Fiederrand. Liegt ein ± ausgeprägter Lang-/Kurztrieb-Dimorphismus vor, so gelten die Angaben normalerweise für die ± büschelig stehenden Blätter der

Kurztriebe (z. B. beim Weißdorn). – Den *Blattnerven* wird eine größere Rolle zugebilligt als bei den Krautigen: So können sich ähnliche Arten durch eine unterschiedliche Zahl von *Seitennerven 1. Ordnung* auszeichnen (Schwarz-Erle: 5–8 Paare, Grau-Erle: 8–12 Paare; vgl. auch Abb. 139–142). Beim Kreuzdorn und bei der Kornelkirsche biegen die Seitennerven 1. Ordnung bogenförmig nach oben und „verlieren" sich dann (Abb. 119); beim Faulbaum bilden sie Schlingen (Abb. 124). Bei der Stiel-Eiche verlaufen sie in die Blattlappen und Blattbuchten, bei der Trauben-Eiche (fast) nur in die Lappen (Abb. 105–106; das Merkmal ist allerdings nicht zuverlässig).

Das *Indument* wird häufig zur Bestimmung herangezogen. Bezüglich der Haare gibt es aber – außer den Domatien (vgl. **5.**) – kaum gehölzspezifische Besonderheiten. Das Merkmal wird vor allem zur Artbestimmung herangezogen; seltener werden höhere taxonomische Einheiten durch einen bestimmten Haartyp gekennzeichnet, so die Ölweidengewächse *(Elaeagnaceae)* durch schuppen- oder sternhaarähnliche „Schülferhaare" (Abb. 90d), der Hartriegel *Cornus sanguinea* ssp. *sanguinea* durch einfache krause, ssp. *australis* durch zweistrahlige „Kompasshaare".

Zwei weitere Merkmale werden dagegen speziell bei Gehölzen oft abgefragt. Das eine sind die an der Achse bei Dekussation häufig durch eine *Querlinie* verbundenen Blatt(stiel)ansätze (Abb. 51); das ist natürlich auch bei Krautigen nicht selten (vgl. z. B. Abb. 381), spielt dort aber als Merkmal normalerweise keine Rolle (oder erst dann, wenn sich diese Querverbindung in einer Verwachsung der Blattbasen äußert; vgl. 3.2.2.2). Beim Geißblatt (*Lonicera* p. p.) sind die gegenüberstehenden Blätter im Infloreszenzbereich sogar mit breiter Basis oder tellerförmig verwachsen. – Das zweite, ebenfalls nicht selten abgefragte Merkmal sind knötchen- oder sogar stiftförmige *Drüsen* am Blattstiel, vor allem im Grenzbereich Stiel/Spreitengrund (Abb. 113, 126); dieses Merkmal erleichtert z. B. die Bestimmung von Obstbäumen (vgl. Schlüssel 6) oder die Unterscheidung der Zitter-Pappel von den drüsenlosen Verwandten Silber- und Schwarzpappel. Drüsen als Bestandteil des Induments sind ziemlich selten. Sie verursachen z. B. den charakteristischen Geruch des Gagelstrauchs oder mancher Rosen (vgl. **7.**). Warzige Drüsen, die man bei flüchtigem Hinsehen für Lentizellen halten könnte, kennzeichnen die Hänge- (oder Warzen-)Birke *(Betula pendula)* bzw. die Strauch-Birke *(B. humilis)* gegenüber den warzenlosen Taxa Moor-Birke *(B. pubescens)* bzw. Zwerg-Birke *(B. nana)*.

Gelegentlich wird auch die *Blattsymmetrie* zur Bestimmung herangezogen: Hier sind vor allem die asymmetrischen Blätter der Ulmen zu nennen (Abb. 138–140), aber auch die Blätter der Linde, Maulbeere und

Schneebeere *(Symphoricarpus)* sind bei genauerer Betrachtung asymmetrisch oder können es sein.
Ebenfalls nur selten verwendet wird das Merkmal *Knospenlage*. Bei der Bestimmung z. B. von *Prunus*-Arten ist sie jedoch sehr hilfreich, insbesondere wenn die charakteristischen unterschiedlichen Borken (noch) nicht deutlich ausgebildet sind (vgl. Schlüssel 6). Es lässt sich naturgemäß nur anwenden, solange junge Blätter vorhanden sind – also etwa bis in den Frühsommer.
In Einzelfällen – von der bereits erwähnten möglichen Unterschiedlichkeit von Lang- und Kurztrieb-Blättern abgesehen – ist das Laub innerhalb einer Art bzw. sogar an einem Exemplar unterschiedlich. Bei der Schneebeere (vgl. oben) und beim Maulbeerbaum *(Morus nigra)* können sie einfach oder gelappt sein; beim Bittersüßen Nachtschatten (*Solanum dulcamara*, Abb. 275) können vor allem die oberen Blätter einzelne Fiederlappen ausbilden. Beim Besenginster *(Cytisus scoparius)* finden sich einfache Blätter neben 3-zähligen am selben Zweig. Bei der Purpur-Weide und bei verschiedenen Kreuzdorn- *(Rhamnus-)*Arten ist die Gegenständigkeit nicht immer „konsequent"; insbesondere Langtriebe können dort durchaus wechselständig beblättert sein.

In größeren Floren wird speziell bei Gehölzen häufig nach dem Merkmal *sommergrün („laubwerfend")* oder *immergrün*[2] *gefragt*. Bei uns ist diese Frage selten von Belang; immergrüne (Laub-)Gehölze sind in Mitteleuropa – im Gegensatz etwa zum Mittelmeergebiet – zum einen wenig konkurrenzkräftig und zum anderen frostgefährdet, weshalb sie hier auch kaum vorkommen. Es ist kein Zufall, dass die immergrüne Stechpalme *Ilex* Gebiete mit atlantischem (d. h. wintermildem) Klima bevorzugt. Aus ähnlichen Gründen wächst der Efeu bei uns – außer in wärmebetonten Gebieten – vorwiegend im Wald. Dort ist er besser vor Frost geschützt als im Freien, wo er eigentlich „lieber" wäre; das sieht man daran, dass er im Wald kaum zur Blüte kommt. Die häufig immergrünen Ericaceen ziehen sich auf konkurrenzarme Standorte (Moore) oder winters schneegeschützte Hochlagen (Alpen) zurück (vgl. Schlüssel 12).

5. Die in Kap. 2.1.4 erwähnten möglichen Besonderheiten der Blätter von Gehölzen werden wenig genutzt – in der Regel gibt es leichter fassbare Kriterien zur Bestimmung. Der Haarbüscheltyp der *Domatien* wird beispielsweise herangezogen, um den Hartriegel *Cornus sanguinea* von der Kornelkirsche *C. mas* zu unterscheiden (Abb. 119). In Bestimmungsbüchern viel zitiert sind auch die „braunbärtigen Aderwinkel" der ansonsten kahlen Blattunterseite der Winter-Linde im Gegensatz zur weißbärtigen und behaarten Blattunterseite der Sommer-Linde. Die Schwarz-Erle hat ausgeprägte Domatien, ganz im Gegensatz zur Grau-Erle (Abb. 141–142). In anderen Fällen ist das Merkmal nicht zuverlässig: So hat die Moor-Birke meist Achselbärte, die Hänge-Birke meist nicht.

---

[2] Der Begriff „immergrün" ist relativ (vgl. 2.1.3.5).

Die *Herbstfärbung* unserer einheimischen Bäume ist nicht sehr abwechslungsreich (Abb. 85). Die Buche z.B. ist durch ein umfangreiches Spektrum gelber, kupferfarbener und rötlicher Töne gekennzeichnet, Kirschen ebenfalls durch gelbliche bis rote Farben. Das Laub der meisten Ahorn-Arten färbt sich in ein sattes Gelb, das vieler anderer Laubbäume wie Eichen und Hainbuche dagegen in ein dezentes, eher lehmfarbenes Gelb oder Gelbbraun. Auffällige, leuchtende Rottöne oder ein sehr gleichmäßiges Lederbraun verraten die Existenz gepflanzter, nordamerikanischer Roteichen (wie überhaupt die Herbstfärbung in nordamerikanischen Wäldern sehr viel farbenprächtiger sein kann). Die Schwarz-Erle schließlich bleibt im Herbst noch lange grün, wenn anderes Laub schon längst gefallen ist. Bei den Sträuchern fällt die trüb-burgunderrote Farbe des Blutroten Hartriegels (Name!) oder das Orangerot des Pfaffenhütchens auf. Auch Felsenbirne und Berberitze sind oft rot.

Abb. 85: Herbstfärbung. a: Buche; b: Hainbuche.

Abb. 85: Herbstfärbung.
c: Trauben-Eiche; d: Feld-Ahorn; e: Kirsche (links im Hintergrund Pappel); f: Blutroter Hartriegel.

Eine bestimmungstechnische Sondergruppe sind sog. *Rutensträucher*, die über ihre rutenförmigen Zweige assimilieren und nur winzige Blätter aufweisen bzw. Zweige, deren Blätter schon früh abfallen. In der einheimischen Vegetation sind sie im Wesentlichen durch zwei Fabaceen vertreten: Dem Besenginster *(Cytisus scoparius)*, bei dem man aber auch meist noch „Restblätter" erkennen kann, und dem Stechginster *(Ulex europaeus)*, der schon sehr früh in seinem Wachstum die typischen „Kleeblätter" durch Dornblätter ersetzt.

6. Von besonderer Bedeutung ist die vegetative Bestimmung im **winterkahlen Zustand.** Hier werden – neben den oben bereits erwähnten Spross-Merkmalen – vor allem Verzweigung (und damit die Blattstellung), Blatt- bzw. Stipelnarben (Ulen) und Winterknospen benutzt; insbesondere die Letztgenannten sind wichtig (vgl. 2.2.1.3). Wesentlich sind dabei Zahl und Aussehen der *Knospenschuppen*. So sind die Weiden *(Salix)* an ihrer (zumeist) einzigen[3], mützenartigen Knospenschuppe oft zu erkennen. Die (kurz gestielten!) Knospen der Erlen *Alnus glutinosa* und *A. incana* haben zwei Schuppen. Die Regel sind größere Anzahlen, andererseits können die Schuppen auch ganz fehlen (z.B. bei *Viburnum lantana*, Abb. 56, im Gegensatz zu *V. opulus* oder bei *Cornus sanguinea* im Gegensatz zu *C. mas)*. – Vielfach kann auch die Frucht herangezogen werden, die entweder am Gehölz überwintert oder auf dem Boden gefunden werden kann. In der Regel macht die Bestimmung eines Baums im winterkahlen Zustand – zumindest bis zur Gattung – kein Problem, und auch viele Sträucher lassen sich anhand weniger Merkmale determinieren.

7. „Sondergruppen" wie kletternde oder stechende Pflanzen werden oft schon früh ausgegliedert. Holzige *Kletterpflanzen* sind in Schlüssel 3 mitberücksichtigt. Im Fall der *bewehrten Gehölze* muss man beachten, dass Sprossdornen nicht immer ausgebildet sind (vgl. 2.4); dies betrifft vor allem die Rosaceen *Mespilus germanica* (Mispel), *Malus sylvestris* (Holz-Apfel) und *Pyrus pyraster* (Wild-Birne). Von größerer Bedeutung für die Bestimmung sind die Stacheln hingegen bei den Gattungen *Rosa* (Abb. 86) und *Rubus*.

Einen Überblick über die bewehrten Bäume und Sträucher gibt Schlüssel 2. Die komplexen Gattungen Rosa, *Rubus* und *Crataegus* sind darin nicht näher aufgefächert. Auffällig ist vor allem *Ulex*, der Spross- *und* Blattdornen ausbildet. – Ein Schlüssel speziell für bewehrte Laubgehölze im Winter findet sich in Hecker (2008).

Kennzeichnende Inhaltsstoffe werden so gut wie nie zur Bestimmung herangezogen; es gibt derer auch nicht viele. Am ehesten ist hier der Milchsaft zu nennen, so bei einigen Ahorn-Arten (vgl. 4.1.75), bei *Rhus typhina* und beim Maulbeerbaum.

Auch der *Geruch* spielt als Erkennungsmerkmal bei Gehölzen kaum eine Rolle. Am häufigsten wird er wohl bei den Wildrosen verwendet,

[3] Diese „einzige" Schuppe ist, genauer gesagt, ein Verwachsungsprodukt aus zwei Schuppen.

Abb. 86: ***Rosa,*** **Stachelformen. a: „Standardform" (hier:** ***R. canina*****); b:** ***R. rubiginosa*** **(Stacheln unterschiedlich); c:** ***R. pimpinellifolia*** **(Stacheln sehr dicht); d:** ***R. gallica*** **(mit zahlreichen Drüsen). (Aus Graham & al. 1993).**

wo sich die „Weinrosen“ (*Rosa-rubiginosa*-Gruppe) durch einen ± deutlichen Obst- oder Weingeruch auszeichnen, der aber nicht von allen Beobachtern auch als solcher wahrgenommen wird (außer bei *R. rubiginosa* selbst). Auf den angenehmen Duft des Gagelstrauchs wurde bereits hingewiesen (vgl. **4.**).

Zuletzt sei an eine bekannte weitere „Sondergruppe“ erinnert – dass es nämlich zwei epiphytische, halbparasitische, gabelig verzweigte Kleinsträucher gibt, also gewissermaßen „Sträucher auf Bäumen“: Die immergrüne, grünästige Mistel (*Viscum;* meist auf Weichholzarten und Nadelbäumen) und die sehr seltene sommergrüne, braunästige Riemenblume (*Loranthus;* auf Eichen).

3.2 Krautige Dikotyle

Auf die vielfältigen Unterschiede zwischen *dikotylen und monokotylen* Pflanzen wurde bereits mehrfach hingewiesen (vgl. auch Tab. 1).
Wie schon im Kapitel 2. zum Ausdruck gekommen, sind die Dikotylen in der Ausprägung bestimmungsrelevanter Merkmale viel variabler als die Monokotylen. Auch eine Reihe besonderer Merkmale, die nur bei einer beschränkten Zahl von Taxa vorkommen und deren Beachtung den Bestimmungsvorgang wesentlich verkürzen kann, sind auf diese Gruppe beschränkt. Sie wurden im allgemeinen Kontext bereits in Kap. 2.3 bis 2.7 vorgestellt. Nun wollen wir prüfen, inwieweit sie die Bestimmung dikotyler Pflanzen erleichtern (vgl. 3.2.1). Im Anschluss daran werden wir die in Kap. 2.1 und 2.2 geschilderten allgemeinen Merkmale von Blatt und Sprossachse anwenden (3.2.2 bis 3.2.7). Dabei kommt es naturgemäß zu Doppelnennungen, da diese „allgemeinen Merkmale“ natürlich auch auf Objekte mit „besonderen Merkmalen“ zutreffen.

3.2.1 Krautige Dikotyle mit besonderen Merkmalen

1. Pflanzen ohne Blattgrün: Bei den Dikotylen sind hier vier Taxa zu erwähnen: *Cuscuta* (Seide; *Convolvulaceae*), *Monotropa* (Fichtenspargel; *Ericaceae*) sowie *Orobanche* und *Lathraea* (Sommerwurz und Schuppenwurz; beides *Orobanchaceae*). Ihre Merkmale lassen sich Schlüssel 5 entnehmen.
2. Kletterpflanzen: Ranken- und Windepflanzen sind bei den krautigen Dikotylen nicht selten; Erstere finden sich mehrfach bei den *Fabaceae,* Letztere haben den Windengewächsen *(Convolvulaceae)* ihren Namen gegeben (obwohl nicht alle Convolvulaceen auch winden!).
Schlüssel 3 gibt einen Überblick über die Kletterpflanzen der einheimischen Flora. Mit Ausnahme von *Vicia* (Wicke) und der parasitischen *Cuscuta* (Seide) kann man Kletterpflanzen meist problemlos vegetativ bis zur Art bestimmen.

3. Wehrhafte Pflanzen: Darunter sollen hier Pflanzen mit Dornen bzw. Stacheln verstanden werden (vgl. 2.4). Erstere finden sich vor allem bei holzigen Pflanzen – neben den bereits erwähnten Bäumen und Sträuchern also bei den hier zu behandelnden Zwergsträuchern und ähnlichen Lebensformen. Dabei sind vor allem die Fabaceen-Gattungen Ginster und Hauhechel mit Kurztriebdornen zu nennen (vgl. Schlüssel 2).

Pflanzen mit ausgeprägt stacheligen Blättern werden umgangssprachlich gerne als „Disteln" zusammengefasst. Botanisch wird unter „Distel" jedoch nur die Gattung *Carduus* verstanden. Stachelige Blätter gibt es aber auch noch in weiteren Asteraceen-Gattungen (vgl. 4.1.8).

Arten der Gattungen *Carduus* und *Cirsium* sind gelegentlich schwierig auseinanderzuhalten; die Blätter sind zwar durchaus von unterschiedlicher Gestalt, die Unterschiede lassen sich aber zuweilen schlecht in Worte fassen. In Abb. 145–152 sind einige Beispiele gezeigt.

Stachelige Pflanzen gibt es zudem noch außerhalb der Asteraceen. *Dipsacus* (Karde; *Caprifoliaceae* bzw. *Dipsacaceae*) ist an den gegenständigen Blättern sofort erkennbar. Diese Blätter sind bei den Echten Karden (z. B. *Dipsacus fullonum*) an der breiten Basis trichterförmig zusammengewachsen (vgl. 3.2.2.2); bei den Schuppenkarden (z. B. *Dipsacus pilosus*) sind die Blätter gestielt und haben basal zwei kleine Seitenlappen. – Zu *Eryngium* (Mannstreu; *Apiaceae*) vgl. Abb. 144.

Sodann gibt es eine Gruppe von Arten mit ± stechenden Blattzähnen oder -spitzen, die man eigentlich nicht mehr als „Disteln" im engeren Sinn bezeichnen kann. Hierher gehören z. B. Arten der milchsaftführenden Asteraceen-Gattungen *Lactuca* (Lattich; Abb. 153–154) und *Sonchus* (Gänsedistel; Abb. 155–156), die Amaranthaceen s. l. (bzw. Chenopodiaceen) mit nadelförmigen oder pfriemlichen Blättern und stechender Blattspitze *Salsola* (Salzkraut; Abb. 347) sowie (nur wenig stechend) *Polycnemum* (Knorpelkraut) und *Corispermum* (Wanzensame).

Auch die dem Indument (vgl. 2.3) zuzurechnenden Borsten können infolge ausgeprägter Steifheit „stechen". Hier sind vor allem einige Boraginaceen zu nennen, bei denen steife Haare ein weitverbreitetes Familienmerkmal sind („Raublattgewächse"): *Echium* (Natternkopf, Abb. 75), *Anchusa arvensis* (Krummhals), *Onosma* (Lotwurz). Weitere Taxa mit „stechenden Borsten" sind etwa die milchsaftführenden Asteraceen *Chondrilla* (Knorpellattich; Stängelbasis) und *Picris* s. l. (Bitterkraut; inkl. *Helminthotheca*). Im Übrigen ist die Grenze zwischen „steifer" und „stechender" Borste durchaus subjektiv, wie oben schon die Abgrenzung der „Disteln" s. str.

4. Nadel- und Rollblätter: Dikotyle mit echten *Nadelblättern* sind sehr selten; das Zwergsonnenröschen *Fumana procumbens* oder das Salz-

kraut (vgl. oben) wären da zu nennen. Andere Taxa haben nadelförmige, aber ± weiche Blätter; dies leitet schon über zu sehr schmalen (aber flachen) Blättern, von denen es innerhalb der Dikotylen etliche gibt.
Die Nadelform kann auch dadurch hervorgerufen werden, dass die Spreite eines an sich schon linealischen Blattes nach unten umgerollt ist, sodass die sichtbare Blattbreite noch weiter verschmälert wird. Dies ist z. B. bei machen Labkräutern der Fall (Abb. 339). Das kann so weit gehen, dass von der Blattunterseite nur noch ein schmaler Strich zu sehen ist. Solche *Rollblätter* sind unter anderem für manche Ericaceen typisch – man spricht demnach auch von einem „ericoiden Rollblatt“ (Abb. 335–338; vgl. auch **7.** und Schlüssel 12); Näheres s. *Ericaceae* (4.1.30).

5. Gefleckte Blätter: Gefleckte Blätter sind eine schon im Gelände auffällige Erscheinung und ermöglichen so zuweilen eine rasche Ansprache (vgl. Schlüssel 4).

6. Sukkulente Blätter: Auch sukkulente Blätter sind ein sehr auffälliges Merkmal. Fast immer wird es sich um ein Dickblattgewächs (Crassulacee) handeln, insbesondere, wenn die Blätter (annähernd) stielrund sind (Abb. 341); dann kommen ein rundes Dutzend *Sedum*-Arten in Betracht, die sich vegetativ aber großenteils kaum unterscheiden lassen. Gut kenntlich sind nur die Taxa mit gespornten Blättern (vgl. **7.**): Sind diese apikal stachelspitzig, handelt es sich um die Artengruppe der Felsen-Fetthenne (*Sedum rupestre* agg.), sind sie vorne abgerundet, ist es der Milde Mauerpfeffer (*S. sexangulare,* Abb. 342). – Weiter verbreitet sind fleischige, aber ± flache Blätter (Abb. 340), die sich auch außerhalb der Crassulaceen finden (z. B. Portulak); der Übergang zu „normalen“, nur saftreichen Blättern ist allerdings fließend.

7. Gespornte Blätter: Gespornte[4] Blätter sind sehr selten; ein Beispiel ist neben den soeben genannten *Sedum*-Arten die Besenheide *(Calluna).* Bei ihr ist der „Sporn“ 2-teilig, weil es sich um die beiden zurückgebogenen Spreitenhälften eines ericoiden Rollblattes handelt – ein sehr merkwürdiger Blattbau, der den insgesamt „schuppenartigen“ Habitus des Blattes bewirkt (vgl. **4.** und Abb. 336).

8. Pflanzen mit Fangorganen: Insektenfangende Pflanzen sind in der einheimischen Vegetation auf zwei Familien bzw. vier Gattungen beschränkt:
Innerhalb der *Droseraceae* (Sonnentaugewächse) ist die Gattung *Drosera* durch die gestielten Drüsen am Rand der rosettig stehenden Blätter, die dem Fang von Insekten und deren „Verdauung“ dienen,

[4] Diese Bezeichnung ist üblich geworden, obwohl „Sporn“ ursprünglich nur einen normalerweise hohlen Fortsatz an einer *Blüte* bezeichnete.

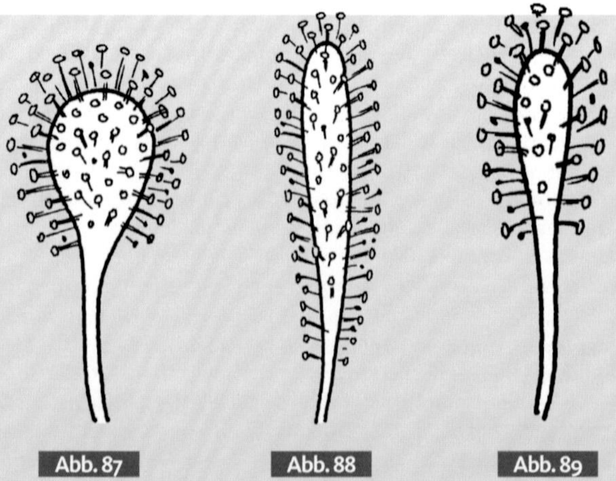

Abb. 87–89: Insektenfangende Blätter von *Drosera rotundifolia* (87), *D. longifolia* (88) und *D. intermedia* (89) mit drüsigen Emergenzen (aus SCHMEIL-FITSCHEN 2009).

hinlänglich bekannt; die drei Arten werden immer an der Blattform unterschieden und sind in den meisten Floren abgebildet (Abb. 87–89) – Die sehr seltene Wasserpflanze *Aldrovanda vesiculosa* mit quirlständigen Blättern hat auf ihrer Blattspreite Borsten, deren Berührung ein Zusammenklappen der Blatthälften zur Folge hat (vgl. Schlüssel 1).

Die Arten der *Lentibulariaceae* (Wasserschlauchgewächse) besitzen ebenfalls Blätter, die dem Tierfang dienen. Beim Fettkraut *(Pinguicula)*, einer weitgehend auf Gebirgslagen beschränkten Gattung, sind dies nach oben umgerollte, ungeteilte Rosettenblätter, beim Wasserschlauch *(Utricularia)* sind die Unterwasserblätter sehr fein zipfelig zerteilt und verfügen zumeist über zahlreiche, aufwändig konstruierte „Fangblasen“, die mittels Unterdruck kleine Wassertiere einsaugen können.

9. Pflanzen mit auffälligem Indument: Haare und Drüsenhaare spielen innerhalb der Dikotylen eine wesentliche Rolle beim Bestimmen. Spezielle Haarformen ermöglichen oft schon eine Ansprache der Gattung (so z. B. die „Ankerhaare“ des Bitterkrauts [*Picris* s. l.], Abb. 90a) oder der Art (vgl. Schlüssel 17) – oder lassen zumindest einen „Verdacht“ aufkommen. Dafür einige Beispiele:

Sternhaare (gestielt oder ungestielt, mit 3 oder mehr Strahlen) und *Gabelhaare* (abstehend, 2-strahlig, also etwa Y-förmig) finden sich vielfach bei Brassicaceen (vgl. 4.1.13 und Abb. 283). Andere Familien mit weit verbreiteten Sternhaaren sind die Asteraceen (vgl. z. B. *Leontodon*, Abb. 398, 399).

Mit den Sternhaaren vielfach zusammengefasst werden *Büschelhaare*. In der Tat sind ein ungestieltes Sternhaar und ein Büschelhaar in der Praxis oft nicht zu unterscheiden, und ob ein Teil der z. B. bei den Brassicaceen erwähnten Taxa nicht eigentlich Büschelhaare hat, sei dahingestellt (vgl. auch die Anmerkung zu *Potentilla* in Schlüssel 14). Man könnte sagen: Sternhaare liegen der Epidermis ± auf, Büschelhaare stehen ± ab. Insgesamt ist es vielleicht besser, ungestielte Sternhaare inkl. Büschelhaare den gestielten Sternhaaren (gestielte Büschelhaare gibt es naturgemäß nicht) gegenüberzustellen; allerdings gibt es Fälle, wo erkennbar Stern- *neben* Büschelhaaren vorkommen, z. B. bei den Cistaceen. Einen interessanten Übergang zeigen manche Malvaceen (vgl. 4.1.47), wo ein Büschel einzelliger Haare basal fest zu einem „Sternhaar" verbunden ist (und auch als solches bezeichnet wird); doch sind solche Feinheiten der Bestimmungspraxis in der Regel nicht zugänglich (Abb. 90c).

Ein seltener „Abkömmling" eines Sternhaares ist das *Schildhaar*. Hier sind die Strahlen miteinander verwachsen (Abb. 90d), sodass der Epidermis eine schildförmige Schuppe aufliegt (vgl. 3.1.4). Schildhaare werden auch als *Schülferhaare* bezeichnet; andere Autoren verwenden diesen Begriff nur für *abwischbare* Schildhaare.

Gewissermaßen ein etagiertes Sternhaar ist das *Kandelaberhaar (Bäumchenhaar)*. Es ist recht selten und z. B. für viele Königskerzen *(Verbascum)* typisch (Abb. 74).

Drüsenhaare sind zwar ein vielfach eingesetztes, aber nicht immer zuverlässiges Merkmal. Bei der Bestimmung von Storchschnabel-Arten spielen Drüsen eine wichtige Rolle (vgl. Schlüssel 13). Der Wohlriechende Odermennig *(Agrimonia procera)* ist reicher mit Drüsen besetzt als der Gewöhnliche O. (*A. eupatoria;* vgl. Abb. 208), was man auch riechen kann. Bei der Gattung Hohlzahn wird *Galeopsis tetrahit* von der ähnlichen *G. bifida* oft dadurch unterschieden, dass *G. t.* dunkle Drüsen, *G. b.* dagegen – zuweilen mit dunklen Drüsen untermischt – helle Drüsen haben soll. Dies ist bei der Kelchbehaarung auch zuverlässig, nicht aber im vegetativen Bereich der Pflanze, wo es lediglich ein Tendenzmerkmal[5] ist. Und bei vielen (vor allem bei annuellen) Nelkengewächsen – Mastkraut *(Sagina)*, Miere *(Minuartia)*, Hornkraut *(Ceras-*

[5] Unter einem Tendenzmerkmal versteht man beim Pflanzenbestimmen ein Merkmal, das bei einem Taxon häufig, aber nicht stets auftritt und auch bei anderen Taxa (selten) vorkommen kann. Es legt also gewissermaßen nur einen Verdacht nahe.

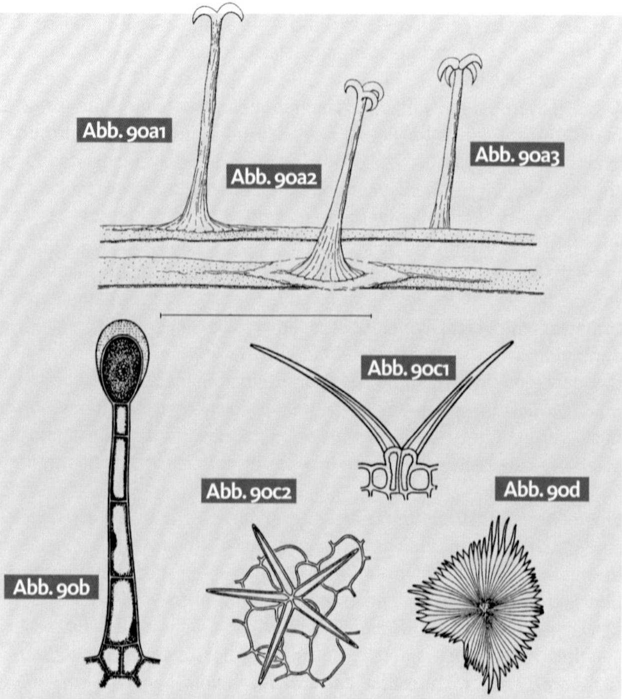

Abb. 90: Spezielle Haarbildungen. a: „Ankerhaare" von *Picris;* normalerweise herrschen die 2-strahligen Haare (a1) vor; b: Drüsenhaar von *Salvia;* das von der drüsigen Endzelle (dunkel) abgeschiedene ätherische Öl hat die Kutikula der Zelle blasenartig angehoben. c: „Pseudo-Sternhaar" von *Malva sylvestris;* c1: von der Seite, c2: von oben; das „Sternhaar" besteht hier aus einer Gruppe von 5 beieinanderstehenden Einzelhaaren. d: Schildhaar (Schülferhaar) von *Elaeagnus.* (b–d aus Troll 1959.)

tium) usw. – ist das Vorhandensein von Drüsen überhaupt fakultativ und die auf deren Vorkommen beruhenden subspezifischen Gliederung oft fraglich.

Andererseits sind die Haare gelegentlich das einzige zuverlässige Kriterium zur Unterscheidung ansonsten sehr ähnlicher (Unter-)Arten (Abb. 397; vgl. auch *Cornus sanguinea* in 3.1.4).

10. Stängel geflügelt: In 2.1.5.1 wurde erläutert, dass der Blattgrund (bzw. dessen Rand) den Stängel „herablaufen" kann, also länger mit ihm verbunden bleibt. Dies kann sich z. B. in der Ausbildung von Stängelkanten äußern (Abb. 392a). In extremen Fällen kann eine Flügelung des Stängels die Folge sein. Diese Flügelung setzt sich entweder – schmaler werdend – nur bis ca. zum nächstunteren Blatt fort, so beim Beinwell (Abb. 364) und manchen Königskerzen (z. B. *Verbascum thapsus* und *V. densiflorum*); oder sie bewirkt, dass der Stängel über die gesamte Länge geflügelt ist, so bei Platterbse (Abb. 246–247, vgl. auch Schlüssel 3), Johanniskraut (Schlüssel 16) und Braunwurz. Bei vielen „Disteln“ *(Carduus, Cirsium, Onopordum)* ist die Flügelung nicht durchgehend, sondern unregelmäßig unterbrochen (Abb. 146). Sehr kennzeichnend ist auch die Flügelung beim Flügelginster (Abb. 370). – Mitunter wachsen nur die Kanten eines geriffelten Stängels flügelartig aus (vgl. 3.2.7.2) oder der Stängel ist einfach blattartig verbreitert (Abb. 370). In diesen beiden Fällen stehen die Flügel dann aber in keinem erkennbaren Zusammenhang zur Beblätterung.

11. Milchsaft: Wie in Kap. 2.6.1 erwähnt, ist Milchsaft für bestimmte Taxa charakteristisch, aber nicht immer leicht auszumachen – sei es, weil er nur spärlich vorhanden ist, sei es, dass sich sein Vorkommen auf junge Organe beschränkt, oder sei es, dass er seiner schon fast wässrigen Farbe halber als „Milch“saft gar nicht erkannt wird. Ein Bestimmungsschlüssel für „Milchsaftführende Pflanzen“, so nahe liegend er sein mag, wäre deshalb wenig zielführend. So wird er denn auch bei der Bestimmung der vielfach milchsaftführenden Glockenblumengewächse und Doldenblütler als Merkmal kaum genutzt. Obwohl er gerade bei den Doldenblütlern oft gute Hilfe leisten könnte, beschränkt sich sein „Einsatz“ zumeist auf die Unterscheidung der ähnlichen Taxa Sumpf-Haarstrang (*Peucedanum palustre;* mit Milchsaft) und Wasserschierling (*Cicuta virosa,* ohne Milchsaft; Abb. 255–256; vgl. auch 4.1.3). – Weitere Fälle, bei denen der Milchsaft als diakritisches „Schnell-Merkmal“ eingesetzt werden kann, sind z. B. (die jeweils erstgenannten Taxa sind milchsaftführend):

- Unterscheidung der bisweilen auf ähnlichen Standorten vorkommenden Zypressen-Wolfsmilch *(Euphorbia cyparissias)* und des Leinkrauts *(Linaria vulgaris)*
- Entsprechend in Gehölzbiotopen: Mandelblättrige Wolfsmilch *(Eu. amygdaloides)* und Seidelbast *(Daphne)*
- Unterscheidung der Windepflanzen mit ähnlichen Blättern: Zaun- und Ackerwinde von Windeknöterich (vgl. Schlüssel 3 und Abb. 358–360)
- Erkennen von Bocksbart und Schwarzwurzel *(Asteraceae),* deren grasartige Blätter an eine Monokotyle denken lassen
- Differenzierung ähnlicher Mohn-Arten anhand der Farbe des Milchsaftes

Im Gegensatz zu den oben genannten Fällen ist die Unterscheidung der beiden „Unterfamilien“[6] der Korbblütler anhand von Milchsaft riskant. Einerseits tritt dieser bei den „Cichorioideen“ nicht immer so deutlich in Erscheinung wie etwa beim Löwenzahn *(Taraxacum)*, andererseits gibt es (selten) auch milchsaftführende „Asteroideen“.

12. Geruch: Gerüche zerriebener Pflanzenteile können sehr spezifisch sein. Die Subjektivität der Geruchsempfindung ist allerdings beträchtlich (vgl. 2.6.2). Immerhin gibt es eine Reihe gewissermaßen „anerkannter“ Gerüche, so z. B. bei den Lippenblütlern („Minze“, „Thymian“ usw.). Mit ein bisschen Übung wird man lernen, innerhalb dieser Familie auch die Gattungen Ziest *(Stachys)* und Schwarznessel *(Ballota)* jeweils am Geruch zu erkennen – ohne dass man diesen Geruch beschreiben könnte – oder sogar innerhalb einer Gattung Arten differenzieren zu können (z. B. bei *Teucrium*). Ähnliches gilt für die Korbblütler (Kamille, Wermut, Schafgarbe usw.). – Bei den Doldenblütlern ist ein ausgeprägter Karottengeruch nicht nur für *Daucus* typisch, sondern ermöglicht es auch, die Kümmel-Silge *(Selinum carvifolia)* von der ähnlichen, aber unspezifisch riechenden Wiesensilge *(Silaum silaus)* zu unterscheiden (vgl. auch Abb. 257–258). Der giftigen Hundspetersilie *(Aethusa)* fehlt der typische Petersiliengeruch. – Bei den Kreuzblütlern kann man z. B. die Knoblauchsrauke und die beiden Hellerkräuter *Thlaspi arvense* und *Th. alliaceum* am Knoblauchgeruch unterscheiden; den anderen *Thlaspi*-Arten fehlt er. Auch Stink- und Mauer-Gänsefuß (*Chenopodium vulvaria* bzw. *C. murale*) und Ruprechtskraut *(Geranium robertianum)* unterscheiden sich durch ihren unangenehmen Geruch von den übrigen Arten ihrer jeweiligen Gattung; zum Odermennig vgl. **9.**

13. Geschmack: Geschmacksrichtungen lassen sich zwar im Allgemeinen besser benennen als Gerüche; die meisten Pflanzen haben aber leider keinen bestimmten Geschmack. Am weitesten verbreitet ist noch die Geschmacksnote „bitter“ – so bei vielen Korbblütlern, wo der Geschmack als Bestimmungsmerkmal dennoch kaum eingesetzt wird. Dagegen werden innerhalb der nicht einfach zu bestimmenden Kreuzblumen die Arten *Polygala amara* und *P. amarella* am schnellsten über den bitteren Geschmack ihrer Blätter erkannt. – Innerhalb der Gattung Ampfer sind die Arten mit pfeil- oder spießförmigen Blattspreiten auch durch ihren sauren Geschmack von den übrigen Arten abgegrenzt („Sauerampfer“). – *Sedum acre* ruft im Gegensatz zum ähnlichen *S. sexangulare* ein nachhaltiges Brennen im Mund hervor („Mauerpfeffer“).

[6] Diese Zweiteilung der Asteraceen ist obsolet, wird aus praktischen Gründen in vielen Bestimmungsbüchern aber immer noch durchgeführt (vgl. 4.1.8).

Krautige Dikotyle ohne diese Merkmale

Dikotyle Pflanzen, die nicht zumindest eines der bisher besprochenen „besonderen Merkmale" aufweisen, werden am besten unter Zuhilfenahme der in Kap. 2.1 besprochenen Blatt-Merkmale in Gruppen zusammengefasst. Primäres Einteilungskriterium ist dabei die fast immer eindeutig zu erkennende *Blattstellung;* nachgeordnet folgen *Blattteilung* und *Blatt-* bzw. *Fiederrand.* Anhangsweise sollen Fälle geschildert werden, bei denen der *Blattstiel* oder der *Blattgrund* zur Bestimmung herangezogen werden kann. Daraus ergibt sich folgende Gliederung:

3.2.2 Die Blattstellung als Bestimmungshilfe
- (Allgemeines)
- Mehrzählige Wirtel
- Gegenständige Blätter
- Rosetten

3.2.3 Die Blattteilung als Bestimmungshilfe
- (Allgemeines)
- Blätter hand- (bzw. fuß-)förmig geteilt
  - Blätter mehrzählig gefingert
  - Blätter handförmig fiederschnittig
- Blätter 3-zählig
  - Blätter einfach 3-zählig („Kleeblatt")
  - Blätter mehrfach 3-zählig
  - Blätter 3-teilig gefiedert
- Blätter fiedrig geteilt
  - Blätter (einfach oder doppelt) gefiedert
  - Blätter (einfach oder doppelt) fiederschnittig
  - Blätter gabelteilig[7]

(3.2.4 Die Spreitenform als Bestimmungshilfe)[8]

(3.2.5 Der Blatt- bzw. Fiederrand als Bestimmungshilfe)

3.2.6 Blattstiel und Blattgrund als Bestimmungshilfe

3.2.2 Die Blattstellung als Bestimmungshilfe

Die einzelnen in Kap. 2.1.2 beschriebenen Blattstellungen sind durchaus unterschiedlich häufig und deshalb auch unterschiedlich in ihrer Aussagekraft bezüglich der Zuordnung eines bestimmten Objekts. Wechselständigkeit (Dispersion) beispielsweise ist so häufig, dass sie *für sich genommen* nur in Einzelfällen zur direkten Bestimmung herange-

[7] Der Begriff wird rein beschreibend verwendet.
[8] Die eingeklammerten Themen werden hier nicht näher ausgeführt.

zogen werden kann – dann z. B., wenn es innerhalb einer Gattung oder Familie (die bereits bekannt sein muss!) Taxa mit gegenständigen und solche mit wechselständigen Blättern gibt; vgl. z. B. die beiden Milzkraut-Arten (*Chrysosplenium*, Abb. 296, 316), den Purgier-Lein *(Linum catharticum)*, der als einziges einheimisches *Linum* gegenständige Blätter hat (und deshalb leicht mit einer Caryophyllacee verwechselt werden kann) oder (die allerdings meist holzige) *Clematis*, die als einzige Gattung innerhalb der Ranunculaceen Dekussation aufweist. – In anderen Fällen kann man mit Beachtung der Blattstellung die Möglichkeiten schon deutlich einschränken. Dies soll im Folgenden erläutert werden.

1. Mehrzählige Wirtel (inkl. als solche nicht sogleich erkennbare „Scheinwirtel") sind nicht häufig und deshalb für die Ansprache eines Objektes ein günstiges Merkmal. Vielzählige (polymere) Wirtel mit 5 oder mehr Blättern (vgl. 2.1.2.2) finden sich nur bei wenigen Taxa; auf deren Auftreten bei Wasserpflanzen (vgl. Schlüssel 1) wurde in Kap. 2.1.2.2 bereits hingewiesen. Traditionell ebenfalls bei den „Wirteln" werden die Rötegewächse *(Rubiaceae)* eingeordnet, obwohl dort genau genommen Dekussation vorliegt und nur stipulare Bildungen „Quirle" vortäuschen (vgl. 2.1.2.2).– *Erkennbare* Scheinwirtel ansonsten wechselständiger Blätter liegen etwa beim Siebenstern *(Trientalis)* oder bei manchen Wolfsmilcharten vor; solche Scheinwirtel befinden sich häufig unter der Infloreszenz und sind in ihrer Gliederzahl unbestimmt.

Auch 4-zählige Wirtel sind (außer bei Wasserpflanzen, vgl. oben) selten. Wir finden sie beim Nagelkraut *(Polycarpon tetraphyllum)* und – als nadelförmige Blätter – bei den Zwergsträuchern Schnee- und Glocken-Heide (*Erica carnea* und *E. tetralix;* vgl. Abb. 338 und Schlüssel 12). Zum 4-zähligen Scheinwirtel von *Paris* (Monokotyle!) vgl. Schlüssel 10.

3-zählige Wirtel sind schon etwas häufiger, wenngleich zumeist eigentlich Scheinwirtel. Auffällig sind diese „Wirtel" als einzige stängelständige Blätter bei Windröschen (Abb. 184), Küchenschelle und Winterling, wo die 3-Zähligkeit durch die tiefe Schlitzung der Spreite gelegentlich etwas maskiert wird (vgl. auch 3.2.3.3); Ähnliches gilt für die Zahnwurz *Cardamine (Dentaria) enneaphyllos*, wo dieser Wirtel aus drei 3-zählig gefingerten Blättern besteht.

In einigen Fällen ist die Zahl der Wirtelglieder – auch an ein und derselben Pflanze – nicht festgelegt. So gibt es beim Weidenröschen *Epilobium alpestre* und beim Gilb-Weiderich *Lysimachia vulgaris* 2- bis 4-zählige Quirle, bei *L. punctata* 3–6 Blätter pro Wirtel; ähnlich bei einigen Leinkraut- *(Linaria-)*Arten, wo quirlständige Blätter aber zumeist auf den basalen Teil der Pflanze beschränkt bleiben (nach oben zu findet ein Übergang in eine wechselständige Blattstellung statt).

Auch mit gegenständigen Blättern können 3-zählige Wirtel abwech-

seln; dies ist – neben dem bereits erwähnten Gilb-Weiderich – z. B. beim Drüsigen Springkraut (*Impatiens glandulifera*, Abb. 319) der Fall.

2. In rund 30 Familien innerhalb der einheimischen Flora treten teilweise oder ausschließlich **gegenständige Blätter** auf. Insofern ist das Merkmal „gegenständig“ beim Bestimmen zunächst nicht sonderlich eingrenzend.

In Kombination mit anderen Merkmalen ist die Gegenständigkeit jedoch durchaus hilfreich, um zumindest die Familie oder die Gattung zu erkennen, wie die – sicher unvollständige – Tabelle 5 zeigt.

Interessant ist, dass „Gegenständigkeit“ relativ selten mit „Fiederblatt“ gekoppelt ist. Allerdings finden wir bei den Kardengewächsen innerhalb von *Knautia* und *Scabiosa* sowie bei den Baldrianen *Valeriana tripteris* und *V. dioica* die Erscheinung, dass die basalen Blätter ungeteilt oder nur gelappt, die Stängelblätter aber zunehmend fiederschnittig werden (Abb. 393–396).

Besonders erwähnt werden muss die bei Gegenständigkeit häufig vorkommende Verwachsung gegenüberstehender Blattbasen, die im Grunde der „verbindenden Querlinie“ bei den Gehölzen entspricht (vgl. 3.1.4). Sie kennzeichnet z. B. viele Nelkengewächse mit linealischen bis lanzettlichen Blättern, wo die verwachsenen Spreitenbasen stängelumhüllende Scheiden bilden können (Abb. 386). Neben der Gattung Nelke *(Dianthus)* selbst gilt dies auch für *Petrorhagia*, ansatzweise auch für Arten der Gattungen *Gypsophila, Minuartia* und *Silene*, während bei anderen Arten dieser Familie die Blattbasen wenigstens in direktem Berührungskontakt stehen (Abb. 381–385).

Ähnlich ist die Situation bei den Enziangewächsen, wo wir von verbindender Querlinie über kurzscheidige Verwachsung (z. B. *Gentiana cruciata*) bis zu breit verwachsenen „Doppelblättern“ *(Blackstonia)* alle Übergänge finden.

Diese Erscheinung kommt auch in anderen Familien vor. Bei der Wilden Karde *(Dipsacus fullonum)* bilden die Stängelblätter regelrechte Trichter aus, die sich mit Regenwasser füllen und aus zoologischer Sicht echte „Kleinbiotope“ ausbilden können; bei anderen *Dipsacus*-Arten und beim Teufelsabbiss *Succisa* (Abb. 391) ist die Verwachsung weniger spektakulär.

Ein Spezialfall der Verwachsung gegenüberstehender Blätter sind die in Kap. 2.1.5.1 bereits erwähnten Interfoliarstipeln. Auch hier bieten die Caryophyllaceen anschauliche Beispiele (vgl. 4.1.18 und Abb. 387). Ebenso besitzt der windende Hopfen 2-zipfelig verwachsene Stipeln (Abb. 177). Die Interfoliarstipeln der Rötegewächse, die 4- bis 9-zählige „Blattwirtel“ zur Folge haben, wurden bereits besprochen (vgl. 2.1.2).

3. Rosetten sind fast immer als Spezialfall der wechselständigen Blattstellung zu betrachten. Auf Dekussation begründete Rosetten sind

Gegenständigkeit plus ...	bedeutet	dieses Taxon/diese Taxa
Unterwasserblatt nur scheinbar gegenständig	→	*Najas* (Nixenkraut; vgl. Schlüssel 1), *Callitriche* (Wasserstern), *Trapa natans* (Wassernuss), *Groenlandia* (Fischkraut; Abb. 63)
alle Blätter (auch Grundblätter) gefiedert oder fiederteilig (nicht nur tief gezähnt)	→	*Clematis recta* (Aufrechte Waldrebe), *Valeriana officinalis* agg. (Arznei-Baldrian), *Ambrosia* (Ambrosie), *Bidens* (Zweizahn)
alle Blätter (auch Grundblätter) einfach 3(–5)-teilig	→	*Eupatorium cannabinum* (Wasserdost), *Ambrosia trifida* (dreilappige Ambrosie), *Bidens* (Zweizahn)
Grundblatt mehrfach 3-teilig, 2(–3) Stängelblätter 3-teilig	→	*Adoxa moschatellina* (Moschuskraut; Abb. 196)
Blätter handförmig gefiedert	→	*Cannabis sativa* (Hanf), vgl. auch *Geranium robertianum*
Blätter handförmig tief geteilt	→	*Geranium* (Storchschnabel; Schlüssel 13)
Blattbasen (teilweise) verwachsen	→	*s. 3.2.2.2*
Blätter bogennervig	→	*Caryophyllaceae* (Nelkengewächse), (meist 3 Nerven), *Gentianaceae* (Enziangewächse)
Blattstiel mit gestielten Drüsen (Blätter oft auch in 3-zähligen Wirteln: Abb. 319)	→	*Impatiens glandulifera* (Drüsiges Springkraut)
Blätter mit durchscheinenden Öldrüsen	→	*Hypericum* (Johanniskraut), vgl. Schlüssel 16
Blattrand mit schwarzen Drüsenpunkten	→	*Hypericum* (Johanniskraut), vgl. Schlüssel 16
Stängel 4-flügelig	→	*Hypericum tetrapterum* (Flügel-Johanniskraut)
± gabelteiliger, niederliegender Stängel, B. nur am oberen Stängel (schein-)gegenständig	→	*Portulaca oleracea* (Portulak)
Pflanze mit Brennhaaren	→	*Urtica* (Brennnessel)
Pflanze mit Milchsaft (echte Dekussation)	→	*Vincetoxicum hirundinaria* (Schwalbenwurz), *Asclepias syriaca* (Seidenpflanze)
Pflanze mit Milchsaft (Blätter nicht dekussiert, nur scheinbar gegenständig)	→	*Euphorbia* (Untergattung *Chamaesyce;* Zwergwolfsmilch; Abb. 100h)
Pflanze stachelig	→	*Dipsacus* (Karde)
Frucht eine Deckelkapsel	→	*Anagallis* (Gauchheil)
krautige Windepflanze	→	*Humulus lupulus* (Hopfen, Abb. 177)
Halbrosettenpflanze	→	*Valerianella* (Feldsalat), *Gentianaceae* (Enziangewächse)
Hauptachse verholzt und kriechend (± alpin)	→	*Linnaea borealis* (Moosglöckchen) *Loiseleuria procumbens* (Alpenheide)
Halbstrauch; Blattunterseite mit Sternhaaren	→	*Helianthemum* (Sonnenröschen, Abb. 397)
Zwergstrauch; gespornte Schuppenblätter	→	*Calluna vulgaris* (Heidekraut, Abb. 336)
auf ± nassem Schlamm kriechend	→	*Montia fontana* s. l. (Quellkraut), *Elatine* (Tännel), *Ludwigia* (Heusenkraut), *Peplis portula* (Sumpfquendel)
holziger Halbparasit auf Bäumen	→	*Viscum album* s. l. (Mistel), *Loranthus europaeus* (Riemenblume)

selten; sie wären – insbesondere wenn die Blätter ungestielt sind[9] – ökologisch gesehen auch unsinnig, da sich die eng „gestapelten“ Rosettenblätter gegenseitig viel zu sehr beschatten würden und letztlich nur die vier obersten normal assimilieren könnten.

Immerhin bemerkenswert, dass es solche Rosetten tatsächlich gibt, nämlich z. B. bei der Gattung *Valerianella* (Feldsalat, Rapunzel) oder bei den Enziangewächsen. Dies zeigt einmal mehr, dass sich das „ökologisch Sinnvolle“ nur innerhalb eines vorgegebenen Rahmens herausbilden kann. Dieser Rahmen (auch als „Bauplan“ der Pflanze bezeichnet) sieht bei den Baldrian- und Enziangewächsen nun mal „gegenständige Blätter“vor – ganz gleich, ob „sinnvoll“ oder nicht.

Wie in Kap. 2.1.2.5 ausgeführt, unterscheiden wir Voll- und Halbrosettenpflanzen. Letztere gibt es viele; bei einer weiteren Zahl von Pflanzen sind die unteren Stängelblätter genähert, sodass der Übergang von „Halbrosettenpflanze“ zu „Pflanze nur mit Stängelblättern“ fließend ist. Vollrosetten hingegen sind recht gut definiert und nicht so häufig (vgl. unten) – sie gäben somit eigentlich ein gutes Bestimmungsmerkmal ab. Das Problem ist nur, dass man einer sterilen Rosette nicht ansieht, ob sie im Laufe ihrer weiteren Entwicklung einen ± blattlosen Schaft entwickeln wird (also eine Vollrosettenpflanze „bleibt“) oder einen ± normal beblätterten Stängel (d. h. eine Halbrosettenpflanze „wird“); dies kann man erst im Laufe der Vegetationsperiode klären.

Ein Sonderfall liegt vor, wenn man im Spätsommer oder Herbst eine sterile Rosette – auch ohne Reste eines inzwischen wieder abgestorbenen Stängels – vorfindet. Dann handelt es sich meist um eine winterannuelle oder um eine zweijährige Art. Dieser Typ ist weit verbreitet bei den Brassicaceen, den Asteraceen sowie den Boraginaceen. Wer eine vorgefundene Rosette durch Abbildungsvergleich zuordnen möchte, sollte deshalb bei diesen Familien beginnen.

Sehr auffällig sind kugelige Rosetten. Sie sind typisch für manche Crassulaceen (z. B. die Gattung *Sempervivum*) und für manche Steinbrech-Arten. Besonders gut kenntlich sind dabei *Saxifraga paniculata* (Abb. 343b), *S. mutata, S. caesia* und einige rein alpine Arten, deren Blätter randlich mit Kalkdrüsen versehen sind.

Ein weiterer Sonderfall sind Rosetten, die sich am Ende eines Ausläufers bilden. Hier sind Erdbeere und Kriechender Günsel als Beispiele zu nennen. Reste des zuführenden Ausläufers lassen sich vielfach noch nachweisen.

---

9 Lang gestielte Rosettenblätter, wie sie etwa die Untergattung *Betonica* der Gattung *Stachys* (Ziest) besitzt, können sich besser im Raum „arrangieren“.

Tab. 5 (links) Bestimmungshinweise für krautige Dikotyle mit gegenständigen Blättern

Die Angabe einer Gattung besagt, dass mindestens zwei, aber nicht zwangsläufig alle Vertreter über die betreffende Merkmalskombination verfügen.

3.2.3 Die Blattteilung als Bestimmungshilfe

In der einleitenden Übersicht sind die einzelnen Teilungsmodi in drei Hauptgruppen zusammengefasst. Die Aussagekraft des für diese drei Gruppen kennzeichnenden Merkmals nimmt dabei von oben nach unten ab (daher auch die hier gewählte Reihenfolge der Merkmalsgruppen); für ungeteilte Blätter schließlich gilt Ähnliches wie das oben für die Wechselständigkeit Gesagte; sie werden deshalb in diesem Kapitel nicht näher besprochen.

1. Mehrzählig gefingerte Blätter (nicht nur tief fiederschnittig) gibt es nicht viele; zumindest die Gattungen, oft aber auch die Arten lassen sich problemlos auseinanderhalten (vgl. Schlüssel 7).

Es kommt auch vor, dass nur die unteren Blätter mehrzählig gefingert, die (oberen) Stängelblätter dann aber „nur noch" 3-zählig sind; dies ist bei Rosaceen nicht selten, z. B. bei manchen Fingerkraut-Arten *(Potentilla)* mit 5- bis 7-zähligen Grundblättern oder bei den (strauchigen) Brombeeren.

Der Unterschied zur folgenden Gruppe der handförmig fiederschnittigen Blätter ist zwar theoretisch wohl definiert, in der Praxis aber nicht immer einfach zu erkennen. So gibt es zuweilen Blätter, die fast bis zum Grund geteilt sind und auf den ersten Blick durchaus für gefingert gehalten werden können. Hier sind z. B. die alpine *Alchemilla hoppeana*, die beiden Storchschnabelarten *Geranium columbinum* und *G. dissectum*, manche *Ranunculus*- und *Aconitum*-Arten oder die Stängelblätter von *Malva moschata* zu nennen (vgl. Schlüssel 8). In solchen Fällen sitzen die „Fiedern" aber mit relativ breitem Grund an, was für „echte" Fiedern nicht typisch ist (vgl. 2.1.1.5).

2. Handförmig fiederschnittige Blätter treten – nicht allzu häufig – in den verschiedensten Verwandtschaftskreisen auf, sind innerhalb dieser aber oft sehr kennzeichnend für bestimmte Taxa; das gilt vor allem für den „Subtyp" mit tief gezähnten Fiederlappen, wie er sich bei Ranunculaceen und Geraniaceen findet (z. B. Abb. 168). Er wird deshalb in Bestimmungsschlüsseln häufig verwendet (vgl. Schlüssel 8). Ihn *allein* als differenzierendes Merkmal zu nutzen, führt aber insbesondere bei den Ranunculaceen zu Schwierigkeiten; zu groß sind die Ähnlichkeiten, zu häufig zuweilen die Übergänge, auch zu „echt" digitat gefiederten Blättern (vgl. **1.** und Abb. 160 mit 164).

Infrage kommen innerhalb der Ranunculaceen folgende Taxa: *Trollius* (ganze Pflanze kahl), *Delphinium elatum* (Stängel unten bisweilen behaart, sonst kahl), *Aconitum* (Stängel oberwärts meist behaart, Blätter meist spärlich behaart), *Anemone sylvestris, Pulsatilla patens, Ranunculus* div. spec. (bei den letzten drei Taxa sind die Blätter meist behaart).

3. Einfach 3-zählige Blätter lassen sich formal als Reduktionsformen mehrzähliger gefingerter bzw. gefiederter Blätter auffassen. Im ersten Fall entspringen die drei „gleichberechtigten" Fiedern einem Punkt, im zweiten Fall entsprechen sie der Endfieder und einem Seitenfiederpaar. Die für gefiederte Blätter typische Blattspindel (Rhachis) – die den gefingerten ja fehlt – ist oft noch als Rest vorhanden; dann erscheint die Endfieder „gestielt“ (vgl. Abb. 193 mit 180). Wenn diese morphologische Herleitung des 3-zähligen Blattes von zwei verschiedenen „Ausgangsformen“ (digitat bzw. pinnat) phylogenetisch auch durchaus zweifelhaft sein mag[10], so ist diese Unterscheidung von „3-zählig gefingertem“ und „3-zählig gefiedertem“ Blatt nicht ohne praktische Bedeutung.

3-zählige Blätter sind eine Domäne der Schmetterlingsblütler („Kleeblatt“); deshalb kommen wir in Kap. 4.1.32 noch einmal ausführlicher darauf zurück. Außerhalb der Fabaceen sind – in der einheimischen Vegetation – 3-zählige Blätter nur vereinzelt vertreten. *Oxalis* und *Menyanthes* z. B. werden ihrer 3-zähligen Blätter halber „Sauer*klee*“ bzw. „Fieber*klee*“ genannt. Weitere Taxa sind z. B. Weiße Zahnwurz *(Dentaria enneaphyllos)* und einige Windröschen (*Anemone*-Arten) mit 3-zähligen (Schein-)Wirteln (vgl. 3.2.2.1), deren Fiedern gezähnt bzw. eingeschnitten sind (Abb. 184), Fingerkräuter (*Potentilla* div. spec., vgl. Schlüssel 14) sowie (mit dekussierten Blättern) der Wasserdost und manche Zweizahn-Arten.

Oft sind 3-zählige Blätter aber auch nur reduzierte Stängelblätter ansonsten mehrzähliger Blätter (vgl. **1.**). Genauso können – auch auf derselben Pflanze – die normalerweise 3-zähligen Blätter auf die Endfieder reduziert sein; dies gilt z. B. für den Hauhechel (Abb. 315; vgl. auch Schlüssel 2) oder den Besenginster (vgl. 3.1.4).

Nicht hierher gerechnet werden Blätter, deren drei Fiedern weiter gefiedert sind (vgl. hierzu **4.** und **5.**).

Ähnlich wie es handförmig fiederschnittige Blätter gibt, gibt es (seltener) auch dreifingrig eingeschnittene Blätter. Hierher gehören z. B. *Ajuga chamaepitys* oder – an einer Pflanze nicht immer durchgängig – die Stängelblätter von *Veronica triphyllos* und einiger Steinbrecharten (Abb. 284b). Gelegentlich sind die drei Fiederlappen selbst wieder geteilt (Ruprechtskraut, Abb. 173; Finger-Küchenschelle; Stängelblätter vom Ackerfrauenmantel usw.).

4. Bei **mehrfach 3-zähligen Blättern** liegt ebenfalls keine durchgehende Rhachis vor. Die Spreite ist wieder in drei ± gleichberechtigte Fiedern aufgeteilt, diese Fiedern sind dann aber in ähnlicher Weise wieder in drei Fiedern 2. Ordnung gegliedert usw. Dieser Typ ist nicht häufig. Er findet sich z. B. bei Doldenblütlern, so beim stark nach Kümmel riechenden Rosskümmel *(Laser trilobum)* und beim Echten Haarstrang (*Peucedanum officinale,* mindestens 3-fach ternat mit sehr langen, linealischen Zipfeln), nicht immer konsequent durchgeführt bei

[10] Es ist z. B. sehr unwahrscheinlich, dass sich das Blatt von *Trifolium aureum* und das Blatt von *T. campestre* von verschiedenen „Ausgangsformen“ herleiten soll (vgl. aber das in Kap. 4.1.32 Gesagte über die Taxonspezifität des Merkmals).

der Sichelmöhre (Abb. 198) und dem Breitblättrigen Laserkraut *(Laserpitium latifolium)*. Bei der Meisterwurz *(Peucedanum ostruthium)* sind die Fiedern 1. Ordnung meist nur tief eingeschnitten. Die Echte Engelwurz *(Angelica archangelica)* tendiert bereits zu dem im folgenden Abschnitt beschriebenen Teilungstyp (vgl. **5.**). – Weiterhin kennen wir solche Blätter von Hahnenfußgewächsen, so von der holzigen, mit den Stielen ihrer gegenständigen Blätter rankenden Alpen-Waldrebe *(Clematis alpina)* und der Akelei (Abb. 195). Auch bei Unterwasser-Hahnenfüßen (*Ranunculus* subgen. *Batrachium*) können die Zipfel mehrfach 3-teilig sein (oft sind sie nur gabelig, vgl. **7.** und Abb. 91), *Ranunculus repens* stellt einen Übergang vor (Abb. 185). – Jeweils eine andere Familie repräsentieren die kleinen Frühjahrsblüher Lerchensporn (Abb. 197a) und Moschuskraut (Abb. 196).
Dieser Blatttyp ist – im Gegensatz etwa zum folgenden – genau definiert, ihn im Gelände aber zu erkennen, muss man ein bisschen „üben". Insbesondere darf man sich nicht von Blattformen des folgenden Typs irritieren lassen.

5. Etwas häufiger sind Blätter, die zunächst drei ± gleiche Fiedern ausbilden (sie beginnen also 3-zählig), jede dieser Fiedern im Weiteren aber „normal" pinnat gefiedert ist. Man könnte diese Blätter als **3-teilig pinnat** (bzw. -gefiedert) bezeichnen. Dazu gibt es besonders bei den Doldenblütlern schöne Beispiele (Abb. 202–203 sowie weitere Fälle). Man findet dort auch Übergänge zum folgenden Typ dergestalt, dass die Endfieder nur unwesentlich umfangreicher ist als die beiden basalen Seitenfiedern (z. B. Abb. 249, 251, 261; vgl. auch *Actaea* und *Aruncus*, Abb. 200 bzw. 201). Zum 3-teilig pinnaten Blatt der Echten Farne vgl. 3.4 und Schlüssel 11.

6. Gefiederte Blätter oder habituell sehr ähnliche **fiederschnittige Blätter** sind innerhalb der Dikotylen weit verbreitet und oft für Familien oder Gattungen kennzeichnend; es hätte wenig Sinn, dies hier im Einzelnen aufzuzählen. Deshalb wollen wir uns darauf beschränken, einige Besonderheiten zu erwähnen, wie sie bei Fiederblättern auftreten können und die für die praktische Bestimmungsarbeit gelegentlich von Bedeutung sind. Dabei wollen wir auch fiederschnittige Blätter erwähnen; der Übergang zwischen im eigentlichen Sinn gefiederten und „nur" fiederschnittigen Blättern ist noch fließender als der oben anlässlich der handförmig geteilten Blättern besprochene, und häufig kommen beide Formen im gleichen Taxon vor.
Solche praktisch verwertbaren Fakten sind:

- Fiederblätter finden sich hauptsächlich bei den Rosiden. Einfach gefiederte Blätter sind z. B. typisch für die Rosaceen (genauer: für deren Unterfamilie *Rosoideae*) und für die Fabaceen. Beiden gemeinsam ist – im Gegensatz zu den ebenfalls häu-

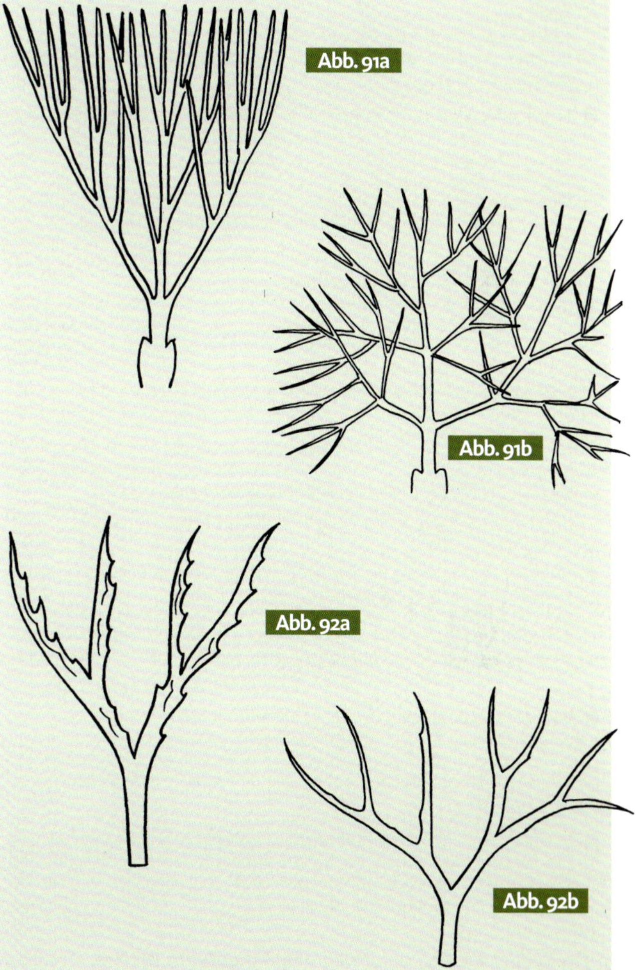

Abb. 91–92: Unterwasserblätter (halbschematisch). 91a: *Ranunculus (Batrachium) fluitans;* b: *R. (B.) aquatilis;* 92a: *Ceratophyllum demersum;* b: *C. submersum* (aus SCHMEIL-FITSCHEN 2009)

fig gefiederten Blättern der Apiaceen – der Besitz von Stipeln. Während aber die Fiedern der Rosaceen zumindest apikal gezähnt sind, sind die der Fabaceen ganzrandig (oder besser: gezähnelte Fiedern finden sich dort nur bei 3-zähligen Blättern, vgl. z. B. Abb. 182). Die Stipeln können bei beiden Familien ein Stück mit dem Blattstiel verbunden (adnat) sein, was insbesondere beim Klee ein Bestimmungsmerkmal sein kann

- Ein gutes Merkmal sind *Zwischenfiedern* – kleine Zipfel, die entlang der Rhachis mit wohlentwickelten Fiedern ± regelmäßig abwechseln. Sie finden sich vor allem bei Rosaceen (Mädesüß, Abb. 207; Odermennig, Abb. 208; Nelkenwurz z. T., Abb. 209; Gänse-Fingerkraut, Abb. 206) und Asteraceen (Schafgarbe, z. B. Abb. 269), selten auch bei Solanaceen (Kartoffel, Tomate) und Brassicaceen (Senf). Bisweilen sind die Zwischenfiedern auf kleine Zähnchen reduziert (Abb. 223).

- Fiedern sind auch sonst keineswegs immer gleich groß. Das hängt mit der Entwicklungsweise eines Fiederblattes zusammen (vgl. 2.1.5.4).
  Insbesondere Blätter mit stark vergrößerter Endfieder sind recht auffällig. Sie finden sich bei etlichen Brassicaceen (z. B. Abb. 221, 236–237), bei der Fabacee *Anthyllis* (Abb. 233; außerhalb Mitteleuropas auch vielfach bei *Coronilla*), bei Rosaceen der Geum-Verwandtschaft (z. B. Abb. 209), sowie auch als vergrößerter Endabschnitt eines fiederteiligen Blattes bei Asteraceen, hier vor allem bei Cichorioideen (z. B. Abb. 278).

- Gelegentlich sind die untersten Fiedern deutlich vom Rest der Spreite abgerückt; wenn sie sich ganz an der Basis finden – das Blatt also genau genommen ungestielt ist – umfassen sie mitunter zangenförmig den Stängel und bilden „Öhrchen“ (vgl. 2.1.1.4 und 2.1.5.1). Diese sind z. B. bei Asteraceen ziemlich häufig (Abb. 222, 268, 270b, 276, 277, 282).

- Mehrfach gefiederte bzw. fiederschnittige Blätter finden sich vielfach bei Ranunculaceen (z. B. Abb. 248), Apiaceen (z. B. Abb. 259–265) und Asteraceen (z. B. Abb. 268), vereinzelt auch in anderen Familien. Häufig ist dieses Merkmal korreliert mit linealischer bis fädlicher Ausprägung der Fiedern, weshalb es hier besonders schwierig (und letztlich unnötig) ist, zwischen „gefiedert s. str.“ und „fiederschnittig“ zu differenzieren.

- Von eher theoretischem Interesse ist ein weiterer Sonderfall: Die Fiedern bzw. die Lappen eines fiederschnittigen Blattes sind allesamt reduziert, die Spreite besteht somit nur noch aus der Rhachis. Diese ist dann zumeist spreitenähnlich verbreitert („Rhachisblätter“). Solche sind Kennzeichen vieler Wegerich-Arten (vgl. 4.1.59).

- Es gibt Übergänge zwischen gefiedert und gefingert – dann nämlich, wenn die Rhachis erkennbar verkürzt ist. Beispiele sind das Blutauge (*Comarum palustre*, Abb. 210), die Fieder-Zahnwurz (*Cardamine* bzw. *Dentaria heptaphylla*) oder der häufige Zierstrauch *Potentilla fruticosa*.

7. Ein Sonderfall sind durchweg **gabelig geteilte Blätter.** Es gibt sie sehr selten, so beim Hornkraut (vgl. Schlüssel 1 und Abb. 92). Häufiger ist es, dass sich 3-teilige Blätter gewissermaßen nur unvollständig aufgliedern. Dann finden wir 2- und 3-teilige Blätter nebeneinander. Bei *Batrachium* haben wir dies soeben erwähnt (vgl. **4.**). Aber auch anderwärts tritt dies auf, z. B. bei manchen Doldenblütlern (z. B. Abb. 198).

3.2.4 Die Spreitenform als Bestimmungshilfe

Die Form der Blatt- bzw. Fiederspreite ist bei den Dikotylen (inkl. der Gehölze) auf Artniveau ein wichtiges und oft sogar das primär verwendete Merkmal zur Bestimmung. Die Terminologie dazu ist in jedem Bestimmungsbuch nachzulesen und unmittelbar einleuchtend; wir brauchen somit nicht weiter darauf einzugehen, als es in Kap. 2.1.5 bereits geschehen ist.

3.2.5 Der Spreitenrand als Bestimmungshilfe

Gleiches wie in Kap. 3.2.4 bezüglich der Spreitenform erläutert gilt auch für den Blatt- bzw. Fiederrand. – Das Vorkommen bzw. die Position von „Drüsen" – Blattzahn oder doch eher Bucht? (z. B. bei Weiden) – ist ein Merkmal, das sich in der Literatur immer wieder findet, aber am Objekt für den wenig routinierten Bestimmer manchmal nicht nachvollziehbar ist. Auch zwischen „einfach" und „doppelt gesägt" (z. B. Abb. 129 bzw. 137) zu unterscheiden, ist bisweilen schwieriger, als man nach den doch klaren Begriffen vermuten möchte.

3.2.6 Blattstiel und Blattgrund als Bestimmungshilfen

1. Was den **Blattstiel** betrifft, so sei daran erinnert, dass er von allen Teilen eines Blattes als letzter ausgebildet wird und deshalb bei zunehmender Reduktion des Blattes innerhalb der Blattfolge (vgl. 2.1.3.1) auch als Erster wegfällt. Häufig sind also Grundblätter gestielt, Stängelblätter in zunehmendem Maße nicht (mehr). Insofern muss man unter Umständen darauf achten, auf welche Blattformation sich die Angabe „Blätter gestielt" bezieht. Bei Zweifelsfällen ist dies aber in der Regel im Bestimmungstext vermerkt. Auch Relations-Angaben („Blattstiel halb so lang wie die Spreite", vgl. Schlüssel 6) werden aus diesem Grund vorwiegend bei Holzgewächsen verwendet, wo alle Blätter der gleichen „Formation" innerhalb der Blattfolge angehören.
Ein Merkmalskomplex, der wahrscheinlich zu wenig zur Bestimmung genutzt wird, ist die *Anatomie* des Blattstiels. Dazu bedarf es zumeist keiner mikroskopischen Untersuchung, es genügt eine Lupe – vorausgesetzt, der Stiel wurde von einem Messer oder einer Rasierklinge durchschnitten und nicht einfach durchgerissen. – Die Unterscheidungsmerkmale beginnen schon beim äußeren Umriss des Querschnitts – z. B. damit, ob er auf der Oberseite „gefurcht" ist. Diese „Furche" ist als Oberseite des Stiels zu verstehen (vgl. 2.1.5.2), die – eher regelhaft als ausnahmsweise – an Ausdehnung gegenüber der Unterseite zurücktritt. Die Begrenzung dieser Furche (also der den Stiel her-

ablaufende Spreitenrand) kann wulst- oder sogar flügelartig ausgebildet sein, die optisch dominierende Unterseite glatt oder gerieft. Der Stiel insgesamt kann hohl oder massiv sein, wobei freilich eine Füllung der Höhlung mit lockerem Mark den Unterschied evtl. verwischt. Und letztlich kann Zahl und/oder Anordnung der Leitbündel einen wichtigen Hinweis liefern.
Merkmale dieser Art haben eine gewisse Bedeutung bei Apiaceen und bei den „Hufeisenblättrigen" innerhalb der Asteraceen (vgl. Schlüssel 18); Beispiele sind in Abb. 255–257 bzw. 310–312 nachgewiesen.

Es gibt Blattstiele, deren Oberseite völlig „verschwunden" ist und die demzufolge auch keine Furche aufweisen (vgl. 2.1.5.2). Solche unifazialen Stiele haben z. B. Storchschnabel-Arten, die man schon auf diese Weise von den vielfach ähnlichen Hahnenfußblättern mit gefurchten (also bifazialen) Stielen unterscheiden kann.

2. Der **Blattgrund** als Merkmalsträger spielt, darauf wurde bereits hingewiesen, bei den Dikotylen keine große Rolle – wenn man natürlich von den Stipeln absieht. Dass er insbesondere bei vielen Apiaceen und manchen Ranunculaceen scheidenartig entwickelt ist sowie die Tatsache, dass er „verlauben" oder Öhrchen ausbilden kann, wurde ebenfalls schon erwähnt (vgl. 2.1.5.1).

3.2.7 Die Sprossachse als Bestimmungshilfe

1. Hier ist zuerst natürlich die **Wuchsrichtung** zu nennen (kriechend, niederliegend, aufsteigend, aufrecht usw.), die auf Artniveau differenzieren kann. In diesem Fall ist sie im Bestimmungsschlüssel fast immer angegeben. Zu beachten ist dabei aber, dass die Wuchsrichtung stark vom Umfeld modifiziert werden kann. Viele nomalerweise niederliegenden oder sogar kriechend-einwurzelnden Arten wachsen im dichten Gras- oder Krautbestand aufsteigend (z. B. Kriechender Hahnenfuß oder Vogelknöterich). Die bei einigen Dikotylen zu findende **Ausläuferbildung** dient – im Gegensatz zu grasähnlichen Monokotylen – nur selten als Bestimmungsmerkmal. So hat der Kriechende Günsel, wie sein Name verrät, oberirdische Ausläufer, der Genfer und der Pyramiden-Günsel dagegen nicht (der Genfer Günsel hat dafür Wurzelsprosse). Die Ausläufer der Wald-Erdbeere sind sympodial (vgl. 2.2.1.3), d. h. sie beginnen gewissermaßen bei jeder Tochterpflanze neu (und tragen deshalb nach jeder neuen Pflanze ein schuppenförmiges Niederblatt), während der monopodiale Ausläufer der sehr ähnlichen Knackelbeere nur am ersten Internodium ein Schuppenblatt hat (falls überhaupt ein Ausläufer gebildet wird).
2. Weitere Merkmale liefert der **Sprossquerschnitt;** man kann sie oft schon erkennen, auch ohne quer schneiden zu müssen. Bei den Dikoty-

len gibt es im Wesentlichen runde oder vierkantige Querschnitte, letztere sind fast immer mit Dekussation korreliert (der Umkehrschluss gilt nicht zwangsläufig). Vierkantig kann ein Stängel gewissermaßen *per se* sein; als bekannteste Familie sind hier die Lamiaceen zu nennen; dabei können die vier Seiten paarweise ungleich breit sein (z. B. bei manchen Thymian-Arten). Die Vierkantigkeit kann aber auch durch herablaufende Blattränder verursacht werden; dann wachsen diese Kanten gelegentlich zu Flügeln aus (vgl. 3.2.1.10). Seltener sind im Prinzip runde, aber durch zwei Längsleisten kantige Stängel; in Schlüssel 16 wird dies am Beispiel der Johanniskräuter bestimmungstechnisch eingesetzt. Treten solche Längsrippen in größerer Zahl auf, sprechen wir von einem *gerippten* oder *kantig gefurchten* Stängel; auch hier können die Rippen sehr auffällig sein und fast flügelartig auswachsen (vgl. 3.2.1.10). Praxisbezogene Beispiele aus der Familie der Apiaceen sind in Kap. 4.1.3 angeführt (*Silaum* vs. *Selinum; Berula* vs. *Sium*).
Ein weiteres Merkmal, das aber eines Querschnitts bedarf und vielleicht deshalb nur selten eingesetzt wird, ist die Frage, ob der Stängel hohl oder markig ist. Wir haben dieses Merkmal bereits beim Blattstiel kennengelernt (vgl. 3.2.6.1), wobei hohler Blattstiel und hohler Stängel keineswegs korreliert auftreten müssen. – Beispiele für den Einsatz dieser Alternative sind (der markige Stängel ist stets zuerst genannt): *Lotus corniculatus* (Gewöhnlicher Hornklee) bzw. *L. pedunculatus* (Sumpf-Hornklee); die beiden Bewohner der Flusstäler *Senecio fluviatilis* (Fluss-Greiskraut) und *S. paludosus* (Sumpf-G.); in ± ruderalisierten Gras- und Staudenfluren *Bunium bulbocastanun* (Knollenkümmel; auf Kalk) und *Conopodium majus* (Erdkastanie; kalkmeidend); auf (wechsel-)feuchten Wiesen *Selinum carvifolia* (Kümmel-Silge) und *Selinum venosum* (= *Cnidium dubium;* Brenndolde); in Nassbiotopen *Cardamine amara* (Bitteres Schaumkraut, Abb. 218) und *C. pratensis* (Wiesen-Sch., Abb. 235). Möglicherweise lassen sich auch die bisweilen ähnliche Gattungen *Chaerophyllum* (Kälberkropf) und *Anthriscus* (Kerbel) auf diese Weise unterscheiden; dies ist aber noch nicht im Einzelnen nachgeprüft.

3. In einigen Fällen bieten **Farbe** oder **Fleckung** rasche Hinweise auf das Taxon. Beispiele liefern auch hier wieder die Apiaceen (vgl. 4.1.3). Innerhalb der Amaranthaceen hat der Gestreifte Gänsefuß *(Chenopodium strictum)* im Gegensatz zum Weißen Gänsefuß *(C. album)* einen rot gestreiften Stängel, und die Melden *Atriplex prostrata* sowie *A. micrantha* haben im Bereich der Blattknoten deutliche rötliche Male, im Gegensatz etwa zur ähnlichen *A. sagittata, A. hortensis* und *A.oblongifolia,* wo diese Rotfärbung allenfalls schwach nachzuweisen ist. Es ist aber fraglich, ob dieses Merkmal zuverlässig ist.

4. Selten sind die Stängel unterhalb der Knoten keulenförmig **verdickt.** Dies dient als differenzierendes Merkmal innerhalb der Gattungen *Chaerophyllum* (Kälber*kropf;* Abb. 260–261) und *Galeopsis* (Hohlzahn); darauf wird im Bestimmungsschlüssel aber immer hingewiesen.

3.3 Monokotyle

Die Blätter der Monokotylen können gegenüber denen der Dikotylen einige Besonderheiten aufweisen, wie umgekehrt viele Besonderheiten, die dikotyle Taxa kennzeichnen, bei den Monokotylen nicht oder doch nur vereinzelt auftreten. Um dies gegenüberzustellen, wollen wir hier in der gleichen Reihenfolge wir in Kap. 3.2 vorgehen; das Kapitel „Blattteilung als Bestimmungshilfe" entfällt, da es bei uns keine geteilten Monokotylenblätter gibt (vgl. 2.1.6). – Die den meisten Monokotylenblättern gemeinsamen Merkmale sind in 2.1.6 bereits besprochen, insbesondere die Tatsache, dass hier Merkmale des Unterblattes – der Blattscheide – von entscheidender Bedeutung sein können (vgl. 3.3.6).

3.3.1 Monokotyle mit besonderen Merkmalen

1. Folgende anlässlich der Dikotylen beschriebene Merkmale spielen bei den Monokotylen kaum eine Rolle:
Die *Pflanzen ohne (erkennbares) Blattgrün* – durchweg mykotrophe Orchideen – sind im Schlüssel 5 mitberücksichtigt. *Kletterpflanzen* gibt es nur eine: die Schmerwurz *Tamus communis*, eine Windepflanze, die mit ihren ausgeprägt herzförmigen, bogen- bis gitternervigen Blättern und ihren stipelähnlichen Öhrchen an der Stielbasis auch sonst innerhalb der Monokotylen auffällt. *Wehrhafte Pflanzen* (im Sinne entwickelter Dornen oder Stacheln) gibt es – innerhalb Deutschlands – allenfalls bei *Juncus* (vgl. dazu 3.3.3.4). Zur Abwehr von Fraßfeinden greifen sie sonst vorwiegend auf Inhaltsstoffe zurück. – Weiche, *nadelförmige „Blätter"* gibt es (gebüschelt) beim Spargel[11], *Rollblätter* beim Krokus und gelegentlich bei Graminoiden[12]. In den meisten Fällen handelt es sich jedoch bei Blättern, die auch im ausgewachsenen Zustand den Eindruck eines eingerollten Blattes erwecken, nur um ein gefaltetes Blatt mit gerundeter Unterseite. Dadurch entsteht ein insgesamt rundlicher (häufig borstlicher) Eindruck (vgl. 3.3.3.3). Zur Frage eingerollter *junger* Blätter siehe **2.**
Gefleckte Blätter (Arum, Dactylorhiza, Orchis) sind in Schlüssel 4 angeführt. Echte *Sukkulenz* ist nicht vertreten, viele Blätter sind aber dicklich und saftreich. Auch *gespornte Blätter* und solche mit *insektenfangenden Organen* fehlen. – Das *Indument* ist, gemessen an der Vielfalt bei den Dikotylen, sehr eintönig; meist sind die Blätter kahl. Einige behaarte

[11] Morphologisch handelt es sich bei diesen „Blättern" um blattähnliche Sprosse (*Blattsprosse* oder *Phyllokladien*).

[12] Als *Graminoide* (oder *Graminide*) bezeichnet man Pflanzen, die habituell Gräsern ähneln; also außer den eigentlichen Gräsern *(Poaceae)* auch Sauergräser *(Cyperaceae)*, viele Binsengewächse (z. B. die Gattung *Luzula*) usw.

Taxa finden sich z. B. beim Lauch *(Allium)* und bei den Seggen *(Carex);* bei diesen Gattungen ist die Behaarung „als solche“ bereits ein aussagekräftiges Merkmal. Eine große Rolle spielt die Behaarung jedoch vor allem bei den Poaceen; dabei geht es weniger um die *Form* der Haare – sie sind immer einfach – als vielmehr um deren Länge, Dichte und Verteilung (also um die Frage, *wo* das Gras behaart ist). – Sehr kennzeichnend sind die Büschel langer Wimpern am Spreitengrund der Hainsimsen (*Luzula,* Abb. 427), wie sie sonst – schwächer ausgeprägt – nur noch bei wenigen Gräsern auftreten (z. B. bei *Cynodon, Anthoxanthum, Eragrostis, Molinia* oder *Setaria pumila*). – Zum Thema *„geflügelte Stängel“* vgl. 3.3.7.2. – *Milchsaft* ist zwar bei den Alismataceen vorhanden, wird aber bestimmungstechnisch normalerweise nicht eingesetzt (vgl. jedoch Schlüssel 9). – Bei *Geruch* und *Geschmack* ist vor allem der Zwiebel-, Knoblauch- oder Schnittlauchgeruch (bzw. -geschmack) der Gattung *Allium* zu nennen – ein hinreichendes, wenn auch nicht immer ausgeprägtes Erkennungsmerkmal. Sonst wird selten nach dem Geruch gefragt. Einige Gräser riechen ausgeprägt nach Waldmeister (oder „Heu“), zumal im trockenen Zustand: so z. B. Ruchgras (*Anthoxanthum,* horstförmig) und das Mariengras (*Hierochloë,* mit Ausläufern). Das Blatt des Kalmus *(Acorus calamus)* hat im Gegensatz zum ähnlichen Blatt der Schwertlilie einen würzigen Geruch.

Kommen wir nun aber zu den Spreitenmerkmalen, die speziell bei den Monokotylen beachtet werden müssen. Dabei beschränken wir uns zunächst auf die typische ± schmale, zungen-, band- oder grasförmige, ansonsten aber flächige (höchstens etwas saftig-dickliche) Spreite. Davon abweichende Spreitenformen sind in Kap. 3.3.3 zusammengefasst, spezielle Merkmale des Unterblattes werden in Kap. 3.3.6 behandelt.

2. Wegen der speziellen monokotylen Blattform kann schon die **Blattbreite** ein wichtiges Merkmal sein. Sie schwankt innerhalb eines Taxons meist viel weniger als bei den Dikotylen, ist über fast die ganze Spreitenlänge hindurch ± einheitlich und – mangels ausgeprägten pleuroplasten Wachstums (vgl. 2.1.5.3) – schon in einem relativ jungen Entwicklungsstadium endgültig. Irritationen kann es nur bei Blättern geben, die auch im fertigen Zustand gefaltet bleiben; hier muss man zwischen sichtbarer Blattbreite und solcher eines entfalteten Blattes unterscheiden.

Die Blatt*länge* ist dagegen meist ohne Belang. Allenfalls wird – vor allem bei Seggen – nach der Länge des untersten Tragblattes im Verhältnis zur Infloreszenz gefragt (vgl. Abb. 437).

3. Ein Merkmal, das wir bei den Gehölzen bereits kennengelernt haben und das beim Bestimmen dikotyler Krautiger keine Rolle spielte ist die

Knospenlage. Anders bei den Monokotylen: Die Frage „junge Blätter gefaltet oder gerollt“ stellt sich beim Bestimmen nichtblühender Gräser sehr rasch, zumal „gefaltet“ in extremer Ausprägung zu einem insgesamt zweikantigen Spross führen kann (vgl. 3.3.7.2). Wichtig ist, dass man die Knospenlage bei den Gräsern an jungen sterilen Blatttrieben überprüft, weil ein bereits sprossender Halm eine gerollte Lage vortäuschen kann. – Beim Maiglöckchen verbleiben die Blätter bis zu einer beträchtlichen Größe in ihrer gerollten Lage, sodass tütenförmige Bildungen entstehen. Bei Cyperaceen ist eine gefaltete Knospenlage die Regel. Dies kann eine einfache Faltung sein – die beiden Hälften der Blattoberseite liegen anfangs aufeinander, der Querschnitt des sich entfaltenden Blattes ist dann v-förmig –, häufig sind die beiden Hälften aber nochmals hälftig zurückgeschlagen, sodass sich ein M-förmiges Querprofil ergibt (Abb. 417, 420). Solche Blätter werden „knickrandig“ bezeichnet („knickspreitig“ wäre zutreffender). Für die Kennzeichnung von Seggen-Arten ist dieses Merkmal sehr wichtig (Beispiele vgl. 4.2.12). Zur Einrollung *vertrocknender* Blätter vgl. 3.3.4.2

4. Ursprünglich gefaltete Blätter können ihr v-förmiges Aussehen (scheinbar) insofern behalten, als der Mittelnerv stark auf der Unterseite hervortritt; ungeachtet dessen kann die Oberseite fast plan oder doch nur wenig eingesenkt sein. Solche Blätter sind dann **gekielt** und kennzeichnen z. B. einige Lauch-Arten (vgl. Schlüssel 20), die Träubelhyazinthe *Muscari comosum* sowie einige Orchideen und Graminoide (vgl. auch Schlüssel 21).

5. Der Mittelnerv kann auch durch eine **weiße Linie** betont sein. Darin unterscheiden sich z. B. die Milchstern-Arten *Ornithogalum umbellatum* (mit Linie) von *O. comosum* (ohne Linie) und ein Krokus von anderen, ähnlichen Taxa.

6. Auch sonst bietet die **Nervatur** eine Reihe von Merkmalen. An der Zahl der Längsnerven kann man approximativ Arten innerhalb der Gattung *Sparganium* (Igelkolben) erkennen (vgl. Schlüssel 21). – In vielen Fällen unentbehrlich ist die Nervatur bei der Bestimmung der häufig sterilen, grasblättrigen Arten der Wasserpflanzen *Potamogeton, Zannichellia* und *Zostera*. Neben der Zahl der Nerven spielt auch die Art und Weise, wie diese Nerven apikal miteinander verschmelzen, eine wichtige Rolle; Abbildungen dazu finden sich in speziellen Bestimmungsbüchern. – Auffällig ist das „Schienenblatt“ (oder die „Schispur“), gekennzeichnet durch je eine schmale Rille beiderseits des Mittelnervs. Es ist nicht sehr überzeugend, aber charakteristisch für die Gattungen *Poa* (Rispengras), Glyceria (Wasserschwaden) und *Helictotrichon* (Wiesenhafer) und kommt bei anderen Poaceen nur selten vor.

Mit der Nervatur gekoppelt kann die Oberfläche der Spreite eine gerippte Struktur aufweisen. Die Rippen können scharf oder oberseits gewölbt sein und sind oft stärker behaart oder rauer als der Rest der Spreite. In der Durchsicht lassen sich bei diesen gerippten Blättern oft helle Linien wahrnehmen – so z. B. bei der Rasen-Schmiele, die man dadurch gut erkennen kann.

7. Eine Reihe von Merkmalen bietet auch die **Spreitenspitze.** Häufig ist sie nicht voll entfaltet und damit *kahnförmig* (Abb. 414). Das Merkmal – man nennt es auch Kapuzenspitze – findet sich nicht nur bei manchen Gräsern, sondern auch häufig im Bereich der „ehemaligen Liliaceen" (vgl. 4.2.16–20), so z. B. bei den Gattungen Blaustern und Träubelhyazinthe; Zwerg- (ohne) und Wald-Gelbstern (mit) lassen sich so auch vegetativ einigermaßen unterscheiden. Mit dieser Kapuzenspitze darf man die Fälle nicht verwechseln, bei denen die Spreitenspitze durch massives Gewebe verdickt (und dann gelegentlich hell gefärbt) ist. Nah damit verwandt und als Merkmal häufiger verwendet ist die sog. Dreikantspitze vieler Graminoide (Abb. 417), deren Bewertung („kurz" oder „lang") aber einer gewissen Erfahrung bedarf. – Auch die Frage, ob die Spitze tatsächlich „spitz" – oder doch zumindest lang ausgezogen – oder aber ± plötzlich abgerundet ist, spielt gelegentlich eine Rolle (z. B. beim Igelkolben, vgl. Schlüssel 21).

3.3.2 Die Blattstellung als Bestimmungshilfe

Wie bereits in Kap. 2.1.6.3 dargelegt, ist die Distichie (1/2-Stellung) die vorherrschende Blattstellung. Ebenfalls häufig ist die 1/3-Stellung, anhand derer man grasähnliche Sauergräser und *Luzula* von den eigentlichen Gräsern (Süßgräsern) unterscheiden kann. Auch das scheinwirtelige Zusammentreten von 2 oder mehr Blättern wurde dort schon erwähnt. Dieses Merkmal tritt ± isoliert in verschiedenen Verwandtschaftskreisen auf und ist sehr auffällig (vgl. Schlüssel 10).

3.3.3 Die Spreitenform als Bestimmungshilfe

Vom ± bandförmigen „Normalblatt" der Monokotylen gibt es einige kennzeichnende Abweichungen.

1. Das Blatt kann habituell in **Stiel und Spreite** gegliedert sein, wobei es hier unerheblich sein soll, inwieweit dieser „Stiel" – morphologisch betrachtet – nur der stark verschmälerte basale Abschnitt der Spreite ist. – Die flächige Spreite ist dann meist breiter, als man das von Monokotylen sonst kennt, und dann mitunter sogar nur wenig länger als breit. Blätter mit abgesetzter, flächiger Spreite finden sich vor allem bei Wasserpflanzen und fungieren dann gelegentlich als Schwimmblätter. Insgesamt ist dieser Blatttyp nicht häufig, und die betreffenden Taxa lassen sich im Allgemeinen gut unterscheiden (vgl. Schlüssel 9) – vorausgesetzt natürlich, man erkennt das Blatt als das einer Monokotylen, was zumindest im Fall von *Paris* oder *Arum* nicht unbedingt gesagt ist. – Während uns eine Gliederung in Stiel und Spreite von den Dikotylen bestens vertraut ist, sind die folgenden Charakteristika im Wesentlichen nur für Monokotyle kennzeichnend. Die typische flache Spreite wird dabei vielfach durch eine gewisse Räumlichkeit ersetzt: Die Blätter erscheinen im Querschnitt massiv 3- oder 4-eckig bzw. sind von binsenförmigem Aussehen.

2. Reitende Blätter sind nicht transversal, sondern median abgeflacht; sie haben habituell statt Ober- und Unterseite eine „rechte" und eine „linke" Seite. Das jeweils ältere Blatt sitzt demzufolge auf dem jüngeren, dieses mit seinen basalen Flanken umgreifend; die Zweizeiligkeit der Blattstellung ist somit meist sehr auffällig. Solche Blätter werden auch *schwertförmig* genannt; die Schwertlilie (Abb. 410) hat daher ihren Namen, wir finden sie aber auch bei der verwandten Gladiole, bei der Simsenlilie *(Tofieldia)* und beim Kalmus (*Acorus;* Abb. 415). Insgesamt ist diese Form jedoch selten.

3. Häufiger sind **borstliche Blätter.** Sie finden sich hauptsächlich bei Poaceen und etlichen Cyperaceen. Borstliche Blätter erwecken irrtümlich oft den Eindruck, als sei die Blatt*spreite* im Querschnitt rund; fertigt man jedoch einen solchen an, erkennt man, dass das Blatt durchaus bifazial ist (also eine Ober- und Unterseite aufweist). Durch eine Faltung oder Einkrümmung der oft etwas dicklichen Spreite nach oben ist aber nur die Unterseite zu sehen bzw. die Oberseite nur als Rinne zu erkennen, sodass ein *insgesamt* rundlicher Querschnitt entsteht (Abb. 93). Die Faltung bzw. Einrollung kann so fest sein, dass sich die Blätter auch „mit Gewalt" nicht entfalten lassen; sie erreichen auf diese Weise oft nur ca. 0,5–1 mm Breite (bzw. Durchmesser). Gelegentlich (so bei manchen Schwingel-Arten) sind nur die Grundblätter borstlich, die Stängelblätter flach. – Die borstlichen Blätter einiger *Juncus*- Arten dagegen sind schon eher nur schmale Formen des folgenden Typs.

Im Prinzip ähneln borstliche Blätter den Rollblättern der Dikotylen (vgl. 3.2.1.4), bei denen die Spreite allerdings rückwärts geschlagen ist, sodass man vor allem die *Ober*seite sieht.

4. Mit den borstlichen Blättern dürfen die **binsenförmigen Blätter** nicht verwechselt werden. Unter einer „Binse" verstehen wir umgangssprachlich ein ± drehrundes, oft hohles oder nur schwammig gefülltes (und deshalb meist zusammendrückbares), grün-krautiges Vegetationsorgan, ohne uns zunächst auf „Stängel" oder „Blatt" festzulegen. In der Tat ist diese Unterscheidung bei der botanischen Gattung „Binse" *(Juncus)* und einigen binsenförmigen Cyperaceen nicht immer einfach. Auffällig ist dieses Phänomen, wenn der binsenförmige Stängel von einem binsenförmigen Tragblatt fortgesetzt wird (z. B. bei einigen *Juncus*-Arten, Abb. 435, oder *Isolepis setacea*), oder wenn vom Trieb über-

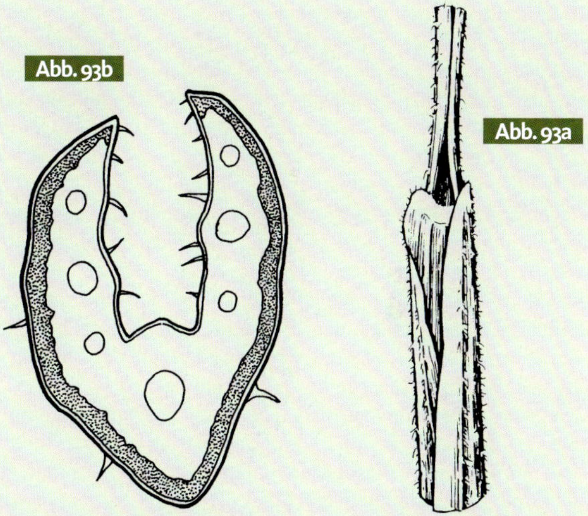

Abb. 93: *Festuca guestfalica* (Artengruppe *F. ovina*). a: offene Blattscheide mit aufrechten Öhrchen; b: Querschnitt durch das borstlich zusammengerollte Blatt. (Aus Conert 2000.)

haupt nur ein einziges binsenförmiges Blatt zu sehen ist, das natürlich keine Infloreszenz trägt und deshalb gelegentlich als „steriler *Halm*" (!) bezeichnet wird *(Juncus subnodulosus).* – Binsenförmige Blätter sind im Gegensatz zu den meisten borstlichen Blättern auch in ihrer Anatomie „drehrund" (lassen also keine Ober- und Unterseite erkennen) und können breiter sein als diese. – Viele *Allium*-Arten (Schnittlauch!) besitzen Blätter ähnlichen Aussehens (vgl. Schlüssel 20).

Auf weitere Besonderheiten der binsenförmigen Blätter speziell innerhalb der Gattung *Juncus* wird in Kap. 4.2.15 hingewiesen.

5. **Wasserpflanzen** können Unterwasserblätter (Tauchblätter), Schwimmblätter und über das Wasser ragende Blätter ausbilden, die sich in ihrer Gestalt unterscheiden; dadurch kann es problematisch sein, Charakteristika der Blattspreite zur Bestimmung zu nutzen (vgl. jedoch Schlüssel 21).

3.3.4 Der Spreitenrand als Bestimmungshilfe

1. Die Spreite eines Monokotylenblattes ist dem ersten Augenschein zufolge fast immer ganzrandig. Bei näherer Betrachtung (mit Lupe oder Binokular) erweist sich diese Aussage häufig als vorschnell, wenn man den Ausdruck „ganzrandig" wörtlich nimmt. Oft genügt es auch, mit dem Finger am Blattrand nach oben bzw. unten zu streifen, um an der Rauheit diesen Irrtum zu erkennen. Dennoch wird der Blattrand fast nur bei der Bestimmung von Graminoiden eingesetzt, deren Blätter gelegentlich von kleinen, oft verkieselten **Zähnchen** gesäumt werden; diese können, wie im Falle der Schneide (!)*(Cladium mariscus)* oder der Rasen-Schmiele (Deschampsia cespitosa; hier auch auf den Rippen), schneidend scharf sein. – Kleine **Papillen** am Blattrand kennzeichnen bestimmte Taxa innerhalb der Orchideen, z. B. die Gattung Epipactis (Stendelwurz). Auch zur Differenzierung innerhalb der Gattung *Allium* lässt sich das Merkmal einsetzen (vgl. Schlüssel 20).
2. Genauso, wie das junge Blatt eine typische *Knospen*lage aufweist, kann sich der Rand des *vertrocknenden* Blattes in charakteristischer Weise einrollen. Über dieses Merkmal ist noch wenig bekannt. Ein Beispiel ist die Unterscheidung von *Carex nigra* und *C. acuta* (vgl. 4.2.12).

3.3.5 Die Spreiten-Anatomie als Bestimmungshilfe

Auf diesen Punkt kann hier nur hingewiesen werden. Er spielt bei der Bestimmung mancher Poaceen-Taxa eine entscheidende Rolle, insbesondere bei Schwingel-Arten mit borstlichen Grundblättern (vgl. Abb. 93b). Er kann aber auch bei der Determination von Federgräsern, bei der Unterscheidung von Fieder- und Felsen-Zwenke, der Unterarten des Dreizahns *(Danthonia decumbens)* und wahrscheinlich noch in vielen anderen Fällen hilfreich sein – vorausgesetzt natürlich, die entsprechenden Vergleichsabbildungen liegen einem vor. Außerhalb der Gräser ist ein Querschnitt – zu dessen Beurteilung übrigens keineswegs immer ein Mikroskop vonnöten ist – nützlich bei sterilen Exemplaren von *Sparganium* (vgl. Schlüssel 21) oder *Typha* (Abb. 433–434).

3.3.6 Der Blattgrund als Bestimmungshilfe

Auf die wichtige Rolle, die der Blattgrund bei den Monokotylen spielt, ist nun schon mehrfach hingewiesen worden. Blätter, die im Wesentlichen nur aus dem Blattgrund bestehen und als Spreite lediglich einen bedeutungslosen Zipfel aufweisen, sind hier ganz normal, während wir solche bei den Dikotylen nur selten und meist nur im Bereich der Nieder- und Hochblätter finden (vgl. z. B. Abb. 162). – Der Blattgrund der Monokotylen besteht – aus bestimmungstechnischer Sicht – aus mehreren „Elementen", die in unterschiedlicher Weise Merkmalsträger sein können:

1. Die **Blattscheide** umhüllt den Stängel vom Knoten (dem Ursprungsort des betreffenden Blattes) bis zu jenem Punkt, an dem die Spreite vom Stängel ab„zweigt" (Abb. 93). Diese Strecke kann – insbesondere bei Gräsern – beträchtlich sein. Befindet sich in dem Abschnitt noch ein weiterer Knoten, beginnt dort eine neue Blattscheide innerhalb der älteren. Auf diese Weise kann ein System ineinandergeschachtelter Röhren entstehen, das im Falle einer stark gestauchten Sprossachse den Eindruck eines Achsenorgans erweckt („Scheinstamm") oder aus dem eine Zwiebel entsteht (vgl. 2.1.6.2).

Bestimmungstechnisch spielt die Scheide vor allem bei Graminoiden eine Rolle. Sie kann *offen* oder *geschlossen* sein (vgl. 2.1.6.2). Bei den Poaceen kommt beides vor und erlaubt z. B. eine rasche vorläufige Unterscheidung der zuweilen ähnlichen Gattungen Schwingel (mit meist tief hinunter offenen) und Trespe bzw. Wasserschwaden (mit hoch hinauf geschlossenen Scheiden).

Bei den Cyperaceen ist die Scheide stets geschlossen und – der 1/3-Stellung der Blätter entsprechend – häufig ± 3-seitig. Die der Spreite gegenüberliegende Seite wird Bauchseite genannt, die beiden anderen Flanken oder Rückenseiten. Sie unterscheiden sich oft beträchtlich: Bei der Gattung *Carex* ist die *Bauchseite* z. B. fast immer sehr dünn und bleich (membranös), nur in ganz wenigen Fällen ist sie krautig-grün, so bei der Zweizeiligen Segge *(C. disticha)*[13]. Sie kann in charakteristischer Weise aufreißen oder einem von Leitbündeln gebildeten *Fasernetz* (Abb. 418) geprägt sein, von dem auch nach dem Verwittern noch Reste verbleiben. Die *Rückenseiten* dagegen sind stets krautig, aber nicht zwangsläufig grün. Vielmehr spielen rote Farbtöne (der lebenden Blätter!) eine gewisse Rolle, wobei sich die Farbgebung auf die Nervatur beschränken kann.

Wichtig bei der Bestimmung von Cyperaceen (vor allem von Seggen) sind die *Scheiden grundständiger Blätter,* welche oft nur aus dieser Scheide bestehen (vgl. oben). Sie weisen eine Reihe diakritischer Merkmale auf, die beim Bestimmen vegetativer Pflanzen unverzichtbar sind. Bei der Entnahme des Objekts für eine Bestimmung zu Hause (was die Regel ist) muss man also daran denken, die Pflanze wirklich tief – am besten einige Zentimeter unter der Erde – abzuschneiden (abzu*reißen* wird vielfach misslingen). Das ist lästig, aber nicht ver-

[13] Bei der Beurteilung dieses Sachverhaltes besteht die Gefahr, dass man sich von der grünen Farbe der durchschimmernden, darunterliegenden Blätter irreleiten lässt.

meidbar. Außerdem kann man bei dieser Gelegenheit auf mögliche Ausläufer achten, soweit die Wuchsform nicht ohnehin schon darüber Auskunft gibt (vgl. 3.3.7). – Im Einzelnen können folgende Merkmale wichtig sein: Die *Farbe* ist im Regelfall nicht grün, sondern geht von gelbbraun über rötlich und dunkelbraun bis fast schwarz. Die Rückenseiten (bzw. deren Nerven) bleiben mitunter lange erhalten und bilden eine *Tunika* aus (*Carex umbrosa, C. appropinquata* usw.; vgl. auch 2.1.3.5). Auch die Frage, inwieweit Spreiten(rudimente) vorhanden sind, kann von Bedeutung sein.

Gelegentlich – vor allem bei Poaceen – wird auch nach dem *Indument* gefragt, das von dem der Spreite durchaus abweichen kann; nicht selten sind auch die Knoten anders behaart als der röhrige Teil der Scheide; so sind z. B. beim Weichen Honiggras (*Holcus mollis*, im Gegensatz zu *H. lanatus*) und bei der Reisquecke *(Leersia oryzoides)* nur die Knoten behaart. – Bei Cyperaceen und Juncaceen, soweit sie nicht ohnehin kahl sind (was eher die Regel ist), lassen sich solche Unterschiede nicht feststellen, zumal deren Halme keine verdickten Knoten aufweisen. – Die Scheide kann *glatt* oder infolge kleiner Höckerchen *rau* sein. Mitunter sind sie *aufgeblasen*, z. B. bei vielen *Alopecurus*-Arten, dem sehr seltenen Scheidengras *(Coleanthus subtilis)* oder beim Scheidigen Wollgras.

Die folgenden Merkmalsträger gehören topografisch in den Bereich „Blattscheidenmündung", sind aber von unterschiedlicher morphologischer Natur.

2. Ein sehr bekanntes Merkmal von Grasblättern ist deren **Ligula** (Blatthäutchen). Sie ist bei den **Poaceen** ein „freistehender" Hautsaum, gelegentlich (und taxonspezifisch) auch ein Saum kurzer Haare (Abb. 62a, b). Die Ligula findet sich an der Stelle, an der die Spreite von der Scheide abknickt, die Scheide gewissermaßen in der Richtung fortsetzend (Abb. 62a). Länge (vgl. unten), Form (vor allem, ob oben gerade abgeschnitten – „gestutzt" – oder zungenförmig verlängert), oberer Rand (glatt, gezähnt, eingerissen – vgl. unten –, bewimpert), Behaarung der Fläche usw. sind wichtige Details, die taxonspezifisch einheitlich (also wenig variabel) und gut zugänglich sind. Die Ligula ist allerdings ein äußerst empfindliches Organ. Bei der Mitnahme eines Belegs muss also auf sorgfältige Präparation geachtet werden und beim Herbarisieren auch darauf, dass sie ohne weitere Maßnahmen frei sichtbar ist. Insbesondere kann der ursprünglich glatte obere Rand der Ligula einreißen. Damit besteht die Gefahr, diesen für zerschlitzt oder tief gezähnt zu halten, wie dies gelegentlich (nicht häufig!) typisch ist (z. B. für manche Trespen). – Ein weiteres Problem besteht darin, dass die Länge der Ligula nur dann als gutes Merkmal herangezogen werden kann, wenn man weiß, auf welches Blatt sich die Angabe im Bestimmungsschlüssel bezieht (was leider nicht immer gesagt wird). Die Ligula an Blättern steriler Bestockungstriebe (das sind solche, die die Ausbildung eines infloreszenztragenden Halms „noch vor sich haben") sind nämlich häufig kürzer als die der Halme, und die unteren Halmblätter haben oft eine kürzere Ligula als die oberen. Diese Unterschiede können beträchtlich sein; beim Land-Reitgras *(Calamagrostis epigejos)* z.B. ist die Ligula eines Halmblattes mit 4–10 mm doppelt so lang wie die der Bestockungstriebe. Im Zweifelsfall gehe man davon aus, dass es sich um die Ligula eines Bestockungstriebes handelt, weil bei Vorhandensein eines Halms bald auch eine Infloreszenz zur Verfügung steht und eine Bestimmung nur nach vegetativen Merkmalen nicht mehr erforderlich ist.

Die Ligula kann sehr kurz sein (0,1–0,3 mm!), beispielsweise bei borstlichen Blättern, beim Hain-Rispengras oder beim Blaugras. Dass sie überhaupt und grundsätzlich fehlt (und auch kein Haarkranz vorhanden ist), ist sehr selten *(Echinochloa)*.

3. Die **Ligula** ist keineswegs auf die Poaceen beschränkt, sondern ist auch bei den **Cyperaceen** ein wichtiger Merkmalsträger, insbesondere bei den Seggen (*alle* Seggen haben eine Ligula!). Sie ist bei einem 3-kantigen Stängel den beiden Scheidenflanken zuzuordnen und – im Gegensatz zur Ligula der Poaceen – nicht „freistehend" sondern adnat, d.h. bis auf einen freien Saum mit der Spreite verwachsen (Abb. 62c, 417). Daraus ergeben sich taxonspezifisch flachbogige, halbkreisförmige, parabolische oder spitz zulaufende Konfigurationen. Darauf (nicht auf den freien Saum der Ligula!) bezieht sich auch die Frage des Längen-Breiten-Verhältnisses – ein rasches Orientierungsmerkmal, um beispielsweise innerhalb der Artengruppe der Sparrigen Seggen (*Carex muricata*-Gruppe) eine erste Vermutung zu äußern oder um die beiden Fuchs-Seggen *C. vulpina* (Ligula flachbogig, d.h. breiter als hoch) und *C. otrubae* (Ligula hochbogig) zu unterscheiden (vgl. auch Abb. 419–420).
Weitere Merkmale, wie wir sie von den Poaceen kennen (Bewimperung oder Behaarung der Ligula usw.), lassen sich bei den Cyperaceen nicht finden.
Auch bei ***Allium*** (*Alliaceae* bzw. *Amaryllidaceae*) finden sich adnate ligulare Bildungen (vgl. Schlüssel 20).

Der Begriff „Ligula" („kleine Zunge") wird auch noch für andere „zungenförmige" Bildungen verwendet, im vegetativen Bereich z.B. für die kleine Schuppen in den Blattachseln von Moosfarnen *(Selaginella)*.

4. Auch die **Bauchseite** im Bereich der Scheidenmündung kann – vor allem bei Cyperaceen – Besonderheiten aufweisen. So ist sie bei der Bleich-Segge *(C. pallescens)* tief v-förmig eingeschnitten. – Gelegentlich setzt sich die Ligula auf die Bauchseite fort, sodass ein *Hautkragen* entsteht (Abb. 421). Selten findet sich gegenüber der Ligula (also in Verlängerung der Bauchseite) ein *Hautlappen* (z. B. *C. hostiana, C. laevigata, C. distans;* gelegentlich nur an Stängelblättern ausgebildet). Etwas Ähnliches ist der bekannte „Sporn" des Einblütigen Perlgrases (Abb. 426), woran diese Art vom (außerhalb der Blütezeit) ähnlichen Nickenden bzw. Bunten Perlgras unterschieden werden kann.

5. Eine weitere Bildung im Bereich der Scheidenmündung sind **Öhrchen.** Sie werden als Merkmal bei manchen Poaceen-Taxa und bei der Gattung *Juncus* eingesetzt. Bei dieser Gattung handelt es sich um bogenförmig hochgewölbte Verlängerungen des Scheidenrandes (Abb. 430–431), die im Fall der Dreispaltigen Binse (*J. trifidus* s. l.) tief zerschlitzt sind. Bei den Gräsern ist der morphologische Charakter der Öhrchen nicht immer eindeutig. Auch dort gibt es solche seitlichen Hochwölbungen, z. B. bei schmalblättrigen Schwingel-Arten (Abb. 93a). In der Regel aber sind sie nicht wie soeben geschildert senkrecht, sondern waagrecht orientiert. Solche Öhrchen sind häufig. Sie können den Halm zangenartig umfassen (Abb. 423–425, 428–429) und werden dann auch „Sichelöhrchen" genannt, sie können kahl sein *(Festuca pratensis)* oder (spärlich) bewimpert *(F. arundinacea).*

6. Als Letztes muss noch auf zipfelige, lappige oder stipelartige Bildungen im Bereich der Scheidenmündung hingewiesen werden, wie sie sich vielfach innerhalb der *„Helobiae"* finden (vgl. 4.2.2–9). Sie sind von höchst unterschiedlicher Gestalt und werden hier nur im topografischen Zusammenhang „Scheidenmündung" erwähnt; zumindest für einen Großteil dieser **Intravaginalschuppen** (Achselschuppen, Axillarstipel) ist nämlich nachgewiesen, dass es sich um Bildungen der Sprossachse handelt, denen drüsige Tätigkeit zugeschrieben wird. Ob dies auch für die paarigen stipelartigen Lappen bzw. Zipfel von *Hydrocharis* bzw. *Potamogeton* gilt, ist allerdings fraglich. Ihr Vorkommen im gemeinsamen systematischen Kontext lässt es immerhin möglich erscheinen, dass es sich um morphologisch entsprechende (homologe) Bildungen handelt. Für die Bestimmungsarbeit sind diese Fragen allerdings nicht bedeutsam.

Wie wichtig alle diese Effigurationen an der Scheidenmündung für eine Bestimmung sein können, zeigt sich auch daran, dass in Poland & Clement danach die Hauptgruppen innerhalb der Monokotylen gebildet werden. Sie unterscheiden:

Gruppe	Merkmale	Taxon
G	Mit Ligula, diese ± adnat	„typische Seggen“[14]
H	Ligula frei (oder Haarkranz)	„Typische Gräser“, Triglochin maritimum, Scheuchzeria palustris
I	Keine Ligula, aber Öhrchen	„Einige Binsen“, Triglochin palustre
J	Keine Ligula, keine Öhrchen	übrige Monokotyle

3.3.7 Die Sprossachse als Bestimmungshilfe

1. Der Aufbau des Sprossverbandes spielt bei der Kennzeichnung einer monokotylen Pflanze eine ungleich wichtigere Rolle als bei den Dikotylen. Dies gilt insbesondere innerhalb der graminoiden Familien *Poaceae, Cyperaceae* und – weniger entscheidend – für die *Juncaceae.* Wir müssen deshalb die kurze Darstellung von Kap. 2.2.3 hier nochmals aufgreifen. Dabei beschränken wir uns zunächst auf die innerhalb dieser Familien weit vorherrschenden Mehrjährigen.
Rein physiognomisch unterscheiden wir horstförmigen (horstigen) und rasigen Wuchs. Unter **Horstwuchs** versteht man bekanntlich eine dichte Ansammlung von Sprossen infolge starker basaler Verzweigung und aufrechtem Wuchs (Abb. 94). Als unterirdisches Speicherorgan dienen zumeist gestauchte Internodien oder ein kurzes Rhizom[15]. Besonders extreme Ausprägungen (z. B. bei manchen Seggen wie *Carex paniculata* oder bei der Rasen-Schmiele) werden auch als *Bult* bezeichnet. Umgekehrt gelten lockere Horste auch als *dichtrasig.* Innerhalb eines Horstes finden sich meist keine anderen Pflanzen. Anders der **Rasenwuchs** (bzw. wenn man den Begriff „dichtrasig“ für lockere Horste verwendet: der *locker*rasige Wuchs): Hier bildet die Pflanze ± lockere Bestände ± einzelstehender Sprosse (Abb. 95–96). Dafür bedient sie sich raumgreifender horizontaler Sprossachsen (Kriechtriebe oder Ausläufer), die jeweils ober- oder unterirdisch[16] verlaufen können. Im letzteren Fall ist es nicht immer einfach zu erkennen, ob die einzel-

[14] Die Autoren haben die Ligula mancher Lauch-Arten nicht übersehen; *Allium* wird aber schon vorher über den Geruch ausgeschlüsselt. – Der Begriff „Seggen“ *(sedges)* ist hier offenbar im Sinne von *Cyperaceae* zu verstehen.

[15] Zur Terminologie vgl. 2.2.3 und die folgende Fußnote.

[16] Den Begriff „Rhizom“ für alle unterirdischen Sprossachsen von Gräsern und Seggen zu verwenden, wie in der Literatur vielfach üblich, ist bei den Graminoiden vertretbar, da hier „Kriechtriebe“ und „Ausläufer“ ein Kontinuum bilden, „echte“ Rhizome im Sinne von 2.2.3.4 dagegen fehlen.

Abb. 94

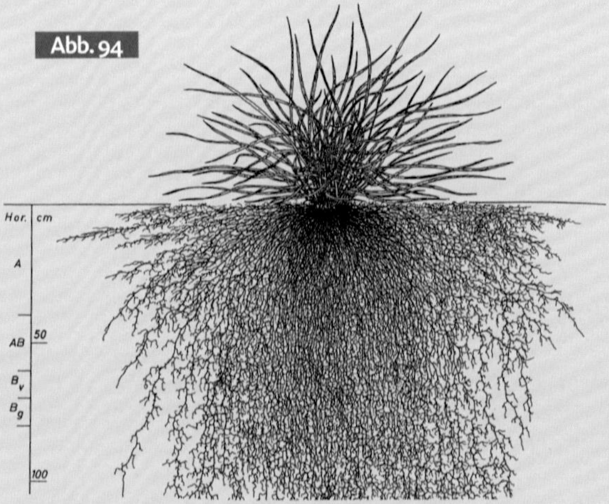

Abb. 94: Horstgras *(Festuca arundinacea).* (Aus KUTSCHERA & al. 1982.)

nen Halme auch einzelne Pflanzen darstellen oder ob sie „zusammengehören". – Wer z.B. eine Zwenke oder einen Schwingel, vor allem aber eine Segge mittels vegetativer Merkmale bestimmen will, muss damit rechnen, die Frage nach horst- oder rasenförmigem Wuchs sehr bald gestellt zu bekommen – und zwar ohne weitere, ersatzweise einsetzbare Merkmale. Es ist also zwingend erforderlich, sich die Wuchsform einer zum Bestimmen mitgenommenen Pflanze zu merken oder zu notieren.

Bei den relativ wenigen Einjährigen der genannten drei Familien stellt sich die Frage nach Horst oder Rasen nicht. Sie wachsen im Allgemeinen aufrecht-„büschelig" (Abb. 97), selten auch dem Boden aufliegend, dann aber an höheren Stängelabschnitten nicht einwurzelnd. Auch bei den Lilienverwandten im weitesten Sinn (*Liliales* und *Asparagales*) wird die Frage in dieser Form nicht gestellt. Es ist zwar von systematischer Bedeutung, ob z.B. Zwiebel, Knollen oder Rhizome als Speicherorgan fungieren, für die Bestimmung ist das in der Regel aber nicht bedeutsam.

2. Was die **äußeren Merkmale** des einzelnen Stängels betrifft, so gelten hier ähnliche Kriterien wie bei den krautigen Dikotylen. Von gewisser Bedeutung ist der *Querschnitt:* Während wir bei den Dikotylen im Wesentlichen runde oder viereckige (vierkantige) Querschnitte feststellen konnten, wird der Querschnitt bei den Monokotylen öfter herangezogen. Im häufigsten Fall ist er rund und dann von geringem

Abb. 95

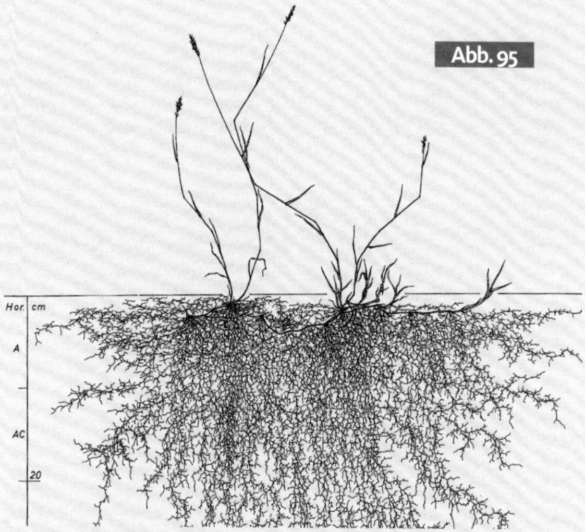

Abb. 95: Ausläufergras *(Poa compressa)*. Man beachte die „knickig" aufsteigenden Halme. (Aus KUTSCHERA & al. 1982.)

Abb. 96

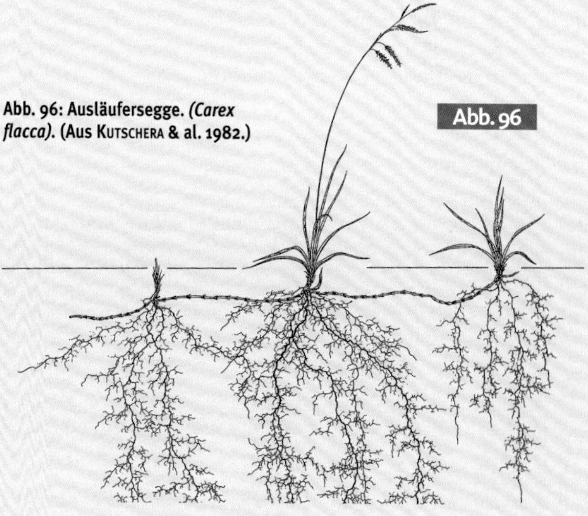

Abb. 96: Ausläufersegge. *(Carex flacca)*. (Aus KUTSCHERA & al. 1982.)

Abb. 97

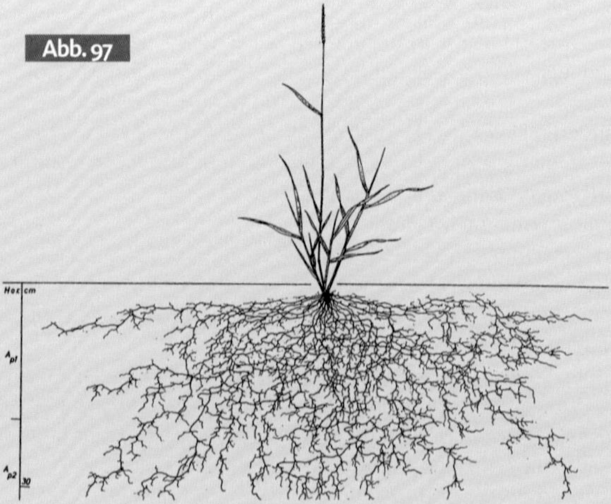

Abb. 97: Annuelles Gras. *(Alopecurus myosuroides).* (Aus Kutschera & al. 1982.)

diagnostischen Wert. Den ebenfalls nicht seltenen 3-kantigen, mit 1/3-Stellung der Blätter korrelierten Querschnitt[17] haben wir bereits als Kennzeichen der Cyperaceen erwähnt. Hier wird sogar weiter differenziert in „stumpf" und „scharf" 3-kantig; im ersten Fall sind die Flanken konvex, im zweiten Fall konkav. – 3-kantige Stängel finden sich aber auch bei vielen Juncaceen (vor allem bei der ansonsten grasähnlichen Hainsimse) und vereinzelt beim Lauch; dort sind zudem die Taxa mit (2–)4-kantigem Stängel sehr auffällig (vgl. Schlüssel 20). 4-kantige Querschnitte gibt es sonst innerhalb der Monokotylen nur noch bei der Sumpfbinse (vgl. Schlüssel 19), auch 2-kantige sind selten und finden sich z.B. bei Amaryllidaceen (sehr deutlich bei der Narzisse). Häufig ist der Stängel nicht wirklich 2-kantig, sondern lediglich seitlich etwas zusammengedrückt; der Querschnitt ist also ± oval, so bei manchen Binsen (*Juncus compressus* hat daher seinen Namen), bei der Kopfbinse *(Schoenus)* und beim Zusammengedrückten Quellried (*Blysmus compressus = Scirpus planifolius;* nur basal, nach oben zu wird der Stängel stumpf 3-kantig) im Gegensatz zum Fuchsroten Qu. *(B. rufus).*

[17] Der Umkehrschluss gilt nicht: 1/3-Stellung hat keineswegs immer einen 3-kantigen Stängel zur Folge.

Bei den Gräsern werden weniger die eigentlichen Stängel als vielmehr die *Trieb*querschnitte beachtet, also die Halme inkl. der Blattscheiden, die z. B. beim Knaulgras und beim Schwaden deutlich 2-kantig sind und auch innerhalb der Gattung Rispengras *(Poa)* 2-kantig (bzw. oval) sein können.
In anderen Fällen ist die Zahl der Kanten nicht so offensichtlich, dann heißt es nur „Stängel kantig". Daran kann man z. B. den Salomonsiegel (*Polygonatum odoratum,* Abb. 416) von der Vielblütigen Weißwurz (*P. multiflorum* mit ± rundem Stängel) unterscheiden. Die Stängelkanten können sehr ausgeprägt sein, insbesondere bei manchen Seggen, und dann an die Flügelung mancher Dikotylen-Stängel erinnern (z. B. Rispen- und Fuchs-Segge). Ähnlich den Blatträndern und -rippen sind sie häufig scharf rau.
Weitere äußere Merkmale sind spärlich. Bei Binsen und Sauergräsern wird gelegentlich gefragt, ob der Stängel *glatt* oder *gerillt* ist (vgl. Schlüssel 19), wobei der Übergang „gerillt" zu „kantig" fließend ist. Bei einigen Gräsern ist die Halmbasis zwiebelartig *verdickt* (Pfeifengras; Zwiebel-Rispengras; subspezifische Taxa bei Glatthafer und Wiesen-Lieschgras).
3. Über die Beurteilung des Querschnittes hinausgehend wird die **Anatomie** des Stängels normalerweise nicht beachtet, obwohl sie in einigen Fällen recht hilfreich ist, wie am Beispiel von *Eleocharis* gezeigt wird (vgl. Schlüssel 19). – Zur auffälligen Kammerung des Stängelmarks bei *Juncus inflexus* vgl. 4.2.15.

Im Gegensatz dazu existiert ein Schlüssel zum Bestimmen monokotyler Wiesenpflanzen nach der Anatomie der **Wurzel:** KUTSCHERA & LICHTENEGGER (1982): Wurzelatlas mitteleuropäischer Wiesenpflanzen **1:** Monocotyledoneae; darin S. 359–362. Dessen Anwendung setzt jedoch beträchtliche Vorkenntnisse voraus.

3.4 Pteridophyten

Gemäß Kap. 1.3 wollen wir uns hier auf die Echten Farne und Schachtelhalme beschränken.

1. Was die *Echten Farne* betrifft, so lassen sie sich naturgemäß an den Sori auf der Blattunterseite erkennen. Wo diese fehlen (vgl. 2.1.7), kann schon einmal eine gewisse Ähnlichkeit z. B. mit einem Apiaceen-Blatt bestehen, so bei der Gattung *Gymnocarpium*[18], bei der aber die Wedel infolge eines verlängerten Rhizoms einzeln aus dem Boden wachsen – eine Wuchsform, die es bei unseren Samenpflanzen nicht gibt. Viel-

[18] Die deutschen Namen lassen sich Schlüssel 11 entnehmen.

fach verraten auch (zuweilen seltene!) Spreuschuppen am Blattstiel die Zugehörigkeit zu den Farnen. – Die ebenfalls zu den Pteridophyten gehörenden Schachtelhalme sind als solche unverkennbar.

2. Das typische Blatt der Echten Farne ist der *Wedel* (vgl. 2.1.7). Die äußere Form des Wedels bietet eine Reihe von Merkmalen, die vor allem für die Unterscheidung der Arten innerhalb einer Gattung herangezogen werden können; dass es aber auch möglich ist, die Gattung mithilfe der im Folgenden genannten vegetativen Merkmale zu bestimmen, zeigt Schlüssel 11. Man muss, wenn man nicht vor Ort bestimmt, nur auf die Wuchsform achten.

- *Wuchsform.* Hier gibt es zwei normalerweise gut kenntliche Möglichkeiten: Die (fast immer unterirdische, vgl. 2.2.3.5) Sprossachse bildet ein typisches gestauchtes Rhizom (die Blätter stehen dann trichterförmig beisammen) oder sie ist ausläuferartig verlängert (dann stehen die Wedel vereinzelt, selten zu zweit).
- *Gesamtumriss,* z. B.:
  - oval bzw. schmal-eiförmig: Die Fiedern werden nach oben *und* nach unten deutlich kleiner
  - dreieckig, wobei hier insbesondere auf das 3-*teilige* Blatt zu achten ist, bei dem die beiden basalen Fiedern jeweils (fast) so groß sind wie der Rest des Blattes
- *Fiederung:*
  - ungeteilt (nur *Asplenium scolopendrium*)
  - fiederschnittig; die einzelnen Blattabschnitte sind dabei meist gegeneinander versetzt
  - ± gabel- bzw. 3-teilig
  - 1-fach gefiedert (bei *Phegopteris* sind genau genommen nur die beiden untersten Fiedern „echte" Fiedern)
  - 2- bis 4-fach gefiedert (die Mehrzahl), wobei die Fiedern letzter Ordnung ihrerseits häufig fiederschnittig sind. Dies kann bei 1-fach gefiederten Wedel dazu führen, dass man ihn für 2-fach gefiedert hält; darauf ist besonders bei der Gattung *Dryopteris* zu achten.Das basale Fiederpaar 2. Ordnung kann dabei unterschiedlich ausgebildet sein: Bei *Dryopteris dilatata* z. B. sind die nach unten (zur Wedelbasis) gerichteten Fiedern, bei *Polystichum aculeatum* die nach oben weisenden größer als die gegenüberliegenden.
- *Stiel-/Spreiten-Relation:* wichtig z. B. bei *Asplenium* und *Dryopteris* (in diesen Fällen den Wedel also immer ganz an der Basis abpflücken, wenn zu Hause bestimmt werden soll – auch wegen der Spreuschuppen, vgl. unten)
- *Behaarung* der Blattunterseite
- *Spreuschuppen* am Wedelstiel, oft auch an der Rhachis
- *Zahl der Leitbündel* im Wedelstiel. Dabei ist vor allem die Alternative „2" gegenüber „3–7" von Bedeutung. Wenn > 2 Leitbündel vorliegen, sind sie ungleich groß; oft sind zwei Leitbündel auffällig größer, die zusätzlichen Leitbündel werden dann gern übersehen. Die Zahl der Leitbündel kann man oft auch ohne Lupe erkennen, weil beim Durchbrechen die Leitbündel als Fäden sichtbar werden. 2 Leitbündel fusionieren apikal mitunter x- oder u-förmig; dies kann insbesondere bei klein-

blättrigen *Asplenium*-Arten zu Irritationen führen, doch sind diese Taxa schon aufgrund ihrer geringen Größe meist als *Asplenium* zu erkennen.

- Vorhandensein bzw. Fehlen *weiterer Elemente* wie Schuppen auf der Blattunterseite, gelbliche oder bräunliche Drüsen, Stachelspitzchen an den Fiederzipfeln usw.

Abb. 439 erläutert dies an vier Arten der Gattung *Dryopteris,* darunter den drei häufigsten (*D. affinis* und die übrigen, hier nicht erwähnten Arten sind eher selten).

3. Eine *Gattungs*spezifität der Wedelform lässt sich selten ausmachen (am ehesten noch bei *Polystichum,* Abb. 440, und *Gymnocarpium,* Abb. 441); in extremen Fällen (so bei *Asplenium*) können die einzelnen Arten einer Gattung völlig verschieden gestaltet sein. Umgekehrt sehen sich die Wedel mancher Gattungen recht ähnlich, insbesondere die Gruppe der hochwüchsigen, horstförmigen Waldfarne. In der Regel wird man die Gattung anhand der Sori leicht feststellen können, da es sterile Wedel in dieser Gruppe kaum gibt (vgl. dazu aber unten).

4. Die soeben angedeutete Möglichkeit, dass es sterile neben fertilen Wedel geben könnte, ist innerhalb der hier besprochenen Echten Farne nur ausnahmsweise verwirklicht, wenn man von sterilen Hungerformen infolge ungünstiger Standortsverhältnisse und zu früh im Jahr gesammelten Exemplaren absieht. Diese Ausnahmen verfügen also über stets sterile, ausschließlich der Assimilation dienende Trophophylle sowie über Sporophylle mit Sporangien auf der Blattunterseite. Bei *Dryopteris cristata* drückt sich diese Spezialisierung gestaltlich „noch" wenig aus (die übrigen *D.*-Arten haben normale Trophosporophylle). Sonst jedoch neigen diese Sporophylle dazu, ihre Spreiten zu „skelettieren", d. h. die Spreitenfläche zu reduzieren (*Blechnum,* Abb. 442) oder auch ± auf die Nervatur mit den daran hängenden Sori zu beschränken *(Matteuccia);* bei *Osmunda* verteilen sich die beiden Funktionen auf unterschiedliche Bereiche des umfangreichen Wedels. Ähnliche Erscheinungen sind bei den seltenen einheimischen Vertretern der hier nicht weiter besprochenen *Ophioglossales* die Regel.

5. Bei den **Schachtelhalmen** findet man oft keine fertilen Exemplare, sodass eine vegetative Bestimmung erforderlich ist. Bei diesem Taxon sind die Blätter bekanntermaßen schuppenförmig. Sie bilden eine verwachsene Stängelscheide, deren Zipfelzahl die Zahl der daran beteiligten Blätter anzeigt (Abb. 98–99). Bei der Bestimmung werden diese Zahl, Beschaffenheit der Blattscheide, Verzweigung und Zahl der Stängelrippen herangezogen. Alle gängigen Bestimmungsbücher enthalten einen Schlüssel für diese Bestimmung, der sich selbst erklärt, sodass wir hier nicht darauf eingehen müssen. Wichtig ist vor allem die Unterscheidung der häufigen, verwechslungsträchtigen Taxa *Equisetum arvense* (Abb. 98) und *E. palustre* (Abb. 99). – Hingewiesen sei noch darauf, dass auch die Anatomie eines Stängelquerschnitts die Bestimmung ermöglichen kann. So ist *Equisetum fluviatile* schon an seiner weiten Markhöhlung zu erkennen, die rund 4/5 oder mehr des Stängel-Gesamtdurchmessers ausmacht.

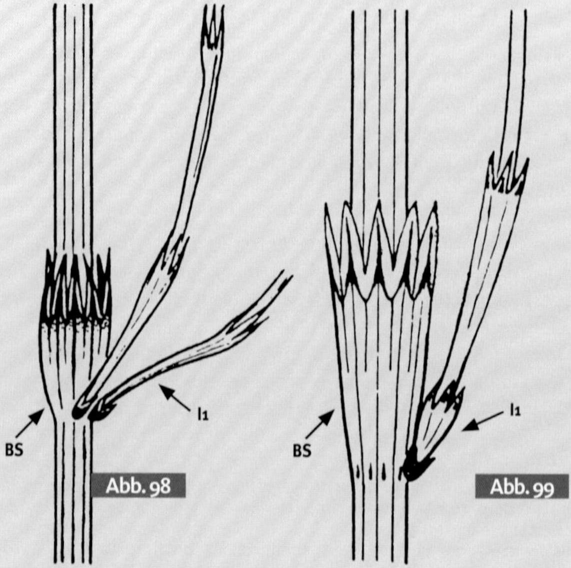

Abb. 98–99: Sprossstücke von *Equisetum*. 98: *E. arvense;* das erste Internodium (I1) des Seitenastes ist mindestens so lang wie die dazu gehörende Blattscheide des Hauptstängels (BS). Diese besteht aus ca. 10–12 miteinander verwachsenen zahnförmigen Schuppenblättern; 99: *E. palustre;* das erste Internodium ist deutlich kürzer. Die Stängelscheide besteht aus 7–9 Blättchen, deren Zähne sind breit und hell gerandet. Beachte, dass die Seitenäste *unterhalb* der Blattscheide entspringen. (Aus Dostál ex Hegi.)

4. Das Blatt als Familienmerkmal

Über die Farne bzw. Gymnospermen ist in den Kap. 3.4 bzw. 3.1 ausreichend gesprochen worden. Hier werden deshalb nur Di- und Monokotyle behandelt. Naturgemäß kann die bisher gehandhabte Unterteilung in Krautige und Gehölze nicht durchgeführt werden, weil einige der Dikotylen-Familien beide Typen enthalten.

Die Familien sind innerhalb der beiden Großgruppen alphabetisch angeordnet (mit Ausnahme der beiden „Informellen Gruppen" *Helobiae* und *Liliaceen-Ähnliche* innerhalb der Monokotylen). Eine systematische Reihenfolge würde ein Nachschlagen unnötig erschweren, zumal bei Verwendung verschiedener Bestimmungsbücher (bzw. deren Auflagen!), die alle ihr eigenes System zugrunde legen. Außerdem ist hier immer noch laufend mit Änderungen zu rechnen.

Die Umgrenzung der Familien und Gattungen orientiert sich an der 94. Auflage des SCHMEIL-FITSCHEN (2009); abweichende Behandlung der Taxa in der 95. Auflage konnten im Textfluss nicht immer eingearbeitet werden, es wird aber an entsprechenden Stellen darauf hingewiesen. Querverweise erfolgen innerhalb der Di- bzw. Monokotylen durch Angabe der Familiennummer oder mit einem Verweispfeil (→), sonst durch Angabe des Kapitels und der Familiennummer.

In der Überschrift wird neben dem Namen auch angegeben, welche Typen der Lebensform gemäß Kap. 2.9 in der Familie vertreten sind; dabei wird, um die Angaben nicht zu überfrachten, lediglich zwischen Gehölzen (**A:** Phanerophyten), perennen Krautigen, Zwergsträuchern usw. (**B:** Geophyten, Hemikryptophyten, Chamaephyten) und „Kurzlebigen" (**C:** Annuellen und Biennen) unterschieden. Bei seltenem Auftreten der betreffenden Form ist der Kennbuchstabe eckig eingeklammert.

4.1 Dikotyle

Aceraceae* → *Sapindaceae

1. *Adoxaceae* (Moschuskrautgewächse)(A, B): Die Blätter innerhalb dieser Familie haben wenig gemein. Die doppelt 3-teiligen Blätter der krautigen *Adoxa* (Moschuskraut) stehen meist paarweise am Stängel, ein weiteres Blatt ist grundständig (Abb. 196). Die Blätter der früher zu den Caprifoliaceen gezählten Gattungen Holunder (Abb. 103) und Schneeball (Abb. 113, 136) sind gegenständig und besitzen an der Basis des Blattstiels stipelartige Zipfel oder „Drüsen", die nicht an allen Individuen nachzuweisen sind. Sie werden als rudimentäre Fiedern gedeutet. Die Blätter des Holunders entwickeln zerrieben einen strengen Geruch, die Fiedern sind – im Gegensatz zu denen der sehr seltenen *Staphylea pinnata* (vgl. 79.) – kurz gestielt.

2. *Amaranthaceae* (Fuchsschwanzgewächse; inkl. Chenopodiaceae) ([B], C): Die Blätter sind wechselständig, ungeteilt (ganzrandig bis gebuchtet) und stipellos; sonst gibt es nur wenige gemeinsame Familienmerkmale. Beim Fuchsschwanz sind die Blätter an der Spitze oft etwas ausgerandet und mit einem Stachelspitzchen versehen (Abb. 348). Die beiden Gattungen Melde und Gänsefuß (mit über 30 fast durchweg annuellen Arten bei uns den Hauptteil der Familie ausmachend) haben häufig rautenförmige, seltener ovale, lanzettliche oder dreieckige Blätter, zuweilen mit basalen „Spießecken" (z. B. Abb. 294). Die basalen Blätter können ± gegenständig sein (vgl. 2.1.3.4). Obwohl die individuelle Variabilität der Blattform einzelner Arten beträchtlich sein kann, ist es mit einer gewissen Erfahrung möglich, einige Vertreter der beiden Gattungen vegetativ anzusprechen; da fast alle Amaranthaceen erst spät im Jahr blühen, kann dies recht nützlich sein. Wichtiges Merkmal ist neben der Form auch die für einige Arten typische „mehlige Bestäubung" der Blattunterseite; darunter versteht man leicht abwischbare blasige Schuppenhaare bzw. deren Reste.

Viele der übrigen (meist kleinen) Gattungen sind auf Küstenstandorte beschränkt und finden sich im Binnenland – wenn überhaupt – nur sehr selten. Sie haben linealische bis pfriemliche, häufig etwas dickliche Blätter; diese sind beim Salzkraut *(Salsola)* hart und dornig-stechend (Abb. 347), bei Wanzensame *(Corispermum)* und Knorpelkraut *(Polycnemum)* ± weich, aber spitz bis stachelspitzig, bei Sode *(Suaeda)* und Radmelde (*Bassia* inkl. *Kochia*) eher stumpf.

3. *Apiaceae* (Umbelliferae; Doldenblütler)(B, C): Die Blätter sind für die Ansprache von Apiaceen im Gelände wesentlich bedeutender, als man bei Durchsicht eines Bestimmungsschlüssels vermuten würde. Sie sind nämlich oft sehr artspezifisch, kaum jedoch gattungstypisch (Ausnahmen s. u.); eher kommt es vor, dass habituell ähnliche Blätter bei Arten verschiedener Gattungen auftreten. Weil aber Bestimmungsschlüssel zunächst zur Gattung führen und dabei vorwiegend auf generativen Merkmalen aufbauen, werden Blattmerkmale vielfach erst bei den Artschlüsseln verwendet. Innerhalb einer Gattung sind die *generativen* Teile nämlich zumeist sehr einheitlich.

Glücklicherweise, möchte man sagen, sind die Blätter der Apiaceen sehr reich an Merkmalselementen. Grundsätzlich gilt, dass sie wechselständig und stipellos sind. Im Infloreszenzbereich können jedoch auch 2- oder 3-zählige Scheinwirtel auftreten; der Blattgrund ist häufig deutlich, manchmal geradezu scheidenartig erweitert (vgl. z. B. Abb. 254) und bisweilen mit stipelähnlichen Lappen versehen. – Das typische Apiaceen-Blatt ist zudem ein- bis mehrfach gefiedert, die Fiedern letzter Ordnung sind meist nochmals fiedrig eingeschnitten oder zumindest gezähnt. In der Mehrzahl der Fälle sind die Fiederabschnitte schmal (lanzettlich, linealisch oder sogar fädlich) und spitz. Behaarte Blätter sind eher die Ausnahme. Viele Apiaceen – und damit auch ihre Blätter – erreichen eine beträchtliche Größe. – Auffällig an einigen Blättern ist, dass die Fiedern nicht in derselben Ebene wie die Rhachis

liegen, sondern quer zu ihr ansitzen; dies lässt sich vor allem an jungen Blättern erkennen (vgl. Abb. 214, oberer Blattteil; Abb. 216).
Neben dem „klassischen" Fiederblatt mit durchgehender Rhachis und apikal ± allmählich kleiner werdenden Fiedern 1. Ordnung (akropetale Anlage der Fiedern) gibt es in der Familie noch (mehrfach) 3-zählige und 3-teilig pinnate Blätter (vgl. 3.2.3.3–5 sowie Abb. 199, 202–203). Von diesen Regelfällen des Fiederblattes weichen nun einige Taxa der Doldenblütler deutlich ab (und sind daran auch als Gattung erkennbar):

- Mannstreu *(Eryngium)* erinnert in der Fiederschnittigkeit seiner Blätter durchaus an eine „normale" Apiacee, die Blätter sind aber distelartig-stachelig (Abb. 144).
- Bisweilen sind die Fiedern 1. Ordnung ungestielt; dann rücken die jeweils basalen Fiedern 2. Ordnung direkt an die Rhachis und bilden auffällige „Fiederkreuze" (Heilwurz, Abb. 254; Kümmel).
- Die Grundblätter der Sanikel (*Sanicula*, Abb. 166) und Sterndolde (*Astrantia*, Abb. 167) erinnern in ihrer handförmigen Teilung ein wenig an manche Hahnenfußblätter (vgl. Abb. 160 und Schlüssel 8).
- Das Hasenohr *(Bupleurum)* hat ungeteilte, ganzrandige und ± parallelnervige Blätter von lanzettlichem bis spitz-eiförmigem Gesamtumriss[1] (Abb. 344).

Neben den Blättern ist auch die Sprossachse reich an Differenzierungen: Sie kann hohl oder markig sein (wie übrigens auch der Blattstiel), ± völlig glatt, gerillt oder scharfkantig gefurcht, kahl (und bisweilen mit abwischbarem Reif oder roten Flecken), behaart oder borstig. Beispiele werden in Kap. 3.2.7.2 genannt, weitere sind unten angeführt. – Bisweilen sind die Knoten auffällig verdickt (die meisten Kälberkropf-Arten: z. B. Abb. 260–261), seltener entspringt die Hauptachse einer unterirdischen Knolle (*Chaerophyllum bulbosum* [Knolliger Kälberkropf], Bunium [Knollenkümmel], *Conopodium* [Erdkastanie]). Bei einzelnen Arten bilden die Reste abgestorbener basaler Blätter einen umhüllenden Faserschopf (*Tunika*, vgl. 2.1.3): Faserschirm *(Trinia)*, Quirlblättriger Kümmel *(Carum verticillatum)*, Bärwurz *(Meum)*, mehrere Haarstrang *(Peucedanum)*-Arten (Abb. 266), Bergfenchel *(Seseli)*, Laserkraut (*Laserpitium* p. p.), Rosskümmel *(Laser trilobum)*, Sichelmöhre *(Falcaria)* und Wiesensilge *(Silaum)*.
Nicht zuletzt entwickeln manche Arten beim Zerreiben der (frischen) Blätter einen typischen Geruch. So riecht z. B. die giftige Hundspetersilie *(Aethusa)* im Gegensatz zur echten Petersilie *(Petroselinum)* eher unangenehm. Dieser Geruch, der im Regelfall auf ätherische Öle

[1] Es handelt sich dabei um Blätter, deren „Spreite" einem flächig verbreiterten Blattstiel bzw. dessen Fortsetzung (also der Mittelrippe) entspricht; daher auch die Parallelnervatur. Dieser Blatttyp ist nahe verwandt mit den in 59. geschilderten Rhachisblättern, die es übrigens – außerhalb Deutschlands – auch bei Apiaceen gibt.

zurückgeht, ist auch der Grund für die Verwendung vieler Apiaceen als Gewürzpflanze oder Küchenkraut (Kümmel, Fenchel, Kerbel usw.). Zur Illustration des bisher Gesagten folgen einige Beispiele zur Unterscheidung ähnlicher Arten, die in jeweils ähnlichen Biotopen vorkommen können (vgl. auch die entsprechenden Abb.):

(Unter-)Wasserpflanzen:

- *Sium erectum* (Berle, Abb. 214): Zahl der Fiederpaare meist 5–10; das basale Fiederpaar ist deutlich abgesetzt und kleiner, oft auf einen bloßen „Rhachisknoten" reduziert (in Abb. 214 rechts); Fiedern bis 2-mal so lang wie breit, ± grob gezähnt; Blattstiel unifazial, d. h. oberseits ohne Rille; im Querschnitt sind die beiden Randnerven zu einem obenliegenden „Doppelnerv" verschmolzen, der in die Markhöhle des Stiels hineinragt[2]; Stängel fein gerillt.
- *Sium latifolium* (Breitblättriger Merk)[3]: 4–8 Fiederpaare; unterstes Fiederpaar kleiner oder nicht kleiner; Fiedern meist 3- bis 4-mal so lang wie breit, regelmäßig fein gesägt; Stängel tief gefurcht.
- *Apium nodiflorum* (Knotenblütiger Sellerie, Abb. 215): Fiederpaare selten über 4; unterstes Fiederpaar nicht auffällig anders; Fiedern meist 2-bis 3-mal so lang wie breit, gezähnt; Blattstiel oberseits mit Rille (also bifazial), Randnerven nicht verschmolzen; Stängel fein gerillt.

Röhrichte und Seggenrieder:

- *Cicuta virosa* (Wasserschierling, Abb. 255): Blattzipfel deutlich gezähnt; Blattstiel unifazial; ohne Milchsaft
- *Peucedanum palustre* (Sumpf-Haarstrang, Abb. 256): Blattzipfel nur mit sehr feiner Randzähnung (vgl. auch unten); Blattstiel bifazial; mit Milchsaft.

Zu *Angelica archangelica* vgl. unten.

(Wechsel-)Feucht- und Nasswiesen:

- *Peucedanum palustre* (Sumpf-Haarstrang, Abb. 256; vgl. auch oben): Blattstiel hohl; Hüllblätter > 3.

Bei den beiden folgenden Arten ist der Blattstiel nicht hohl, Zahl der Hüllblätter 0–3.

- *Silaum silaus* (Wiesensilge, Abb. 257): Fiedersegmente nicht weiß-(frisch zumeist rot-)spitzig; Stängel gerillt; Geruch „unspezifisch".
- *Selinum carvifolia* (Kümmel-Silge, Abb. 258): Fiedersegmente meist weißspitzig; Stängel kantig gefurcht bis geflügelt; zerrieben mit deutlichem Karottengeruch.

Ebenfalls verwechslungsträchtig sind in diesem Biotoptyp die drei Angelica-*Arten:*

- *A. palustris* (Sumpf-Engelwurz): Stängel scharfkantig gefurcht.

---

[2] Dieses Merkmal nach Hölzer in Gött. Flor. Rundbriefe **9** (1975).

[3] *Sium latifolium* bildet – vor allem im Frühjahr – auch 2- bis 3-fach gefiederte Tauchblätter mit linealischen Zipfeln aus; sie werden nicht berücksichtigt, da hier keine Verwechslungsgefahr mit den beiden anderen Arten besteht.

- *A. sylvestris* (Wilde E.): Stängel glatt, meist bereift; Blattstiel oberseits rinnig.
- *A. archangelica* (Echte E.): Stängel glatt; Blattstiel (nicht Rhachis!) im Querschnitt rund.

Anspruchsvolle Staudensäume, vor allem höherer Lagen:

- *Chaerophyllum hirsutum* (Behaarter Kälberkropf, Abb. 202): Stängel nicht rotfleckig, an den Knoten nicht verdickt, an der Basis zumeist abstehend langhaarig; Blätter 3-teilig pinnat (vgl. 3.2.3.5); Blattstiel mit bis zu 2 mm langen Borsten.
- *Anthriscus nitida* (Glänzender Kerbel, Abb. 203): Stängel basal kurzborstig bis kahl, sonst wie Ch. *hirsutum;* auch Blätter ähnlich, aber Blattstiel nur rau, zudem oft weinrot.
- *Anthriscus sylvestris* (Wiesen-Kerbel, Abb. 259): Stängel wie *A. nitida,* unten gerillt, hohl; basale Seitenfiedern deutlich kleiner als der Rest des Blattes; Stiel älterer Blätter meist mit Markhöhle, d. h. alle Leitbündel randlich.
- *Chaerophyllum aureum* (Gold-Kälberkropf, Abb. 260): Stängel unterhalb der Knoten verdickt, unten rund, meist rotfleckig und mit 1,5–3 mm langen rückwärtsgerichteten Haaren; Blattschnitt wie *Anthriscus sylvestris,* aber starker Karottengeruch; Blattstiel mit randlichen und mindestens einem zusätzlichen zentralen Leitbündel.

Ruderalisierte Gehölzsäume:

- *Chaerophyllum temulum* (Taumel-Kälberkropf, Abb. 261): Stängel rund, ± borstig-abstehend behaart, unterhalb der Knoten deutlich verdickt, oft rotfleckig und/oder basal rötlich; Blattzipfel gerundet, mit aufgesetztem Spitzchen.
- *Torilis japonica* (Gewöhnlicher Klettenkerbel, Abb. 262): Stängel gerillt, anliegend behaart, nicht deutlich verdickt, Endfieder lang ausgezogen, Blattzipfel zugespitzt.

Hochwüchsige Unkrautfluren:

- *Conium maculatum* (Gefleckter Schierling, Abb. 263): Stängel (oft auch Blattstiele) bereift, rotfleckig; Hülle 3- bis 5-blättrig, Hüllchenblätter 3-eckig.
- *Aethusa cynapium* (Hundspetersilie, Abb. 264): Stängel nicht rotfleckig und nicht bereift; Hülle 0(–2)-blättrig, Hüllchenblätter linealisch.

  Beide Arten haben kahle Internodien und Blätter, ein auffällig einseitswendiges Hüllchen (nach innen weisende Hüllchenblätter fehlen) und entwickeln beim Zerreiben einen unangenehmen Geruch.

- *Chaerophyllum bulbosum* (Knolliger Kälberkropf, Abb. 265): Stängel bereift, unten rotfleckig und zumeist abwärts-borstig behaart, unterhalb der Knoten deutlich verdick;. Blatt am Rand und unterseits auf den Nerven behaart (Behaarung kann variieren, doch haben zumindest Rhachisknoten und Hauptnerv meist einzelne längere Haare). Hülle 0- bis 1-blättrig; nach innen weisende Hüllchenblätter sind meist vorhanden, aber kleiner (zuweilen nur ein Hautkragen).

Ein sehr weitführender Schlüssel der Familie auf der Basis vegetativer Merkmale findet sich in EGGENBERG & MÖHL (2009).

Für die Systematik der Apiaceen ist die Frucht von eminenter Bedeutung. In unseren Floren wird dieser Merkmalsträger im Vergleich zu Floren anderer Regionen relativ wenig genutzt – nicht zuletzt, weil infolge der späten Blütezeit vieler Doldenblütler Früchte nicht immer zur Verfügung stehen und manche Merkmale (etwa die Flügelung) erst an reifen Früchten zu sehen sind. Andere freilich (etwa der Besatz mit Borsten) sind bereits am Fruchtknoten erkennbar. – Einen interessant aufgebauten Gattungsschlüssel, der konsequent auf Merkmale reifer Früchte verzichtet, enthält Fischer et al. (2008).

4. *Apocynaceae* (Immergrüngewächse)(B): Für diese Familien sind gegenständige und ganzrandige Blätter typisch. Der ebenfalls typische Milchsaft ist nicht immer gut zu sehen.

5. *Aquifoliaceae* (Stechpalmengewächse)(A): Die Stechpalme *(Ilex aquifolium)* ist an ihren ledrigen, immergrünen, am Rand stachelig gezähnten Blättern gut zu erkennen (vgl. aber Schlüssel 2, Fußnote 1).

6. *Araliaceae* (Efeugewächse)(A, B): Beim Efeu *(Hedera helix)* ist die Heterophyllie bemerkenswert (vgl. 2.1.3.4). Die Blätter des Wassernabels *(Hydrocotyle)* sind ungeteilt, schildförmig (peltat, vgl. 2.1.5.2) und verfügen über stipelartige Auswüchse.

7. *Aristolochiaceae* (Osterluzeigewächse)(B): Die Blätter dieser vor allem durch ihre eigenartigen Blüten charakterisierten Familie sind wechselständig, stipellos, ganzrandig und basal herzförmig eingebuchtet, wobei die basalen Lappen von früh abzweigenden starken Blattadern innerviert sind.

Asclepiadaceae* → *Apocynaceae

8. *Asteraceae* (Compositae; Korbblütler)(B, C): So scharf umrissen diese Familie durch ihre generativen Organe ist, so wenig gibt es das „typische Asteraceen-Blatt"; selbst das einzige – und innerhalb der weiteren Verwandtschaft *(Asteridae)* wenig erwähnenswerte – Merkmal fehlender Stipeln wird öfter durch basale Blattzipfel oder ähnliche Strukturen maskiert (*Öhrchen*, z. B. Abb. 276). Auch innerhalb der Gattungen können die Blätter völlig unterschiedlich gestaltet sein (so z. B. beim Greiskraut, Abb. 276, 313, oder bei der Schafgarbe). Deshalb seien aus dieser Formenfülle lediglich einige Beispiele herausgegriffen, wohl wissend, dass es zahlreiche Ausnahmen gibt.

In der Regel sind die Blätter wechselständig. Wichtige Gattungen mit gegenständigen Blättern sind etwa Arnika und die feuchte Stellen – z. B. Gewässerufer – bewohnenden Arten der Gattung Zweizahn sowie der Wasserdost (*Eupatorium cannabinum*, Abb. 183); bei diesen beiden Gattungen sind die Blätter zudem häufig 3-spaltig oder -fiedrig, was sonst bei einheimischen Asteraceen nicht vorkommt (vgl. Tab. 5).

Ungeteilte (wenn auch selten ganzrandige) Blätter sind oft wenig spezifisch (z. B. Abb. 309, 333–334), wenn man von den „Hufeisenblättrigen" absieht (vgl. Schlüssel. 18 und Abb. 310–312). Lappig oder fiedrig geteilte Blätter können hingegen sehr charakteristisch sein. Solche Verwandtschaftskreise, bei denen zumindest ein Großteil der Arten fiederschnittige bis gefiederte Blätter besitzen, sind innerhalb der Asteroideen[4]: Schafgarbe (Abb. 268–269), Kamillen, Hundskamillen (Abb. 222), Rainfarn und Verwandte (Abb. 223–224), Beifuß (Abb. 270, 281–282), Greiskraut (Abb. 276–277) sowie viele „Disteln" (vgl. unten) und Flockenblumen *(Centaurea);* bei den Cichorioideen vor allem Löwenzahn (*Taraxacum*, Abb. 280), Lattich (Abb. 153–154), Gänsedistel (Abb. 155–156) und Pippau; dabei ist der Endabschnitt häufig vergrößert (Abb. 278). Bisweilen unterscheiden sich Grund- und Stängelblätter im Blattschnitt (Abb. 395), wie dies auch bei Dipsacaceen *(26.)* und Valerianaceen *(84.)* vorkommt (vgl. 3.2.2.2). Auffällig sind die grasartigen (aber milchsaftführenden) Blätter von Bocksbart (Abb. 369a) und einiger Schwarzwurzel-Arten (Rhachisblätter, vgl. *Plantaginaceae [59.]*).

Ferner können die Blätter deutlich gestielt (dann oft mit ± herzförmigem Spreitengrund), in einen stielartigen Abschnitt verschmälert, sitzend oder mit pfeilförmigem bzw. geöhrtem Grund stängelumfassend sein. Ihre absolute Größe schwankt zwischen < 1 cm (Zwerg-Filzkraut) bis zu 1 m (Pestwurz, Abb. 311). Eine wichtige Rolle spielt das Indument; kahle Blätter sind eher die Ausnahme. Auffällig ist die dichte, filzige Behaarung etwa mancher Filz- und Ruhrkraut-Arten (*Filago* und *Gnaphalium*) sowie von Strohblume *(Helichrysum arenarium)* und Edelweiß, sehr charakteristisch sind die „Ankerhaare" von Bitterkraut (*Picris* s. l., Abb. 90a) und die gestielten, 2- bis mehrschenkeligen Sternhaare mancher Löwenzahn- *(Leontodon)*-Arten (Abb. 398–399; vgl. Schlüssel 17). Innerhalb der taxonomisch äußerst schwierigen Gattung Habichtskraut *(Hieracium)* gehören Blattschnitt und Verteilung der einzelnen Haartypen (vor allem im Infloreszenzbereich) zu den wichtigsten Bestimmungsmerkmalen: Ein *Hieracium*-Bestimmungsschlüssel unterscheidet helle oder dunkle „Haare" (mehrzellig, oft gezähnelt), ± weiße, sitzende Sternhaare („Flocken") und helle oder dunkle Drüsen[5]; ziemlich vereinzelt stehende, aber auffällige lange Haare sind in der Untergattung *Pilosella* häufig (z. B. Abb. 368).

Ein weiteres Merkmal einiger Asteraceen ist ihr distelartiger Habitus, der außerhalb dieser Familie – in der einheimischen Vegetation – sehr

[4] Die „klassische" Zweiteilung der *Asteraceae* in *Asteroideae* und *Cichorioideae* wird hier beibehalten, weil sie in allen gängigen Floren (noch) so üblich ist (vgl. 3.2.1.11).

[5] Man beachte die terminologische Einengung des sonst umfassenden Begriffs „Haar"; bei Habichtskräutern bedeutet „haarlos" also nicht etwa „kahl"!

selten ist (vgl. *Eryngium, Dipsacus*). Stachelig sind dabei vor allem die Blätter, aber auch der Stängel kann mit herablaufenden stacheligen Flügeln versehen sein (Abb. 146, 150), die als herablaufende Blattbasen zu deuten sind (vgl. 2.1.5.1 und 3.2.1.10). „Disteln" finden sich bei den Gattungen *Carduus* („Distel" im botanischen Sinn; Abb. 151–152), *Cirsium* (Kratzdistel; Abb. 145–150) und *Carlina* (Silber- und Golddistel) sowie – mit weniger ausgeprägtem Distelcharakter – bei *Echinops* (Kugeldistel), *Onopordum* (Eselsdistel) und letztlich bei einigen selten eingeschleppten *Centaurea*-Arten (Flockenblumen) mit stachelig ausgezogenen Hüllblättern. Distelartige Formen gibt es auch bei den Cichorioideen *Sonchus* (Gänsedistel; Abb. 155–156) und *Lactuca* (Lattich, Abb. 153–154; vgl. auch 3.2.1.3).
Das Cichorioideen-Merkmal „Milchsaft" ist nicht immer gut zu erkennen (vgl. 3.2.1.11).

***9. Balsaminaceae* (Balsaminengewächse)(C):** Die bei uns vorkommende Gattung Springkraut *(Impatiens)* mit der einheimischen *I. noli-tangere* und den eingebürgerten Arten *I. parviflora* und *I. glandulifera* ist an dem glasigen, sehr saftreichen Stängel mit den meist deutlich verdickten Knoten gut kenntlich. Die Blätter sind einfach und stipellos. Sie stehen bei *I. glandulifera* in 2- bis 3-zähligen Wirteln (Abb. 319), bei *I. noli-tangere* und *I. parviflora* sind sie wechselständig und unterscheiden sich in ihrer Zähnung (Abb. 297–298); dies ermöglicht bereits eine Ansprache von Jungpflanzen, was bei den meist relativ spät blühenden *Impatiens*-Arten von praktischem Nutzen ist.

Für die Gattung sehr kennzeichnend sind die im reifen Zustand bei Berührung explosionsartig aufspringenden langgezogenen Kapseln (daher „Springkraut").

***10. Berberidaceae* (Sauerdorngewächse)(A):** Die Familie wird bei uns im Wesentlichen durch die Berberitze selbst vertreten. Der Strauch ist an seinen (oft 3-zähligen) Blatt-Dornen (vgl. Schlüssel 2) gut zu erkennen. Zur gelegentlich verwilderten *Mahonia aquifolium* vgl. Schlüssel 2, Fußnote 1.

***11. Betulaceae* (Birkengewächse; inkl. Corylaceae)(A):** Die Blätter sind wechselständig, ungeteilt, meist doppelt gesägt und damit für Holzgewächse wenig spezifisch. Eine (baumförmige) Birke erkennt man ohnehin zumeist an der ± weißen Rinde (vgl. dazu 2.2.2.2); zur Erle vgl. Abb. 141–142. Unverkennbar ist das Blatt der Hasel (*Corylus*, Abb. 143).

***12. Boraginaceae* (Raublattgewächse)(B, C):** Das namensgebende Merkmal gilt – mit Ausnahme der beiden seltenen Wachsblumen *(Cerinthe)* – tatsächlich für alle einheimischen Vertreter: Die Blätter sind zumindest kräftig behaart (z. B. bei Vergissmeinnicht oder Hundszunge), oft regelrecht borstig (bei Natternkopf oder Ochsenzunge), wobei diese Haare bzw. Borsten häufig den Charakter von Emergenzen haben (d. h. einem Gewebehöcker entspringen; Abb. 75). Nicht selten besteht das Indument einer Art aus Haaren und Emergenzen unterschiedlichen Charakters. Als besonders wichtig haben sich Blattform und Indument für die Gattung Lungenkraut erwiesen (Abb. 365–366, 100a). – Sonst sind die Blätter dieser Familie im Grundbauplan recht einheitlich: Sie sind stets ganzrandig (wellig gezähnt beim Krummhals *Anchusa* = *Lycopsis arvensis*), wechselständig, stipellos und (± gattungsspezifisch) gestielt oder ungestielt; in den meisten Fällen sind sie mehrfach länger als breit und laufen spitz zu.

Am herablaufenden Blattgrund (vgl. 3.2.1.10) sehr gut erkennbar ist der Beinwell (*Symphytum*, Abb. 364).

13. *Brassicaceae* (Cruciferae; Kreuzblütler)(B, C): So uniform bei dieser Familie Infloreszenz und Blüte sind, so unterschiedlich können die Früchte und die vegetativen Organe sein; während Erstere jedoch ± gattungsspezifisch sind[6], lassen sich die vegetativen Teile der einzelnen Arten kaum systematisch verwenden.

Die einheimischen Cruciferen sind fast durchweg krautig, deren Blätter sind wechselständig[7]. Die in jungen Entwicklungsstadien häufig noch nachweisbaren Stipeln lassen sich an ausgewachsenen Blättern nicht mehr erkennen. Im Übrigen herrscht große Mannigfaltigkeit, die hier nur ansatzweise und anhand einiger Beispiele besprochen werden kann. Für die Bestimmung sind folgende Merkmale von Bedeutung:

- Die Spreite kann gefiedert – sehr selten auch gefingert *(Cardamine)* –, fiederschnittig oder ungeteilt sein, wobei innerhalb einer Gattung durchaus mehrere dieser Typen vorkommen können (*Sisymbrium, Rorippa;* vgl. Abb. 219–220, 301–302). Bei gefiederten und fiederschnittigen Blättern ist der Endabschnitt bisweilen deutlich vergrößert (*Nasturtium, Barbarea, Brassica, Sinapis, Raphanus* usw., vgl. Abb. 221, 237, 290).

- Die Fiedern können – auch innerhalb der gleichen Gattung – ganzrandig oder gezähnt sein (vgl. z. B. Abb. 217–218 vs. 234–235).

- Ungeteilte, völlig ganzrandige Blätter sind nicht häufig (*Berteroa, Alyssum, Isatis; Thlaspi* z. T.) und bei Rosettenpflanzen oft auf die Stängelblätter beschränkt (vgl. unten).

- Mehrfach fiederteilige Blätter sind selten (z. B. *Lepidium ruderale*); mehrfach gefiederte Blätter hat nur *Descurainia sophia* (Abb. 267).

---

[6] Besser: die aktuellen Gattungsabgrenzungen orientieren sich wesentlich an den Früchten, ungeachtet des Umstandes, dass alle Fruchttypen auf die bekannte Schote der Brassicaceen zurückzuführen sind.

[7] *Lunaria rediviva* hat häufig gegenständige Blätter, was übrigens in den gängigen Bestimmungsbüchern nicht immer berücksichtigt wird.

- Grundblattrosetten kommen häufig vor. Dabei können gestielte Rosettenblätter mit sitzenden oder ± stängelumfassenden (zuweilen pfeilförmigen) Stängelblättern kombiniert sein (*Cochlearia;* häufig auch bei *Thlaspi* [Abb. 300], *Arabis* und *Lepidium*).

- Auch hinsichtlich anderer Merkmale können sich Rosetten- von Stängelblättern unterscheiden. Im Extremfall liegt echte (d. h. übergangslose) Heterophyllie vor (*Arabis glabra, Lepidium perfoliatum* [Abb. 55]). Vielfach sind die Stängelblätter gegenüber der Rosette stark reduziert und dann oft schuppenförmig (*Teesdalia, Draba* p. p., *Arabidopsis*). Vollrosettenpflanzen sind hingegen selten (*Erophila, Hutchinsia, Draba* p. p.).

- Gestielte (Grund-)Blätter mit ± herzförmigem Spreitengrund sind nicht häufig (*Lunaria rediviva, Alliaria* [Abb. 299], *Cochlearia*).

- Von größerer systematischer Bedeutung – d. h. für bestimmte Gattungen oder große Teile davon typisch – kann die Ausbildung verzweigter (mehrschenkeliger oder sternförmiger) Haare sein (vgl. 3.2.1.9); diese sind sitzend (die Schenkel liegen ± direkt der Blattfläche auf: *Berteroa, Alyssum, Matthiola;* bei *Erysimum* liegen sie teilweise als 2-strahlige, der Epidermis dicht aufliegende „Kompasshaare" vor) oder weisen ein gemeinsames Stielchen auf (*Arabis, Arabidopsis* s. l. [Abb. 283], *Erophila, Draba, Camelina*). Auch die Besenrauke *(Descurainia)* hat – im Gegensatz zur eigentlichen Rauke *Sisymbrium* – verzweigte Haare. Beim Steinkraut *(Alyssum)* sind die Strahlen fest verbunden, sodass man schon von Schildhaaren sprechen könnte. Die Zahl der Strahlen kann übrigens diagnostisch wichtig sein (so bei *Arabis, Alyssum* und *Erysimum*), sie kann aber auch auf einem Individuum stark schwanken (bei *Berteroa* z. B. von 2–6 Strahlen; vgl. auch Abb. 283) oder auf den einzelnen Organen (z. B. Blatt *vs.* Stängel) unterschiedlich sein. – Die Haare der Brassicaceen – auch die verzweigten – sind übrigens alle einzellig.

- Die (frischen) Blätter mancher Arten besitzen einen charakteristischen Geruch (Zerreiben!) oder Geschmack: *Alliaria* z. B. nach Knoblauch („*Knoblauchs*rauke"; ähnlich *Thlaspi arvense* und *Th. alliaceum* im Gegensatz zu anderen *Thlaspi*-Arten) oder nach Kresse (*Nasturtium*, „Brunnen*kresse*" oder *Rorippa*, „Sumpf*kresse*").

Für die Bestimmungspraxis ergibt sich zusammenfassend, dass insbesondere innerhalb der Gattungen die Blätter wichtige Merkmale liefern. Dies wird auch bei der Verwendung der gängigen Bestimmungsschlüssel deutlich und ist hier am Beispiel von Schaumkraut (Abb. 217–218, 234–235) und Sumpfkresse dargestellt (Abb. 219–220, 301–302). Leider lassen sich viele Brassicaceen-Blätter schlecht beschreiben. Hinzu kommt noch die individuelle Variabilität der Blattform, die gerade bei den in dieser Familie häufig vorkommenden fiederschnittigen Blättern besonders groß sein kann.

***14. Buxaceae* (Buchsbaumgewächse)(A):** Der Buchsbaum *(Buxus sempervirens)* wächst zumeist strauchartig und besitzt immergrüne, ganzrandige, unangenehm riechende Blätter. Sie sind gegenständig und stipellos.

Callitrichaceae* → *Plantaginaceae

15. *Campanulaceae* (Glockenblumengewächse)(B, [C]): Die Blätter sind wechselständig, stipellos, ungeteilt (sehr selten gelappt, aber häufig gekerbt). Oft sind sie etwas milchsaftführend und/oder durch kleine weiße „Drüsen" an den Blattzähnen gekennzeichnet. Im Übrigen sind sie recht uneinheitlich. Bei den beiden wichtigsten Gattungen, Glockenblume und Teufelskralle (*Campanula* und *Phyteuma*), sind die Rosettenblätter häufig anders gestaltet (breiter und oft auch deutlich gestielt) als die dann ± lanzettlichen, sitzenden Stängelblätter. Der Übergang ist jedoch meist fließend – außer bei der Artengruppe um *Campanula rotundifolia* mit ihren häufig isoliert aus der unterirdischen Grundachse entspringenden Blattrosetten (Abb. 394). Da innerhalb näher miteinander verwandter Arten die Blattgestalt für die Bestimmung wichtig ist, muss man beachten, auf welche Blattformation (Grund- oder untere bzw. obere Stängelblätter) sich das angegebene Merkmal bezieht (und das betreffende Blatt gegebenenfalls auch zur Hand haben!). – Neben der Blattgestalt sind weiterhin Stängelquerschnitt (rund oder kantig) und -behaarung von Bedeutung; Form und Anordnung der Kelchblätter lassen sich auch an Knospen und fruchtenden Exemplaren feststellen (Abb. 307–308).

16. *Cannabaceae* (Hanfgewächse)(B): Der einzige einheimische Vertreter dieser Familie, der Hopfen *(Humulus lupulus)*, ist eine rechtswindende Schlingpflanze (vgl. Schlüssel 3) und durch gegenständige, handförmig gelappte Blätter gekennzeichnet. Aus morphologischer Sicht interessant sind die paarweise verwachsenen häutigen Stipeln (Abb. 177).

17. *Caprifoliaceae* (Geißblattgewächse)(A): Beide Gattungen haben gegenständige, ungeteilte Blätter ohne Stipeln. Bei *Lonicera* sind sie stets ganzrandig (Abb. 123), die oberen bei den windenden Arten (Geißblatt) bisweilen paarweise verwachsen. Bei der nicht windenden Heckenkirsche sind die Blätter untereinander frei, aber die Früchte paarweise verwachsen. Bei der eingebürgerten *Symphoricarpos albus* sind sie – manchmal am selben Individuum – teils ganzrandig, teils gelappt.

Dieser Familie werden heute auch die *Dipsacaceae (26.)*, *Linnaeaceae (44.)* und *Valerianaceae (84.)* zugerechnet. – Vgl. auch *Adoxaceae*.

18. *Caryophyllaceae* (Nelkengewächse)(B, C): Die Caryophyllaceen werden üblicherweise in drei Unterfamilien eingeteilt: Die Nelken-Verwandtschaft *(Silenoideae)*, die Mieren-Verwandtschaft *(Alsinoideae)* und die Knorpelblumen-Verwandtschaft (*Paronychioideae* bzw. – als eigene Familie betrachtet – *Illecebraceae*). Dabei werden die beiden zuletzt genannten Taxa unterschiedlich gegeneinander abgegrenzt. Die Blätter aller Unterfamilien haben einige Gemeinsamkeiten; sie sind stets ungeteilt, ± ganzrandig[8], zumeist sitzend, sehr häufig lanzettlich bis linealisch (auch pfriemlich) und demzufolge oft nur einnervig. Die bei Dikotylen so häufigen Blätter mit gestielter, netznerviger Spreite sind in dieser Familie selten. Ist die Blattspreite einmal von breiterer Form (also lanzeolat oder oval), was insbesondere bei den Silenoideen gelegentlich vorkommt, wird sie hauptsächlich durch (häufig 3) ± gleichberechtigte Bogennerven durchzogen (Abb. 376, 379); dies ist bei den Dikotylen eher selten und ergibt in Verbindung mit der obligaten Blattgegenständigkeit dieser Unterfamilie ein sehr typisches Bild (vgl. auch Tab. 5).

Von den genannten Unterfamilien der Caryophyllaceen fallen insbesondere die Paronychioideen (im weiten Sinn) durch den Besitz zumeist häutiger Stipeln aus dem Rahmen. Außerdem kommen bei dieser Unterfamilie neben gegenständigen Blättern auch Scheinwirtel (*Spergula*[9], *Polycarpon*) und wechselständige Blätter vor *(Corrigiola)*. – Silenoideen und Alsinoideen hingegen sind durchweg dekussiert beblättert und stipellos. Bei vielen Caryophyllaceen verwachsen die basalen Teile gegenüberstehender Blätter; dies kann sich bei den Paronychioideen in einer Verwachsung der Stipeln äußern (Abb. 387), bei den beiden anderen Unterfamilien in der Bildung einer stängelumfassenden kurzen Röhre (Abb. 386); diese Form von Gamophyllie[10] in Verbindung mit ± linealischer Spreite ist ganz unverkennbar für eine Caryophyllacee.

Insgesamt ist die Familie also, von Ausnahmen abgesehen, weithin einheitlich. Dennoch werden die Blätter häufig zur Bestimmung herangezogen. Neben deren Form und absoluten Maßen bzw. Längen-Breiten-Verhältnis (Abb. 377–378) sind auch die Behaarung (Abb. 382–385), das Vorhandensein von Drüsen u.a. von Bedeutung (zu deren taxonomischer Aussagekraft vgl. auch 3.2.1.9).

***19. Celastraceae* (Spindelbaumgewächse)(A):** Die gegenständigen, ungeteilten, kahlen Blätter mit hinfälligen Stipeln des Pfaffenhütchens sind wenig spezifisch. Die weitaus häufigere der beiden einheimischen Arten – *Euonymus europaeus* – ist vegetativ jedoch zumeist gut zu erkennen: Die vorjährigen, ± vierkantigen Äste zeigen Korkleisten (Abb. 71).

Hierher heute auch die *Parnassiaceae (57.)*.

---

8 Randlich aufgesetzte Zähnchen können in seltenen Fällen einen gesägten Blattrand vortäuschen (z. B. *Silene acaulis*).

9 Die Blätter sind auch hier gegenständig, die Seitenachsen aber sehr stark verkürzt, sodass deren Blätter quirlförmig zusammentreten.

10 Unter *Gamophyllie* verstehen wir die (teilweise) Verwachsung benachbarter Blätter.

20. *Ceratophyllaceae* (Hornblattgewächse)(B): Die submers treibenden Pflanzen besitzen in Wirteln stehende, 1- bis 4-fach gabelteilige Blätter von unverwechselbarem Habitus (Abb. 92; vgl. auch Schlüssel 1).

Chenopodiaceae* → *Amaranthaceae

21. *Cistaceae* (Zistrosengewächse)(B): Es gibt kein gutes vegetatives Merkmal, um die Familie als Ganzes zu charakterisieren. Von praktischer Bedeutung sind aber ohnehin nur Arten der Gattung *Helianthemum* (Sonnenröschen), da die beiden anderen Gattungen bei uns nur sehr vereinzelt vorkommen. Die Blätter von *Helianthemum* lassen sich – innerhalb der einheimischen Flora – recht gut erkennen: Sie sind (zumindest im unteren Stängelbereich) gegenständig und insbesondere unterseits (wie auch die Sprossachse) mit (hier zu Recht unterschiedenen) Büschel- und/oder Sternhaaren besetzt. Bemerkenswert ist in Bezug auf die Ausbildung von Stipeln eine gewisse „Inkonsequenz" (der ganzen Familie übrigens): Diese können fehlen *(H. alpestre)* oder vorhanden und dann – so bei der häufigsten Art, *H. nummularium,* – durchaus laubig sein (vgl. Abb. 397).

Im Gegensatz zu vegetativen Pflanzen lassen sich Exemplare mit Blüten(knospen) oder Früchten sehr leicht als Cistacee erkennen: Unsere Arten haben alle 3 große und 2 kleine Kelchblätter; Letztere fallen aber bald ab.

22. *Convolvulaceae* (Windengewächse)(B, C): Bei der fast immer annuellen Gattung *Cuscuta* (Seide) handelt es sich um bleiche, oft rötliche oder gelbliche Vollschmarotzer mit Schuppenblättern, die als Gattung sofort erkennbar, bis zur Art aber mittels vegetativer Merkmale nicht zu bestimmen ist (vgl. Schlüssel 5). Von den beiden anderen perennen Gattungen sind vor allem die Arten Zaunwinde *(Calystegia sepium)* und Winde *(Convolvulus arvensis)* zu erwähnen, deren ± spießförmige Blätter sich ähneln (Abb. 359–360; vgl. auch Abb. 358) und die spärlich Milchsaft führen (vgl. Schlüssel 3).

23. *Cornaceae* (Hartriegelgewächse)(A): Als Gattungsmerkmal für *Cornus* sind die gegenständigen Blätter zu nennen; sie sind mit wenigen, charakteristisch bogenförmig verlaufenden Seitennerven 1. Ordnung versehen (Abb. 119a). Eine ähnliche Nervatur hat der Kreuzdorn (*Rhamnus;* vgl. 68. und Abb. 135), doch sind die Blätter des Hartriegels ganzrandig und stipellos.

Corylaceae* → *Betulaceae

24. *Crassulaceae* (Dickblattgewächse)(B, [C]): Die Blätter dieser Familie sind zwar, wie ihr Name schon sagt (lat. *crassus* = dick), dicklich und „fleischig" und mit z. T. beträchtlicher Fähigkeit zur Wasserspeicherung ausgestattet[11]. Im Übrigen sind sie aber ziemlich unterschiedlich: Die (außerhalb der Alpen) seltenen Hauswurzarten (Gattungen *Jovibarba* und *Sempervivum*) sind durch ± kugelige Grundrosetten eher flacher, meist spitz zulaufender Blätter gekennzeichnet (was auch für einen Teil der Steinbrech-Arten zutrifft, vgl. *76.*); auch die Blätter der ebenfalls seltenen (einjährigen) Gattung *Crassula* selbst sind flach, aber gegenständig. Bei der artenreichen Gattung *Sedum* s. l. (Fetthenne, Mauerpfeffer) gibt es ebenfalls flache Blätter, die fast immer gezähnelt oder gekerbt sind (Abb. 340). Die Mehrzahl der *Sedum*-Arten allerdings hat die gerne als „typisch" bezeichneten ± walzlichen Blätter, die vorne stumpf (Abb. 341) oder spitz (z. B. *Sedum reflexum*) und an der Basis bisweilen „gespornt" sein können (Abb. 342; vgl. auch 3.2.1.6–7).

25. *Cucurbitaceae* (Kürbisgewächse)(B): Cucurbitaceenblätter – so auch die der einzigen einheimischen Gattung *Bryonia* (Zaunrübe, Abb. 287) – sind stipellos, wechselständig und oft handförmig gelappt. Ein weiteres kennzeichnendes Merkmal dieser Familie sind die oft vorkommenden, zumeist – nicht aber bei *Bryonia* – verzweigten Ranken, die vermutlich einem Seitenspross als Rankenträger mit einigen zu Ranken umgewandelten Blättern entsprechen. Vgl. Schlüssel 3.

26. *Dipsacaceae* (Kardengewächse)(B): Die Blätter sind gegenständig und stipellos. Die Kombination ± ungeteilter basaler Blätter und fiederschnittiger Stängelblätter ist innerhalb der Familie ziemlich häufig und kommt vor allem bei den beiden wichtigsten einheimischen Gattungen *Knautia* (Witwenblume) und *Scabiosa* (Abb. 396) vor. Zur Blütezeit sind freilich die Grundblätter oft nicht mehr vorhanden oder entspringen als isolierte Rosette an anderer Stelle dem Rhizom als die blütentragenden Stängel (und können dann, da dekussiert, z. B. mit Lamiaceenblättern verwechselt werden). Kurz: Obwohl die Blätter dieser beiden Gattungen – gerade *wenn* man die Blattfolge im Auge hat – durchaus wichtige Artmerkmale liefern können, werden sie als Bestimmungshilfe kaum genutzt. – Mitunter sind die Stängelblätter basal miteinander verwachsen (vgl. 3.2.2.2). Die Gattung *Dipsacus* (Karde) tendiert dazu, an Blatt und Sprossachse Stacheln auszubilden; sie ist die einzige „Distel" der einheimischen Flora mit gegenständigen Blättern.

Die Gefahr einer Verwechslung innerhalb der Familie ist nicht sehr groß. Das weitaus häufigste verwechslungsträchtige Paar ist *Knautia arvensis* (mit abstehend behaartem Stängel) und *Scabiosa columbaria* (mit anliegend behaartem Stängel).

Die Familie wird heute in die *Caprifoliaceae (17.)* eingeschlossen.

---

[11] Dieses Merkmal ist ein Familienmerkmal und als solches durchaus auch Crassulaceen zu eigen, die in feuchten Biotopen wachsen (bei uns *Sedum villosum*).

27. *Droseraceae* (Sonnentaugewächse[12])(B): Die Gattung Drosera ist durch die gestielten Drüsen am Rand der rosettig stehenden Blätter, die dem Fang von Insekten und deren „Verdauung" dienen, hinlänglich bekannt (vgl. Abb. 87–89 und 3.2.1.8).

28. *Elaeagnaceae* (Ölweidengewächse)(A): Als Familienmerkmal sind die bemerkenswerten schildförmigen „Schülferhaare" zu nennen (vgl. 3.1.4), infolge derer zumindest die Blattunterseite meist silberweiß erscheint. So auch beim Sanddorn *(Hippophaë rhamnoides)* – der einzigen bei uns einheimischen Art – dessen Blattoberseite zudem langstrahlige Sternhaare trägt. Im Übrigen sind die Blätter (zumeist) wechselständig, ganzrandig und stipellos.

Die meist leuchtend orangefarbenen kleinen Früchte sind morphologisch interessant: Hier wird eine Nuss von der fleischig werdenden Kronröhre umhüllt, sodass steinfruchtartige Bildungen entstehen.

29. *Elatinaceae* (Tännelgewächse)(B, C): Alle vier einheimischen Arten sind unscheinbare, seltene Bewohner zumeist flacher, stehender Gewässer. Sie haben ganzrandige Blätter mit kleinen, häutigen Stipeln; die Blätter sind bei drei Arten gestielt, schmal bis spatelförmig und stehen dekussiert an der kriechenden Sprossachse. Bei *Elatine alsinastrum* liegt Heterophyllie vor (vgl. Schlüssel 1).

Empetraceae* → *Ericaceae

30. *Ericaceae* (Heidekrautgewächse; inkl. Empetraceae und Pyrolaceae)(B): Die meisten Vertreter dieser Familie sind (Zwerg-)Sträucher mit ungeteilten, ledrigen und oft immergrünen, stipellosen Blättern (vgl. Schlüssel 12). Diese stehen zumeist wechselständig, treten bei der namensgebenden Gattung Erica jedoch zu 3- bis 4-zähligen (Schein-)Wirteln zusammen und sind ± nadelförmig. Dieser Eindruck entsteht wesentlich dadurch, dass der Blattrand nach unten umgerollt ist, sodass von der morphologischen Blattunterseite meist nur noch ein schmaler (Mittel-)Streifen zu erkennen ist. Dieses Zurückrollen[13] des Blattrandes ist bei den Ericaceen weit verbreitet (Abb. 335–338), weshalb Blätter solchen Typs ganz allgemein als „ericoid" bezeichnet werden, auch wenn sie zu Pflanzen anderer Familien gehören. Man hat

[12] Der Name „Sonnentau" hat nichts mit „Sonne" zu tun, wie gelegentlich zu lesen, sondern ist ein volksethymologisch umgedeutetes *Sintau*. Althochdeutsch bzw. gotisch *sin(a)* bedeutet „immer", „Sonnentau" also „Immertau" (gemeint sind die feuchtigkeitsglänzenden Drüsenköpfchen); genauso der Frauenmantel *(Alchemilla)*, der auch *Sin(n)au* genannt wird und bei welchem Guttationstropfen den betauten Eindruck erwecken. Vgl. auch *Sin(n)grün* für Immergrün *(Vinca)* und, nebenbei bemerkt, *Sin(t)flut*.

[13] Genauer: Das in der Knospenlage randlich zurückgerollte Blatt entfaltet sich nicht, sondern verbleibt in dieser Lage.

diese zumeist skleromorphen[14] Rollblätter früher vielfach als „Anpassung“ an den Wasserhaushalt (Xeromorphose) und/oder die Nährstoffarmut der typischen Ericaceen-Standorte (Moore und Heiden) gedeutet (Peinomorphose) – ob zu Recht, sei dahingestellt.
Neben diesen Zwergsträuchern werden in die Familie heute noch andere Taxa gestellt, die früher den Rang einer eigenen Familie hatten. Das Blatt der ebenfalls strauchigen Krähenbeere ähnelt dem typischen Ericaceenblatt sehr (Abb. 337). Bei der krautigen Gattung *Pyrola* s. l. (Wintergrün und Winterlieb) stehen die zumeist gestielten Blätter rosettig; bei der Gattung *Pyrola* s. str. sind sie zumeist ± rundlich und ganzrandig. Stängelblätter fehlen oder sind stark reduziert. Zum Fichtenspargel vgl. Schlüssel 5.

***31. Euphorbiaceae* (Wolfsmilchgewächse)(B, C):** In ihren vegetativen Merkmalen bieten die beiden einheimischen Gattungen kaum Gemeinsamkeiten: Die drei (milchsaftlosen) Bingelkräuter *(Mercurialis)* lassen sich vegetativ gut unterscheiden. Die Blätter der über 20 Wolfsmilch-Arten sind jedoch als Bestimmungshilfe weniger geeignet, lediglich der Milchsaft kennzeichnet die Gattung als solche. – Meist sind die Blätter ± lanzettlich, bisweilen auch linealisch, bei den einheimischen Arten stets ungestielt, habituell stipellos, ganzrandig bis höchstens fein gezähnelt und mitunter stachelspitzig. Behaarung ist eher die Ausnahme.
Von diesem Typ weicht die Untergattung *Chamaesyce* deutlich ab, die mit einigen Neophyten bei uns vertreten ist. Sie hat gegenüberstehende – aber nicht dekussierte! – stipulate, asymmetrische und bisweilen dunkel gefleckte Blätter am niederliegenden Stängel[15] (vgl. Abb. 100h).
Die Kapselfrüchte der Familie sind häufig ± tief geteilt und bestehen aus 2 *(Mercurialis)* bzw. 3 *(Euphorbia)* einsamigen Fruchtfächern und Griffeln. Insbesondere bei *Euphorbia* ist das Perikarp oft mit Warzen oder ähnlichen Bildungen versehen, die die Frucht recht auffällig machen können und dann ein wichtiges Bestimmungsmerkmal sind.

***32. Fabaceae* (Papilionaceae; Schmetterlingsblütler)(A, B, C):** Als Grundtyp innerhalb der Familie mag das mehrzählig gefiederte Blatt mit ganzrandigen Fiedern und bleibenden Stipeln gelten (z. B. Abb. 225–227). Wir finden es bei Tragant *(Astragalus)*, Kronwicken (*Coronilla* und *Securigera*), Vogelfuß *(Ornithopus)*, Hufeisenklee *(Hippocrepis)*, Spitzkiel *(Oxytropis)* und Esparsette *(Onobrychis)*. Dieser Typ ist nun viel-

[14] *Skleromorph:* Durch einen erhöhten Anteil von Festigungsgewebe verhärtet. – Skleromorphe Blätter neigen zudem zur Größenreduktion.

[15] In Wirklichkeit handelt es sich um sympodiale Sprossverbände, wobei jede Sprossgeneration nur die (bei den Dikotylen auch sonst regelhaft gegenüberstehenden) Vorblätter entwickelt, die durch Torsionen in eine Ebene gebracht werden.

fach abgewandelt, ohne aber seine „Herkunft" verleugnen zu können; dazu einige Beispiele:
Die Stipeln können umgewandelt (Stipulardornen bei der Robinie) oder, den Stängel umgreifend, verwachsen sein (*Coronilla vaginalis*, Abb. 227). – Sie können gezähnt bis zerschlitzt sein (ein Bestimmungsmerkmal innerhalb der Gattung *Medicago* u. a. Gattungen; vgl. z. B. Abb. 181, 243) oder mit abwärts weisenden Zipfeln sogar den Stängel umgreifen („halbpfeilförmige" Stipeln bei Wicke und Platterbse, vgl. 2.1.5.1 sowie Abb. 228, 244–247).

Die Hornklee-Gruppe (*Lotus* inkl. *Tetragonolobus*) muss gesondert erwähnt werden. Bei beiden Gattungen sind die Blätter habituell 5-zählig (Abb. 231–232), was gelegentlich dadurch erklärt wird, dass die Stipeln des eigentlich 3-zähligen Blattes einer Fieder ähnlich entwickelt sind. Zumindest für *Lotus* s. str. (Abb. 231) ist aber nachgewiesen, dass es sich um ein sitzendes, 5-zähliges Blatt handelt, dessen Stipeln reduziert sind. Wenn dann die Rhachis gestaucht ist, ergeben sich die 5-zählig gefingerten, sitzenden Blätter des verwandten Backenklees (*Dorycnium*, Abb. 161). – Bei diesen Gattungen werden die öfter zu beobachtenden kleinen bräunlichen Punkte beiderseits des Blatt-Ansatzes als die reduzierten Stipeln gedeutet.

Die Endfieder kann infolge sekundärer Förderung größer als die Seitenfiedern sein (Wundklee, Abb. 233). Sie kann umgekehrt auch reduziert sein, die nunmehr paarig gefiederten Blätter laufen in einem kleinen Spitzchen (Abb. 228) oder in einer Ranke aus (Abb. 245). Zumeist greift die Rankenbildung dann aber auch auf die oberen Seitenfiedern über, sodass „verzweigte Ranken"[16] entstehen (z. B. Abb. 239; vgl. auch Schlüssel 3).
Eine weitverbreitete und keineswegs auf die Fabaceen beschränkte Sonderform der Fiederung ist das 3-zählige (ternate) „Kleeblatt". Es ist offenbar ein sehr stabiles Merkmal, denn es zeichnet meist ganze Gattungen oder höhere taxonomische Einheiten aus. Bei holzigen Taxa selten (Goldregen), ist es besonders kennzeichnend für die – außer *Ononis* – rein krautige Klee-Verwandtschaft *(Trifolium, Medicago, Melilotus, Ononis)*. Dort kann, wie bereits erwähnt, eine Zähnung der Fiedern, zumindest deren apikaler Ränder, als weiteres Merkmal hinzukommen – bei Steinklee (*Melilotus*, Abb. 182) und Hauhechel (*Ononis*, Abb. 315) meist sehr deutlich, bei den beiden anderen oft nur sehr fein; gelegentlich sind die Randzähnchen durch austretende Blattnerven kurz bespitzt (Abb. 190). Bestimmungstechnisch von Bedeutung (vgl. 3.2.3.3) ist bisweilen die Frage, ob alle drei Fiedern sehr kurz gestielt sind (das Blatt also *gefingert* ist, Abb. 193), oder ob der Stiel[17] der Endfieder deut-

[16] Natürlich sind die Ranken nicht verzweigt, denn jeder Rankenfaden entspricht ja einer einzelnen Fieder.

[17] „Stiel" ist hier rein beschreibend und schließt einen vorauszusetzenden Rest der Rhachis ein.

lich länger ist (3-zählig *gefiedertes* Blatt, Abb. 180). Dabei ist die Verteilung von gefiedert und gefingert durchaus nicht immer „zufällig“: So sind die mit dem Ginster verwandten Gattungen *Cytisus, Chamaecytisus* und *Laburnum* gefingert (*Genista* s. l. selbst hat ja einfache Blätter, vgl. unten), *Ononis, Trigonella und Melilotus* dagegen deutlich gefiedert. Bei anderen Gattungen freilich finden sich beide Formen nebeneinander: Bei *Medicago* sind vor allem die mehrjährigen Taxa wie die Luzerne gefiedert, bei *Trifolium* lassen sich *T. aureum* und *T. micranthum* mit gefingertem bzw. *T. campestre* und *T. dubium* mit gefiedertem Blatt mit diesem Merkmal unterscheiden (vgl. Abb. 193 und 180 sowie 3.2.3.3); die übrigen Arten gehören zum gefingerten Typ (Abb. 187–192).

Beim ternaten Blatt kommt es nicht selten vor, dass – insbesondere an oberen Stängelblättern – die beiden Seitenfiedern reduziert sind, sodass die Endfieder als Einzige übrigbleibt (Hauhechel, Abb. 315; Besenginster). – Bei *Genista* (also dem Ginster im botanischen Sinn) und *Chamaespartium* (dem Flügelginster, Abb. 370) ist diese Reduktion sozusagen Prinzip – die „Fieder“blätter sind durchweg 1-zählig, d. h. scheinbar ungefiedert.

Trotz grundsätzlicher Einheitlichkeit des „Kleeblattes“ kann man viele Arten der genannten Gattungen vegetativ erkennen. Dies ist insbesondere bei *Trifolium* von praktischer Bedeutung, weil dieser artenreichen Gattung etliche ökologisch und pflanzensoziologisch wichtige Grünland-Arten angehören, deren generative Teile häufig gemäht bzw. vor der Mahd noch nicht ausreichend entwickelt sind; in Abb. 180 und 187–193 sind deshalb einige Beispiele gezeigt.

„Sonderformen“, die vom bisher Beschriebenen abweichen, sind bei den Fabaceen eher selten. Hier wären die gestielten Fingerblätter der Lupinen oder die Stipellenbildung (vgl. 2.1.5.1) bei der Gartenbohne *Phaseolus* zu nennen. Bemerkenswert sind auch die Blätter mancher Platterbsen *(Lathyrus)*, deren Fiedern häufig an Monokotylen-Blätter erinnern (Abb. 245–247) und bisweilen ausgesprochen „grasartig“ sein können; diese Kombination von Fiederblatt und Ähnlichkeit der einzelnen Fieder mit einem Monokotylenblatt verleiht vielen Arten dieser Gattung einen unverwechselbaren Habitus. Bei *Lathyrus* ist im Übrigen (im Gegensatz zur nahverwandten *Vicia*) die Zahl der Fiedern meist stark reduziert: Mehr als zwei Fiederpaare (eventuell vorhandene Ranken nicht gerechnet) sind die Ausnahme. – Bei *Lathyrus nissolia* besteht die assimilierende Fläche dann nur noch aus dem blattartig verbreiterten Stiel (Phyllodium), bei *L. aphaca* nur noch aus den Stipeln. Charakteristisch für viele Arten dieser Gattung ist weiterhin der geflügelte Stängel (vgl. Schlüssel 3).

Außer an den Blättern lassen sich zahlreiche Taxa auch an den Früchten erkennen, da der Grundtypus „Hülse“ mannigfach und zumeist gattungsspezifisch abgewandelt ist. Diese Abwandlungen können aber sehr weit gehen und den ursprünglichen systematischen Zusammenhang habituell völlig verwischen, etwa bei den nussartigen Schließfrüchten der Gattung *Trifolium*. Die Verhältnisse sind also ähnlich wie bei den Brassicaceen.

33. *Fagaceae* (Buchengewächse)(A): Zu dieser Familie zählen die wichtigsten waldbildenden Bäume Mittel-Europas, die Buche und die Eichen. Die drei einheimischen Gattungen der Familie (neben Buche und Eiche die Esskastanie) sind leicht zu unterscheiden (Abb. 105–106, 116, 125). Ein gewissermaßen alltägliches Problem ist jedoch die Unterscheidung steriler Exemplare der beiden häufigen Eichenarten *Quercus robur* und *Qu. petraea*. Deren im Prinzip gut zu erkennenden Blätter (Abb. 105a, 106a) sind nämlich keineswegs immer hinreichend typisch ausgebildet. Sicherstes Merkmal ist die Behaarung der Blattunterseite, die jedoch nur mittels einer starken Vergrößerung (Binokular) zweifelsfrei festzustellen ist (Abb. 105b, 106b) und deshalb in Bestimmungsbüchern meist nicht erwähnt wird. Zusätzlich erschwert wird die Bestimmung hier bisweilen durch „Übergänge", die auch als Bastarde aufgefasst werden.

Die Blätter der Fagaceen sind wechselständig. Sie besitzen Stipeln, die freilich früh abfallen; nur bei der Zerr-Eiche bleiben sie erhalten und kennzeichnen damit diese submediterrane, bei uns nicht indigene Art.

Sehr kennzeichnend sind die Früchte mit ihrer typischen Kupula[18]; bei Buche und Esskastanie ist sie stachelig und hüllt jeweils 1–3 Früchte (Bucheckern bzw. Kastanien) völlig ein, bei den (einheimischen) Eichen dagegen beschuppt und umgibt die Eichel nur basal. Bei der Trauben-Eiche ist die Frucht ± sitzend, bei der Stiel-Eiche gestielt (daher der Name; der Blatt-Stiel ist allerdings deutlich kürzer als bei der Trauben-Eiche!).

34. *Fumariaceae* (Erdrauchgewächse)(B, C): Die beiden einheimischen Gattungen *Fumaria* (Erdrauch; einjährig, zumeist in Äckern oder ruderal) und *Corydalis* s. l. (Lerchensporn; meist mehrjährig und in Gehölzen) unterscheiden sich in ihren vegetativen Teilen erheblich (Abb. 197a, 252); lediglich die seltene, rankende *Corydalis claviculata* erinnert in Blattschnitt und Einjährigkeit etwas an *Fumaria*. Eine Hilfe bei der Artbestimmung sind die Blätter bei *Fumaria* nicht; bei *Corydalis* sind es weniger die vollentwickelten beiden Laub- als vielmehr die Tragblätter innerhalb der Infloreszenz (Abb. 197), die der frühen Blütezeit wegen lange zur Verfügung stehen, bevor die Pflanze im Sommer ganz einzieht.

Ein immer wieder genanntes Merkmal zur Unterscheidung der beiden weitaus häufigsten Arten *Corydalis cava* und *C. solida* ist die Knolle, die (wie der Name verrät) bei *C. c.* im Alter hohl wird, bei *C. s.* hingegen massiv bleibt. In der Praxis ist dieses Merkmal wenig nützlich, da die Präparation der tiefliegenden Knolle in den seltensten Fällen gelingt; außerdem stehen die genannten Arten auf manchen regionalen Roten Listen.

Ob die Fumariaceen eine eigene Familie sind oder in die Papaveraceen eingeschlossen werden sollen – wie heute wieder üblich –, ist eine alte Streitfrage.

---

[18] Dieser Begriff wird im Allgemeinen mit „Fruchtbecher" übersetzt; dies ist aber nur bedingt richtig, da es sich eigentlich um einen Frucht*stands*becher handelt, wobei der Fruchtstand bei *Quercus* allerdings nur aus einer Frucht besteht.

***35. Gentianaceae* (Enziangewächse)(B, [C]):** Viele der im Gebiet nachgewiesenen Sippen sind sehr selten und/oder finden sich nur in höheren Lagen der Alpen. Wir beschränken uns deshalb auf die Gattungen *Centaurium* und *Gentiana/Gentianella*. Deren zumeist kahle Blätter sind gegenständig (am Grund bisweilen paarweise verbunden), ungeteilt, ganzrandig, ± ungestielt und stipellos. Die Spreite ist in der Regel oval bis lanzettlich, häufig ± zugespitzt und von mehreren parallel oder bogenförmig verlaufenden Hauptnerven durchzogen (Abb. 363, 388); Letzteres ist ein in Verbindung mit der Dekussation sehr bezeichnendes Merkmal (vgl. Tab. 5). Viele Arten sind Halbrosettenpflanzen mit ± dekussiert aufgebauten Rosetten.

Die Blätter des Germers (*Veratrum*; vgl. *4.2.12 Melanthiaceae*), die habituell denen mancher hochwüchsigen Gebirgsenziane (z. B. *G. lutea*) gleichen, sind wechselständig.

***36. Geraniaceae* (Storchschnabelgewächse)(B, C):** Die Blätter sind gegen- oder (selten) wechselständig, zumeist auch rosettig und besitzen bleibende Stipeln. Außerdem sind sie gefiedert (Reiherschnabel, *Erodium cicutarium*, Abb. 211) oder handförmig gelappt bis gefingert (Storchschnabel, *Geranium*[19]; Abb. 168–173). Fast alle einheimischen Geraniaceen lassen sich anhand ihrer vegetativen Merkmale ± gut unterscheiden (vgl. Schlüssel 13; *Erodium* ist wegen seiner gefiederten Blätter unverkennbar und deshalb dort nicht eingearbeitet).
Die den Blättern mancher hochwüchsigen *Geranium*-Arten ähnlichen Blätter einiger Ranunculaceen (vgl. z. B. Abb. 163 mit 169) sind stets wechselständig, stipellos und haben auf der Oberseite des Blattstiels eine Rille (vgl. 3.2.6.1; Abb. 165).

Globulariaceae* → *Plantaginaceae

***37. Grossulariaceae* (Stachelbeergewächse)(A):** Die einzige Gattung *Ribes* verfügt über wechselständige, 3- bis 5-lappige Blätter mit handförmiger Nervatur. Der Blattgrund ist mitunter scheidenartig erweitert, echte Stipeln fehlen aber. Von den vier bei uns häufigeren Arten ist Ribes *uva-crispa* durch Stacheln („Stachelbeere") und *Ribes nigrum* durch (sitzende!) gelbliche Drüsen auf der Blattunterseite (die den schwachen, aber unangenehmen „Wanzengeruch" verursachen) gekennzeichnet. Zu *Ribes petraeum* und *R. alpinum* – dessen Vorkommen keineswegs „alpin" ist – vgl. Abb. 111–112.

***38. Haloragaceae* (Tausendblattgewächse)(B):** Das entscheidende Bestimmungsmerkmal der einzigen Gattung, der Wasserpflanze *Myriophyllum* (Tausendblatt), sind die zu 4–6 in Wirteln stehenden, kammförmig fiederspaltigen Blätter (vgl. Schlüssel 1).

---

[19] Dieses Unterscheidungsmerkmal bezieht sich nur auf die einheimischen Arten.

Hippocastanaceae* → *Sapindaceae

Hippuridaceae* → *Plantaginaceae

39. *Hypericaceae* (Johanniskrautgewächse)(B, [C]): Die gegenständigen Blätter der Hypericaceen sind durchweg ganzrandig, sitzend und stipellos und erscheinen damit zunächst als recht merkmalsarm. Bei genauerer Betrachtung sind sie für die Bestimmung aber doch recht hilfreich (vgl. Schlüssel 16).

In der Praxis freilich ist die Bestimmung von *Hypericum*-Arten z. T. schwieriger, als man nach dem Gesagten meinen möchte. Dies liegt daran, dass gerade die häufigsten Arten *H. perforatum* und *H. maculatum* sehr formenreich sind, wobei „Zwischenformen" mit eigenem Areal auftreten können *(H. desetangsii)*. Hier wird man auf den wichtigen Merkmalsträger „Kelchblatt" oft nicht verzichten können (Abb. 392).

40. *Juglandaceae* (Walnussgewächse)(nur gepflanzt; A): Der Walnussbaum ist durch wechselständige, unpaarig gefiederte, stipellose Blätter und deren würzig-strengen Geruch gekennzeichnet. Die Borke ist anfangs längsstreifig, später längsrissig.

41. *Lamiaceae* (Labiatae; Lippenblütler)(B, C): Die stipellosen Blätter der Labiaten stehen grundsätzlich dekussiert am zumeist vierkantigen Stängel. Darüber hinaus sind sie in der Mehrzahl der Fälle ± gestielt, gekerbt oder gezähnt und deutlich länger als breit. Grundblattrosetten kommen gelegentlich vor. Fiederblätter gibt es bei den einheimischen Labiaten nicht, fiederschnittige (Abb. 330) oder rundliche Blätter sind die Ausnahme. Ganzrandige Blätter sind oft eher klein und entwickeln beim Zerreiben einen typischen würzigen Geruch (z. B. bei Thymian oder Majoran). Gemessen an der Größe der Familie sind deren Blätter also recht einheitlich; für die Bestimmung der Gattungen spielen sie deshalb kaum eine Rolle.

42. *Lentibulariaceae* (Wasserschlauchgewächse)(B): Die Arten dieser Familie besitzen Blätter, die dem Tierfang dienen (vgl. 3.2.1.8).

43. *Linaceae* (Leingewächse)(B, C): Die Blätter sind stets ungeteilt und stipellos, doch finden sich am Blattgrund bisweilen punktförmige Drüsen (Abb. 371). Die Blätter bei *Radiola linoides* (Zwergflachs) und *Linum catharticum* (Purgier-Lein) sind gegenständig. Beim Lein resultiert daraus eine dichasiale Verzweigung, die zusammen mit den kleinen, ± weißen Blüten an eine Alsinoidee erinnern (vgl. *18.* und 3.2.2). Die übrigen (durchweg seltenen) Lein-Arten haben wechselständige, zumeist lanzettlich-zugespitzte Blätter mit glattem oder gezähntem bzw. drüsigem *(L. viscosum)* Rand.

Kennzeichnend für *Linum* ist eine primär 5-fächrige Kapsel, deren Fächer jedoch durch eine zusätzlich eingezogene Wand geteilt sind; jedes der 10 „Unterfächer" enthält einen Samen.

44. *Linnaeaceae* (Moosglöckchengewächse)(B): Die inzwischen wieder (!) zu den Geißblattgewächsen gezählte Art *Linnaea borealis* (Moosglöckchen) ist durch ihren kriechenden, gegenständig beblätterten Stängel (und durch ihre charakteristischen, doppelten, lang gestielten Blüten bzw. Früchte) gekennzeichnet.

45. *Loranthaceae* (Riemenblumengewächse)(B): Vgl. *Santalaceae (74.).*

46. *Lythraceae* (Blutweiderichgewächse)(B, C): Die ganzrandigen Blätter von Sumpfquendel *(Peplis)* und Blut-Weiderich *(Lythrum salicaria)* stehen gegenständig (bei dem Letzteren oft auch zu dritt; Abb. 372), bei *Lythrum hyssopifolium* zerstreut. Die Stipeln sind rudimentiert. – Die Schwimmblattrosette der sehr seltenen *Trapa natans* (früher eine eigene Familie) mit ihren rautenförmigen Blättern ist unverkennbar; die Blattstiele sind etwas angeschwollen, was wohl die Schwimmfähigkeit der Rosette erleichtert.

47. *Malvaceae* (Malvengewächse) (A, B, C): Die ansonsten krautigen Malvaceen im weiten Sinne beinhalten heute auch die ehemaligen *Tiliaceae* (Lindengewächse). Anhand der Blattgestalt lässt sich dies nicht nachvollziehen; lediglich die Wechselständigkeit, der Besitz eines Blattstiels und (häufig hinfälliger) Stipeln ist ihnen gemeinsam. Die Malvaceen *s. str.* – zumindest ihre einheimischen Vertreter – verfügen über ± handförmig gelappte Blätter mit entsprechender Nervatur; diese Lappung kann sehr flach (Abb. 289) oder tief-fingerteilig sein (Abb. 175; vgl. Schlüssel 8) und ist an den Stängelblättern bisweilen deutlicher ausgeprägt als an den Grundblättern. Die Haare sind bei Eibisch *(Althaea)* und Strauchpappel *(Lavatera)* sternförmig, ebenso am Stängel der Sigmarswurz (*Malva alcea*, im Gegensatz zur ähnlichen *M. moschata* mit einfachen, abstehenden Stängelhaaren) (vgl. Abb. 90c und 3.2.1.9). Ein Merkmal, das die Malvenverwandtschaft insgesamt kennzeichnet, ist ein charakteristischer Außenkelch (Abb. 174b), dessen Zähligkeit und Verwachsungsgrad gattungsspezifisch ist und in ähnlicher Form nur noch bei den Rosaceen vorkommt (vgl. 2.8.2). – Sommer- und Winter-Linde wie auch die bei uns gepflanzten *Tilia*-Arten haben herzförmige und gezähnte Blätter; der Spreitengrund ist meist etwas asymmetrisch. Zu den Domatien vgl. 3.1.5.

48. *Menyanthaceae* (Fieberkleegewächse)(B): Die Blätter der beiden in Nassbiotopen vorkommenden Arten sind physiognomisch grundverschieden (gemeinsam ist ihnen nur die scheidige Erweiterung des stipellosen Blattgrundes), und beide Arten sind unverwechselbar: Die Blätter von *Menyanthes* sind 3-zählig (Fieber„klee"; Abb. 194), die Schwimmblätter der Seekanne *(Nymphoides)* erinnern an die einer Seerose, sind aber viel kleiner (selten über 10 cm) und unterseits drüsig punktiert (vgl. auch *4.2.4 Hydrocharitaceae*).

Monotropaceae* → *Ericaceae

49. *Moraceae* (Maulbeergewächse)(nur gepflanzt; A): Die Maulbeeren *(Morus)* gehören zu den wenigen Holzgewächsen mit milchsaftführenden Blättern. Diese können bei der Schwarzen Maulbeere – auch auf ein und demselben Baum! – ungeteilt oder gelappt sein.

50. *Myricaceae* (Gagelstrauchgewächse)(A): Die nur spitzenwärts gezähnten Blätter des Gagelstrauchs erinnern ein wenig an Weidenblättern, sind aber durch ihren aromatischen Duft (gelbe Drüsen) unverkennbar. Bei der ähnlich, aber schwächer riechenden und drüsenlosen Lorbeerweide *(Salix pentandra)* ist der Blattrand bis zur Spreitenbasis fein gezähnt.

51. *Nymphaeaceae* (Seerosengewächse)(B): Die familienspezifischen „Seerosenblätter" sind nicht zu verwechseln; die ähnlichen Schwimmblätter von *Nymphoides* sind viel kleiner (vgl. *48.*). Die beiden Gattungen der Familie, Seerose und Teichrose (*Nymphaea* und *Nuphar*), lassen sich an der Nervatur gut unterscheiden (vgl. Bestimmungsbuch); verschieden sind auch der ± 3-kantige bis abgeflachte, nicht stipulate[20] Blattstiel von *Nuphar* und der ± runde, stipulate von *Nymphaea*.

Nuphar bildet „zerknautschte" Unterwasserblätter aus; solche sind bei *Nymphaea* selten (und dann meist junge Blätter).

52. *Oleaceae* (Ölbaumgewächse)(A): Die beiden einheimischen Holzgewächse haben lediglich Gegenständigkeit und Stipellosigkeit gemeinsam. Während die Esche wegen ihrer Fiederblätter allenfalls mit dem strauchigen Holunder verwechselt werden kann, sich aber an der höheren Anzahl von Fiedern (meist 7 oder mehr) und den schwarzen Knospen hinreichend erkennen lässt, sind die relativ kleinen, ganzrandigen, ± immergrünen Blätter des Ligusters nicht sonderlich auffällig, aber dennoch kaum mit denen eines anderen Strauches zu verwechseln. Ähnliches gilt für den sommergrünen, gelegentlich eingebürgerten Flieder mit herzförmigem Spreitengrund.

53. *Onagraceae* (Nachtkerzengewächse)(B): Hier sind vor allem zwei Gattungen zu nennen: *Circaea* (Hexenkraut) und *Epilobium* (Weidenröschen). Deren Blättern haben lediglich die ungeteilte Spreite und das Fehlen von Stipeln gemeinsam; sonst weisen sie keine Ähnlichkeit auf. Die der erstgenannten Gattung sind stets gegenständig, lang gestielt und im Umriss ± eiförmig mit selten auch seicht herzförmi-

[20] *Stipulat:* mit Stipeln versehen

gem Spreitengrund. Die Blätter von *Epilobium* hingegen sind höchstens kurz gestielt, fast durchweg lanzettlich oder eiförmig-lanzettlich und zumeist mit gezähntem Rand. Schlüssel 15 soll zeigen, dass trotz dieser Ähnlichkeit eine Bestimmung der Art möglich sein kann. Vgl. auch Abb. 317–318.

Die Blätter der Nachtkerzen (Gattung *Oenothera*) sind ebenfalls lanzettlich, aber größer (bis 15 cm lang); bisweilen sind sie rotfleckig (vgl. Schlüssel 4). Die Gattung hat sich auf sandigen und kiesigen Böden vor allem wärmerer Gegenden bei uns fest eingebürgert; ihre Vertreter sind typische bienne Halbrosettenpflanzen mit Rübenwurzel.

54. *Orobanchaceae* (Sommerwurzgewächse)(B, C): Schuppenwurz und Sommerwurzarten sind *Voll*schmarotzer ohne erkennbares Blattgrün (vgl. Schlüssel 5). Den übrigen, normal grün beblätterten Arten sieht man ihr *Halb*schmarotzertum äußerlich nicht an. Deren Blätter sind sehr unterschiedlich: Die der Läusekraut-Arten *(Pedicularis)* 1- bis 2-fach fiederteilig mit feinen Blattzipfeln und hauptsächlich rosettig, die der übrigen Gattungen gegenständig und ungeteilt, aber in unterschiedlicher Weise gekerbt oder gezähnt.

55. *Oxalidaceae* (Sauerkleegewächse)(B, [C]): Die Blätter sind 3-zählig gefingert und schmecken bei der einheimischen Art, *Oxalis acetosella*, sauer (daher „Sauerklee"). Diese Art wächst meist gesellig in schattigen Wäldern und ist deshalb auch ohne die weißen, radiären Blüten kaum mit einem Klee oder einer anderen Fabacee zu verwechseln. Außerdem sind keine Stipeln nachweisbar; solche (oder doch stipelähnliche Bildungen) finden sich allerdings bei zweien der drei eingebürgerten gelbblühenden Arten (*Oxalis corniculata* und *O. dillenii*).

56. *Papaveraceae* s. str. (Mohngewächse)(B, C): Die Blätter sind wechselständig, stipellos und besitzen – mit Ausnahme des Hornmohns – weißen oder gelben Milchsaft. Eine basale Rosette ist zumeist ausgebildet (bei den alpinen Arten der Gattung *Papaver* sogar nur eine solche), wobei sich Rosetten- und Stängelblätter in der Regel nicht grundsätzlich unterscheiden. Sie sind – mit Ausnahme des bisweilen verwilderten Schlaf-Mohns *(Papaver somniferum)* – tief fiederteilig (Abb. 271–272) bis gefiedert, wobei in diesem Fall die Fiedern in schmale Zipfel aufgelöst sind. Grad der Fiederung wie auch deren Behaarung unterliegt individuellen Schwankungen.

Die Gattungen Schöllkraut und Hornmohn unterscheiden sich von der Gattung *Papaver* u.a. durch ihre langgezogenen, „schotenartigen" Früchte. Dies und die 4 Kronblätter können zu Verwechslungen mit einem Kreuzblütler Anlass geben, doch haben diese niemals Milchsaft.

Die *Fumariaceae (34.)* werden heute wieder in die Papaveraceen eingeschlossen.

57. *Parnassiaceae* (Herzblattgewächse)(B): Diese kleine Familie ist in der einheimischen Vegetation nur durch das Sumpf-Herzblatt *Par-*

nassia palustris vertreten. Die Art ist durch ihre ± bogennervigen, ganzrandigen Blätter mit ausgeprägt herzförmigem Spreitengrund gekennzeichnet, was entfernt an Monokotylenblätter erinnert (vgl. Schlüssel 9); die rosettig stehenden Grundblätter sind lang gestielt, das einzige Stängelblatt ist sitzend.

Die Familie wird heute zu den *Celastraceae (19.)* gestellt

58. *Phrymaceae* (Gauklerblumengewächse)(B): Die heute oft in diese Familie gestellten (bei uns nur eingebürgerten) Gauklerblumen *(Mimulus)* haben keine besonderen Blattmerkmale; die Stiele der gegenständigen, gekerbten Blätter sind basal miteinander verbunden.

59. *Plantaginaceae* (Wegerichgewächse; inkl. *Callitrichaceae, Hippuridaceae, Globulariaceae* und Teilen der ehemaligen *Scrophulariaceae*)(B, C): In ihrer heutigen Umgrenzung lässt die Zuordnung einer Pflanze zu dieser Familie (außer ihrer innerhalb der Asteriden üblichen Stipellosigkeit) keinerlei Rückschluss auf ihre Blattgestalt zu (wie, nebenbei bemerkt, auch sonst auf kein gestaltliches Merkmal). Beginnen wir also mit der namensgebenden Gattung, dem Wegerich *(Plantago* s. str.). Hier bilden die einheimischen Arten stets grundständige Rosetten. Deren Blätter sind fast durchweg ganzrandig oder seicht gezähnt bzw. gebuchtet und durch ihre parallele (bei lanzettlicher) bzw. bogenförmige Nervatur (bei elliptischer Spreite) auffällig.

Diese Form der Nervatur erklärt sich zwanglos aus der Grundstruktur („Bauplan") eines *Plantago*-Blattes. Wir müssen nämlich von einer fiederschnittigen Spreite ausgehen, wie sie von den einheimischen Arten allerdings nur *P. coronopus* (Abb. 274) aufweist. Innerhalb der Gattung zeigt sich nun die Tendenz, die Fiedern zu reduzieren und gleichzeitig – gewissermaßen als Ausgleich – die Rhachis ± blattartig zu verbreitern. Die Rhachisnerven, die naturgemäß parallel verlaufen, werden auf diese Weise „auseinandergezogen", die ± vereinzelten „Randzähne" entsprechen rückgebildeten Fiederzipfeln (Abb. 367).

Alle einheimischen Arten lassen sich nach den Blättern bestimmen, nur bei *Plantago major* s. l. sind die Blätter recht variabel; die dort zusammengefassten Unter- oder auch Kleinarten nach den Blättern zu unterscheiden ist allerdings problematischer, als die gängigen Bestimmungsschlüssel glauben machen.

Auf die merkwürdige Deckelkapsel der Gattung wurde in 2.8.3 bereits hingewiesen.

Der auch als eigene Gattung *(Psyllium)* betrachtete Sand-Wegerich *(Plantago arenaria)* hat gegenständige Blätter, ebenso der Wasserstern *(Callitriche).* Dessen Schwimmblätter treten meist zu Rosetten zusammen; nur bei *C. hermaphroditica,* der auch als Einziger basal verbreiterte Blätter hat, ist dies nicht der Fall. Mit starker Lupe lassen sich an der Pflanze Schildhaare erkennen – ein für Wasserpflanzen ungewöhnlicher Befund; die Köpfchen dieser Haare können je nach Art entweder 12- bis 18-zellig oder ± 8-zellig sein. – Im Übrigen ist die recht schwie-

rige Bestimmung der Art nur über ihre Klausenfrüchte möglich, wobei auch auf den leicht abbrechenden Griffel zu achten ist.
Die > 6-zähligen Wirtel des Tannenwedels *Hippuris vulgaris* machen diese Wasserpflanze unverwechselbar; Ähnlichkeit besteht nur mit *Elatine alsinastrum* (vgl. Schlüssel 1).
Die auffällig breit-spateligen Rosettenblätter der Kugelblumen *Globularia* sind recht charakteristisch, zumal wenn sie – wie bei *G. cordifolia* und zumeist auch bei *G. bisnagarica (punctata)* – vorne ausgerandet sind.
Am variabelsten sind die Blätter der „ehemaligen Scrophulariaceen". Hier treten – beim Ehrenpreis *(Veronica)* – nun auch geteilte Blätter auf, während die bisher genannten alle ungeteilt waren. Das seltene Schlammkraut *(Limosella aquatica)* ist an seinen schmal-spateligen Rosettenblättern gut zu erkennen. Die Blattstellung ist – meist gattungsspezifisch – gegen- oder wechselständig; es kann aber auch ein Wechsel von dekussiert im vegetativen Bereich zu dispergiert im Infloreszenzbereich stattfinden.

60. *Platanaceae* (Platanengewächse)(nur gepflanzt; A): Die Blätter gleichen denen mancher Ahorn-Arten, sind aber wechselständig und anders innerviert (Abb. 110).

61. *Plumbaginaceae* (Grasnelkengewächse)(B): Die beiden bei uns vertretenen Gattungen sind durch grundständige Rosetten gekennzeichnet; die Infloreszenzschäfte tragen allenfalls einige Hochblätter. Die Rosettenblätter sind beim Strandflieder *Limonium vulgare* knorpelrandig und stachelspitzig, bei der Grasnelke *Armeria* lanzettlich-parallelnervig bis grasartig-linealisch. Sie sind stipellos, am Grund jedoch oft etwas verbreitet.

62. *Polemoniaceae* (Himmelsleitergewächse)(B): Die einzige (wahrscheinlich) im Gebiet ursprüngliche Art, *Polemonium caeruleum,* hat Fiederblätter. Sie sind wechselständig und stipellos.

63. *Polygalaceae* (Kreuzblumengewächse)(B; [C]): Die Blätter sind – soweit erkennbar – durchweg stipellos, klein, ± oval bis lanzettlich und zumeist mit verschmälertem Grund sitzend. Die Nervatur ist meist auf die Mittelrippe beschränkt. Bei der Quendel-Kreuzblume *(Polygala serpyllifolia)* sind die Blätter zumindest im unteren Stängelabschnitt ± gegenständig, ansonsten wechselständig bzw. rosettig. Die (Rosetten-) Blätter von *P. amara* und *P. amarella* schmecken bitter. Der Zwergbuchs *(P. chamaebuxus)* ist ein Halbstrauch, die übrigen Arten sind krautig. Im Übrigen sind die vegetativen Teile beim Bestimmen wenig hilfreich.

64. *Polygonaceae* (Knöterichgewächse)(B, [C]): Die Familie – zumindest gilt dies für die einheimischen Vertreter – ist vegetativ gut kenntlich: Das Unterblatt der wechselständigen Blätter bildet eine zumeist häutige Röhre, die die Basis des sich oberwärts anschließenden Internodiums umhüllt (Ochrea[21]; vgl. z. B. Abb. 353 sowie 2.1.5.1). Dies ist besonders deutlich an jüngeren Pflanzen zu erkennen, da sie später häufig infolge des Dickenwachstums der Sprossachse einreißt und vertrocknet, in Resten aber fast immer gut auszumachen ist. Innerhalb der Gattung *Polygonum* ist sie ein wichtiges Bestimmungsmerkmal (Abb. 355). – Die Spreite ist ungeteilt, ± ganzrandig, bisweilen etwas gewellt oder schwarzfleckig (vgl. Schlüssel 4 und Abb. 100e). Von gewisser Bedeutung ist der Spreitengrund: Zumeist verschmälert (Abb. 351–354), kann er auch gestutzt (Abb. 356), herz- oder pfeilförmig (Abb. 357, 362) sein. Wenige Arten winden (vgl. Schlüssel 3).

65. *Portulacaceae* (Portulakgewächse)([B], C): Das einheimische Quellkraut *(Montia fontana)* und die beiden eingebürgerten Arten haben keinerlei habituelle Ähnlichkeit. Die Blätter sind ganzrandig, gegen- oder wechselständig bzw. in grundständiger Rosette. Letzteres ist der Fall beim Tellerkraut *(Claytonia perfoliata)*, einer kleinen Annuellen mit sehr auffälligem, tellerförmig verwachsenem Hochblattpaar. Portulak *(Portulaca oleracea)* liegt mit seinem oft rot überlaufenen Stängel dem Boden dicht auf (vgl. Tab. 5).

66. *Primulaceae* (Primelgewächse)(B, C): Die Blätter der Primulaceen sind auffallend heterogen; Blattgestalt und/oder Blattstellung sind bei jeder Gattung anders, wie folgende Aufstellung zeigt:

- Blätter ganzrandig, in 2(–4)-zähligen Wirteln: *Glaux, Anagallis, Lysimachia* (Abb. 373–375).
- Blätter ganzrandig, wechselständig, über die Sprossachse verteilt: *Samolus, Trientalis, Cetunculus.*
- Wasserpflanze mit kammförmig gefiederten Blättern: *Hottonia palustris;* Blätter wechselständig, treten aber auch quirlartig zusammen und können dann mit *Myriophyllum* verwechselt werden (vgl. Schlüssel 1).
- Auffallend häufig ist die Ausbildung von Rosetten; Schaft bisweilen mit vereinzelten schuppigen (Trag-)Blättern: *Primula, Androsace, Cortusa, Soldanella, Cyclamen,* „ansatzweise" auch bei *Samolus.*

Sternhaare sind ein Merkmal innerhalb der Gattung *Androsace* (Mannsschild). Blattrand (Abb. 306, 346) und drüsiger Besatz ermöglichen in der Regel eine vegetative Bestimmung der Troddelblumen (*Solda-*

[21] Ähnliche Bildungen gibt es sonst nur noch bei manchen der monokotylen, wasserbewohnenden *Potamogetonaceae* (vgl. 4.2.6). Von den Polygonaceen findet sich jedoch nur *Polygonum amphibium* mit herzförmigem Spreitengrund und Netznervatur im Wasser.

nella-Arten), rötliche Drüsenhaare kennzeichnen auch die Wasserfeder *(Hottonia)*.

Im Fruchtzustand gut kenntlich ist die Gattung Gauchheil *(Anagallis)* an ihren Deckelkapseln (vgl. 2.8.3).

Pyrolaceae* → *Ericaceae

67. *Resedaceae* (Resedengewächse)(B): Die Blätter dieser Familie sind wechselständig und besitzen nur rudimentäre, kaum nachweisbare Stipeln. Die beiden einheimischen oder doch fest eingebürgerten *Reseda*-Arten sind bienne Halbrosettenpflanzen mit fiederspaltigen *(Reseda lutea)* bzw. ungeteilten Blättern mit welligem Rand *(R. luteola)*.

68. *Rhamnaceae* (Kreuzdorngewächse)(A): Die wechselständigen Blätter des Faulbaums (*Frangula alnus*, Abb. 124) sind ± ganzrandig, die der drei *Rhamnus*-Arten gezähnt und – zumindest annähernd –gegenständig. Die Kreuzdorne *Rhamnus cathartica* (Abb. 135) und *Rh. saxatilis* haben zudem Sprossdornen. Im Übrigen erinnern die Blätter dieser beiden Arten mit ihren wenigen bogenförmigen Seitennerven an die (ganzrandigen!) Blätter des Hartriegels (*Cornus*, vgl. 23.). – Die Blätter der Rhamnaceen sind stipulat, wobei jedoch nur die Stipeln von *Rh. saxatilis* bleiben.

69. *Ranunculaceae* (Hahnenfußgewächse)(B, [C]): Diese Familie, obwohl zweifellos ein natürlicher Verwandtschaftskreis, hat eine Reihe sehr unterschiedlicher Blattformen ausgebildet. Die vielleicht kennzeichnendste ist das handförmig geteilte Blatt (vgl. 3.2.3.2), das, vielfach variiert, die Gattungen Eisenhut (*Aconitum*, Abb. 163), Rittersporn *(Delphinium)*, Windröschen *(Anemone)* und Trollblume *(Trollius)* sowie die meisten Hahnenfuß-Arten[22] (Abb. 160, 164–165, 185–186) und einige Küchenschellen (*Pulsatilla*-Arten) charakterisiert. Stärker abgewandelt lässt sie sich auch im dreilappigen Blatt des Leberblümchens erkennen, ebenso in den pedaten Blättern der Nieswurz (*Helleborus*, Abb. 162).

Bei den „echten" Fiederblättern – mit wohlentwickelter Rhachis – sind die Fiedern meist weiter in zuletzt ± lineale bis fädliche Zipfel zerteilt (Schwarzkümmel *[Nigella]*, Adonisröschen *[Adonis]*, Feldrittersporn *[Consolida]*, manche Küchenschellen [*Pulsatilla*, Abb. 248]). Dies trifft allerdings nicht zu für die Blätter von Christophskraut (*Actaea;* Abb. 200), und Wiesenrauke *(Thalictrum)*, wobei die Letzteren schon wegen der charakteristischen kragenförmigen Hautränder an der Basis des Blattes und bisweilen auch an der von Fiedern 1. Ordnung unverkenn-

[22] Auch die in fädliche Zipfel geteilten Unterwasserblätter der Wasserhahnenfuß-Arten lassen sich auf diesen Typ zurückführen.

bar sind (Abb. 249–251). Akelei (Abb. 195) und Alpen-Waldrebe haben doppelt 3-zählige Blätter.
Ungeteilte Blätter kommen selten vor; sie sind entweder ± rundlich (die Grundblätter weniger *Ranunculus*-Arten) oder ± herzförmig (*Caltha*, Abb. 295) und dann am Rand deutlich gezähnt bis gekerbt; oder sie sind lanzettlich bis fast grasartig (*Ranunculus flammula* und *R. lingua; Myosurus*).
Die Ranunculaceen sind stipellos. Einige Vertreter haben jedoch – für dikotyle Verhältnisse – wohlentwickelte Blattscheiden mit vorspringenden Lappen (vgl. oben unter *Thalictrum*), die eine gewisse Ähnlichkeit mit Stipeln haben und in Floren mitunter auch so genannt werden (vgl. 2.1.5.1).
Die Blätter sind mit Ausnahme der zumeist holzigen *Clematis*-Arten wechselständig. Bisweilen treten sie jedoch zu stängelständigen, häufig 3-zähligen (Schein-)Wirteln zusammen (Windröschen, Abb. 184; Küchenschelle, Winterling). Häufiger noch sind Grundblattrosetten. Insbesondere bei der Gattung *Ranunculus* sind diese wichtig für die Bestimmung, weshalb ein solches Grundblatt für eine eventuelle Nachbestimmung mitgenommen werden muss.

Auch im fruchtenden Zustand sind Ranunculaceen (als Familie) meist gut zu erkennen, da sie zu den wenigen Familien der einheimischen Vegetation mit apokarpem Gynoeceum[23] gehören. Die entsprechenden Teilfrüchte sind (gattungsspezifisch) fast immer wenige, mehrsamige Bälge (die sich bei der Reife öffnen; z. B. Rittersporn) oder einsamige Nüsschen (die geschlossen bleiben; z. B. Hahnenfuß). Vor allem zur Bestimmung von *Ranunculus*-Arten können die Nüsschen entscheidende Merkmale liefern – ein fruchtender Hahnenfuß lässt sich meist leichter bestimmen als einer im Knospenzustand. Bei dieser Gattung sind auch die unterirdischen Organe gelegentlich von Bedeutung und, damit zusammenhängend, die Frage nach der Lebensform. Andere vegetative Merkmale sind in dieser Familie von eher untergeordnetem Rang.

***70. Rosaceae* (Rosengewächse)(A, B, C):** Bekanntlich lassen sich die Rosaceen in vier gut kenntliche Gruppen gliedern, denen in Bestimmungsbüchern der Rang von Unterfamilien zugewiesen wird:
Die ***Spiraeoideae*** werden in der einheimischen Flora vor allem durch den Geißbart (*Aruncus dioicus*, Abb. 201) vertreten, dessen stipelloses Blatt eine gewisse Ähnlichkeit mit dem von *Actaea* (Abb. 200) hat.
Die ***Prunoideae*** (bzw. die *Prunus*-Arten: Kirschen, Zwetschgen usw.) haben durchweg einfache Blätter mit gezähneltem bis gesägtem Rand und (zumeist hinfälligen) Stipeln, sind also wenig spezifisch. Häufig allerdings – insbesondere bei den Steinobst-Gehölzen – finden sich an

[23] Bei einem *apokarpen Gynoeceum* sind die Fruchtblätter einer Blüte nicht verwachsen, sondern bilden getrennte funktionelle Einheiten. Beim – viel häufigeren – *coenokarpen Gynoeceum* wird durch Verwachsung der Fruchtblätter ein einheitlicher Fruchtknoten gebildet.

der Spreitenbasis 1 bis wenige „Drüsen“, knötchenartige extraflorale Nektarien (Abb. 126; vgl. Schlüssel 6).

Viele ***Maloideae*** (Apfelverwandtschaft) haben ähnliche Blätter, jedoch stets ohne die erwähnten „Drüsen“ (Abb. 118, 128–129; vgl. Schlüssel 6). Reine Fiederblätter (wie sie bei den sogleich zu besprechenden Rosoideen häufig auftreten) sind selten (Abb. 101–102); dafür gibt es alle möglichen Formen von eingeschnittenen bis gelappten Blättern, so vor allem innerhalb der Gattungen *Sorbus* und *Crataegus* (Abb. 107–108). Völlig ganzrandige Blätter besitzt nur die Zwergmispel (*Cotoneaster integerrima*, Abb. 117), die daher ihren Namen hat (*integerrimus* = „völlig unversehrt“).

Einige Maloideen zeigen an Lang- und Kurztrieb etwas unterschiedliche Blätter; bei *Crataegus* z. B. neigen die Stipeln der Langtriebblätter zur Verlaubung, d. h. sie sind deutlich größer. Ähnliches gilt für manche *Sorbus*-Arten.

Die Blätter der ***Rosoideae*** schließlich sind im Grundtyp einfach geteilt (gefiedert oder gefingert), mit zumindest apikaler Zähnung der Fiedern und zumeist bleibenden, oft scheinbar mit dem Blattstiel verbundenen (adnaten) Stipeln; in seltenen Fällen sind auch die Zipfel eines Stipelpaares untereinander verwachsen (Abb. 206). Nicht selten – so bei Wiesenknopf, Nelkenwurz und Odermennig – sind die Stipeln der Rosettenblätter allerdings bis zum ± völligen Schwund reduziert (Abb. 209b). Häufig sind kleine Zwischenfiedern (Abb. 206–209). Da die basipetale Anlegung der Fiedern vorherrscht, ist die Endfieder oft größer als die Seitenfiedern (Abb. 205, 207, 209). Bisweilen ist dann auch nur die Endfieder entwickelt *(Dryas)*.

Auch die 5- bis 7-zählig gefingerten Blätter sind unverkennbar; sie finden sich v. a. bei vielen alpinen *Alchemilla*-Arten (Abb. 176) und bei der bereits genannten Gattung *Potentilla* (Abb. 157–159). Dort gibt es jedoch auch 3-zählige Blätter, was häufig zu Verwechslungen mit einer Erdbeere führt (Abb. 178–179). Bei *Potentilla* gibt es neben den gefingerten aber auch gefiederte Blätter (Abb. 206). Oder die Grundblätter sind gefiedert und die (oberen) Stängelblätter „nur noch“ 3-zählig gefingert (*P. rupestris, P. supina;* vgl. auch Schlüssel 14).

Ungeteilte Blätter sind bei den Rosoideen ausgesprochen selten und in der Regel problemlos als Reduktion aus gefiederten Blättern (*Dryas*, vgl. oben) oder als „Verwachsung“[24] eines vom Typ her gefingerten Blattes zu verstehen (*Alchemilla* z. T., Abb. 286).

[24] Diese „Verwachsung“ ist kein ontogenetisch – d. h. während der Entwicklung der Pflanze – beobachtbarer Vorgang. Vielmehr trennen sich die Anlagen der Fiedern während der Entwicklung des Blattes nicht und „bleiben somit zusammen“.

Während bei den Maloideen und Prunoideen Sprossdornen nicht selten sind (und gelegentlich helfen, Wildobstarten von Kulturobst zu unterscheiden), sind bei den Rosoideen die Gattungen *Rubus* und *Rosa* durch leicht abbrechbare Stacheln gekennzeichnet (Abb. 78). Dabei kann die Form dieser Stacheln ebenfalls für die Bestimmung von Bedeutung sein (Abb. 86).

Viele Rosaceen lassen sich auch in fruchtendem Zustand erkennen, so vor allem wegen einiger sehr ungewöhnlicher Fruchtformen wie Apfel, Him„beere" oder Hagebutte. Bei einigen krautigen Vertretern lässt die Frucht noch einen sog. Außenkelch erkennen, der die Zähligkeit des Kelches auf (8 oder) 10 erhöht. In ähnlich charakteristischer Form findet er sich in der einheimischen Flora nur noch bei den Malvaceen (vgl. 2.8.2).

***71. Rubiaceae* (Rötegewächse)(B, C):** Die Blatt„wirtel" der Rubiaceen sind in Kap. 2.1.2.2 theoretisch abgehandelt. Deren Zähligkeit, insbesondere die Frage „4 *vs.* > 4" (wobei im letztgenannten Fall die Zähligkeit auch innerhalb eines Individuums schwanken kann), ist ein wichtiges Bestimmungsmerkmal. Aber auch andere vegetative Merkmale sind von Bedeutung: So sind die „Blätter" artspezifisch rundlich bis linealisch und 1- oder 3-nervig. Sie sind stets ungestielt und ganzrandig; oft allerdings – vor allem beim Labkraut – bilden die Blattorgane (und/oder die Sprossachse) feine Stachelhöckerchen aus, die vorwärts (bzw. nach oben) oder rückwärts (nach unten) gerichtet sein können, wodurch sich die genannten Organe rau anfühlen. Diese Häkchen dienen manchen Arten dazu, als Spreizklimmer dichte Krautbestände zu durchwachsen (vgl. 2.5.1). – Auch das Vorhandensein (z. B. bei *Galium uliginosum*) oder Fehlen (z. B. beim in ähnlichen Biotopen ebenfalls häufigen *G. palustre*) einer apikalen Stachelspitze kann von Bedeutung sein. – Mitunter ist der Blattrand zurückgerollt, die ohnehin schon sehr schmalen Blätter werden fast einer Nadel ähnlich (*Galium verum,* Abb. 339).

Recht typisch sind für die Familie die „paarweckartigen", meist kleinen Früchte, deren Größe, Form und Oberfläche auch für die Bestimmung relevant sind (vgl. 2.8.3).

***72. Rutaceae* (Rautengewächse)(B):** Als einzige und zudem seltene Art kommt bei uns der Diptam vor. Er hat unpaarig gefiederte, an eine Esche erinnernde Blätter mit einer geflügelten Rhachis; beim Zerreiben entwickeln sie einen charakteristischen Geruch (vgl. 2.6.2).

***73. Salicaceae* (Weidengewächse)(A):** Bei den Salicaceen – insbesondere bei der Gattung *Salix* selbst – ist die Bestimmung nach dem Laub oft der einzig praktikable Weg: Die meisten Arten blühen schon im zeitigen Frühjahr, sodass sie während der „Geländesaison" nicht mehr zur Verfügung stehen.

Die Blätter der Salicaceen sind wechselständig[25] und ungeteilt (bei der Silber-Pappel ± gelappt). Innerhalb der Pappeln sind sie stets ± lang gestielt – der Stiel ist oft ± zusammengedrückt – und kaum länger als

[25] Bei *Salix purpurea* kommen auch dekussierte Blätter vor.

breit (bei der Zitter-Pappel sogar rundlich); bei den Weiden gibt es in dieser Hinsicht Unterschiede. Stipeln sind der Anlage nach vorhanden, bei den Pappeln aber hinfällig und bei den Weiden – auch innerhalb einer Art nicht immer einheitlich – nicht entwickelt, hinfällig oder bleibend. – Im Folgenden beschränken wir uns auf die Weiden (Gattung *Salix*).

Bestimmungstechnisch wichtig sind bei den Weiden die Form der Blattspreite (von ± rundlich bis linealisch), der Spreitenrand (ganzrandig, gezähnt, gekerbt, „ausgebissen", umgerollt) und die Behaarung (v. a. der Blattunterseite), die allerdings im Laufe des Jahres abnehmen kann. Seltener wird nach der Stiel/Spreiten-Relation gefragt, den Stipeln (s. o.) oder nach der Farbe der Spreite (Ober- und Unterseite sind bisweilen unterschiedlich). Nicht immer leicht zugängliche Merkmale sind etwa die häufig an den Blattzähnen und/oder am Blattstiel vorhandenen knötchenförmigen Anschwellungen („Drüsen") oder die Nervatur.

Neben den Blättern spielen auch andere vegetative Merkmale eine Rolle, so vor allem die Wuchsform (Baum, Strauch, Spalierstrauch – Letzterer fast ausschließlich in den Alpen), die Behaarung der Zweige (die, ähnlich Blattbehaarung, im Laufe des Jahres verloren gehen kann), das Vorhandensein von „Striemen" auf entrindetem Holz (v. a. bei den Sumpfweiden *S. cinerea* und *S. aurita;* vgl. Abb. 133b) oder Borke (Abb. 81n–p) – Abb. 120–122, 130–134 erläutern anhand jeweils in sich ähnlicher Artengruppen einige dieser Merkmale. Im Übrigen bastardisieren Weiden leicht; solche Formen lassen sich ohne einschlägige Erfahrung nicht bestimmen.

***74. Santalaceae* (Leinblattgewächse)(B):** Die Familie wird im Gebiet durch die beiden hemiparasitischen Gattungen *Thesium* (Leinblatt) und *Viscum* (Mistel) vertreten. Beider Blätter sind ganzrandig und stipellos. Das krautige *Thesium* hat linealische Blätter mit von 1–3(–5) Längsnerven, deren Zahl zumeist als Bestimmungsmerkmal herangezogen wird, deren korrekte Zählung jedoch eine gewisse Erfahrung erfordert. – Die Mistel *(Viscum)* ist bekanntermaßen ein Hemiparasit auf Bäumen (vor allem Weichholz und Kiefer) und durch ihren habituell gabeligen Sprossaufbau unverkennbar. Die Blätter sind gegenständig, lederartig und immergrün. – *Viscum* gehörte früher zu den *Loranthaceae.* Zu dieser Familie wird heute nur noch die Riemenblume oder Eichenmistel *Loranthus europaeus* gezählt; sie ähnelt habituell sehr einer Mistel, besiedelt aber nur Eichen. In Mitteleuropa hat sie nur noch vereinzelte Vorkommen.

***75. Sapindaceae* (Seifenbaumgewächse; inkl. *Aceraceae* und *Hippocastanaceae*)(A):** Darunter fallen zwei Gattungen, die früher jeweils als eigene Familie aufgefasst wurden. Beiden ist Gegenständigkeit, (meist) handförmige Gliederung und Stipellosigkeit gemeinsam.
Was zunächst die Gattung *Acer* (Ahorn) betrifft, so sind die Blätter – bei unseren Arten – handförmig gelappt und ebenso innerviert (Abb. 109)[26]. Sie sind völlig ausreichend, um die einheimischen Arten sicher zu bestimmen. Die bisweilen ähnlichen Arten Feld- und Französischer Ahorn lassen sich am Milchsaft beim Feld-Ahorn unterscheiden, ebenso Keimpflanzen des Spitz-Ahorns (mit Milchsaft) und des Berg-Ahorns.

Auch die Fruchtform ist meist sehr charakteristisch – insbesondere der Winkel, den die beiden Fruchtflügel zueinander bilden. – Unterschiede in der Borke werden in Abb. 81c–d dargestellt. – Die ähnlichen Blätter der Platane (Abb.110) sind wechselständig.

Die vielfach gepflanzte und selten auch subspontan vorkommende Rosskastanie *Aesculus hippocastanum* ist dagegen durch gefingerte Blätter (wobei die Größe der Fiedern von basal bis zur Endfieder zunimmt) und natürlich durch die bekannten meist stacheligen Kapselfrüchte gut gekennzeichnet.

***76. Saxifragaceae* (Steinbrechgewächse)(B, [C]):** Die Blätter sind zumeist wechselständig, z. T. mit grundständiger Rosette und im Übrigen sehr unterschiedlich. Sie lassen sich jedoch großenteils auf zwei „Grundtypen“ zurückführen:
Unverwechselbar sind die meist starren Blätter des „ersten Typs“ mit als „Kalkdrüsen“ bezeichneten, randlichen weißen Grübchen (Abb. 343b). Die hiervon betroffenen Arten verfügen fast immer über ausgeprägte, oft annähernd kugelige Grundblattrosetten (was sie manchen Crassulaceen – denen Kalkdrüsen allerdings stets fehlen – ähnlich macht, vgl. 24.) und finden sich – wie diese – bevorzugt im Alpen- und Voralpengebiet in Felsspalten und ähnlichen Biotopen. – Die Blätter des „zweiten Typs“ sind apikal fingerförmig eingeschnitten (Abb. 284) oder gelappt (Abb. 285) und zumeist von insgesamt keilförmigem Umriss; auch solche Blätter finden sich außerhalb dieser Familie nur selten. Hierher gehören die beiden Milzkräuter, von denen *Chrysosplenium alternifolium* (Abb. 296) die randliche Kerbung der Blätter, *Ch. oppositifolium* (Abb. 316) den keilförmigen Spreitengrund deutlich zeigen; am schnellsten lassen sie sich im Übrigen natürlich an der namensgebenden Blattstellung unterscheiden.

[26] Lediglich der in feuchten Biotopen stellenweise eingebürgerte *A. negundo* (Eschen-Ahorn) hat Fiederblätter.

Etliche *Saxifraga*-Arten haben auch wenig spezifische rundliche oder lanzettliche Blätter, die zudem gegenständig sein können. Diese Arten lassen sich dann nur mittels generativer Merkmale ansprechen. Allerdings erleichtert der sehr typische, nur im unteren Teil verwachsene 2-zählige Fruchtknoten das Erkennen der Familie auch noch im fruchtenden Zustand.

Die einheimischen Saxifragaceen sind stipellos.

***77. Scrophulariaceae* (Rachenblütler)([A], B, C):** Diese aus der Sicht der Systematik schon immer nicht sehr homogene Familie beschränkt sich heute auf die Gattungen *Scrophularia* (Braunwurz), *Verbascum* (Königskerze) und den gelegentlich verwilderten Zierstrauch *Buddleja* (Sommerflieder). Außer der – im systematischen Kontext nicht weiter bemerkenswerten – Stipellosigkeit lässt sich am Blatt kein gemeinsames Merkmal erkennen. Die häufig zweijährigen Königskerzen haben oft eine Grundblattrosette und sonst stets wechselständige und ungeteilte Blätter, die meist in den kurzen Stiel verschmälert sind oder am Stängel ± deutlich herablaufen. Sie sind oft ± wollig behaart, wobei die etagierten „Bäumchenhaare“ (vgl. 3.2.1.9) eine wichtige Rolle spielen. – Die gegenständigen Blätter der Braunwurz *(Scrophularia)* sitzen an einem vierkantigen oder -flügeligen Stängel (Abb. 320–321).

Vgl. *Orobanchaceae, Phrymaceae* und *Plantaginaceae.*

***78. Solanaceae* (Nachtschattengewächse)(B, C):** In gängigen Floren werden bis zu 20 Arten angeführt, die meisten davon sind aber kurzlebige, oft nur vorübergehend verwilderte Zierpflanzen oder z. T. kurzzeitig auftretende Neophyten.

Die Blätter sind wechselständig, stipellos und meist ungeteilt (Fiederblätter z. B. bei Kartoffel und Tomate). Beim Bittersüßen Nachtschatten *(Solanum dulcamara)* können an ein und derselben Pflanze ± ganzrandige Blätter wie auch solche mit fiederschnittiger Spreitenbasis auftreten (Abb. 275). Ein gewisses Problem, den Sprossaufbau vieler Solanaceen richtig zu verstehen, ist die in dieser Familie weitverbreitete Konkauleszenz. Darunter versteht man die (sonst ziemlich seltene) Erscheinung, dass sich das Achselprodukt eines Tragblattes (z. B. ein Blütenstiel) nicht normal (d. h. frei) entwickelt, sondern zunächst eine gewisse Strecke mit der Hauptachse verbunden bleibt, bis es sich verselbstständigt. Deshalb entspringen, z. B. bei vielen annuellen *Solanum*-Arten, Teilinfloreszenzen scheinbar nicht einer Blattachsel. – Infolge eines besonderen sympodialen Sprossaufbaus stehen bei der Tollkirsche zwei ungleich große Blätter einander „gegenüber“.

Die Früchte sind sehr verschiedenartig. Habituell auffällig sind die meist bestachelten Kapseln des Stechapfels *(Datura)* und die urnenförmigen Deckelkapseln des Bilsenkrauts *(Hyoscyamus).*

79. *Staphyleaceae* (Pimpernussgewächse)(A): Das Blatt der sehr seltenen *Staphylea pinnata* erinnert ein wenig an das des Holunders (vgl. 1. und Abb. 103), ohne jedoch beim Zerreiben den gleichen strengen Geruch zu entwickeln; die Fiedern sind zudem sitzend. – Die Stipeln fallen sehr früh ab.

Sicher erkennbar ist die Art an der blasig aufgetriebenen, (2–)3-zipfeligen Frucht.

80. *Tamaricaceae* (Tamariskengewächse)(A): Die Familie – insbesondere die Gattung *Tamarix* selbst – ist durch ihre zumeist schuppenförmigen Blätter habituell gut kenntlich. Diese sind wechselständig und stipellos. Bei der einzigen einheimischen Art, *Myricaria germanica* (Rispelstrauch), stehen sie sehr dicht und überdecken sich gegenseitig.

81. *Thymelaeaceae* (Seidelbastgewächse)(A, [C]): Alle einheimischen Arten haben sitzende, stipellose, ganzrandige Blätter. Die vier strauchigen Seidelbast *(Daphne)*-Arten sind sich in der verkehrt lanzettlichen bis fast spateligen Umrissform ihrer Blätter ziemlich ähnlich. Die Blätter sind zudem – außer bei *D. cneorum* – an den Zweigenden ± büschelig gehäuft, was den Sträuchern einen recht charakteristischen Habitus verleiht, der sich bei uns sonst nur noch bei wenigen (milchsaftführenden) *Euphorbia*-Arten finden lässt. Die häufigste Art – *D. mezereum* – fällt außerdem dadurch auf, dass sie vor der Blattentfaltung blüht, im beblätterten Zustand also bereits fruchtet[27]. – Die ebenfalls sehr früh blühende *D. laureola* ist immergrün.

Trapaceae* → *Lythraceae

82. *Ulmaceae* (Ulmengewächse)(A): Kennzeichnendes Merkmal der zweizeilig gestellten, scharf doppelt gesägten Blätter ist deren Asymmetrie. *Ulmus glabra* weist zudem einige ± dreispitzige Blätter auf. Ansonsten vgl. Abb. 138–140.

83. *Urticaceae* (Brennnesselgewächse)(B, C): Die Blätter der beiden bei uns vorkommenden Gattungen unterscheiden sich beträchtlich in der Form, von den Brennhaaren der Brennnessel *(Urtica)* ganz abgesehen. Die rundlichen Blätter der einjährigen *Urtica urens* sind von den eher herzförmigen der mehrjährigen *U. dioica* leicht zu unterscheiden; beim Glaskraut *(Parietaria)* ist eine Trennung nach Blattmerkmalen jedoch nicht immer unproblematisch, da die dabei immer wieder genannte Blattgröße schwanken kann.

[27] Genauer: Die Blüten entspringen den Achseln vorjähriger, winters aber abgefallener Blätter. Sie entwickeln sich also streng genommen nicht *vor* den Blättern, sondern mit extremer Verzögerung *nach* den (dazugehörigen Trag-)Blättern.

***84. Valerianaceae* (Baldriangewächse)(B, C):** Außer der Gegenständigkeit (und den fehlenden Stipeln) lassen sich innerhalb dieser Familie kaum Gemeinsamkeiten in der Blattgestalt nennen. Alle Arten der Gattung *Valerianella* (Feldsalat) sind einjährig und besitzen (zumeist) eine dekussiert zusammengesetzte Rosette (vgl. *Gentianaceae [35.]*). Die Stängelblätter unterscheiden sich kaum von den Grundblättern; sie sind ungestielt und ganzrandig bis grob gezähnt. – Aussagekräftiger ist die Blattform beim Baldrian *(Valeriana)*; dort können alle Blätter gefiedert (*V. officinalis* agg.[28]) oder ungeteilt sein (manche alpine Arten); auch können die ungeteilten (weil auf die Endfieder beschränkten) Grundblätter durch Übergänge mit den gefiederten Stängelblättern verbunden sein (z. B. *V. dioica,* Abb. 393).

Sehr kennzeichnend für die Gattung *Valeriana* sind die mit Kelchborsten versehenen Früchte. Die von *Valerianella* sind sehr formenreich und für eine exakte Bestimmung der Art unerlässlich.

Die Familie wird heute in die *Caprifoliaceae (17.)* eingeschlossen.

***85. Verbenaceae* (Eisenkrautgewächse)(C):** Diese – weltweit betrachtet – formenreiche Familie ist bei uns nur durch *Verbena officinalis* vertreten, einer zumeist annuellen Art mit gegenständigen, gekerbten bis fiederspaltigen Blättern.

***86. Violaceae* (Veilchengewächse)(B, [C]):** Die Blätter sind gestielt und ungeteilt, aber am Rand fast immer gekerbt oder gezähnt. Vielfach, so vor allem bei den blaublühenden Arten, ist der Spreitengrund ± herzförmig. Ein bestimmungstechnisch wichtiger Teil des Blattes sind die Stipeln. Sie können insbesondere bei den ± gelbblühenden Arten eine beträchtliche Größe erreichen und auch in ihrer Form dem Oberblatt sehr ähneln (vgl. Abb. 402). Aber auch ihre Zähnung (die Zähne sind zuweilen fransenförmig verlängert) und ihre relative Größe zum Blattstiel sind von Bedeutung. – Die Blattspreite bietet weniger gute Unterscheidungsmerkmale, zumal sich die Blattform und vor allem auch die -behaarung im Laufe des Jahres ändern können (so sind die Jugendblätter des Rauen Veilchens ± kahl); gut kenntlich ist hier nur das Wunder-Veilchen *(Viola mirabilis)* mit einreihig behaartem Stiel der Sommer(!) blätter und Stängel.

Bei frühblühenden Veilchen wird man in der Regel auch Blüten- bzw. Fruchtstiele vorliegen haben. Hier kann die Stellung der schuppenförmigen beiden Vorblätter an den Blütenstielen Hinweise geben. Wichtiger noch ist die Form der Kelchblätter, die sich auch an fruchtenden Exemplaren noch gut erkennen lässt und z. B. die oft verwechselten Waldveilchen *V. riviniana* und *V. reichenbachiana* zu unterscheiden hilft (Abb. 403). Von Bedeutung ist weiterhin, ob sich die Blütenstiele aus einer Blattrosette entwickeln – etwa beim

[28] Zahl und Zähnung der Fiedern sind bei dieser Sammelart wichtige Unterscheidungsmerkmale für die einzelnen Kleinarten.

bekannten duftenden März-Veilchen – oder ob ein beblätterter Stängel entwickelt wird, wie dies z. B. bei den erwähnten Waldveilchen der Fall ist.

87. *Vitaceae* (Weinrebengewächse)(A): Die sehr seltene Wilde Weinrebe (*Vitis vinifera* ssp. *sylvestris*) hat zweireihig gestellte, buchtig gelappte Blätter, die denen der kultivierten Weinreben (*V. v.* ssp. *vinifera*) ähneln. Kennzeichnend sind die den Blättern scheinbar[29] gegenüberstehenden, wenig verzweigten Ranken.

4.2 Monokotyle

Die Blattgestalt bei den Monokotylen ist relativ einheitlich (vgl. 3.3). Dadurch lassen sich gewisse Wiederholungen der Beschreibungen nicht vermeiden. Um dies im Rahmen zu halten, werden Familien mit gemeinsamen Blattmerkmalen zu informellen Gruppen zusammengefasst *(2.–9.; 16.–20.)*.

1. *Acoraceae* (Kalmusgewächse)(B): Hierher gehört nur der Kalmus selbst, dessen „reitende" Blätter (vgl. 3.3.3.2) sich von denen der im gleichen Biotoptyp anzutreffenden Schwertlilie durch ihre randliche Wellung (Abb. 415) und den unverkennbaren Geruch nach Kräuterlikör unterscheiden. – Das Stängelblatt (Tragblatt der Infloreszenz) setzt, vergleichbar mit dem mancher Binsen, die Sprossachse scheinbar fort.

2. *bis* 9. *„Helobiae"*

Es handelt sich durchweg um Wasser- oder doch zumindest um Sumpfpflanzen. Wie bei Wasserpflanzen häufig, bilden sie oft unterschiedliche Blattformen aus, z. B. linealische Unterwasser- und spreitige Schwimmblätter. Im Einzelnen können die Blätter – für monokotyle Verhältnisse – recht unterschiedlich aussehen. Sie entsprechen nicht immer dem landläufigen Bild eines Monokotylenblattes, lassen aber die typische Parallelnervatur im Prinzip meist noch gut erkennen. Verbindendes Element für die ganze Gruppe sind *Intravaginal-* oder *Achselschuppen* (schuppenartige, häutige Effigurationen in der Blattachsel) und ähnliche, gelegentlich auch als Ligula bezeichnete Bildungen (vgl. 2.1.6.2 und 3.3.6.6).

Der Name *Helobiae*, ein alter Ordnungsname, der etwa „die im Sumpf leben" bedeutet, wird heute nicht mehr verwendet. Er umfasst die heutigen Alismatales im weiten Sinn (also inkl. *Hydrocharitales*), aber ohne die physiognomisch und großenteils auch ökologisch abweichenden Araceen (inkl. Lemnaceen) und Tofieldiaceen. Als „informeller Gruppenname" ist er also auch heute noch recht nützlich.

[29] Es handelt sich um sympodiale Sprossverbände (vgl. Abb. 67).

Hierher gehören:

2. *Alismataceae* (Froschlöffelgewächse)(B): Auffallend sind die pfeilförmigen Blätter des Pfeilkrauts *(Sagittaria)*. Auch die eiförmig-zugespitzten, lang gestielten Überwasserblätter von *Alisma plantago-aquatica* sowie die ovalen Blätter des Herzlöffels *(Caldesia parnassifolia)* mit ihrer basalen engen Spreitenbucht sind sehr charakteristisch (vgl. Schlüssel 9).

3. *Butomaceae* (Schwanenblumengewächse)(B): Die Blätter der einzigen einheimischen Art, *Butomus umbellatus*, können bis 1 m lang werden, bleiben aber sehr schmal.

4. *Hydrocharitaceae* (Froschbissgewächse)(B, C): *Hydrocharis* selbst besitzt ± runde, gestielte Blätter, die an der Basis zwei stipelartige Auswüchse tragen und sich darin von den ähnlichen Blättern von *Nymphoides* (vgl. 4.1.48) unterscheiden. – Die Blätter der bei uns eingebürgerten Arten der Wasserpest und ihrer Verwandten stehen zu 2–4 wirtelig (vgl. Schlüssel 1), die der Krebsschere *(Stratiotes aloides)* sind stachelig gezähnt. – Die Arten der Gattung *Najas* (Nixenkraut) schließlich sind sehr seltene, annuelle, untergetauchte Wasserpflanzen mit paarweise oder zu dritt genäherten Blättern; sie sind ebenfalls in Schlüssel 1 berücksichtigt.

5. *Juncaginaceae* (Dreizackgewächse)(B): Die durchweg grundständigen Blätter der beiden ± sumpfige Standorte bewohnenden *Triglochin*-(Dreizack-)Arten sind halbzylindrisch mit oberseitiger Rille. Bei *T. palustre* überlappen sich zwei basale Schuppen zu einer 2-zipfeligen „Ligula", beim Halophyten *T. maritimum* ist sie 1-zipfelig.

6. *Potamogetonaceae* (Laichkrautgewächse)(B): Bei *Potamogeton* selbst, mit ca. zwei Dutzend Arten den Hauptteil der Familie ausmachend, kann man drei Blatttypen unterscheiden: Linealische bis fast haarförmige Unterwasser-(Tauch-)blätter, Tauchblätter mit Spreiten und ebenfalls spreitige Schwimmblätter (Abb. 404); insbesondere die Letzteren sind zudem gestielt. Kommen an einer Pflanze sowohl spreitige Tauch- als auch Schwimmblätter vor, ist die Spreite der Schwimmblätter fast immer breiter. Im Übrigen kann der Habitus der Blätter mit den Umweltbedingungen (z. B. der Fließgeschwindigkeit des Wassers) wechseln. – Die Blätter sind zumeist ganzrandig, selten etwas gewellt (sehr auffällig bei *Potamogeton crispus* mit 4-kantigem Stängel; Abb. 405).

Die Blätter spielen bei der Bestimmung eine ganz wesentliche Rolle, da man blühende oder vor allem fruchtende Exemplare nur ausnahmsweise vorfindet. Wichtig für die vegetative Bestimmung ist dabei deren sorgfältige Präparation. Wichtige Kriterien sind Blattbreite, Blattspitze (z. B. zugespitzt oder stachelspitzig), Zahl und Verlauf der Nerven[30] sowie die Ausgestaltung des Spreitengrundes. Hier finden sich gelegentlich 2 stipelartige Zipfel, die aber meist – zumindest teilweise – verwachsen sind; diese ähneln dann einer Ligula, die scheinbar der Blattachsel entspringt und somit zwischen Abstammungsachse und dem restlichen Blatt steht (Abb. 404). Bei *P. pectinatus, P. filiformis* und *P. helveticus* umgreift diese Ligula die Abstammungsachse in Form einer bauchseitig geschlossenen Scheide; das restliche Blatt entspringt scheinbar am oberen Ende dieser Röhre – Verhältnisse also, die (zumindest habituell) an die Ochrea der Polygonaceen erinnern (vgl. *4.1.64*).

Bei der nah verwandten *Groenlandia* (Fischkraut) stehen die Blätter „gegenständig" (besser: paarweise einander genähert[31], Abb. 63). Beim Teichfaden *(Zannichellia)* sind sie fadenförmig und besitzen am Grund der Spreite eine Stängelscheide, wie sie oben schon bei *Potamogeton pectinatus* usw. erwähnt wurde.

7. Ruppiaceae **(Saldengewächse)(B):** Zwei Arten des Salz- oder Brackwassers mit – im Gegensatz zu *Zostera* (vgl. *9.*) – nur ca. 1 mm breiten Blättern und – im Gegensatz zu *Potamogeton* – ohne „Ligula" bzw. „Ochrea", aber mit zwei kleinen öhrchenartigen Anhängseln.

8. Scheuchzeriaceae **(Blumenbinsengewächse)(B):** Die Blätter der einzigen bei uns vertretenen Art *(Scheuchzeria palustris)* sind denen von *Triglochin maritimum* ähnlich (vgl. *5.*), sind hier aber auch stängelständig und durch ± 8 Leitbündel gerippt.

9. Zosteraceae **(Seegrasgewächse)(B):** Sehr schmale Blätter (oft über 0,5 m lang bei einer Breite von 1–9 mm) kennzeichnen die im Meer lebende Gattung *Zostera*.

10. Alliaceae **(Lauchgewächse)(B):** Die hierher gehörige Gattung *Allium* ist (fast) immer am charakteristischen Lauch-Geruch erkennbar. Bei der Bestimmung der Art werden häufig abwechselnd oder nebeneinander Blatt- und Blütenmerkmale verwendet – eine nicht sehr praxisgerechte Methode, da man nur selten Exemplare vorfinden wird, die bereits voll blühen, deren Blätter aber noch nicht verwelkt sind. Es empfiehlt sich also, zumindest die wildwachsenden Arten auch mittels ihrer vegetativen Merkmale ansprechen zu können. Da die Blätter der *Allium*-Arten bei näherem Hinsehen überraschend reich an Merkmalen sind, ist dies in den meisten Fällen auch durchaus möglich (vgl. Schlüssel 20).

Die Familie wird heute in die *Amaryllidaceae (16.)* eingeschlossen.

---

[30] Hier sollte man allerdings zu Spezialliteratur greifen, z. B. zu Caspar & Krausch 1980).

[31] Die Blätter stehen *nicht* dekussiert; diese Anordnung muss also von einer distichen Blattstellung abgeleitet werden (vgl. 2.1.6.3).

11. *Araceae* (Aronstabgewächse)(B): Die beiden hier vereinten ehemaligen Familien *Araceae* „s. str.“ und *Lemnaceae* müssen getrennt behandelt werden. Beiden Familien gemeinsam ist jedoch das Fehlen typischer Monokotylenblätter. Auffällig sind z. B. die deutlich in Stiel und Spreite gegliederten Blätter bei Aronstab (mit Netznervatur) und Drachenwurz *(Calla);* bei Ersterem sind sie spießförmig, bei Zweiterem rundlich-herzförmig. – Der millimetergroße Vegetationskörper der auf oder im Wasser treibenden Wasserlinsen ist dagegen nicht in Sprossachse und Blätter gegliedert. Er ist, außer bei der Dreifurchigen Wasserlinse *(Lemna trisulca),* ± rundlich und besitzt eine *(Lemna)* oder mehrere (Teichlinse, *Spirodela*) unverzweigte Wurzel(n) – oder aber solche fehlen ganz (Zwerglinse, *Wolffia,* sehr selten). Da sämtliche Arten bei uns kaum einmal blühen – sie vermehren sich durch „Sprossung“ – werden sie fast immer anhand ihrer vegetativen Merkmale bestimmt.

12. *Cyperaceae* (Sauergräser oder Riedgräser)(B, [C]): Die Blätter der Cyperaceen – soweit überhaupt welche sichtbar sind – sind zumeist „grasartig“ (flach, gefaltet oder borstlich), seltener auch massiv-dreikantig (vor allem im Spitzenbereich des Blattes) oder binsenartig. Die 1/3-Stellung ist oft gut zu erkennen, die Stängel sind im Zusammenhang damit oft ± dreikantig. Entsprechend gibt es bei der Blattscheide eine „Bauchseite“ (sie liegt dem Spreitenansatz gegenüber) und zwei „Rückenseiten“ (vgl. 3.3.6.1). – Die Spreiten sind in der Regel kahl, am Rand aber oft rau oder auch schneidend scharf (vgl. 3.3.4). An der Grenze von Ober- und Unterblatt erkennt man häufig einen Hautsaum, der der bekannten Ligula der Poaceen entspricht, aber weitgehend mit der Spreite verwachsen ist (adnat, vgl. 3.3.6.3 und z. B. Abb. 417). Unterhalb der Infloreszenz befinden sich, ähnlich wie bei den Juncaceen, oft ein oder mehrere Tragblätter, die aber nur selten den Stängel in seiner Richtung – vergleichbar Abb. 435 – fortsetzen.

Die jeweilige Gattung an ihren vegetativen Merkmalen zu erkennen setzt zumeist einige Erfahrung voraus, da die Arten einer Gattung sehr unterschiedlich sein können. Bei der Bestimmung der Arten spielen Blattgestalt, Stängelquerschnitt (rund, stumpf bzw. scharf 3-kantig, gerillt), Horst- oder Rhizomwuchs usw. eine beträchtliche Rolle. Oft ist auch die Beachtung des Biotops sehr hilfreich. – Besonders gut dokumentiert ist die Bestimmung der Seggen (Gattung *Carex*) mittels ihrer vegetativen Merkmale, die immerhin ca. zwei Drittel der einheimischen Cyperaceen umfasst. Dabei sind zumeist die basalen und selbst die unterirdischen Teile der Pflanze unverzichtbar: Ausläuferbildung, Farbe der basalen Niederblätter (sie sind nicht selten rötlich getönt), Vorhandensein einer Tunika sowie vor allem die Frage, wie die älteren Blattscheiden verwittern (vgl. 3.3.6.1). An den oberirdischen Blättern ist die Faltung wichtig (einfach oder Knickrandblätter, vgl. 3.3.1.3), die Ausgestaltung des (bei *Carex* stets vorhandenen) Blatthäutchens, die Behaarung (ziemlich selten) und in Einzelfällen sogar die Position der Spaltöffnungen: Diese liegen als Reihen heller Punkte auf der Ober- oder auf der Unterseite (starke Lupe!).

Dafür ein paar Beispiele; die jeweils gegenübergestellten Arten können recht ähnlich sein und finden sich alle im gleichen Biotoptyp (Nasse Gräben und Nassgrünland):

- *C. riparia* (Ufer-S.): Knickrandblätter (7–)10–15 mm breit; Ligula breiter als hoch, stumpf; Bauchseite häutig aufreißend; Quernerven auch am Grund der Blattspreite.

  C. acutiformis (Sumpf-S.): Knickrandblätter 7–10 mm breit; Spreitenrand glatt. Ligula spitz, mit 5–15 mm mindestens so hoch wie breit; Bauchseite netzfaserig (Abb. 418), oft rötlich; Quernerven nur an der Blattscheide.

  C. acuta (= *gracilis;* Schlank-S.): Blätter einfach gefaltet, 4–8 mm breit; Spreitenrand ganz an der Basis borstig-rau; Ligula stumpf, 4–6 mm; Blattscheiden häutig zerreißend, weißlich-bräunlich.

- *C. acuta* (vgl. oben): Spaltöffnungen unterseits (aber auf Resupinationen achten!). Blattrand rollt sich beim Trocknen nach unten (rückwärts) ein[32].

  C. nigra (Wiesen-S.): Spaltöffnungen auf der Blattoberseite; Blattrand rollt sich nach oben (einwärts) ein[33].

- *C. rostrata* (Schnabel-S.): Blätter einfach gefaltet, graugrün; Stängel stumpf 3-kantig.

  C. vesicaria (Blasen-S.): Knickrandblätter (Abb. 420), grasgrün; Stängel scharf 3-kantig.

- *C. vulpina* (Fuchs-S.): Ligula breiter als hoch; basaler Faserschopf ausgeprägt.

  C. cuprina (Falsche Fuchs-S.): Ligula höher als breit; basaler Faserschopf kaum ausgeprägt.

Es gibt – neben den im Literaturverzeichnis genannten Büchern – recht ausführliche Schlüssel zur vegetativen Bestimmung von *Carex*-Arten, insbesondere solcher des Wirtschaftsgrünlandes, weil die generativen Teile sich dort wegen der Mahd oft nicht entwickeln können; sie sind aber nicht gut zugänglich (z. B. Foerster in Göttinger Floristische Rundbriefe **16,** 1982 [NW-Deutschland]; Eisele & Zähringer in Floristische Rundbriefe, Beiheft 5, 1998 [Baden-Württemberg]; Graf in http://www.wsl.ch/staff/ueli.graf/cx/ [Schweiz; auch Juncaceen]). Einen ausführlichen Bestimmungsschlüssel – teilweise in tabellarischer Form –

[32] Dieses Merkmal lässt sich nicht immer gut erkennen.

[33] Einwärtsrollende Blattränder hat auch die seltene *C. aquatilis* (Wasser-S.), deren Stängel jedoch weit herab rau sind.

bietet EGGENBERG & MÖHL (2009). Er ist stark nach dem Lebensraum der Pflanze ausgerichtet. Weil alle Merkmale abgebildet sind, ist er auch für den Anfänger zu empfehlen. Seggen nach vegetativen Merkmalen zu bestimmen ist nämlich meist schwieriger, als man beim Durchlesen eines entsprechenden (Text-)Schlüssels zunächst meinen möchte. Es empfiehlt sich deshalb, dies an Pflanzen zu üben, die unter Zuhilfenahme generativer Organe bestimmt wurden, um sich eine Übersicht über die einzelnen verwendeten Kriterien zu verschaffen.

Am besten lassen sich fruchtende Seggen bestimmen. Zu diesem Zeitpunkt sind zwar die Narben meist schon abgefallen und die Frage „2 *vs.* 3 Narben" ist nicht mehr ohne Weiteres zu beantworten. In diesem Fall entferne man den Utriculus (Fruchtschlauch), also das häutige, bisweilen 2-zähnig geschnäbelte Organ, das die eigentliche Frucht (eine kleine Nuss) umhüllt, und prüfe diese: Ist sie 3-kantig, waren 3 Narben da, ist sie linsenförmig, waren es 2.

13. *Dioscoreaceae* (Schmerwurzgewächse)(B): Nicht nur die einheimische Schmerwurz *Tamus communis*, auch viele andere Vertreter dieser ± tropischen Familie weichen in ihrer Blattform (herzförmige Spreitenbasis!), Stielung und Nervatur (trotz einiger bogenförmiger Hauptnerven eher netznervig) beträchtlich vom „typischen Monokotylenblatt" ab. Hinzu kommen die beiden stipelähnlichen Gebilde an der Basis des Blattstiels.

14. *Iridaceae* (Schwertliliengewächse)(B): Die Schwertlilie selbst (mit Ausnahme von *Iris pseudacorus* und verwilderter, meist nicht blühender Gartenformen sind es durchweg sehr seltene Arten) sowie die Gladiole sind wegen ihrer „reitenden" Blätter bekannt (vgl. 3.3.3.2). Die eher grasartigen Blätter von *Crocus* sind völlig anders; ihre ohnehin schon schmale Blattspreite ist randlich zurückgerollt, die Mittelrippe als helle Linie zu erkennen.

15. *Juncaceae* (Binsengewächse)(B, [C]): Die beiden Gattungen werden am besten getrennt besprochen:

Luzula (Hainsimse) ist in ihrer Blattgestalt ziemlich einheitlich: Sie ist grasartig (allerdings in 1/3-Stellung) und zumindest basal in charakteristischer Weise lang bewimpert (Abb. 427). Wesentliche Merkmale für die Bestimmung liefern die Blätter nur selten, wenn man davon absieht, dass *L. pilosa* und *L. sylvatica* schon an ihrer Blattbreite (> 5 mm) erkennbar sind. Wichtiger ist die Infloreszenz, was in diesem Fall die Möglichkeit einer regelgerechten Bestimmung kaum einengt, da man deren Aufbau fast die ganze Vegetationsperiode über erkennen kann. Näherhin muss man überprüfen, ob die Blüten einzeln stehen bzw. in welcher Weise sie gruppenartig zusammentreten. Dies ist für den Ungeübten nicht immer einfach zu entscheiden und in den Abb. 436–438 exemplarisch dargestellt.

Die Blätter von *Juncus* (Binse) dagegen sind stets kahl und zudem kaum grasartig-flach, sondern zumindest rinnig (d. h. im Querschnitt ± u-förmig) oder aber, einem Stängel ähnlich, rund (eben „binsenförmig"). Diese Verhältnisse wurden bereits besprochen (vgl. 3.3.3.4), ebenso die bisweilen kennzeichnende Öhrchenbildung. – Bei den stängelähnlichen – manchmal aber zweischneidig zusammengedrückten – Blättern gibt es zwei Formen: Durchgängig hohle und „gefächerte" (d. h. durch Querwände gegliederte, Abb. 430–432). Man kann diese Kammerung von außen oft schon sehen; ansonsten lässt sie sich fühlen, wenn man das Blatt leicht zusammendrückt und zwischen den Fingern durchzieht. – Während die *Junci* mit gefächerten Blättern (außer *J. inflexus*) zumeist Rasen bilden, sind die ungekammerten häufig Horstpflanzen.

Bei *J. inflexus* (Graugrüne Binse), wo übrigens auch der Stängel gefächert ist, sowie bei der seltenen Art *J. atratus* lässt sich dies meist nicht erfühlen, weil Blatt und Stängel durch eingezogene sklerenchymatische Stränge viel fester sind. Borstliche Blätter mit undeutlichen Querwänden hat *J. bulbosus*. Bei *J. subnodulosus* ist das „binsenförmige Blatt" (vgl. 3.3.3.4) mehrröhrig, d. h. auch durch Längswände gefächert.

Typisch ist für viele *Juncus*-Arten, dass das Tragblatt der Infloreszenz die Wachstumsrichtung der – im Übrigen nicht erkennbar beblätterten[34] – Sprossachse fortsetzt, weshalb die Infloreszenz (eine sog. Spirre) scheinbar seitenständig ist (vgl. Abb. 435). Dabei ist die relative Länge des Tragblattes ± artspezifisch: Es hat z. B. etwa die gleiche Länge wie der Stängel bei *J. filiformis* (weshalb die Spirre scheinbar der „Stängel"mitte entspringt) oder überragt auch, da sehr kurz, kaum die Infloreszenz *(J. maritimus)*.

Eine weitere Besonderheit von *Juncus*-Blättern kann ihre sklerenchymatische Versteifung sein (*J. inflexus*, vgl. oben), infolge derer sie empfindlich stechen können. Dies betrifft vor allem das den Stängel fortsetzende Tragblatt und ist bei den Binsen der Meeresküste besonders ausgeprägt (bei uns also bei *J. maritimus*).

Die für die Juncaceen typische 1/3-Stellung kann man bei den Arten mit röhrigen Blättern kaum nachvollziehen.

Einen sehr lehrreichen Schlüssel für die Juncaceen der Schweiz bietet der bereits bei den Cyperaceen genannte Schlüssel von Graf.

16. bis 20. „Liliaceen-Ähnliche"

Hierher gehören: *Amaryllidaceae* s. str. (*16.;* Narzissengewächse exkl. *Alliaceae [10.]*), Asparagaceae (*17.;* Spargelgewächse), *Xanthorrhoeaceae* (bzw. *Asphodelaceae*) (*18.;* Grasbaum- bzw. Affodillgewächse), *Colchicaceae* (*19.;* Herbstzeitlosengewächse) und *Liliaceae* (*20.;* Liliengewächse; alle Familien enthalten ausschließlich mehrjährige Krautige). Diese Familien – mit Ausnahme der *Amaryllidaceae* s. str. – hat man früher unter „*Liliaceae*" subsummiert (zuzüglich weiterer, hier wegen ihrer teil-

[34] An der Basis der Sprossachse finden sich allerdings fast immer zusätzlich ± scheidige Niederblätter.

weise abweichenden Blätter getrennt behandelter Taxa: *Alliaceae [10.], Melanthiaceae [21.], Nartheciaceae [22.]* und *Tofieldiaceae [26.]*).
Das Blatt entspricht im Großen und Ganzen dem Monokotylen-Typ, und auch die übrigen vegetativen Merkmale geben zumeist wenig her. Wesentliche Unterschiede zeigen sich in den unterirdischen Speicherorganen (Zwiebel, Rhizom), die aber in der Bestimmungspraxis – schon aus Naturschutzgründen – kaum eine Rolle spielen.
Bei vielen Gattungen werden bei der Bestimmung der Art demzufolge die Blätter nur insoweit herangezogen, als ihre Zahl *(Gagea, Scilla, Muscari)*, ihre Anordnung am Spross (z. B. *Lilium*) oder ihre Breite (z. B. *Gagea*) als Merkmal verwendet wird. Von diesen allgemeinen Verhältnissen gibt es jedoch eine Reihe von Ausnahmen: Manche Gattungen haben z. B. relativ (d. h. für Monokotylenverhältnisse) breite (lanzeolate bis eiförmig zugespitzte) Blätter, ohne ihre parallele (hier dann: bogenförmige) Nervatur aufzugeben. Diese Blätter sind deshalb meist unverkennbar und zeichnen etwa Herbstzeitlose *(Colchicum)*, Maiglöckchen *(Convallaria)*, Knotenfuß *(Streptopus)* und die Weißwurz-Arten (*Polygonatum odoratum* – Abb. 416 – und *P. multiflorum*) aus; bei der Schattenblume *(Maianthemum)* schließlich sind der Spreitengrund ausgeprägt herzförmig und der Blattstiel wohlentwickelt (vgl. Schlüssel 9).

21. *Melanthiaceae* (Einbeerengewächse)(B): Die beiden hierher gehörigen Gattungen sind nicht zu verwechseln: Der Germer *(Veratrum)* hat große, wechselständige, parallelnervige Blätter (vgl. 4.1.35) und passt insofern noch in den Monokotylen-Typ. Bei der Einbeere *(Paris)* dagegen weichen die netznervigen, scheinbar wirteligen Blätter (Abb. 409) deutlich ab.

22. *Nartheciaceae* (Beinbrechgewächse)(B): *Narthecium ossifragum* ist – ähnlich den *Tofieldiaceae* – eine moorbewohnende Art mit „reitenden" Blättern (vgl. *14.*).

23. *Orchidaceae* (Orchideen)(B): Die meisten der zumeist deutlich 2-zeilig stehenden Orchideenblätter entsprechen ± dem in Abb. 411 dargestellten Typ. Wichtiger als die Blattform ist denn auch eher deren Länge im Verhältnis zur Breite oder zum dazugehörigen Internodium. Bedeutsam ist auch die Anordnung am Stängel: ob z. B. nur eine ± grundständige Rosette vorliegt (die bei *Malaxis* zumeist nur aus einem Blatt besteht, daher „Einblattorchis") oder die Zahl der Stängelblätter. Innerhalb der Knabenkräuter[35] sind bei *Orchis* im Gegensatz zu *Dactylorhiza* die Stängelblätter gegenüber den Grundblättern zumeist

[35] Trotz ihres gemeinsamen deutschen Namens sind die beiden Gattungen nicht nahe verwandt.

deutlich reduziert. Einige *Dactylorhiza*-Arten sind durch eine charakteristische Blattfleckung gekennzeichnet (Abb. 100g, 413; vgl. Schlüssel 4). Gute Merkmale sind auch die beiden ± gegenüberstehenden Stängelblätter von *Listera* (Zweiblatt; Abb. 412; ähnlich Platanthera [Kuckucksblume] mit zusätzlichen Hochblättern), die feine Behaarung der Sprossachse von *Epipactis* (Sumpfwurz, Abb. 411) oder die nichtgrünen (zumeist gelblich-bräunlichen) Schuppenblätter parasitischer Orchideen (vgl. Schlüssel 5).

24. *Poaceae* (Gramineae); (Süßgräser, Echte Gräser)(B, C): Als Familie lassen sich die Echten Gräser in der Regel gut erkennen: Der typische „Grashabitus", 2-zeilige Blattstellung (die allerdings durch Torsionen gestört sein kann), der zumeist deutlich in verdickte Knoten[36] und hohle Internodien gegliederte, von wohlentwickelten Blattscheiden umschlossene „Halm"[37] sowie eine charakteristische Ligula – alle diese Merkmale sind (in dieser Kombination) kaum zu verwechseln. Gattungs-Merkmale jedoch lassen sich nur selten angeben – höchstens Anhaltspunkte: Bei Schilf *(Phragmites)*, Borstenhirse *(Setaria)*, Liebesgras *(Eragrostis)* u. a. ist die Ligula in einen Haarkranz aufgelöst, beim Rispengras (Poa) u. a. verläuft beiderseits der Mittelrippe eine Rinne („Schienenblatt"; vgl. 3.3.1.6).
Dennoch bieten die Poaceen eine Reihe vegetativer Kriterien, die in vielen Fällen – und bei einiger Übung[38] – eine Bestimmung bis zur Art ermöglichen. Es existieren auch gute Schlüssel, die darauf aufbauen; dass sie sehr seltene Gräser dabei häufig nicht berücksichtigen, ist in der Praxis zumeist kein Nachteil. Da diese Schlüssel die hierfür herangezogenen Merkmale meist beschreiben, können wir uns kurzfassen, zumal bereits in Kap. 3.3 etliche Beispiele gebracht wurden. Wichtig sind:

- *Form* (plan/zusammengerollt, aber entfaltbar; Vorsicht bei „angetrockneten" oder Herbarexemplaren!/borstlich, d. h. nicht entfaltbar)
- *metrische Merkmale* (v. a. Blattbreite)
- *Knospenlage* (gerollt/gefaltet)
- *Ligula* (häutig oder Haarkranz, vgl. oben; Länge; spitz/gestutzt; bewimpert? usw.)

36 Die Verdickung des Knotens ist übrigens weniger eine des eigentlichen Halms als vielmehr des untersten Teils der Blattscheide.
37 Ursprünglich bezog sich der Begriff „Halm" nur auf solche Stängel und war somit ein Kennzeichen der Poaceen. Bald jedoch wurde er auch auf andere schlanke, ± biegsame Graminoiden-Stängel übertragen.
38 Ähnlich wie bei *Carex* wird hier empfohlen, den Umgang mit Blattmerkmalen an generativ bestimmten Individuen zu üben.

- *Blattgrund* (Öhrchen?)
- *Blattscheide* (offen/geschlossen)
- *Behaarung* von Blattspreite (überall? nur auf den Nerven?), Blattscheide und Halm (nicht immer zuverlässig)
- *Blattspitze* (allmählich/plötzlich verschmälert; „Kahnspitze“)
- *Nervatur* (als Rippen hervortretend?; Höckerchen oder ähnliche Bildungen; bei „kritischen“ Formenkreisen, z. B. bei *Festuca ovina* agg. auch Zahl und Anordnung der Nerven auf dem Blattquerschnitt)
- *Bereifung* (± bläulicher, abwischbarer Belag)
- *unterirdische Organe* (Horst- oder Rhizomgras[39]; ein- oder mehrjährig)

Einige Beispiele sind in Abb. 414, 422–426 und 428–429 dargestellt; sie entstammen, um einen ± einheitlichen Bezugsraum zu berücksichtigen, vor allem dem Biotop-Typ „Wald“. Entsprechende Abbildungen für Grünlandgräser findet man z. B. in VOLGER (1994). Sehr gut ist auch hier die reich bebilderte Bestimmungsmöglichkeit nach EGGENBERG & MÖHL (2009); sie ist ähnlich strukturiert wie deren Cyperaceen-Schlüssel. Ein „klassischer“ Bestimmungsschlüssel nach vegetativen Merkmalen (und ein vollständiger Abbildungsteil) findet sich in KLAPP & OPITZ VON BOBERFELD (2006). Eine Gegenüberstellung der wichtigen Getreidearten ist häufig in Bestimmungsbüchern vorgenommen und ermöglicht deren Ansprache auch als Jungpflanze.

Eine Bestimmung der Art nach vegetativen Merkmalen *im Gelände* hat nur dann Sinn, wenn man die Zahl der Möglichkeiten aufgrund seiner Kenntnisse von vorneherein stark einengen kann: Man sucht dann gezielt die Angaben zu den infrage kommenden Arten. Eine Bestimmung „von Anfang an“ erfolgt hingegen am besten zu Hause; dafür muss man Material aus dem Gelände mitnehmen (in einer Plastiktüte und möglichst wenig geknickt), soweit dies mit den Anforderungen des Naturschutzes zu vereinbaren ist. Um die unterirdischen Teile zu schonen, genügt es, sich die Wuchsform zu notieren (vor allem horst- oder rasenförmigen Wuchs); auch die Alternative ein-/mehrjährig ist bei den meisten Gräsern leicht per Augenschein zu entscheiden.

25. *Sparganiaceae* (Igelkolbengewächse)(B): Die dichtstehenden Blätter des Igelkolbens sind 2-zeilig gestellt, im Querschnitt sind sie – zumindest bei den häufigeren Arten – verkehrt 3-eckig („gekielt“). Ein ± gitterartiges Adersystem lässt sich zumeist gut erkennen. Es werden häufig flutende Unterwasserblätter ausgebildet. Eine Unterscheidung der einzelnen Arten mittels vegetativer Merkmale ist bis zu einem gewissen Grad möglich (vgl. Schlüssel 21).

Die Familie wird heute zu den *Typhaceae (27.)* gestellt.

[39] Vgl. Kap. 3, Fußnote 17.

26. *Tofieldiaceae* (Simsenliliengewächse): Zwei moorbewohnende Arten mit „reitenden" (vgl. *14.*), fast durchweg grundständigen Blättern.

27. *Typhaceae* (Rohrkolbengewächse)(B): Die Blätter sind einheitlich: Bandförmig, mit ± gewölbter Unterseite, und in ihrer zumeist dichten 2-zeiligen Anordnung unverkennbar. Unterschiedlich ist nur die Blattbreite, wobei aber die Unterscheidung der beiden häufigen Arten *Typha latifolia* und *T. angustifolia* (> 10 bzw. < 10 mm) nur bei vollständig entwickelten Blättern möglich ist (die stärkere Wölbung der Blattunterseite bei *T. a.* ist nicht zuverlässig). Recht zuverlässig sind dagegen die anatomischen Unterschiede (vgl. Abb. 433–434).
In die Familie werden auch die *Sparganiaceae (25.)* eingeschlossen.

5. Bestimmungsschlüssel (Beispiele)

Übersicht

Nr.	Titel	vgl. Kap.
1	Wasserpflanzen mit wirteligen Blättern	2.1.2.2
2	Bewehrte Holzpflanzen	2.4
3	Kletterpflanzen	2.5
4	Gefleckte Blätter	2.7.2
5	Pflanzen ohne Blattgrün *bzw.* Pflanzen ohne sichtbares Blattgrün	2.7.3
6	Obstbäume	3.1.4
7	Grundblätter mehrzählig gefingert	3.2.3.1
8	Grundblätter handförmig fiederschnittig	3.2.3.2
9	Monokotyle mit gestielten Blättern	2.1.6.2
10	Monokotyle mit 2- bis n-zähligen Blattquirlen	3.3.2
11	Echte Farne	3.4
12	Strauchige *Ericaceae*	3.2.1.4
13	*Geranium*	3.2.3.2
14	*Potentilla*	3.2.3.1
15	*Epilobium*	4.1.53
16	*Hypericum*	2.7.1
17	*Leontodon*	3.2.1.9
18	„Hufeisenblättrige"	4.1.8
19	*Eleocharis*	3.3.7.3
20	*Allium*	4.2.10
21	*Sparganium*	3.3.3.5

Zum Aufbau der Schlüssel:

Die Schlüssel sind nach dem Muster (B) gemäß Kap. 2.11 aufgebaut. Liegen 2 Wahlmöglichkeiten vor, lautet die Alternative **1. / 1+**, liegen >2 vor **1a, 1b, 1c ...**

Abkürzungen:

B. Blatt, Blätter, -blättrig; auch in zusammengesetzten Begriffen und Namen wie „Unterwasserb.", „B.stiel" oder „Schlitzb. Storchschnabel"

Stg.: Stängel

Pfl.: Pflanze

Ein * vor dem Taxon-Namen besagt, dass es – oder Teile davon – auf der Roten Liste für Deutschland steht (nicht markierte Taxa können unbenommen davon natürlich auf einer regionalen Liste stehen).

p. p.: Die Merkmalskombination trifft nur auf einen Teil der Gattung zu. Bei der Umgrenzung von Taxa bedeutet *s. str.* „im engen Sinn" bzw. *s .l.* „im weiten Sinn".

Merkmale der Grundblätter entsprechen meist auch denen unterer Stängelblätter.

Schlüssel 1 – Wasserpflanzen mit wirteligen Blättern

Wasserpflanzen mit gegenständigen Blättern vgl. Tab. 5

Lakunen: hohle Kammern

1. Pfl. ohne grüne B., aber Seitenäste quirlig stehend

2. Schuppenb. zu einer vielzähnigen Stg.scheide verwachsen; Stg. glatt **Equisetum fluviatile** (Teich-Schachtelhalm)

2+ B. überhaupt fehlend; Stg. und Äste oft rau und brüchig ***Characeae*** (Armleuchteralgen)[1]

1+ Tauchb. (Unterwasserb.) vorhanden, nicht zu einer Stg.scheide verwachsen

3a Tauchb. in 6–9-zähligen Wirteln, quergeteilt: auf einer keilförmigen Basis mit apikalen Borsten sitzt die rundliche, zum Insektenfang fähige Spreite; Pfl. wurzellos ****Aldrovanda vesiculosa*** (Wasserfalle)

3b Tauchb. linealisch bis lanzeolat, ungeteilt

4. Wirtel 6–16-zählig (dikotyle Pflanze)

5. Überwasserb. vorhanden

6. Überwasserb. den Tauchb. ähnlich, nur kürzer und fester ****Hippuris vulgaris*** (Tannenwedel)

6+ Heterophyllie: Überwasserb. ± eiförmig, in 3-zähligen Wirteln ****Elatine alsinastrum*** (Quirl-Tännel)

5+ Überwasserb. fehlend

7. Stg.querschnitt um den Zentralzylinder polygonal gekammert ****Hippuris vulgaris*** (Tannenwedel)

7+ Stg.querschnitt um den Zentralzylinder radial gekammert ****Elatine alsinastrum*** (Quirl-Tännel)

4+ (Schein-)Wirtel 3–4(–6)-zählig; B. zumindest apikal meist fein gezähnelt (monokotyle Pflanze)

8. B. eigentlich wechselständig, die oberen aber quirlig genähert, starr, stark zurückgebogen, aber nicht um ihre Längsachse verdrillt ***Lagarosiphon major*** (Scheinwasserpest)

---

[1] Keine Gefäßpflanze, aber habituell mit einer solchen verwechselbar.

8+ B. ± alle in Quirlen

9. B. spitz gezähnt, basal ± plötzlich scheidig erweitert; Scheinwirtel 2–3-zählig; Stg. im Querschnitt ohne Lakunen ***Najas*** (Nixenkraut)

10. Stg. meist bestachelt; B. 1–4 mm breit; Scheide ganzrandig ****N. marina*** (Meer-N.)

zuweilen werden unterschieden:

11. Mittelrippe unterseits nicht oder kaum bestachelt *ssp. *marina*

11+ Auch Mittelrippe des B. unterseits regelmäßig bestachelt ssp. *intermedia*

10+ Stg. und Mittelrippe nicht bestachelt; B. bis 1 mm breit; Scheide wimprig gezähnt

12. B.rand geschweift-gezähnt, wie der Stg. zerbrechlich ****N. minor*** (Kleines N.)

12+ B.rand fein stachelspitzig, wie der Stg. biegsam ****N. flexilis*** (Biegsames N.)

9+ B. höchstens fein gezähnelt; Stg. radiär gekammert (Neophyten ***Elodea*** s. l. (Wasserpest)

13. Quirle (meist) 3-zählig; B. 1–4 mm breit (*Elodea* s. str.)

14. B. 2,5–4 mm breit, basal oft etwas verschmälert, stumpf, nicht um die Längsachse verdrillt und nicht zurückgebogen ***E. canadensis*** (Kanadische W.)

14+ B. 1–3 mm breit, nicht verschmälert, ± spitz

15. B. 3–10-mal so lang wie breit, mit breiter Basis, meist verdrillt und oft auch zurückgebogen; B.knoten dunkel ***E. nuttallii*** (Amerikanische W.)

15+ B. 7–15-mal so lang wie breit, weder verdrillt noch zurückgebogen; B.knoten grünlich ***E. callitrichoides*** (Argentinische W.)

13+ Quirle (meist) 4-zählig, dicht stehend; B. bis 5 mm breit, oft zurückgekrümmt, aber nicht verdrillt ***E.*** *(Egeria)* ***densa*** (Dichtb. W.)

3c Tauchb. tief geteilt[2]

16a Nur Tauchb. vorhanden, diese durchweg wirtelig

17. Wirtel (3–)4–6-zählig; B. kammartig fiederteilig; Stg.-querschnitt radial gekammert ***Myriophyllum***[3] (Tausendblatt)

18. Die jederseits 8–20 Fiedern ± (!) gegenständig; an den B.basen keine Drüsen, aber an den Fiederbasen; eutrophe Gewässer

19. Wirtel (3–)4-zählig; B. derb; Stg.querschnitt mit 9–12 Lakunen um den zentralen Zylinder ***M. spicatum*** (Ähriges T.)

19+ Wirtel 5(–6)-zählig; B. weich; Querschnitt mit 12–20 Lakunen ***M. verticillatum*** (Quirlb. T.)

18+ Besonders die oberen der jederseits 4–10 Fiedern ± wechselständig; an den B.basen mit Drüsen

20. Wirtel 4-zählig; B. etwa so lang wie die Internodien; nur an B.basis und Fiederende mit Drüsen; Stg.querschnitt mit 8–10 Lakunen; oligotrophes, kalkarmes Wasser ****M. alterniflorum*** (Wechselblütiges T.)

20+ Wirtel 4–5-zählig; B. viel länger als die Internodien; auch in den Fiederachseln und auf den Fiedern mit Drüsen; meso- bis eutroph (Neophyt) ***M. heterophyllum*** (Verschiedenb. T.)

17+ Wirtel > 6-zählig; B. gabelteilig, zumindest apikal mit 2–4 kurzen Stachelborsten; Stg. mit Luftgängen, aber nicht gekammert ***Ceratophyllum*** (Hornblatt)

21. B. 1–2-mal gabelteilig, starr; B.zipfel letzter Ordnung meist mit 3(–4) Zähnchen (Abb. 92a) ***C. demersum*** (Raues H.)

21+ B. 3(–4)-mal gabelteilig, weich; B.zipfel mit 1–3 Zähnchen (Abb. 92b) ****C. submersum*** (Zartes H.)

---

[2] Hierher gehört streng genommen auch der sehr seltene Schwimmfarn *Salvinia natans*. Bei ihm schwimmen zwei Blätter des 3-zähligen Wirtels unbenetzbar auf dem Wasser, das dritte Blatt ist wurzelartig zerteilt und untergetaucht.

[3] Bei den zur Unterscheidung der Arten zunehmend zitierten „Drüsen" handelt es sich um sehr kleine Schüppchen. Sie lassen sich – wenn überhaupt – vor allem an jungen Blättern erkennen.

16b Pfl. mit ausgeprägter Rosette rautenförmiger Schwimmb.; „Tauchb." kammförmig gefiedert (ähnlich *Myriophyllum*), in 2–4-zähligen Wirteln ***Trapa natans** (Wassernuss)

Bei den „Tauchb." handelt es sich in Wirklichkeit um quirlständige, chlorophyllhaltige (!) sprossbürtige Wurzeln.

16c B. eigentlich wechselständig, nur die oberen zu 2–6 quirlartig genähert, aber keine ausgeprägte Schwimmb.-Rosette bildend; Überwasserb. mit kleinen rötlichen Drüsen ***Hottonia palustris** (Wasserfeder)

Schlüssel 2 – Bewehrte Holzpflanzen

Gruppenschlüssel:

1. Baum oder höherer Strauch **Schlüssel A.**

1+ Zwergstrauch –60(–80) cm **Schlüssel B.**

A. Gehölze (Bäume und Sträucher)

Die Gattungen *Rubus*, *Rosa* und *Crataegus* lassen sich mit vegetativen Merkmalen nicht weiter bestimmen.

1a Strauch nur in der Jugend mit 3-zähligen B., diese später zu Dornen umgebildet; auch die Spitzen der gerillten und behaarten Zweige verdornt ***Ulex europaeus*** (Stechginster)

1b B. meist (!) gegenständig, mit (2–)3(–4) Paar bogenförmiger Seitennerven 1. Ordnung; kalkliebend ***Rhamnus*** (Kreuzdorn)

2. Spreite 3–6 x 2–3 cm; B.stiel mindestens 2-mal so lang wie die Stipeln (Abb. 135) ***Rh. cathartica*** (Echter K.)

2+ Spreite 1–3 cm lang; Stiel etwa so lang wie die Stipeln ***Rh. saxatilis*** (Felsen-K.)

1c B. wechselständig

3a B. vollständig geteilt

4. B. gefiedert

5. Stipeln an der Stielbasis zu einem Dornpaar umgewandelt; Baum ***Robinia pseudoacacia*** (Robinie)

5+ Stipeln krautig, fädlich oder hinfällig; stacheliger Strauch

6. Zweige (und meist auch die Rhachis) stachelig; B. sommergrün

7. Stipeln fädlich; B. unterseits weißfilzig ***Rubus idaeus*** (Himbeere)

7+ Stipeln krautig, hoch hinauf mit dem B.stiel verwachsen (adnat) ***Rosa*** (Rose)

6+ Zweige stachellos; B.rand ± stark gewellt, mit abstehenden Stachelzähnen; B. ledrig, immergrün ***Mahonia aquifolium*** s. l.[1] (Mahonie)

[1] Das Epitheton *aquifolium* nimmt darauf Bezug, dass die **Fieder** von *Mahonia* dem **Blatt** von *Ilex* gleicht. – „s. l.“: inkl. Hybriden.

4+ B. gefingert oder 3-zählig; Pfl. mit Stacheln und/oder Stachelborsten ***Rubus*** (Brombeere)

3b B. tief gelappt

8. B. ledrig, immergrün, oft (!) mit buchtigen Stachelzähnen ***Ilex aquifolium*** (Stechpalme)

8+B. sommergrün, stachellos

9. Strauch oder kleiner Baum mit Kurztriebdornen (d. h. Dornen über den jeweiligen Tragb. auswachsend); Stipeln meist vorhanden (Abb. 107–108) ***Crataegus*** (Weißdorn)

9+ 1–3-teilige Stacheln unterhalb von B. stehend; Pfl. stipellos; Strauch ***Ribes uva-crispa*** (Stachelbeere)

3c B. höchstens gezähnt

10. B. schmal-lanzettlich, unterseits von schülfrigen Haaren silbrig oder graugrün (Schildhaare, Abb. 90d), auch junge Triebe mit solchen Haaren; Sprossdornen

11. Spreite 3–10 mm breit, plan, oberseits bald verkahlend; B.stiel 1–2 mm ***Hippophaë rhamnoides*** (Sanddorn)

11+ Spreite 8–45 mm breit, randlich etwas wellig, auch oberseits von Schildhaaren grau; B.stiel oft länger ***Elaeagnus*** (Ölweide)

12. B. bis 25 mm breit; Zweige silbrig-schülfrig ***E. angustifolia*** (Schmalb. Ö.)

12+ B. bis 45 mm breit; Zweige rostfarben-schülfrig ***E. commutata*** (Silber-Ö.)

10+ B. ohne Schildhaare

13. An den Langtrieben 1- bis mehrteilige B.dornen, in deren Achseln Kurztriebe mit B.büscheln; B. säuerlich schmeckend ***Berberis vulgaris*** (Berberitze)

13+ Pfl. mit Sprossdornen[2]

14a B. lanzettlich, 3–6 cm lang, ganzrandig, stipellos ***Lycium barbarum*** (Bocksdorn)

14b B. lang-oval, –12 cm lang und 1/2 bis 1/3 so breit, meist nur am oberen B.rand gezähnelt; Stipeln hinfällig ***Mespilus germanica*** (Mispel)

[2] Die Dornen werden nicht immer entwickelt (vgl. 3.1.7).

14c B. < 9 cm lang, am ganzen Rand gezähnt; Stipeln hinfällig (vgl. auch Schlüssel 6)

15. Stiel bis etwa so lang wie die Spreite; diese nur < 1,5-mal so lang wie breit, oberseits dunkelgrün, unterseits bläulich, bald verkahlend (Abb. 118)
Pyrus pyraster (Wild-Birne)

15+ Stiel deutlich kürzer als die Spreite und/oder diese mindestens 2-mal so lang wie breit

16. Spreite eiförmig, meist > 5 cm lang, oberseits (oft sehr spärlich) mit sehr kleinen roten Drüsen; meist Baum (Abb. 129) ***Malus sylvestris*** (Wild-Apfel)

16+ Spreite lanzeolat bis oval, meist < 4 cm lang, nur kurz gestielt, ohne Drüsen; herdenbildender Strauch
Prunus spinosa (Schlehe)

B. Zwergsträucher

1. Pfl. nicht drüsig; B. alle einfach, ganzrandig, ohne Stipeln, zuweilen fehlend. Dornen bisweilen verzweigt. Auf sauren Böden
Genista (Ginster)

2. Stg. und B. kahl; B. 3–8 mm lang ***G. anglica*** (Englischer G.)

2+ Stg. und B. (besonders randlich) behaart. B. 10–15(–20) mm lang
G. germanica (Deutscher G.)

1+ Pfl. drüsig; B. mit Stipeln, zumindest die unteren B. des Haupttriebs meist 3-zählig; Fiedern apikal gezähnelt
Ononis spinosa s. l.[3] (Gewöhnl. Hauhechel)

3a Stg. aufrecht oder aufsteigend, basal oft nur mit 1–2 Haarreihen oder kahl; Fiedern ± spitz, meist mehrfach länger als breit; reife (!) Frucht > Kelch (*O. spinosa* s. str.)

4. Dornen stets (oft paarweise) vorhanden, starr. –50 cm hoch. Pfl. wenig riechend. Eher trockene Standorte ssp. *spinosa*

4+ Pfl. dornenlos oder schwachdornig. Pfl. stinkend. –1 m. Wechselfeuchte Standorte ssp. *austriaca*

[3] Der nachfolgende Schlüssel dient nur als Anhaltspunkt; die angegebenen Merkmale werden in der Literatur sehr unterschiedlich bewertet und sind nicht immer korreliert.

3b Stg. aufrecht oder aufsteigend, fast immer dornenlos, ± rundum mit (oft 2–3 mm) langen schmierigen Drüsenhaaren; Fiedern zugespitzt; Stipeln bis zu 20 x 15 mm groß; auch reife Frucht < Kelch; Pfl. stinkend; (wechsel-)trockene Standorte (*O. arvensis*, Bocks-H.) ssp. *arvensis*

3c Stg. niederliegend bis aufsteigend, basal oft unterirdisch, dornenlos oder mit einzelnen Dornen, ± rundum behaart (auf 2 Seiten zuweilen dichter); Fiedern breit elliptisch, vorne stumpf bis ausgerandet; reife Frucht < Kelch; Pfl. wenig riechend; ± trockene Standorte (*O. repens*, Kriechender H., Abb. 315) ssp. *maritima*

Schlüssel 3 – Kletterpflanzen

Ohne Spreizklimmer
Die Winderichtung wird in „klassischer" Weise angegeben (Linkswinder = Rechtsschraube; vgl. 2.5.)

1. Holzpfl.

2. B. gegenständig

3a B. ganzrandig; Windepfl. ***Lonicera*** (Geißblatt)

4. B. unterseits behaart ***L. periclymenum*** (Wald-G.)

4+ B. unterseits kahl (eingebürgert) ***L. caprifolium*** (Jelängerjelieber)

3b B. handförmig gelappt; Sprossranken (vgl. Abb. 67) ***Vitis vinifera*** (Weinrebe)

3c B. gefiedert; vor allem Rhachis und Fiederstiele rankend ***Clematis*** (Waldrebe)

5. Pfl. oft > 3 m hoch kletternd; Knospen eiförmig, kaum länger als breit; vor allem in tieferen Lagen ***C. vitalba*** (Gewöhnl. W.)

5+ Pfl. –2 m hoch kletternd; Knospen spindelförmig, viel länger als breit; subalpin ***C. alpina*** (Alpen-W.)

2+ B. wechselständig

6. B. immergrün, entweder (3–)5-eckig oder (schmal) eiförmig; Wurzelkletterer, im Wald bisweilen nur auf dem Boden liegend ***Hedera helix*** (Efeu)

6+ B. sommergrün, besonders die oberen zuweilen mit 1–2 Fiederzipfeln (Abb. 275); fakultative Windepfl., nur basal verholzt ***Solanum dulcamara*** (Bittersüßer Nachtschatten)

1+ Pfl. krautig (vgl. auch **6+**)

7. Pfl. windend

8a Stg. fädig, bleich oder rötlich, b.los ***Cuscuta*** (Seide)

Die Gattung lässt sich mit vegetativen Merkmalen nicht weiter bestimmen; vgl. Schlüssel 5.

8b B. gegenständig, 3–5-zählig handförmig gelappt, mit Interfoliarstipeln; Rechtswinder (Abb. 177) ***Humulus lupulus*** (Hopfen)

8c B. wechselständig, ganzrandig, zugespitzt, meist mit basaler Bucht

9. B. mit mehreren bogenförmigen Hauptnerven und gitterförmigen Seitennerven (Monokotyle)
Tamus communis (Schmerwurz)

9+ B. mit einem Hauptnerv (Dikotyle)

10. B. mit Ochrea (diese bald unscheinbar); oft Rechtswinder ***Fallopia*** (Windeknöterich)

11. Stg. unten körnig-rau, B.rand nicht rau; kurzlebige Unkrautfluren (Äcker, Gärten usw.)(Abb. 358)
F. convolvulus (Gewöhnl. W.)

11+ Stg. ± glatt, dafür B.rand papillös; (frische) Gebüsche und waldnahe Standorte ***F. dumetorum*** (Hecken-W.)

10+ Ohne Ochrea; meist mit wässrigem Milchsaft (vor allem im B.stiel)[1]; stets Linkswinder

12. Spreite –4 cm, mit ± parallelrandigem Mittelabschnitt; Spreitenbasis oft spießförmig (Abb. 360); Spreitenfläche im Durchlicht (Lupe!) fein gepunktet
Convolvulus arvensis (Acker-Winde)

12+ Spreite –10 cm, ohne parallelrandigem Mittelteil; nicht gepunktet (Abb. 359)
Calystegia sepium (Gewöhnl. Zaunwinde)

7+ Pfl. rankend

13a B. 5-eckig bis handförmig gelappt, stipellos; Ranken am Stg. knoten entspringend; Pfl. 1–4 m hoch ***Bryonia*** (Zaunrübe)

14. B.lappen ganzrandig oder stumpf gezähnt (Abb. 287)
B. dioica (Zweihäusige Z.)

14+ B.lappen scharf gezähnt, der mittlere Lappen stets deutlich länger als die seitlichen ****B. alba*** (Weiße Z.)

13b Gesamtes Oberb. zu einer unverzweigten Ranke umgebildet, nur die vergrößerten Stipeln flächig entwickelt; 5–30 cm
****Lathyrus aphaca*** (Ranken-Platterbse)

13c Fiederb. mit zumindest 1 laubigem Fiederpaar und zumindest einer (der Endfieder entsprechenden) Ranke

---

[1] Insbesondere *Convolvulus* auf trockenen Standorten zeigt oft keinen Milchsaft.

15. Laubige Fiedern auch an wohlentwickelten B. nur in 1–3(–4) Paaren (daneben zuweilen laubige Stipeln); Fiedern oft bogennervig, einem Monokotylenb. ähnelnd; Stg. meist kantig oder geflügelt ***Lathyrus*** (Platterbse)

16. Laubige Fiedern stets 1 Paar (vgl. aber **19.** *L. heterophyllus*)

17. Stg. deutlich (jederseits mindestens 1 mm) geflügelt

18. Pfl. einjährig; Fiedern –15 mm, Stipeln ca. 2 mm breit; Pfl. meist < 1 m; ruderal und segetal, vorwiegend auf Kalk ***L. hirsutus*** (Behaarte P.)

18+ Pfl. mehrjährig; Fiedern und Stipeln meist breiter; meist > 1 m hoch

19. Nur untere B. mit 1 Fiederpaar, die oberen mit 2(–3) Paaren; Fiedern > 2 cm breit, 5-nervig (die äußeren Nerven schwächer); Stipeln < 1/2 so breit wie der Stg.; nur auf Kalk ***L. heterophyllus*** (Verschiedenb. P.)

19+ Alle B. mit 1 Fiederpaar; Fieder- und Stipel-Merkmale nicht in dieser Kombination

20. Stg. (inkl. Flügel) breiter als der B.stiel; Fiedern < 2 cm breit, 3-nervig. Stipeln linealisch, viel schmaler als die halbe Stg.breite (Abb. 246) ***L. sylvestris*** (Wilde P.)

20+ Stg. und B.stiele etwa gleich breit; Fiedern wie bei **19.**; Stipeln lanzettlich, > 1/2 so breit wie der Stg. (Abb. 247) ***L. latifolius*** (Breitb. P.)

17+ Stg. kantig, aber nicht deutlich (d. h. nur < 0,5 mm) geflügelt

21. Fiedern netznervig, stets kahl. Stipeln deutlich kleiner als die Fiedern; eher (wechsel-)trockene Standorte (Abb. 244) ***L. tuberosus*** (Knollen-P.)

21+ Fiedern mit 3 deutlichen Längsnerven, zuweilen behaart; Stipeln in Größe und Form den Fiedern ähnlich; frische Standorte (Abb. 245) ***L. pratensis*** (Wiesen-P.)

16+ Alle B. mit 2–4 Fiederpaaren

22. Stg. deutlich geflügelt; Stipeln halbpfeilförmig; Pfl. 30–100 cm; (wechsel-)nasse Standorte ***L. palustris*** (Sumpf-P.)

22+ Stg. nur kantig; Stipeln pfeilförmig; 15–30(–50) cm; nur in Meernähe ***L. *maritimus*** (Strand-P.)

15+ Laubige Fiedern wenigstens an wohlentwickelten B. in > 3 Paaren, 1- oder netznervig ***Vicia*** (Wicke)

Eine zuverlässige Bestimmung mittels vegetativer Merkmale bis zur Art ist bei *Vicia* derzeit nicht möglich. Insbesondere die immer wieder angegebenen Fiederbreiten schwanken oft sehr. Einige Merkmale allerdings können als Anhaltspunkt gelten (vgl. auch Abb. 238–243):

Stipeln mit dunklem Fleck („extraflorales Nektarium"): V. sepium und (meist) *V. sativa* sowie die seltenen Gäste *V. lutea* und *V. pannonica*

Stipeln gezähnt: V. hirsuta, V. sativa, V. narbonensis und V. sepium (jeweils meist < 50 cm hoch) sowie *V. dumetorum, V. pisiformis* und *V. sylvatica* (jeweils meist > 1m); bei der selten verwilderten *V. articulata* ist nur einer der beiden Stipeln in pfriemliche Zipfel geteilt

*Zahl der Fiederpaare (auch an wohlentwickelten B.) nur bis 5: *V. lathyroides* und oft auch *V. tetrasperma* (jeweils < 50 cm hoch) sowie *V. pisiformis, V. dumetorum* (jeweils > 1m)

Fiedern apikal ausgerandet, mit Stachelspitzchen: V. sativa, V. hirsuta

*Ranke nicht verzweigt: *V. lathyroides* (oft ist die Ranke sogar auf ein längeres Spitzchen reduziert) und *V. tetrasperma* (nicht immer).

Schlüssel 4 – Gefleckte Blätter

Die Fleckung ist in vielen Fällen fakultativ. – Vgl. Abb. 100

1. Flecken dunkel oder rötlich

2a Lanzettlich bis lanzeolat-elliptische Monokotylenb.

3. Auch Stg. beblättert (Abb. 100g, 413)
Dactylorhiza (Knabenkraut)

Die Art bestimme man mit dem Bestimmungsbuch

3+ Stg. nur basal von B.scheide(n) eingehüllt, sonst nur 2–4 Grundb., diese meist 10–18 x 2–3 cm, gekielt, nach oben aufgebogen ***Orchis mascula*** (Kuckucks-Knabenkraut)

2b B. spießförmig, alle (meist zu 2–4) grundständig, mit ± erweitertem B.grund; Seitennerven am B.rand zusammenlaufend (Schleifen bildend) ***Arum maculatum*** (Aronstab)

2c B. anders; dikotyle Pflanze

4. Pfl. mit Milchsaft

5. Stg. aufrecht; Grundb.-Rosette vorhanden; Spreitengrund ± symmetrisch; Milchsaft spärlich; Pfl. mehrjährig

6. Rosettenb. gestielt; Flecken oft ± violett oder purpurn (Abb. 100f) ***Hieracium*** (Habichtskraut)

einige schwer unterscheidbare Taxa

6+ Rosettenb. nur basal verschmälert; Flecken braun
Hypochaeris maculata (Geflecktes Ferkelkraut)

5+ Stg. niederliegend, (scheinbar) gegenständig beblättert; Spreitengrund asymmetrisch; Milchsaft reichlich; Pfl. einjährig
Euphorbia (Wolfsmilch), Untergattung Chamaesyce

Meist gefleckt sind die B. von Eu. maculata *(Abb. 100h), aber auch bei anderen Arten der Untergattung können die B. selten gefleckt sein.*

4+ Pfl. ohne Milchsaft

7. Spreite > 2-mal so lang wie breit

8. Mit Ochrea; Fleckung grau bis schwärzlich
Polygonum (Knöterich), Untergattung Persicaria

Vgl.auch Abb. 350–355.

Abb. 100: Blattfleckung. a: ***Pulmonaria officinalis*** **(Gartenform; vgl. auch Abb. 366); b:** ***Lamium galeobdolon*** **ssp.** ***argentatum;*** **c:** ***Trifolium pratense;*** **d:** ***Silybum marianum;***

Blattfleckung. e: *Polygonum lapathifolium* ssp. *brittingeri;* f: *Hieracium glaucinum* (det. Gottschlich); g: *Dactylorhiza majalis;* h: *Euphorbia maculata.*

9. B.stiel in oder über der Mitte der Ochrea ansitzend ***P. amphibium*** (Wasser-K.[1])

9+ B.stiel tiefer ansitzend

10. Ochrea spärlich behaart, apikal > 1 mm lang bewimpert ***P. persicaria*** (Floh-K.)

10+ Ochrea kahl, < 1 mm bewimpert (Abb. 100e) ***P. lapathifolium*** (Ampfer-K.)

8+ Ohne Ochrea; Fleckung rötlich ***Oenothera***

mehrere schwer zu unterscheidende Taxa

7+ Spreite < 2-mal so lang wie breit; ohne Ochrea (vgl. **16+**) *Amaranthus*

1+ Flecken hell

11. Mithilfe von Wurzeln kletternde Holzpflanze und/oder B. 5-eckig, immergrün ***Hedera helix*** (Efeu)

11+ Pfl. krautig, nicht kletternd; B. nicht 5-eckig

12a B. 3-zählig, mit Stipeln; Fiedern mit heller[2] Querbinde ***Trifolium*** (Klee)

13. Endfieder der mittleren B. > 2,5-mal so lang wie breit ***T. medium*** (Mittlerer K.)

13+ Endfieder < 2,5-mal so lang wie breit

14. Fiedern ± (!) ganzrandig; Pfl. büschelig wachsend (Abb.100c) ***T. pratense*** (Wiesen-K.)

14+ Fiedern deutlich gezähnelt; Pfl. mit einwurzelnden Kriechtrieben (Abb. 188) ***T. repens*** (Weiß-K.)

Weitere Merkmale vgl. Abb. 187–189.

12b B. gelappt, mit kräftigen Stacheln; Pfl. 50–150 cm (nur verwildert; Abb. 100d) ***Silybum marianum*** (Mariendistel)

12c B. ungeteilt, nicht bedornt

15. B. dekussiert

Lamium *(Lamiastrum)* ***galeobdolon*** s. l. (Goldnessel)

div. ssp., v. a. ssp. argentatum (Abb. 100b).

[1] Vom Wasser-Knöterich gibt es auch eine Landform!
[2] Außerhalb Deutschlands gibt es auch Klee-Arten mit dunkler Fleckung.

15+ B. wechselständig oder rosettig

16. Spreite der Grundb. gestutzt oder herzförmig; meist in waldnahen Gesellschaften; Pfl. mehrjährig

17. Spreite der Grundb. zugespitzt, deutlich länger als breit, ganzrandig, Stgb. vorhanden
Pulmonaria (Lungenkraut)

18. Flecken deutlich begrenzt, weiß(lich); Stiel meist < Spreite (Abb. 100a, 366) ***P. officinalis*** (Echtes L.)

18+ Flecken unscharf, hellgrün; Stiel meist > Spreite
P. obscura (Dunkles L.)

Beide Taxa gehören zur Artengruppe P. officinalis *agg.*

17+ Nur Grundb. vorhanden; Spreite ± so lang wie breit, mit deutlicher, herzförmiger Bucht
****Cyclamen purpurascens*** (Alpenveilchen)

16+ Spreitengrund ± keilförmig; meist Kulturland oder ruderal; Pfl. einjährig ***Amaranthus*** (Fuchsschwanz)

19. B. stumpf; Stg. oben flaumig behaart
A. deflexus (Liegender F.)

19+ B. meist ausgerandet, mit Stachelspitzchen (ähnl. Abb. 348); Stg. kahl ***A. blitum*** (Aufsteigender F.)

Schlüssel 5 – Pflanzen ohne Blattgrün bzw. Pflanzen ohne sichtbares Blattgrün

Die Gattungen *Cuscuta* und *Orobanche* lassen sich mit vegetativen Merkmalen nicht weiter bestimmen. Gelegentlich lässt die befallene Wirtspflanze einen Rückschluss zu. Diese Möglichkeit sollte aber nicht überschätzt werden: Die Wirtspflanze einer *Orobanche*-Art lässt sich in den seltensten Fällen ermitteln; *Cuscuta*-Arten, wo die Wirtspflanze eindeutig ist, sind meist nicht sehr wirtsspezifisch

1. Fädige, windende, b.lose Stg. (Blüten in meist knäuelförmigen Infloreszenzen) ***Cuscuta*** (Seide)

1+ Aufrechte Pflanze, zumindest basal meist mit Schuppenb.

2. Schuppenb. zerstreut (dispergiert) angeordnet, ohne ausgeprägte Scheide

3. Stg. ± über die gesamte Länge ± drüsig; B. ± braun, nicht fleischig; meist im Grasland (wenn im Wald: wahrscheinlich *O. hederae*) ***Orobanche*** (Sommerwurz)

3+ Stg. kahl oder nur oben behaart bzw. drüsig; meist in Gehölzen

4. Stg. meist hellrosa, locker mit B.schuppen (bis 1 cm Länge) besetzt; meist in feuchten Wäldern auf Pappel, Hasel oder Erle (Infl. einseitswendig) ***Lathraea squamaria*** (Schuppenwurz)

4+ Stg. ± wachsgelb, hoch hinauf mit Schuppen, diese meist > 1 cm; in Buchen- und Nadelwäldern (junge Infl. nickend) ***Monotropa hypopitys*** s. l. (Fichtenspargel)

2+ B. im Wesentlichen aus einer stg.umfassenden Scheide bestehend (*Orchidaceae*[1])

5. Stg. 25–75 cm, stahlblau bis schmutzigviolett, kräftig, gerieft; mit 2–5 je 4–7 cm langen scheidigen B. ***Limodorum abortivum*** (Dingel)

5+ Stg. 5–30 cm, gelblich, rötlich oder bräunlich; oft in Trupps wachsend

6a Stg. 15–30 cm, dick, gelblich bis hellbraun, mit 3–4 dunkelbraunen, scheidigen B. von 3–6 cm Länge ***Neottia nidus-avis*** (Nestwurz)

[1] Merkmale nach BAUMANN in SEBALD & al. Band **8**

6b Stg. 5–30 cm, hellbräunlich, mit 1–3 stg.umfassenden Schuppen von 0,5–1,2 cm Länge
*****Epipogium aphyllum*** (Widerbart)

6c Stg. 6–18 cm, schlank, gelblich grün bis braunrot, am Grund mit 1–2 häutigen Scheidenb. von 1,7–5 cm Länge
*****Corallorrhiza trifida*** (Korallenwurz)

Schlüssel 6 – Obstbäume

Alle Taxa gehören den *Rosaceae* an

Felsenkirsche und Schlehe sind keine Obstbäume, finden sich aber häufig in brachgefallenen Obstfeldern

„Drüsen“: Kleine Knötchen am oberen Ende des B.stiels (Abb. 126)

Der Schlüssel verzichtet nicht vollständig auf Merkmale aus dem generativen Bereich. Dies ist in diesem Fall möglich, weil die hier verwendeten Merkmale infolge der frühen Blütezeit lange zur Verfügung stehen

1. B. ganzrandig, oberseits anfangs spinnwebig behaart, mit ovalen Stipeln **Quitte** *(Cydonia oblonga)*

1+ B. gezähnt (vgl. aber **11+** *Pyrus* mit kahler B.oberseite)

2. Dorniger Strauch, selten kleiner Baum; junge Zweige samtig behaart. B.stiel ohne Drüsen

3. Infolge von Wurzelsprossen dichte Herden bildend; B. meist < 4 cm lang, unterseits weitgehend kahl; Blütenstiel meist kahl **Schlehe** *(Prunus spinosa)*

3+ Nicht herdenbildend; B. meist größer, unterseits meist behaart; Blütenstiel behaart **Haferzwetschge, Krieche** *(Prunus insititia)*

Das Taxon wird oft auch den Zwetschgen *(Prunus domestica)* zugerechnet.

2+ Nicht dorniger Baum oder Strauch, höchstens (vor allem bei *Pyrus* und *Prunus cerasifera*) einige Äste spitz zulaufend

4. B.stiel stets < 1/2 so lang wie die Spreite, am oberen Ende meist mit 1 bis mehreren Drüsen, aber Mittelrippe oberseits ohne kleine rote Drüsen; nur 1 Griffel, einer krugförmigen Vertiefung entspringend. Blüten < 3 cm Durchmesser **Steinobst** *(Prunus)*

5. Knospenlage gerollt (Längshälften der B. vor dem Entfalten nach innen [oben] eingerollt, B.ränder sich anfangs überdeckend); meist ohne Ringelborke

6. B. eiförmig oder schwach herzförmig, mit bis zu 4 Drüsen; Blüten nur kurz gestielt; Fruchtknoten behaart **Aprikose** *(Pr. armeniaca)*

6+ B. nicht herzförmig, meist nur 2 Drüsen; Blütenstiel mindestens (fast) so lang wie der Blütendurchmesser; Fruchtknoten kahl

7. B. unterseits behaart bis fast kahl, meist > 1 cm gestielt, oft ± runzelig; junge Zweige matt, oft rötlich, kahl oder behaart **Zwetschge, Pflaume** (*Pr. domestica* agg.)

7+ B. unterseits (abgesehen von den Domatien) nur auf dem unteren Teil der Nerven behaart, meist < 1(,5) cm gestielt; junge Zweige glänzend, stets kahl
Kirschpflaume (*Pr. cerasifera*)

5+ Knospenlage gefaltet (die beiden B.hälften vor dem Austrieb ± plan aufeinanderliegend)

8a B. nur wenig länger als breit, am Rand kerbig gezähnelt (Abb. 127); B.stiel oft teilweise mit, teilweise ohne Drüsen; junge Äste behaart; sparriger Strauch
Felsenkirsche, Steinweichsel (*Pr. mahaleb*)

8b B. deutlich (aber < 2-mal) länger als breit, am Rand gesägt; B.stiel fast immer mit Drüsen; ältere Bäume meist mit Ringelborke (Kirschen)

9. > 10 Paar Seitennerven; B.stiel mit 2(–4) Drüsen (Abb. 126); innere Knospenschuppen am Grund des Blütenstandes früh zurückgebogen oder zumindest spreizend; oberhalb der Knospenschuppen kein Laubb.; Blütenstiel oft > 1,5-mal so lang wie der Blütendurchmesser
Süßkirsche (*Pr. avium*)

9+ < 10 Paar Seitennerven; B.stiel mit 0–2 Drüsen; alle Knospenschuppen lange aufrecht, oberhalb derselben 1 bis mehrere kleine Laubb.; Blütenstiel < 1,5-mal so lang wie Blütendurchmesser
Weichsel, Sauerkirsche (*Pr. cerasus*)

Hierher auch die meist strauchförmige
Schattenmorelle (*Pr. cerasus ssp. acida*)

8c B. schmal, > 2,5-mal so lang wie breit, gesägt; Ringelborke höchstens schwach („fleckweise“) ausgeprägt

10. B. am Rand spitz (oft doppelt) gesägt; B.stiel < 15 mm, meist kürzer als die halbe B.breite, am oberen Ende oft ohne Drüsen; Blüten meist einzeln, sitzend; Kelchb. auf fast der gesamten Außenseite behaart
Pfirsich (*Pr. persica*)

10+ B. stumpf gesägt; B.stiel > 15 mm, mindestens so lang wie die halbe B.breite, am oberen Ende mit (bis zu 6) Drüsen; Blüten meist zu 2, bis 5 mm gestielt; Kelchb. nur im Randbereich filzig behaart **Mandel** *(Pr. dulcis)*

4+ B.stiele wenigstens teilweise mindestens halb so lang wie die Spreite (wenn wenig kürzer vgl. *Malus*), am oberen Ende stets ohne Drüsen, aber zuweilen rötliche Drüsen auf der Mittelrippe; Blüten > 2,5 cm Durchmesser, mit (2–)5 Griffeln; Blütenstiele ± dicht behaart **Kernobst**

Zum Kernobst gehört auch die Quitte (vgl. **1.**).

11. Spreite stets oval, bei jungen (!) B. oberseits (spärlich) behaart; B. oberseits auf der Mittelrippe oft mit sehr kleinen rötlichen Drüsen; B. unterseits behaart, mit hervortretenden Seitennerven; B.rand stets deutlich gesägt; Spreitengrund meist gerundet; Zweige dicht behaart; B.stiele oft weniger als halb so lang wie die Spreite; Krone meist breiter als hoch (Abb. 84a) **Apfel** *(Malus domestica)*

11+ B.stiel bei rundlichen B. etwa so lang wie die oberseits stets kahle, oft glänzende Spreite, bei länglichen B. oft kürzer; B.rand fast ganzrandig bis fein gesägt; ohne Drüsen auf der Mittelrippe; Seitennerven nicht hervortretend; Spreitengrund zuweilen herzförmig; Krone meist höher als breit (Abb. 84b) **Birne** *(Pyrus communis)*

Schlüssel 7 – Grundblätter mehrzählig gefingert

Mittlere und vor allem obere Stgb. sind häufig 3-zählig
Vgl. auch Schlüssel 8: Grundblätter handförmig fiederschnittig

1a B. gegenständig

2. Pfl. annuell (aber –2 m hoch!); Fiedern –2 cm breit, drüsig punktiert; B. mit Stipeln ***Cannabis sativa*** (Hanf)

2+ Baum; Fiedern breiter; ohne Stipeln ***Aesculus*** (Rosskastanie)

3. Knospen stark klebrig, dunkel rotbraun; Fiedern sitzend ***Ae. hippocastanum*** (Gewöhnl. R.)

3+ Knospen wenig klebrig, grünlich(-rötlich); mittlere Fieder kurz gestielt ***Ae. carnea*** (Rotblütige R.)

1b Pfl. mit Ranken ***Partenocissus inserta*** (Fünfb. Jungfernrebe)

1c Pfl. strauchig, bestachelt ***Rubus*** (Brombeere)

Zahlreiche schwer zu unterscheidende Arten (vgl. Abb. 104)

1d Pfl. ohne diese Merkmale

4. B. gestielt

5. Fiedern ganzrandig, zu 5–15 ***Lupinus*** (Lupine)

6. Fiedern zu 5–9

7. Fiedern lineal, –5 mm breit ***L. angustifolius*** (Schmalb. L.)

7+ Fiedern verkehrt eiförmig, –15 mm breit **L. albus** (Weiße L.)

6+ Fiedern zu 10–15 ***L. polyphyllus*** (Vielb. L.)

5+ Fiedern zumindest apikal gezähnt

8. B. ohne Stipeln (aber B.grund oft scheidig erweitert)

9. B. digitat gefingert

10. Alle Fiedern vollständig getrennt ***Cardamine*** *(Dentaria)* ***pentaphyllos*** (Finger-Zahnwurz)

10+ Nur Endfieder völlig getrennt, seitliche Fiedern basal paarweise verbunden (Abb. 160) ***Ranunculus aconitifolius*** (Eisenhutb. Hahnenfuß)

ähnlich, aber auch Mittelfieder basal verbunden (Abb. 164) R. platanifolius

9+ B. pedat gefingert **_Helleborus_** (Nieswurz)

11. Stgb. alle ungeteilt; Fiedern meist nur vorne gezähnelt **_*H. niger_** (Christrose)

11+ Stgb. geteilt; Fiedern mindestens in der oberen Hälfte gezähnt

12. Grundb.-Rosette kaum ausgeprägt; Stgb. nach oben zu rasch kleiner werdend, mit zunehmender Ausbildung des B.grundes (Abb. 162) **_H. foetidus_** (Stinkende N.)

12+ Grundb.-Rosette deutlich entwickelt; Stgb. den Grundb. ± ähnlich, nur kleiner **_H. viridis_** (Grüne N.)

8+ B. mit Stipeln; mit Außenkelch

13. Stipeln der Grundb. median (d. h. gegenüber dem B.stiel) 2-zipfelig bis kapuzenförmig verwachsen; B. unterseits stets silbrig-seidig montan bis subalpin, vorwiegend auf saurem Gestein **_Alchemilla alpina_ agg.** (Artengruppe Alpen-Frauenmantel)

ähnlich, aber die unteren Fiedern basal verwachsen (vgl. Schlüssel 8 und Abb. 176); nur auf Kalk *A. hoppeana* agg.

13+ Stipeln untereinander frei (aber in unterschiedlichem Maße adnat); Behaarung unterschiedlich; alle Höhenstufen **_Potentilla_** (Fingerkraut)

→ *Schlüssel 14*

4+ B. ungestielt; Stg. basal verholzt **_Dorycnium_** (Backenklee)

14. Fiedern anliegend seidig behaart (aber oft verkahlend), meist 2–4 mm breit und nur wenig kürzer als das entsprechende Internodium **_*D. germanicum_** (Seidenhaar-B.)

14+ Fiedern locker abstehend behaart bis verkahlend, meist 4–6 mm breit und höchstens halb so lang wie das Internodium (Abb. 161) **_*D. herbaceum_** (Krautiger B.)

Schlüssel 8 – Grundblätter handförmig fiederschnittig

1. Zumindest Stgb. weitestgehend gegenständig

2. B. mit 3–5 gezähnten Lappen und ohne Stipeln; 80–150 cm
Ambrosia trifida (Dreilappige Ambrosie)

2+ B. mit mindestens 5 gezähnten bis fiederspaltigen Lappen, mit Stipeln; selten > 60 cm ***Geranium*** (Storchschnabel)
→ *Schlüssel 13*

1+ B. wechselständig

3. B. mit (selten hinfälligen) Stipeln; außer *Geranium molle* mit Außenkelch

4a Stipeln als paarige Zipfel ausgebildet

5. Nur Stgb. fiederschnittig; Grundb. nur gebuchtet bis gelappt; Pfl. zuweilen mit verzweigten Haaren[1] *(Malvaceae)*

6. Grundb. bis etwa zur Hälfte gelappt; Fiederlappen der Stgb. nur gezähnt; Stg. mit 3–6-strahligen Sternhaaren (Außenkelch schmal eiförmig; Abb. 174)
Malva alcea (Siegmarswurz)

6+ Grundb. nur seicht gebuchtet; Stg. mit abstehenden Haaren, daneben zuweilen wenige Gabelhaare (Außenkelch lanzettlich-linealisch)

7. B. stets ohne verzweigte Haare; Stgb. 2–3-fach fiederschnittig; Pfl. mehrjährig, 20–80 cm (Abb. 175)
Malva moschata (Moschus-Malve)

7+ B. oft mit Gabelhaaren; Stgb. mit gezähnten Fiederlappen; Pfl. einjährig, 15–50 cm
****Althaea hirsuta*** (Rauer Eibisch)

5+ Alle B. tief fiederschnittig; Pflanze weichhaarig, einjährig, selten > 20 cm (Abb. 172)
Geranium molle (Weicher Storchschnabel)
→ *Schlüssel 13*

4b Zipfel der Stipeln kapuzenartig über dem B.stiel verwachsen („Kapuze“ aber oft noch 2-zipfelig); alle B. fiederschnittig,

[1] So der habituelle Eindruck; zum „Sternhaar“ der Malvaceen vgl. 3.2.1.9.

unterseits silbrig-seidig behaart; Haare einfach; Pfl. mehrjährig, mit kurzem Rhizom, –25 cm; (sub)alpin; auf Kalk (Abb. 176)
Alchemilla hoppeana agg. (Hoppes Frauenmantel)

4c Stipeln flächig, vorne zipfelförmig eingeschnitten; alle B. tief geteilt, beiderseits (grau-)grün. Haare einfach; Pfl. einjährig, –20 cm; Kulturland (v. a. Äcker), meist kalkmeidend ***Aphanes***

8. Zipfel der Stipeln etwa 1/2 so lang wie deren flächiger Teil, ± stumpf 3-eckig ***A. arvensis*** (Ackerfrauenmantel)

8+ Zipfel etwa so lang wie der flächige Teil, mit ± parallelen Rändern ***A. australis*** (Kleinfrüchtiger Sinau)

3+ B. stipellos; Pfl. stets mehrjährig; Pfl. ohne Sternhaare

9. Zähne der B.lappen mit aufgesetzter Grannenspitze; B.grund oft ± scheidenartig erweitert *(Apiaceae)*

10. Junge B.(stiele) mit Milchsaft; B.lappen gezähnt, Granne –1 mm lang; B.stiel quer mit ± 9 Leitbündel um einen zentralen Hohlraum ***Astrantia*** (Sterndolde)

11. Mittelabschnitt der B. basal mit den Seitenlappen verbunden, Seitenlappen paarweise bis 1/3 verwachsen (Abb. 167) ***A. major*** (Große St.)

11+ 3 Mittelabschnitte bis (fast) zum Grund frei
A. bavarica (Bayerische St.)

10+ Pfl. ohne Milchsaft; B. mit gezähnten Lappen 2. Ordnung; Granne –0,3 mm; B.stiel mit 3 Leitbündeln (Abb. 166)
Sanicula europaea (Sanikel)

9+ Zähne ohne Grannenspitze; B.grund kaum scheidig; stets ohne Milchsaft ***Ranunculaceae*** (Hahnenfußgewächse)

Eine weitergehende Aufschlüsselung ist mittels Geländemerkmale nur bedingt möglich (vgl. 3.2.3.2).

Schlüssel 9 – Monokotyle mit gestielten Blättern

Inkl. einiger Dikotyler mit Bogennerven

1a Pfl. des offenen Wassers

2. B.umriss rund, basale Spreitenbucht tief 3-eckig bis herzförmig; B.stiel basal mit stipelähnlichen Auswüchsen; keine Tauchb. vorhanden ***Hydrocharis morsus-ranae** (Froschbiss)

2+ Spreite deutlich länger als breit, basal verschmälert bis gestutzt; Tauchb. zumindest anfangs vorhanden

3. B. ± rosettig, basal scheidig erweitert, aber ohne Zipfel oder Stg.scheide (vgl. auch 8.) ***Baldellia ranunculoides** (Igelschlauch)

3+ Stg. beblättert, oft nur Schwimmb. gestielt; B.stiel basal mit Zipfel oder Stg.scheide (z. B. Abb. 404–405) ***Potamogeton*** (Laichkraut)

*Die Art bestimme man mit einem Bestimmungsbuch (etliche *Arten).*

1b Pfl. der Gewässerufer und Röhrichte

Eventuell vorhandene Tauchb. sind nicht berücksichtigt.

4a Spreite deutlich pfeilförmig; Pfl. mit Milchsaft ***Sagittaria sagittifolia*** (Pfeilkraut)

4b Spreite am Grund herzförmig oder gestutzt

5. Pfl. mit Milchsaft; B. stumpf bis spitz

6. Keine Überwasserb. ausgebildet; Spreite der Schwimmb. 3–8 x 2–6 cm, mit 5–15 Bogennerven ***Caldesia parnassifolia** (Herzlöffel)

6+ Spreite der Überwasserb. 5–15 x 1–10 cm, mit 5–7 Bogennerven ***Alisma plantago-aquatica*** (Gewöhnl. Froschlöffel)

5+ Pfl. ohne Milchsaft; Spreite 4–10 cm breit und nur wenig länger, etwas ledrig, oft mit Knorpelspitzchen; zahlreiche gebogene, aber großteils nicht am Spreitengrund entspringende Nerven ***Calla palustris** (Drachenwurz)

4c Spreite in den Stiel verschmälert

7. Spreite oval, 2–3(–6) x 1–1,5 cm; keine Überwasserb. ***Luronium natans** (Froschkraut)

7+ Spreite > 3-mal so lang wie breit; Überwasserb. vorhanden

8. Pfl. ohne (erkennbarem) Milchsaft; Spreite 2–8 x 0,5–2 cm (vgl. **3.**) *Baldellia ranunculoides*

8+ Pfl. mit Milchsaft ***Alisma*** p. p. (Froschlöffel)

9. Spreite meist 6–15 x 2–6 cm ***A. lanceolatum*** (Lanzettb. F.)

9+ Spreite 2–6 x 0,5–1,5 cm ****A. gramineum*** (Grasb. F.)

1c Land- oder Sumpfpfl.

10a B. ± verkehrt eiförmig, zu 4 quirlig, stg.ständig, netznervig, sehr kurz gestielt (Abb. 409) ***Paris quadrifolia*** (Einbeere)

10b B. pfeilförmig und netznervig, grundständig ***Arum maculatum*** (Aronstab)

10c Windepfl.; B. ausgeprägt herzförmig, bogen- bzw. gitternervig, mit stipelartigen Zipfeln an der Stielbasis ***Tamus communis*** (Schmerwurz)

10d Pfl. anders: B. nicht quirlig oder pfeilförmig, keine Windepflanze; wenn Spreitengrund herzförmig, dann ohne „Stipeln"

11. Spreite ± in den (zuweilen sehr kurzen) Stiel verschmälert

12a Laubb. zu 2(–3), ± lang gestielt, grundständig; Waldpfl; kollin bis montan

13. Pfl. mit Knoblauchsgeruch; B. nach vorne „übergekippt" (d. h. die dunklere Unterseite nach oben weisend); Spreite vom Stiel ± deutlich abgesetzt; Stg. kantig; Zwiebelpfl. ***Allium ursinum*** (Bärlauch)

13+ Ohne Knoblauchsgeruch; B. lange tütenförmig eingerollt bleibend; „Stiel" eigentlich nur eine stark verschmälerte Spreite. Unterhalb der beiden Laubb. einige scheidige Niederb., oft einen kleinen Scheinstamm bildend; Rhizompfl. ***Convallaria majalis*** (Maiglöckchen)

12b Neben 2 ± grundständigen B. mindestens 1 wohlentwickeltes stg.ständiges Laubb.; B. kurz (oder gar nicht) gestielt, die Scheiden den Stg. (oft bis zur Mitte) einhüllend, nicht „übergekippt", mit Lauchgeruch; Pfl. offener Standorte; (sub-)alpin ***Allium victorialis*** (Allermannsharnisch)

12c B. ± zahlreich, nur kurz in einen stielartigen Abschnitt verschmälert, alle in einer grundständigen Rosette (Dikotyle; Abb. 367) ***Plantago media*** (Mittlerer Wegerich)

11+ Spreitengrund herzförmig oder nur gestutzt

14. Meist 1 grundständiges und 2 stg.ständige, versetzt gegenüberstehende B. vorhanden; schattige, mäßig trockene Standorte ***Maianthemum bifolium*** (Schattenblume)

14+ Basale B. ± rosettig; oft ± nasse oder wechselfeuchte Standorte

15. Alle B. grundständig; Stg. rund

16. Spreite ganzrandig, meist mit Knorpelspitzchen; Stiel –30 cm, basal scheidig; Rhizom kriechend (vgl. **5+**) *Calla palustris*

16+ Spreite leicht gewellt, zuweilen seicht gezähnelt, ohne Knorpelspitze, in ausgeprägter Rosette; Stiel basal behaart; Rhizom senkrecht (Dikotyle) ***Plantago major*** (Breit-Wegerich)

15+ (Meist) genau 1 sitzendes Stgb. (< 4 cm) vorhanden; Stg. kantig; Rhizom senkrecht (Dikotyle) ***Parnassia palustris*** (Herzblatt)

Schlüssel 10 – Monokotyle mit 2- bis n-zähligen Blattquirlen

Es handelt sich grundsätzlich um Scheinwirtel

1. Wasserpflanze

2. Quirl mindestens 3-zählig → *Schlüssel 1*

2+ Quirl 2-zählig (B. „gegenständig“)

3. B. ± weich, lanzettlich bis oval, fast ganzrandig (Abb. 63) ***Groenlandia densa*** (Fischkraut)

3+ B. starr, linealisch, mit stachelig gezähntem Rand; Quirle zuweilen 3-zählig ***Najas*** (Nixenkraut)
Arten → Schlüssel 1

1+ Landpflanze

4. Quirle mindestens 3-zählig

5. B. breit-elliptisch, deutlich netznervig; nur ein fast immer 4-zähliger Quirl; –30 cm (Abb. 409) ***Paris quadrifolia*** (Einbeere)

5+ B. schmaler, in mehreren 3–6-zähligen Quirlen; 30–80 cm

6. B. ca. 1 cm breit, randlich rau; Stg. kantig ***Polygonatum verticillatum*** (Quirl-Weißwurz)

6+ B. oft breiter, mit mindestens 7 Längsnerven; nur die mittleren B. in Quirlen; Stg. rund ***Lilium martagon*** (Türkenbund)

4+ B. „gegenständig“

7. B. eigentlich grundständig, aber den Stg. umscheidend und deshalb scheinbar ± von der Stg.-Mitte ausgehend, ca. 5 mm breit; –20 cm ***Scilla bifolia*** (Blaustern)

7+ B. den Stg. nicht lang umscheidend, breiter; Pfl. größer *(Orchidaceae)*

8. Nur die beiden Stgb. vorhanden, diese ca. 1–2-mal so lang wie breit; Nerven unterseits hervortretend ***Listera*** (Zweiblatt)

9. B. elliptisch bis breit-oval, > 5 cm lang, kahl, derb; Spreitengrund ± gerundet (Abb. 412) ***L. ovata*** (Großes Z.)

9+ B. ± 3-eckig-oval bis herz-eiförmig, 1–2,5 cm lang, behaart, dünn; Spreitengrund herzförmig bis flach-keilförmig ***L. cordata** (Kleines Z.)

8+ Über den beiden gegenständigen (Grund-)B. (meist 3–4-mal so lang wie breit) noch 1–5 Hochb.; nur der Mittelnerv hervortretend ***Platanthera** (Waldhyazinthe)

Die beiden Arten dieser Gattung sind vegetativ nur schwierig zu unterscheiden.

Schlüssel 11 – Echte Farne

Die im Gebiet sehr seltenen Gattungen *Cheilanthes, Cryptogramma, Hymenophyllum, Osmunda* und *Woodsia,* sehr seltene Arten (wie *Cystopteris sudetica* oder *Polystichum braunii*) sowie *Ophioglossum*[1] sind nicht berücksichtigt

Der Schlüssel geht meist nur bis zur Gattung, weil innerhalb der Gattung mit jedem Bestimmungsbuch weitergearbeitet werden kann

Fieder: Fieder 1. Ordnung; *Fiederchen:* Fieder höherer Ordnung

1a B. (Wedel) lanzettlich, ganzrandig
Asplenium scolopendrium (Hirschzunge)

1b B. ± gabelteilig oder 3-teilig ***Asplenium*** (Streifenfarn) p. p.

1c B. fiederschnittig oder -teilig

2. B. unterseits dichtschuppig, < 20 cm
****Asplenium ceterach*** (Schriftfarn)

2+ B. unterseits kahl, 10–50 cm

3. B. einzeln. Stiel > 1/3 so lang wie die Spreite
Polypodium vulgare agg. (Tüpfelfarn)

3+ B. in Rosetten oder Trichtern; Stiel < 1/3 der Spreite (Abb. 442)
Blechnum spicant (Rippenfarn)

1d B. 1-fach gefiedert, Fiedern aber meist tief fiederschnittig

4. B. einzeln, unterseits behaart

5 Unterstes Fiederpaar herabgeschlagen, nicht kleiner als die mittleren Fiedern (Wedel ± 3-eckig). 15–30 cm
Phegopteris connectilis (Buchenfarn)

5+ Unterstes Fiederpaar nicht herabgeschlagen, ± deutlich kleiner (Wedel ± schmal-oval). 30–80 cm
****Thelypteris palustris*** (Sumpffarn)

4+ B. in Trichtern

6. B. (mit Stiel) < 20 cm, im Gesamtumriss ± linealisch; B.stiel mit 1–2 Leitbündeln ***Asplenium*** p. p.

6+ B. größer, meist ± oval; Leitbündel bis zu 7

7a B.unterseite mit gelben Drüsen, zerrieben nach Zitrone riechend ***Oreopteris*** *(Lastraea)* ***limbosperma*** (Bergfarn)

[1] *Ophioglossum* ist genau genommen nicht „selten“, tritt aber oft über Jahre hinweg an seinem Standort nicht in Erscheinung

7b Fieder basal mit einem vergrößerten, zur Spitze weisenden Zahn[2] ***Polystichum lonchitis*** (Lanzen-Schildfarn)

7c Die untersten Zipfel der basalen Fiedern ± eiförmig vergrößert, die Rhachis ober- oder unterseits ± bedeckend; größte Wedelbreite oft über der Wedelmitte (Wedel basalwärts sehr schmal werdend)
***Matteuccia struthiopteris** (Straußfarn)

7d Merkmale nicht zutreffend (Abb. 439)
Dryopteris p. p. (Wurmfarn)

1e B. 2–4-fach gefiedert, Fiederchen letzter Ordnung zuweilen eingeschnitten

8. B. einzeln

9. B. 50–250 cm, jung spärlich rötlich braun behaart; Stiel basal schwärzlich; 3–7 Leitbündel ***Pteridium aquilinum*** (Adlerfarn)

9+ B. meist < 50 cm; 2 Leitbündel

10. Rhachis und/oder B.stiel mit gelblichen Drüsen

11. 3–4-fach gefiedert, Fiedern teilweise alternierend; basale Fiedern fast ebenso groß wie der Rest der Spreite
Cystopteris montana (Berg-Blasenfarn)

11+ B. 2(–3)-fach gefiedert, Fiedern alle gegenständig, die basalen Fiedern deutlich kleiner als der Rest der Spreite (Abb. 441) ***Gymnocarpium robertianum*** (Ruprechtsfarn)

10+ Rhachis ohne gelbe Drüsen; basale Fiedern fast ebenso groß wie der Rest der Spreite
Gymnocarpium dryopteris (Eichenfarn)

8+ B. büschelig oder in Trichtern

12. Fiederchen kurz-grannig bespitzt; B.stiel zumindest basal mit 3–7 Leitbündeln

13. Das unterste, zur Wedelspitze weisende Fiederchen größer als die übrigen (Abb. 440; vgl. auch **7b**)
Polystichum p. p. (Schildfarn)

13+ Fiederchen nicht so (Abb. 439) ***Dryopteris* p. p.**

---

2 Dieser Zahn entspricht morphologisch dem vergrößerten Basalfiederchen der übrigen *Polystichum*-Arten (vgl. **13.**).

12+ Fiederchen stumpf oder spitz, aber nicht grannig; B.stiel basal mit 2 Leitbündeln

14. Unterstes Fiederpaar deutlich kürzer als die Fiedern darüber; Rhachis und Mittelrippen der Fiedern zuweilen mit kleinen keulenförmigen Haaren; die beiden Leitbündel fusionieren im oberen B.stiel zu einem u-förmigen Bündel; B. meist > 50 cm **_Athyrium_** (Frauenfarn)

14+ Unterstes Fiederpaar länger oder nur wenig kürzer; stets ohne Keulenhaare; meist < 40 cm

15. B.stiel bis in die Rhachis hinein mit 2 Leitbündeln; Rhachis (besonders apikal) und Rhacheole oberseits ca. 0,2 mm geflügelt **_Cystopteris fragilis_** (Zerbrechlicher Blasenfarn)

15+ Leitbündel oft früh x-förmig fusionierend **_Asplenium_** p. p.

Schlüssel 12 – Strauchige *Ericaceae*

Die „Quirle“ sind genau genommen Scheinquirle

Die B. sind meist winter- bzw. immergrün (vgl. dazu 2.1.3.5) und haben eine Lebensdauer von (1–)2–3 Jahren

1a B. schuppenförmig, –3(4) mm lang, basal durch die zurückgerollte Spreite 2-zipfelig gespornt (Abb. 336), dekussiert (d. h. in 4 Längsreihen angeordnet) ***Calluna vulgaris*** (Heidekraut)

1b B. nadelförmig, > 3 mm und/oder nicht in 4 Längsreihen

2. B. wechselständig (aber zuweilen quirlig genähert), 3–6 mm; Spreite zu einer (flachen) Röhre zurückgerollt (d. h. im Querschnitt hohl), die sich berührenden Haarsäume der Spreitenränder als geschlossene weißliche Furche erkennbar ***Empetrum*** (Krähenbeere)

3. B. 3–4-mal so lang wie breit, parallelrandig; junge Triebe rötlich; Küste bis Mittelgebirge (Abb. 337) ****E. nigrum*** (Schwarze K.)

3+ B. 2–3-mal so lang wie breit, Ränder etwas konvex; junge Triebe grün; nur hochmontan-subalpin ***E. hermaphroditum*** (Zwittrige K.)

2+ B. in 3–4-zähligen Quirlen; Spreite ± stark zurückgerollt ***Erica*** (Heide)

4. B. steif bewimpert und meist mit einzelnen Stieldrüsen, ± stumpf, –5 mm; Quirle 4-zählig; –50 cm; Moore usw. (Abb. 338b) ***E. tetralix*** (Glocken-H.)

4+ B. (auf der sichtbaren Oberseite) kahl, spitz

5. Quirle (meist) 3-zählig; Spreite 4–7 mm; junge Triebe kurz grau-filzig; –60 cm hoch; Heiden usw. ***E. cinerea*** (Graue H.)

5+ Quirle (meist) 4-zählig. Spreite 7–10 mm; junge Triebe braun, kantig; ältere Rinde sich grau ablösend; –30 cm; vor allem lichte Kieferngehölze (Abb. 338a) ****E. carnea*** (Schnee-H.)

1c B. linealisch bis eiförmig-oval, am Rand oft umgerollt, aber weder schuppen- noch nadelförmig

6. B. unterseits rostrot; B.rand umgerollt, nicht bewimpert; junge Triebe mit weißen Haaren; Pfl. 30–150 cm

7. B. 5–7-mal so lang wie breit, randlich stark zurückgerollt; Pfl. meist > 1 m, stark duftend; Moore ***Ledum palustre** (Sumpf-Porst)

7+ B. 3–4,5-mal so lang wie breit, randlich wenig zurückgerollt; Pfl. meist < 1 m, nicht duftend; subalpin
Rhododendron ferrugineum (Rostb. Alpenrose)

6+ B. unterseits nicht rostrot; wenn mit bräunlichen Schuppen, B.rand bewimpert

8a B. in (meist 3-zähligen) Quirlen (selten in Mooren eingebürgerter Zierstrauch) ***Kalmia angustifolia*** (Berglorbeer)

8b B. gegenständig; (sub-)alpiner Spalierstrauch
Loiseleuria procumbens (Alpenheide)

8c B. wechselständig

9. B.rand bewimpert, 2–4-mal so lang wie breit; (sub-)alpin

10a Spreite 15–40 mm lang, deutlich gestielt, immergrün, mit kugeligen Drüsen, sonst ganzrandig; Strauch –1 m; auf Kalk ***Rhododendron hirsutum*** (Behaarte Alpenrose)

10b Spreite 10–40 mm lang, lang in den Stiel verschmälert, sommergrün (mit roter Herbstfärbung), auf der Spreite drüsenlos, fein gezähnelt; Spalierstrauch –30 cm; pH-indifferent ***Arctostaphylos alpina*** (Alpen-Bärentraube)

10c Spreite 8–10(–13) mm lang, kurz gestielt, immergrün, drüsenlos; –40 cm; auf Kalk
Rhodothamnus chamaecistus (Zwergalpenrose)

9+ B.rand nicht bewimpert

11. B. lineal-lanzettlich (15–30 x 2–4 mm), oberseits dunkelgrün; B.rand stark zurückgerollt, die weißlich bis hellblaue B.unterseite aber als Streifen erkennbar; Moore (Abb. 335) ***Andromeda polifolia** (Rosmarinheide)

11+ B. meist breiter und/oder kürzer, nicht oder nur wenig zurückgerollt, und/oder nicht auffällig zweifarbig

12a Sparriger Spalierstrauch; B. immergrün, ganzrandig; B.rand flach, kraus behaart, später oft kahl, unterseits nicht drüsig punktiert
***Arctostaphylos uva-ursi** (Immergrüne Bärentraube)

12b ± aufrechter Zwergstrauch (mit unterirdischen Ausläufern) ***Vaccinum* p. p.**

13. Zweige scharfkantig; B. sommergrün, randlich fein gesägt, beiderseits grün (Abb. 303)
V. myrtillus (Heidelbeere)

13+ Zweige rund; B. ledrig, meist ganzrandig

14. B. immergrün, unterseits drüsig punktiert; B.rand verdickt, nach unten umgebogen, bisweilen fein gezähnt; selten > 20 cm (Abb. 345)
V. vitis-idaea (Preiselbeere)

14+ B. sommergrün, stets ganzrandig, randlich kaum verdickt, unterseits blaugrün mit deutlichem Adernetz; –50 cm, mitunter auch größer
V. uliginosum (Rauschbeere)

12c Stg. fadenförmig, (oberirdisch) kriechend und später auch einwurzelnd; B. stets ganzrandig; nur in Mooren
Vaccinium p. p. (_Oxycoccus_)

15. B. 3–8 mm, ± eiförmig-spitz oder nahe dem Spreitengrund am breitesten, randlich ± deutlich umgerollt **_*V. oxycoccus_** (Moosbeere)
2 ssp.

15+ B. 6–17 mm, länglich-stumpf (größte B.breite ± in der Mitte), randlich kaum umgerollt (nur eingebürgert)
V. macrocarpon (Cranberry)

Schlüssel 13 – *Geranium* (Storchschnabel)

1. B. aus meist 5 völlig getrennten, kurz gestielten Fiedern zusammengesetzt, dabei die jeweils beiden seitlichen Fiedern mit kurzem gemeinsamem Stiel (Abb. 173); Fiedern fast bis zur jeweiligen Mittelrippe fiederteilig; Pfl. behaart, oft kräftig rot überlaufen (*G. robertianum*-Gruppe)

2. Pfl. unangenehm riechend (im Infloreszenzbereich wenigstens einige Haare 2–3 mm lang) ***G. robertianum*** s. str. (Ruprechtskraut)

2+ Pfl. wenig riechend (nur vereinzelt Haare > 1 mm) ***G. purpureum*** (Purpur-St.)

1+ B.handförmig tief geteilt

3. Pfl. (fast) kahl, oft rot überlaufen; meist schattige Standorte; selten < 20 cm ***G. lucidum*** (Glänzender St.)

3+ Pfl. (zumindest in Teilen) behaart

4. Pfl. einjährig, mit dünner Faserwurzel; B. meist < 7 cm Durchmesser

5. B.stielbehaarung (größtenteils) deutlich rückwärts gerichtet, ohne Drüsen; Spreite bis fast zum Grund in tief-fiederteilige Lappen geteilt

6. Stg. und B.stiele rückwärts anliegend behaart (Haare 0,2–0,4 mm), drüsenlos ***G. columbinum*** (Tauben-St.)

6+ Stg. und B.stiele rückwärts-abstehend behaart (Haare –1 mm) ***G. dissectum*** (Schlitzb. St.)

Wenn Haare 1–2 mm und Pfl. mehrjährig vgl. (unbeständig verwildernd) ***G. sibiricum*** (Sibirischer St.)

5+ B.stielbehaarung abstehend oder vorwärts gerichtet; Spreite höchstens bis auf 1/5 geteilt

7. Stg. zerstreut 1–2 mm lang behaart, daneben Drüsenhaare von 0,1–0,2 mm; gegenüberstehende B. oft unterschiedlich lang gestielt; Pfl. 30–60 cm ***G. divaricatum*** (Spreizender St.)

7+ Pfl. kleiner

8. Haare und Drüsenhaare (zuweilen selten!) gemischt; zumindest einzelne Haare > 0,5 mm

9. Die meisten Haare ohne scharfe Grenze zwischen 0,3–1 mm; Drüsen zuweilen mit roten Köpfchen; die meisten Stgb. gegenständig
G. rotundifolium (Rundb. St.)

9+ Haare deutlich verschieden: wenige Haare 1–2 mm lang, sonst Behaarung kurz (0,1–0,5 mm) und ± dicht; die meisten Stgb. wechselständig (Abb. 172)
G. molle (Weicher St.)

8+ Zumindest Stiele der Rosettenb. ohne Drüsen; Haare bis 0,2, selten –0,5 mm ***G. pusillum*** (Kleiner St.)

4+ Pfl. mehrjährig (*G. pyrenaicum* oft 2-jährig) mit kräftiger Wurzel und zuweilen Rhizom, meist > 30 cm

10. B. –6 cm breit, bis fast zum Grund in 6–7 Lappen gespalten; jeder Lappen in (nur!) (2–)3 ganzrandige, linealisch-lanzettliche Zipfel (meist 3–4-mal so lang wie breit) gespalten, im Spätsommer weinrot verfärbt; Stg. spärlich abstehend behaart (Haare 1–2 mm), drüsenlos (Abb. 171)
G. sanguineum (Blutroter St.)

10+ B.schnitt anders, die größeren (außer bei *G. pyrenaicum*) meist breiter

11. Stgb. wechselständig, meist nur bis auf 1/3 geteilt; Stg. meist unverzweigt, mit 1–3 mm langen Haaren, im unteren Teil ± drüsenlos ***G. phaeum*** (Brauner St.)

11+ B. ± alle gegenständig, meist tiefer geteilt; Stg. meist verzweigt

12. Auch die Rosettenb. selten > 5 cm Durchmesser, deren Stiele wie der Stg. mit 1–1,5 mm langen einfachen und kurzen Drüsenhaaren (später verkahlend); B. meist nur bis auf 1/2 geteilt, B.zipfel wenig gekerbt
G. pyrenaicum (Pyrenäen-St.)

12+ B. normalerweise größer, mindestens bis auf 1/4 geteilt; B.stiel mit ± rückwärts gerichteten Haaren (sehr selten kahl); Pfl. im unteren Teil (!) meist drüsenlos

13a B.stiel dicht rückwärts ± anliegend sehr kurz behaart, sich weich anfühlend (Abb. 168)
G. pratense (Wiesen-St.)

13b B.stiel mit wenigen kurzen Haaren (Abb. 169) ***G. sylvaticum*** (Wald-St.)

13c B.stiel mit rückwärts abstehenden Borstenhaaren, diese ca. 1/2 des B.stieldurchmessers erreichend; Spreite weniger tief geteilt; auch am oberen Stg. drüsenlos (Abb. 170) ***G. palustre*** (Sumpf-St.)

Die Arten können trotz ihrer suggestiven Art-Epitheta („Wiesen-", „Wald-" bzw. „Sumpf-") auch nebeneinander vorkommen. *G. pratense* überschreitet allerdings selten die 500-m-über-NN-Grenze, während *G. sylvaticum* selten darunter vorkommt.

Schlüssel 14 – *Potentilla* (Fingerkraut)

Merkmale vorwiegend nach GERSTBERGER (in HEGI 2. Aufl. Bd. **IV 2C** bzw. in ROTHMALER) sowie EGGENBERG & MÖHL

Die Angaben beziehen sich auf Grundb. und untere Stgb. Es sind mehrere B. zu prüfen. Die Zahl der Zähne bezieht sich auf eine Endfieder

Die in der Literatur so genannten *Sternhaare* sind eigentlich 2–30-strahlige, auf kleinen Pusteln stehende Büschelhaare (vgl. 3.2.1.9). Bei *Zackenhaaren* ragt aus dem „Büschel" ein zentrales, deutlich längeres (bis 1,2 mm) Striegelhaar heraus. Zwischen beiden Typen gibt es Übergänge. – Starke Lupe!

1a (Die meisten) Blätter 5–7-zählig gefingert

2. Pfl. mit ± langen, einwurzelnden Kriechtrieben oder Ausläufern

3. B. auch an den fädlichen Ausläufern mit 5(–7) Fiedern; seitliche Fiedern jeweils paarweise (beim 5-zähligen B.) bzw. zu dritt (beim 7-zähligen B.) ganz basal etwas verwachsen; Endfieder mit 13–23 Zähnen; Kelch (mit Außenkelch) 10-zählig **_P. reptans_** (Kriechendes F.)

3+ Pfl. mit Kriechtrieben; B. (3–)5-zählig; Fiedern mit 9–13 Zähnen; Kelch meist (!) 8-zählig **_P. anglica_** (Englisches F.)

2+ Pfl. mit ± aufrechtem Stg. oder in Polstern (außer *P. collina* mit oft liegenden, aber nicht einwurzelnden Trieben)

4. B. wenigstens unterseits – neben Striegelhaaren – mit Zacken- und/oder Sternhaaren; Pfl. meist in flachen Polstern wachsend

5. Stg. und B. ± dicht filzig sternhaarig, B. daher graugrün (B.epidermis weitgehend bedeckt); Sternhaare b.ober- wie unterseits zwischen den B.nerven mit 10–30 Strahlen **_*P. incana_** (Sand-F.)

5+ Zackenhaare weniger dicht, auf der B.oberseite nur spärlich, 2–10-strahlig **_*P. pusilla_** (Flaum-F.)

4+ Stern- bzw. Zackenhaare höchstens sehr vereinzelt

6. Die meisten B. 7-zählig; meist Trocken- oder Magerrasen und Säume der kollinen und montanen Stufe

7. Fiedern stark eingeschnitten, randlich zurückgerollt, unterseits meist dicht weißfilzig (vgl. **14.**) *P. argentea*

7+ Fiedern nicht deutlich zurückgerollt und/oder unterseits nicht weißfilzig (nur abstehend behaart); Fiederzähne mindestens 9 (vgl. aber **9+**)

8. Fiedern zu 5–7, > 5 cm lang, bis zum Grund mit 25 oder mehr Zähnen; Stipeln der unteren Stgb. mit 1 bis wenigen zahnartigen Zipfeln; Stg. mit–4 mm langen und zusätzlich dicht mit ca. 0,5 mm langen jeweils abstehenden Haaren; Infloreszenz endständig, –70 cm (Abb.159)
P. recta (Hohes F.)

8+ Fiedern zu 7(–9)(vgl. aber *P. heptaphylla*), meist kleiner; Stipeln ganzrandig oder nur schwach gezähnt; Stg. behaarung anders; Infloreszenz seitenständig (Stg. schließt mit B.rosette ab); Pfl. meist kleiner

9. Fiedern –6 cm, abstehend rau behaart, mit 17–23 Zähnen; –40 cm ***P. thuringiaca** (Kleinblütiges F.)

9+ Fiedern –4 cm, (jung) abstehend weiß behaart (Haare 2–3 mm). Frühjahrsb. (5–)7-zählig, Fiedern mit 5–7 Zähnen; die größeren Sommerb. 7(–9)-zählig, mit 9–21 Zähnen; B.stiel zuweilen drüsig; –20 cm
***P. heptaphylla** (Rötliches F.)

P. heptaphylla ist einer *P. neumanniana* (vgl. **18.**) mit 7 Fiedern ähnlich, unterscheidet sich aber durch die dichte, abstehende Behaarung von dieser. Die Zähnung der Fiedern geht außerdem bei *P. h.* bis zur Basis und sie bildet keine mit *P. n.* vergleichbaren Polster aus.

6+ Die meisten B. 5-zählig; selten > 30 cm

10. B. sitzend, die meisten eigentlich 3-zählig, die laubigen, tiefgezähnten Stipeln der Stgb. aber weitere Fiedern vortäuschend (die Stipeln der – meist nicht mehr vorhandenen – Grundb. sind bis auf 2 mm Zipfel adnat); B. unterseits auf den Nerven spärlich behaart, sonst kahl; Kelch (mit Außenkelch) 8-zählig; auf mageren, meist sauren Böden (Abb. 158) ***P. erecta*** (Blutwurz)

10+ B. gestielt; neben den Stipeln 5(–7) Fiedern vorhanden; Stipeln nicht fiederähnlich; Kelch 10-zählig

11. Fiedern nur mit 3–7(–9) Zähnchen am vorderen Drittel, unterseits seidig anliegend behaart (Pfl. weißblühend)

12. Fiedern nur an der Spitze mit 3–5 Zähnchen, beiderseits behaart; Endzahn dabei mindestens so lang wie die Seitenzähne; freie Zipfel der Stipeln 3–4 mm. –10 cm; (sub)alpin (selten dealpin), nur auf Kalk
***P. clusiana** (Tauern-F.)

12+ Zähnchen (3–)5–9, ± im vorderen Drittel; Stipelzipfel länger; –30 cm; kollin bis subalpin, in diesem Fall aber Endzahn meist deutlich kürzer

13. Pfl. der ± trockenen (Eichen-)Wälder und Säume der kollinen bis submontanen Stufe. Fiedern leicht längsgefaltet („kahnförmig"), randlich mit weißem Haarsaum, oberseits dunkelgrün, kahl, unterseits weiß-silbrig, nicht drüsig; Infloreszenz selten › 3-blütig ***P. alba** (Weißes F.)

13+ Pfl. der Kalkfelsen, vor allem der subapinen Stufe; Fiedern unterseits ± grün, zuweilen schwach drüsig; Infloreszenz mindestens 3-blütig **P. caulescens** (Stängel-F.)

11+ Fiederzähne zahlreicher und/oder weiter (zumindest bis zur Hälfte) herabreichend (Pfl. gelbblühend)

14. Fiedern randlich zurückgerollt, oberseits dunkelgrün, unterseits meist dicht weißfilzig mit nur wenig längeren Haaren, stark eingeschnitten (mitunter fiederschnittig); Endzahn › Seitenzahn; oft auf sauren Rohböden (vgl. auch **7.**)(Abb. 157) **P. argentea** (Silber-F.)

14+ Fiedern randlich nicht zurückgerollt, unterseits (grau)grün

15. Fiedern ± bis zum Grund mit 9–17 Zähnen; Endzahn meist länger als der Seitenzahn; Stg. aufrecht, 20–50 cm; vor allem in trockenen, ± ruderalen Gesellschaften

16. Endfieder oft 2–6 mm gestielt, unterseits mit geraden oder nur schwach geschlängelten Haaren; Pfl. zuweilen nur 2-jährig **P. intermedia** (Mittleres F.)

16+ Endfieder nicht oder kürzer gestielt, unterseits auch mit gekräuselten Haaren; stets mehrjährig; ganze Pfl. dünn graufilzig (ohne kurze feine Härchen) **P. inclinata** (Graues F.)

15+. Fiedern nur in den oberen 2/3 mit 5–11 Zähnen; Pfl. –25(–35) cm hoch, nicht in ruderalen Gesellschaften

17. Pfl. trockener Rasen der kollinen und submontanen Stufe

18. Pfl. niedrige Polster bildend, mit oft einwurzelnden Stg.; Fiedern beiderseits anliegend striegelhaarig
P. neumanniana (Frühlings-F.)

Vgl. Anmerkung zu **9+** *P. heptaphylla*

18+ Pfl. liegend oder aufsteigend; Fiedern unterseits von gekräuselten Haaren locker filzig
***P. collina* agg.** (Artengruppe Hügel-F.)

17+ Pfl. der (sub)alpinen Stufe

19. Fiedern am Rand mit ca. 1 mm langen silbrigen Haaren, daher wie gesäumt erscheinend; Zähne schmal und spitz, Endzahn kürzer als Seitenzähne; Unterseite mit deutlich sichtbarem Nervennetz (Durchlicht!); Stipeln lanzettlich; auf saurem Gestein
P. aurea (Gold-F.)

19+ Fiederrand behaart, aber nicht silbrig gesäumt; Zähne stumpf, Endzahn länger; Nervennetz grobmaschig; Stipeln breit-lanzettlich bis eiförmig; nur auf Kalk
P. crantzii (Zottiges F.)

1b Blätter 3-zählig gefingert

20. Fiedern < 1 cm lang, mit (5–)7–9(–11) Zähnen, vor allem unterseits auf den Nerven und am Rand behaart; B.stiel < 1,5 cm; freie Zipfel der Stipeln ca. 3 mm; Pfl. < 10 cm hoch; nur über 1000 m
P. brauneana (Zwerg-F.)

20+ Pfl. in allen Teilen größer

21. Pfl. abstehend rauhaarig (Haare 1–3 mm, auf kleinen Knötchen sitzend); B.stiel 8–15 cm; Endfieder mit 15–19 Zähnen, oft > 5 mm gestielt; Pfl. meist 20–50 cm hoch (gelbblühend)
P. norvegica (Norwegisches F.)

Die basalen Rosettenb. sind gelegentlich 5-zählig gefiedert.

21+ Pfl. weichhaarig; B.- und Fiederstiel kürzer; Fiedern unterseits graugrün; Pfl. –15 cm (weißblühend)

22. Endfieder –1 mm gestielt, mit 9–13 rundlichen Zähnen; freie Stipelzipfel > 10 mm; Pfl. oft mit 5–10(–15) cm langen Kriechsprossen (Abb. 178) ***P. sterilis*** (Erdbeer-F.)

Wenn mit langen fädlichen Ausläufern[1] (vgl. Abb. 179) Fragaria (Erdbeere)

22+ Endfieder meist 2–3 mm gestielt, mit 19–23 spitzen Zähnen; Stipelzipfel –10 mm; Pfl. stets ohne Kriechtriebe ***P. micrantha*** (Rheinisches F.)

1c Blätter gefiedert (vgl. Anmerkung zu **21.** *P. norvegica*)

23. B. mit mindestens 6 Fiederpaaren, zusätzlich Zwischenfiedern oder Rhachiszähne vorhanden; Pfl. mit langen, dünnen Ausläufern (Abb. 206) ***P. anserina*** (Gänse-F.)

23+ B. mit 2–4(–5) Fiederpaaren, ohne Zwischenfiedern; Pfl. ohne Ausläufer

24. Fiedern ± oval, gezähnt; Pfl. aufrecht, > 30 cm, stets mehrjährig; trockene Standorte (weißblühend) ***P. rupestris*** (Felsen-F.)

24+ Fiedern länglich (1,5–2-mal so lang wie breit), tief gekerbt bis fiederspaltig, mit 7–9(–3) Zähnen; Pfl. aufsteigend, < 30 cm, oft einjährig; feuchte Standorte (gelbblühend) ***P. supina*** (Niedriges Fingerkraut)

[1] Fädliche Ausläufer sind in diesem Fall ein hinreichendes, aber nicht notwendiges Kriterium: Solche Ausläufer gibt es bei *Potentilla* mit 3-zähligen Blättern nicht, die Ausläufer bei *Fragaria* sind aber nicht immer ausgebildet.

Schlüssel 15 – Epilobium (Weidenröschen)

Ein Problem bei *Epilobium* ist die bei manchen Taxa auftretende drüsige Behaarung, die insgesamt häufiger ist, als man nach den gängigen Bestimmungsschlüsseln meinen möchte, und deren taxonomischer Wert offenbar wenig geklärt ist

Merkmale z. T. nach Raabe in Kieler Not. Pfl.kunde **8,** 1976

1a (Wenigstens die unteren) B. zu 3–4 quirlig, ± sitzend, eiförmig, scharf (–1 mm) gezähnt; subalpin **_E. alpestre_** (Voralpen-W.)

1b (Wenigstens die unteren) B. gegenständig (in Einzelfällen zu 3); Seitennerven der Mittelrippe meist mit < 70° abzweigend

2. Stg. rund, ohne erhabene Leisten (höchstens mit Haarleisten oder B. kurz herablaufend), oberwärts meist drüsig

3. Stg.haare deutlich abstehend (bisweilen etwas kraus), mindestens (0,7–)1 mm lang; B. ± sitzend

4. B. scharf gesägt (die vorwärts gerichteten Zähnchen 0,5–1 mm lang), unterseits nur auf den Nerven behaart, die unteren halbstg.umfassend und etwas herablaufend, die oberen ± verschmälert; Pfl. –2 m hoch **_E. hirsutum_** (Zottiges W.)

4+ B. undeutlich gezähnt, unterseits deutlich behaart; Spreitengrund verschmälert bis herzförmig; –80 cm **_E. parviflorum_** (Kleinblütiges W.)

3+ Stg.haare gekrümmt anliegend

5. B. ± sitzend, meist 6–10-mal so lang wie breit, fast ganzrandig, nur mit einzelnen Drüsenzähnchen; B.rand meist umgerollt; Spreitengrund meist verschmälert; Stg. oben meist mit 2 Haarleisten **_E. palustre_** (Sumpf-W.)

5+ B. –4-mal so lang wie breit, randl. nicht zurückgerollt, ± deutlich gezähnt; Stg. kahl oder behaart, aber ohne Haarleisten

6. B. 4–10 mm gestielt, mit lang-keilförmigem Grund, d. h. etwa in der Mitte am breitesten, etwa 3–4-mal so lang wie breit **_E. lanceolatum_** (Lanzettb. W.)

6+ B. 0–3 mm gestielt, die mittleren unterhalb der Mitte am breitesten, Spreitengrund gerundet oder herzförmig

7. B. meist < 2 cm lang, entfernt gesägt (Zähne –0,5 mm); Stg. (nur) –40 cm, meist basal büschelig verzweigt, auch oben (scheinbar[1]) drüsenlos **E. collinum** (Hügel-W.)

7+ B. meist 4–10 cm, kerbig gesägt (Zähne –1mm); Stg. –1 m, bisweilen oben etwas verzweigt und mit kurzen Drüsen (Abb. 318) **E. montanum** (Berg-W.)

2+ Stg. kantig bzw. rund, dann aber mit 2 oder 4 deutlich erhabenen Längsleisten (wenn *nur* Haarleisten am sonst runden Stg., vgl. **5.** *E. palustre*). Ohne abstehende, mindestens 1 mm lange Haare

8. B. 4–10(–15) mm gestielt, mit lang-keiligem Spreitengrund (B. damit oft in der Mitte am breitesten), 2–3-mal so lang wie breit, scharf (oft ungleichmäßig) gesägt (Zähne –1 mm); Nerven unterseits deutlich hervortretend **E. roseum** (Rosarotes W.)

8+ B. 0–4(–6) mm gestielt, unterhalb der Mitte am breitesten

9. Pfl. subalpiner Nassstandorte, –20(–30) cm hoch, –4-blütig

10. B. 2–4 x 1–2,5 cm, spitz, seicht, aber ± deutlich gezähnelt; Ausläufer unterirdisch, mit fleischigen, gelblichen Schuppenb.; Stg. rundum behaart, auch mit Drüsenhaaren; –30 cm **E. alsinifolium** (Mierenb. W.)

10+ B. kleiner, fast ganzrandig, stumpf; Ausläufer oberirdisch, mit grünen B.; –20 cm

11. Stg. mit 2(4) Haarreihen; Ausläufer fast so dick wie die Stg.; B. kurz gestielt **E. anagallidifolium** (Gauchheil-W.)

11+ Stg. oberwärts kraushaarig; Ausläufer fädlich; zumindest die mittleren B. sitzend ***E. nutans** (Nickendes W.)

9+ Pfl. anderer Standorte, meist höherwüchsig

12. B. meist (1–)2–4 mm gestielt; Stg. (oberwärts) ± dicht drüsig und mit kurzen, krausen (nicht angedrückten) drüsenlosen Haaren **E. ciliatum** *(= adenocaulon)*(Drüsiges W.)

12+ B. meist 0–1(–2) mm gestielt; Stg. drüsenlos

13. Pfl. (ab dem Sommer) mit oberirdischen Ausläufern; B. dunkelgrün, matt, entfernt kleingesägt; (Frucht –6 cm, mit einzelnen Drüsenhaaren) **E. obscurum** (Dunkelgrünes W.)

[1] Die Drüsen sind sehr klein und auch mit einer starken Lupe kaum zu sehen.

13+ Pfl. ohne oberird. Ausläufer; B. hellgrün, ± glänzend; Stg. basal oft nur schwach kantig; (Frucht –9 cm; völlig drüsenlos) ***E. tetragonum*** s. l. (Vierkantiges W.)

14. Stg. unten meist kahl und oberwärts spärlich behaart; untere und mittlere B. sitzend, etwas herablaufend, am Grund gestutzt, eng gezähnt, kahl ssp. *tetragonum*

14+ Stg. vor allem oben ± dicht behaart (und daher graugrün). B. graugrün, kurz gestielt, nicht herablaufend, am Grund meist verschmälert, entfernt gezähnt, unterseits auf den Nerven behaart ssp. *lamyi*

1c (Wenigstens die unteren) B. wechselständig

15. B. > 1 cm breit, unterseits blaugrün und mit deutlichen, mit 80–90° abzweigenden Seitennerven; 60–150 cm hoch ***E. angustifolium*** (Schmalb. W.)

15+ B. –0,5 cm breit, unterseits nicht blaugrün und mit schwach entwickelten Seitennerven; auf Rohböden

16. Stg. aufrecht; B. meist ganzrandig, randlich nach unten gebogen; 20–90 cm ***E. dodonei*** (Rosmarin-W.)

16+ Stg. aufsteigend; B. drüsig gezähnt, nicht nach unten gebogen; 20–40 cm; nur subalpin ****E. fleischeri*** (Kies-W.)

Schlüssel 16 – *Hypericum* (Johanniskraut, Hartheu)

Durchscheinend punktiert: Von Öldrüsen hervorgerufenes helles Punktemuster auf Blättern, das man am besten im Durchlicht erkennt

1. Stg. und B. ± dicht behaart; Stg. rund; B.rand nicht schwarzdrüsig, aber durchscheinend punktiert

2. Stg. niederliegend, am Grund oft wurzelnd, –30 cm; B. meist < 20 mm lang, breit-oval; Haare septiert; nasse, kalkarme Standorte ***H. elodes** (Sumpf-J.)

2+ Stg. aufrecht, > 30 cm; B. > 20 mm, lanzeolat bis oval; Haare einzellig; frische bis mäßig trockene Standorte, gern auf Kalk **H. hirsutum** (Behaartes J.)

1+ Stg. und meist auch B. kahl (vgl. **8.** *H. montanum*)

3. Stg. niederliegend, nur –1 mm dick und –15 cm lang, ± zweikantig; B. < 15 mm **H. humifusum** (Niederliegendes J.)

3+ Stg. aufrecht, dicker

4a Stg. 4-flügelig oder (zumindest in der unteren Hälfte) 4-kantig, hohl; B.rand schwarzdrüsig

5. Stg. 4-flügelig; B. halbstg.umfassend, sehr fein (Lupe!) durchscheinend punktiert **H. tetrapterum** (Flügel-J.)

5+ Stg. zumindest stellenweise 4-kantig (Abb. 392a); B. am Grund gerundet, mit wenigen hellen Punkten **H. maculatum** s. l. (Geflecktes J.)

Hier werden 3 Taxa unterschieden, die sich vor allem am Kelch erkennen lassen (vgl. Abb. 392b–e).

4b Stg. (zumindest an einigen Internodien) 2-kantig, markig; B.rand zumindest unten schwarzdrüsig, zuweilen nach unten umgebogen

6. B. etwa in der Mitte am breitesten; –60 cm; sehr häufig (Abb. 392a) **H. perforatum** (Tüpfel-J.)

6+ B. im untersten Viertel am breitesten; Stg. nur oben 2-kantig, unten rund, –30 cm; sehr selten (vgl. auch **8+**) ***H. elegans** (Zierliches J.)

4c Stg. rund

7. B.rand schwarzdrüsig; B. eiförmig oder länglich, ± halbstg. umfassend

8. Untere B. < Internodien, am Rand flach, unterseits auf den Nerven spärlich behaart; Stg. durchweg rund; –60 cm
H. montanum (Berg-J.)

8+ Untere B. ≥ Internodien, am Rand etwas zurückgerollt; Stg. nur unten rund, oben 2-kantig, –30 cm (vgl. **6+**)
**H. elegans*

7+ B.rand nicht schwarzdrüsig; Spreite am Grund am breitesten und dadurch abgerundet 3-eckig, oft < 2-mal so lang wie breit ***H. pulchrum*** (Schönes J.)

Schlüssel 17 – *Leontodon* s. l. (Löwenzahn[1])

Mit „B." sind stets jene der Grundb.-Rosette gemeint

1. Haare einfach oder Pflanze kahl; Schuppenb. am Stg. 0–6 *(Scorzoneroides)*

2. Stg. verzweigt, mit > 3 Schuppenb.; B. tief gezähnt bis fiederteilig, mit schmalen Zipfeln; 15–45 cm; alle Höhenstufen
L. autumnalis (Herbst-L.)

2+ Stg. unverzweigt, 5–30 cm; hochmontan bis alpin

3. Spreite in einen ungeflügelten Stiel verschmälert, meist gezähnt; am Schaft 3–6 Schuppenb.; 10–30 cm; auf saurem Gestein ***L. helveticus*** (Schweizer L.)

3+ Spreite in einen am Grund geflügelten Stiel verschmälert, entfernt gezähnt bis fiederteilig (dann aber Zähne breit 3-eckig); am Schaft 0–2 Schuppenb.; 5–10 cm; auf Kalk ***L. montanus*** (Alpen-L.)

Es gibt selten auch kahle Formen von *L. hispidus* (vgl. **5+**)

1+ Pfl. mit verzweigten Haaren (daneben auch unverzweigte Haare möglich); Schuppenb. am Stg. 0–3 (*Leontodon* s. str.)

4. Alle verzweigten Haare mit mindestens 1 mm langem Stiel und 2(–3) viel kürzeren Strahlen; B. meist ± buchtig gezähnt; 5–30 cm; frische bis feuchte Standorte
L. saxatilis *(= taraxacoides)* (Hundslattich)

4+ Zumindest zahlreiche Haare mit > 2 Strahlen; 10–60 cm; eher trockene Standorte

5. B. mit ± dicht stehenden (3–)4(–6)-strahligen Haaren, deren Stiel etwa so lang wie die Strahlen (Abb. 399); Haare sehr kurz (–0,4 mm); B. ganzrandig oder nur entfernt gezähnt; mit Pfahlwurzel[2]; auf Kalk ***L. incanus*** (Grauer L.)

---

[1] LINNÉ hatte die Gattungen *Leontodon* und *Taraxacum* noch unter dem Namen *Leontodon* vereinigt. Dieser Name bedeutet eigentlich „Löwenzahn". Im Deutschen verstehen wir unter „Löwenzahn" aber die nach LINNÉ neu aufgestellte Gattung *Taraxacum.* Dessen (künstlicher) neuer Name „Kuhblume" hat sich nicht durchsetzen können, sodass wir jetzt zwei „Löwenzähne" haben. – Die Gattung im weiten Sinn (*Leontodon* s. l.) wird heute vielfach in *Leontodon* s. str. und *Scorzoneroides* aufgeteilt.

[2] Ob am Aufbau des unterirdischen Achsenorgans auch ein Rhizom beteiligt ist, wird nicht einheitlich beurteilt, ist aber für die Unterscheidung zum Rhizom von *L. hispidus* ohne Belang.

5+ B. selten kahl, meist mit 2–3(–4)-strahligen Haaren, die längeren davon 0,5–1 mm (Abb. 398)[3]; Haarstiel oft länger als die Strahlen; B. gezähnt bis fiederschnittig; Rhizom schief oder waagrecht **_L. hispidus_** (Rauer L.)

[3] Nach Behaarung und Blattform werden mehrere ssp. unterschieden, deren Berechtigung aber zweifelhaft ist.

Schlüssel 18 – „Hufeisenblättrige“

Die Bezeichnung stammt von EGGENBERG & MÖHL, wird hier aber etwas enger gefasst: Kennzeichnend für diese Gruppe ist, dass die Spreite eine basale Bucht aufweist, deren Rand – außer meist bei *Petasites albus* – ein Stück weit von basalen Seitennerven gebildet wird (vgl. z. B. Abb. 311a)

Die Angaben beziehen sich auf die Grundb.

1. Unterseite des B.stiels ± glatt; Spreite nicht deutlich länger als breit; B.stiel massiv (d. h. nicht hohl)

2. Oberseite des B.stiels auch in der oberen Hälfte mit einer nur flach eingesenkten Rinne; Spreite 20–50 cm breit

3. Spreite (von der basalen Bucht abgesehen) im Gesamtumriss ± 3-eckig (die beiden unteren Lappen aber oft nochmals 2–3-lappig), meist etwas breiter als lang, gezähnt, unterseits weißfilzig; Berandung der Spreitenbucht durch Seitennerven deutlich ***Petasites spurius** (Filzige Pestwurz)

Wenn Spreite länger als breit und Seitenlappen abgerundet vgl. **10.** *P. paradoxus*

3+ Spreite rundlich, unregelmäßig doppelt gezähnt, unterseits weißwollig-verkahlend, Nerven fast kahl; keine (kaum) Berandung der Spreitenbucht durch Seitennerven **Petasites albus** (Weiße Pestwurz)

2+ Oberseite in der oberen Hälfte mit einer eingesenkten Furche; Spreite nicht 3-eckig, selten > 20 cm

4. Spreite oberseits verkahlend, unterseits weißfilzig; Spreitenrand flach, aber deutlich gebuchtet und fein gezähnt; Stg. nur mit Schuppenb. (Abb. 310) ***Tussilago farfara*** (Huflattich)

4+ Spreite unterseits kurzhaarig bis fast kahl, (herz- bis) nierenförmig, nicht (kaum) gebuchtet, regelmäßig gezähnt; Stgb. gestielt, ohne Öhrchen **Adenostyles glabra** (Grüner Alpendost)

1+ Unterseite gerippt

5. B.stiel hohl; B.unterseite meist ± kahl oder verkahlend, nur Nerven zuweilen behaart bleibend. Spreite –80 cm

6. Spreite deutlich länger als breit, kaum gezähnt; basale Lappen durch die Bucht klar getrennt

7. Oberseite des Stiels zumindest in der oberen Hälfte mit eingesenkter Furche (Abb. 312a,b) **Arctium minus** (Kleine Klette)

7+ Oberseite nur mit flacher Rinne
Arctium nemorosum (Hain-Klette)

Der Unterschied ist nicht sehr augenfällig.

6+ Spreite etwa so lang wie breit, deutlich unregelmäßig gezähnt; Nerven unterseits bleibend behaart; basale Lappen sich nähernd oder überdeckend; Oberseite des Stiels mit tiefer, von Flügelleisten gerandeter Furche (Abb. 311)
Petasites hybridus (Gemeine Pestwurz)

5+ B.stiel nicht hohl, oberseits höchstens mit flacher Rinne

8. Spreite kaum gezähnelt, länger als breit; meist kollin–montan

9. Spreite unterseits bleibend dicht grauweiß-filzig
Arctium tomentosum (Filzige Klette)

9+ Spreite unterseits dünn graufilzig bis ± grün (Abb. 312c)
Arctium lappa (Große Klette)

8+ Spreite ± scharf gezähnt; montan–subalpin

10. Spreite oft länger als breit, 3-eckig bis herzförmig, unterseits bleibend weißfilzig; Stg. nur mit (relativ großen!) Schuppenb. ***Petasites paradoxus*** (Alpen-Pestwurz)

10+ Spreite meist ausgeprägt herzförmig, unterseits abwischbar locker filzig behaart; Stgb. sitzend oder mit Öhrchen halbstg.umfassend ***Adenostyles alliariae*** (Grauer Alpendost)

Schlüssel 19 – *Eleocharis* (Sumpfbinse)

Die Längenangaben gelten nicht für flutende Sprosse; diese können bis 50 cm lang werden

Die Arten wachsen oft büschelig oder truppweise, können aber trotzdem unterirdische Ausläufer besitzen. – Die Blattscheiden finden sich an der Stängelbasis. Die Angaben zur Farbe sind mit Vorbehalt zu werten

LB: Zahl der Leitbündel im Stängelquerschnitt

1. Stg. ganz glatt, höchstens im trockenen Zustand sehr fein gerillt; Pfl. mehrjährig, mit Ausläufern

2. Stg. 0,8–3 mm dick, meist > 10 cm, basale B.scheiden oft ± rötlich bis schwarzrot

3. Stg. (1,5–)2–3 mm dick, steif, matt (grau)grün, mit 20–30 LB **E. palustris** (Gewöhnl. S.)

2 ssp.

3+ Stg. 0,8–1,2 mm dick, glänzend, reingrün mit 10–20 LB (?) **E. uniglumis** (Einspelzige S.)

2+ Stg. 0,3–0,5 mm dick, stets < 10 cm; B.scheiden zart, weißlich, zuweilen fehlend ***E. parvula** (Kleine S.)

1+ Stg. fein gerillt bis kantig

4. Stg. 2–3 mm dick, weich, hell- bis gelblich-grün, fein gerillt, mit 8–20 LB; oft einzeln oder in wenigzähligen Gruppen; B.scheiden nicht dunkel rötlich (*E. mamillata* agg.).

5. Stg. mit 8–12 LB ***E. mamillata** s. str. (Warzenfrüchtige S.)

5+ Stg. mit 12–16(–20) LB ***E. austriaca** (Österreichische S.)

4+ Stg. bis 1(1,2) mm dick, meist büschelig oder in Trupps

6. Pfl. horstförmig oder dicht-büschelig wachsend, ohne Ausläufer; Stg. ±1 mm dick, 5–40 cm, fein gerillt, > 10 LB; die obersten B.scheiden sehr schief abgeschnitten und oft bespitzt

7. Pfl. einjährig; B.scheiden grünlich ***E. ovata** (Eiförmige S.)

7+ Pfl. mehrjährig; B.scheiden gelblich (braun) ***E. multicaulis** (Vielstängelige S.)

6+ Pfl. mit kurzen oder längeren Ausläufern; Stg. –0,7 mm dick, deutlich 3–4-kantig bzw. -gerillt, meist nicht > 25 cm; < 10 LB

8. Stg. 0,2–0,5 mm dick, 3–10 cm hoch, zuweilen flutend; Ausläufer stets kurz, Pfl. dichte Rasen mit zahlreichen sterilen Trieben bildend, selten auch einjährig; basale B.scheiden meist farblos, zuweilen mit bräunlicher Spitze und/oder purpurnen Adern, selten ± ganz purpurn ***E. *acicularis*** (Nadel-S.)

8+ Stg. meist 0,5(–0,7) mm dick, steif, –25(–40) cm hoch und oft leicht bogenförmig gekrümmt; basale B.scheiden meist (hell)bräunlich, seltener rötlich; stets mehrjährig ***E. *quinqueflora*** (Armblütige S.)

Schlüssel 20 – *Allium* (Lauch)

Im Schlüssel berücksichtigt sind alle einheimischen Arten (auch die sehr seltenen), der zunehmend sich einbürgernde Neophyt *Allium paradoxum* sowie die gelegentlich verwilderten Küchenpflanzen Lauch, Zwiebel und Knoblauch

„B. flach" heißt nicht „flach entfaltet" (sie können auch v-förmig oder hohlkehlig sein), sondern nur „im Querschnitt flach" (und nicht etwa rund). – Die Ligula ist stets adnat

Brutzwiebeln: Kleine Zwiebeln innerhalb der Infloreszenz, die Blüten ganz oder teilweise ersetzend

Nebenzwiebeln: Kleine, der „Hauptzwiebel" benachbarte oder ± in sie integrierte, zusätzliche Zwiebeln

Merkmale teilweise aus Foerster in Mitt. Florist.-soziol. AG, N.F. **9,** 5–7 (1962)

1. Spreite flach, 2–5 cm breit, elliptisch bis lanzeolat, basal stielartig verschmälert („maiglöckchenähnlich")

2. Laubb. zu 2(–3), grundständig, deutlich gestielt, „umgeklappt" (d. h. mit nach oben gerichteter Unterseite); Spreite vom Stiel ± deutlich abgesetzt; Stg. kantig; Waldpfl.; kollin–montan
A. *ursinum* (Bärlauch)

2+ Neben 2 ± grundständigen B. mindestens 1 wohlentwickeltes stg.ständiges Laubb.; B. kurz (oder gar nicht) gestielt, die Scheiden den Stg. (oft bis zur Mitte) einhüllend, nicht „übergekippt"; Stg. Stielrund; Pfl. offener Standorte; (sub)alpin
A. *victorialis* (Allermannsharnisch)

Vgl. Schlüssel 2.

1+ Spreite nicht stielartig verschmälert, lanzettlich bis linealisch, flach oder (halb)stielrund

3. 1(–3) grundständige(s) B. vorhanden, diese(s) meist 10–15(–20) mm breit und jung eingerollt; Stg. unten 4-, oben 3-kantig; in Gehölzen und Parkanlagen **A. *paradoxum*** (Seltsamer L.)

3+ B. zahlreicher, oft auch (scheinbar) stg.ständig und schmaler

4. Junge B. gefaltet, später gekielt, flach, mit Ligula

Wildpflanze:

5a. B. 4–8 mm breit, randlich nicht oder nur spitzenwärts wenig rau (Dolden ohne Brutzwiebeln); ± trockene Standorte
A. *rotundum (Runder L.)

5b B. 6–15 mm breit, am Rand bewimpert-gezähnelt (Dolden mit Brutzwiebeln); ± feuchte Standorte
A. scorodoprasum s. str. (Schlangen-L.)

(Verwilderte) Kulturpflanze:

5c B. 5–12 mm breit, am Rand glatt; (Dolden mit Brutzwiebeln); Zwiebel mit zahlreichen „Zehen", gesamte Zwiebel daher mit abgerundeten Rippen ***A. sativum*** (Knoblauch)

5d B. –60 mm breit, am Rand schwach rau (Dolden > 5 cm Ø, meist ohne Brutzwiebeln) ***A. porrum*** (Porree)

4+ Junge B. nicht gefaltet, in der Knospenlage aufeinanderliegend

6a B. flach, unterseits ungerieft, aber (außer **8+**) gekielt. Zwiebel einem kurzen Rhizom aufsitzend, oft nur schwach entwickelt (stets ohne Brutzwiebeln)

7. B. mit Ligula; Stg. rund; (wechsel)nasse Standorte südlich der Donau ****A. suaveolens*** (Wohlriechender L.)

7+ B. ohne Ligula; Stg. oben (2–)4-kantig

8. B. unterseits gekielt; 30–60 cm; (wechsel)nasse Standorte, vor allem entlang der großen Flusstäler
****A. angulosum*** (Kanten-L.)

8+ B. unterseits flach gerundet; 15–30 cm; Felsfluren und Trockenrasen ***A. senescens*** ssp. ***montanum*** (Berg-L.)

6b B. ± (!) flach, unterseits ± deutlich gerieft, aber nicht gekielt; wenn halbstielrund (vgl. **11.**), dann ohne Ligula

9. B. 5–12 mm breit, mit Ligula (vgl. **5b**) *A. sativum*

9+ B. 1–5 mm breit, ohne Ligula; Zwiebel mit nur einer kleineren Nebenzwiebel

10. Rippen der B.unterseite breiter als die Riefen; Zwiebel von einem bleibenden Fasernetz eingehüllt (ohne Brutzwiebeln)(sehr selten in Hessen; ob noch in Thüringen?) ****A. strictum*** (Steifer L.)

10+ Rippen meist schmaler als die Riefen; Zwiebelhäute hinfällig (meist mit Brutzwiebeln)

11. B. halbstielrund (d. h. oberseits deutlich rinnig) bis flach, 2–4(–5) mm breit, zumindest in der unteren Hälfte meist hohl, stark gerieft
A. oleraceum (Gemüse-L.)[1]

11+ B. ± flach (oberseits nur flach-konkav), nicht hohl, schwach gerieft (*A. carinatum* s. l.)

12. B. 2–4 mm breit, unterseits mit 3 ± gleich starken Rippen ****A. carinatum*** s. str. (Gekielter L.)

12+ B. 1–2 mm breit, mit > 3 ± gleich starke Rippen (sehr selten in Bayern)
****A. cirrhosum*** (= *A. carinatum* ssp. *pulchellum*) (Schöner Lauch)

6c B. (halb)stielrund, mit Ligula; meist zahlreiche Nebenzwiebeln vorhanden, Pfl. dann büschelig wachsend

13. B. unterseits nicht (selten schwach) gerieft, weitröhrig, zumindest die untere Hälfte ± stielrund

14. B. > 5 mm Ø, wie auch der röhrige Stg. aufgeblasen; Zwiebel wohlentwickelt; Kulturpfl. (mit oder ohne Brutzwiebeln) ***A. cepa*** (Zwiebel) und
A. fistulosum (Winterzwiebel)

14+ B. –4 mm Ø, wie der Stg. nicht aufgeblasen; Zwiebel nicht entwickelt, dafür mit kurzem Rhizom (ohne Brutzwiebeln) ***A. schoenoprasum*** (Schnittlauch)[2]

13+ B. ± deutlich gerieft und/oder nur halbstielrund

15. B. halbstielrund, apikal auch stielrund, deutlich röhrig, unterseits stark gerieft (Infloreszenz oft mit oder nur mit Brutzwiebeln); Vorkommen oft truppweise auf ± ruderal beeinflussten Standorten

16. Ohne Ligula. B. 2–5 mm breit; von mildem Geschmack (vgl. **11.**) *A. oleraceum*

16+ Mit Ligula; B. 1–3 mm breit; Geschmack scharf
A. vineale (Weinbergs-L.)

---

[1] Der Name ist irreführend: Die Pflanze ist ein autochthoner Besiedler ruderal beeinflusster Trockenstandorte, ihr Name ist wohl auf ihren – für *Allium* – milden Geschmack zurückzuführen (vgl. **16.**).

[2] Der Schnittlauch ist – im Gegensatz zur Zwiebel – im Gebiet urwüchsig.

15+ Ausgewachsene B. nur halbstielrund, undeutlich röhrig, unterseits schwach bis stark gerieft (Brutzwiebeln stets fehlend); vereinzelt stehend in (Halb-)Trockenrasen ***A. *sphaerocephalon*** (Kugel-L.)

Schlüssel 21 – *Sparganium* (Igelkolben)

Einige Merkmale sind aus Poland & Clement übernommen. Ihre Übertragbarkeit auf mitteleuropäisches Material ist nicht gesichert

Die angegebenen Blattbreiten werden gelegentlich überschritten

Allgemein gilt: B. bandförmig, Rand glatt, streng 2-zeilig, ohne Ligula, mit Quernerven

A.: Untergetauchtes oder schwimmendes B.:

Die B. sind unterseits durchweg höchstens schwach gekielt und apikal flach. Mit „Nerven“ sind die längsparallelen Hauptnerven gemeint

1. B. –30(–50) cm lang, 2–5 mm breit, mit ca. 15 Nerven ***S. *natans*** (Zwerg-I.)

1+ B. länger (oft > 1 m)

2. B. > 7 (–20) mm breit; eutrophe Gewässer ***S. erectum*** (Ästiger I.)

S. erectum *bildet nur selten (im blühenden Zustand nie) Schwimmb. aus.*

2+ B. –7 mm breit, selten breiter

3. B. ausgeprägt stumpf, 4–8 mm breit, mit meist > 10 Nerven; meist untergetauchte B. und Schwimmb. vorhanden (bei hohem Wasserstand nur untergetauchte B.); eher eutrophe, bisweilen langsam fließende Gewässer ***S. emersum*** (Einfacher I.)

3+ B. lang in die stumpfliche Spitze verschmälert, 2–5 mm breit, mit 7–10 Nerven; meist nur Schwimmb. vorhanden; oligotrophe, stehende (Moor-)Gewässer ***S. *angustifolium*** (Schmalb. I.)

B.: Aufrechtes (aus dem Wasser ragendes) B.:

1. B. basal 3-kantig und unterseits weit hinauf deutlich gekielt, mindestens 5 mm breit; im unteren Drittel quergeschnitten mit > 2 übereinanderliegenden Schichten von Luftkammern; ± eutrophe Gewässer

2. B. meist > 10 mm breit (im Herbst zuweilen nur schmalere B. vorhanden) und > 50 cm lang, meist alle aufrecht; mit (3–)6 Luftkammer-Schichten ***S. erectum***

2+ B. meist 3–10 mm breit und meist < 50 cm lang, quer mit 3(–5) Luftkammer-Schichten; untere B. basal auffällig gitternervig; neben aufrechten oft auch Schwimmb. vorhanden ***S. emersum***

Bei hohem Wasserstand werden nur untergetauchte B. gebildet.

1+ B. höchstens basal etwas gekielt, sonst nur unterseits flach oder etwas (*S. angustifolium* auch stärker) gewölbt, 2–5 mm breit, mit 1–2 Luftkammer-Schichten

Aufrechte B. sind bei den beiden folgenden Taxa nur selten entwickelt.

3. B. ausgeprägt stumpf; meso- bis oligotrophe (Moor-)Gewässer und Verlandungszonen ***S. natans**

3+ B. lang in die stumpfliche Spitze verschmälert; oligotrophe (Moor-)Gewässer ***S. angustifolium**

Abbildungsteil (Beispiele)

Wie in Kapitel 1 erläutert, sollen die folgenden Abbildungen sowohl als Beispiel der in den Kapiteln 2 bis 4 behandelten Sachverhalte als auch der direkten objektbezogenen Bestimmungsarbeit dienen. Sie sind deshalb hier in einem eigenen Kapitel zusammengefasst. Bei Gehölzen und dikotylen Krautigen ist insbesondere die Blattteilung der gruppenbildende Faktor; die Reihenfolge – mit geteilten Blättern jeweils zu beginnen – ist sicher ungewöhnlich, orientiert sich aber an Kapitel 3.2.3 (vgl. dort). – Das Merkmal „Blattstellung" wird nur peripher beachtet. – Die Legenden sind zumeist so gehalten, dass die Zeichnungen auch ohne den Text von Kapitel 3 bzw. 4 verständlich sind; andernfalls erfolgen Querverweise.
Die Nummerierung der Abbildungen in diesem Kapitel beginnt mit 101. Damit lassen sich alle Abbildungs-Hinweise diesem Kapitel zuordnen. – Der Maßstrich bezieht sich auf die „Hauptabbildung" und bezeichnet 1 cm, ein Doppelstrich 1 mm.

Es folgt eine Übersicht über die Reihenfolge der abgebildeten Blatttypen mit Angabe der Abb.-Nummern:

Gehölze
Blätter gefiedert oder gefingert
Abb. 101–104
Blätter gelappt
  fiedernervig:
  Abb. 105–108
  handnervig:
  Abb. 109–113
Blätter ungeteilt, höchstens gezähnt
  nadelförmig:
  Abb. 114–115
  (fast) ganzrandig:
  Abb. 116–124
  ± deutlich gesägt, gezähnt oder gekerbt:
  Abb. 125–136; vgl. auch 118 und 122
  doppelt gesägt oder gezähnt:
  Abb. 137–143

Krautige Dikotyle
Blätter ± stachelig
Abb. 144–156; vgl. auch 347

Blätter handförmig (fußförmig) geteilt
mehrzählig gefingert:
Abb. 157–162
handförmig fiederschnittig
Abb. 163–177
Blätter 3-zählig
einfach 3-zählig:
deutlich gezähnt oder gekerbt:
Abb. 178–186; vgl. auch 158
± ganzrandig oder nur fein gezähnelt:
Abb. 187–194; vgl. auch 232, 180 und 181
mehrfach 3-zählig:
Abb. 195–199; vgl. auch Abb. 91 (Kap. 3.2.3.4)
3-teilig gefiedert:
Abb. 200–203
Blätter fiedrig geteilt
einfach gefiedert:
deutlich gezähnt:
Abb. 204–224; vgl. auch 237 und 275
ganzrandig:
ohne Ranken:
Abb. 225–237
mit Ranken:
Abb. 238–247
mehrfach gefiedert:
Abb. 248–270
fiederschnittig:
Abb. 271–283; vgl. auch 221, 270, 330
Blätter ungeteilt
Blattrand gebuchtet oder gelappt:
± handförmig geteilt und/oder Nervatur handförmig:
Abb. 284–289
deutlich fiedernervig:
Abb. 290–294; vgl. auch 293 und 398
Blattrand gezähnt oder gekerbt:
Blätter wechselständig oder rosettig:
Abb. 295–315; vgl. auch 294 und 283
Blätter gegenständig oder wirtelig:
Abb. 316–334
Blätter ± ganzrandig (höchstens etwas gewellt):
Blattrand deutlich umgerollt:
Abb. 335–339; vgl. auch 157

Blätter ± sukkulent:
Abb. 340–343
Blattrand nicht deutlich umgerollt, Blätter nicht sukkulent:
Blätter wechselständig oder rosettig:
Abb. 344–371; vgl. auch 399
Blätter gegenständig oder wirtelig:
Abb. 372–392; vgl. auch 363
Blätter einer Blattfolge unterschiedlich
Abb. 393–396; vgl. auch Abb. 55 (Kap. 2.1.3.2)
Sonstige Merkmalsträger
Indument:
Abb. 283, 397–399
Anatomie:
Abb. 255–258, 310–312
Stipeln:
Abb. 400–402
Kelch:
Abb. 403; vgl. auch Abb. 174, 308 und 392
Frucht:
Abb. 219–221, 288–290, 301–302

Monokotyle
Blattspreite
Abb. 404–417; vgl. auch 432
Sonstige Merkmalsträger
Stipeln, Ligula, Öhrchen, Blattscheide:
Abb. 418–426; vgl. auch 404 und 417
Indument:
Abb. 427–429
Anatomie:
Abb. 430–434
Infloreszenz:
Abb. 435–438

Pteridophyten
Abb. 439–442

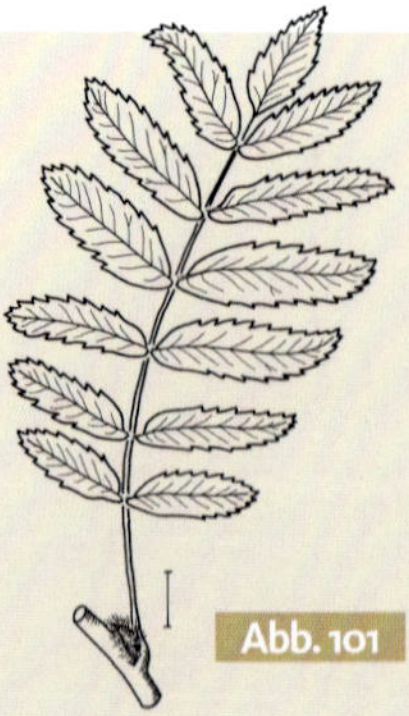

Abb. 101

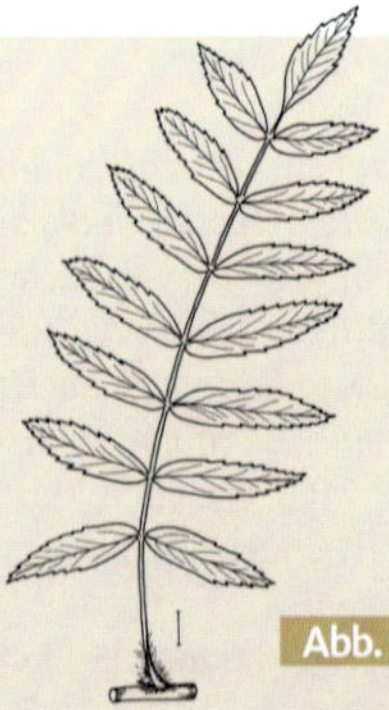

Abb. 102

Abb. 101: *Sorbus aucuparia* (Eberesche) & Abb. 102: & *S. domestica* (Speierling). Die Fiedern sind bei *S. a.* tief hinab (oft bis zum Grund), bei *S. d.* nur in den beiden oberen Dritteln gezähnt. Die Knospen sind behaart *(S. a.)* bzw. fast kahl (und in der Jugend klebrig; *S. d.*). Die Stipeln fallen früh ab. – Diese Merkmale sind nicht sehr zuverlässig. Am schnellsten unterscheidet man größere Exemplare der beiden Arten über die glatte *(S. a.)* bzw. raue *(S. d.)* Borke (Abb. 81a, b)

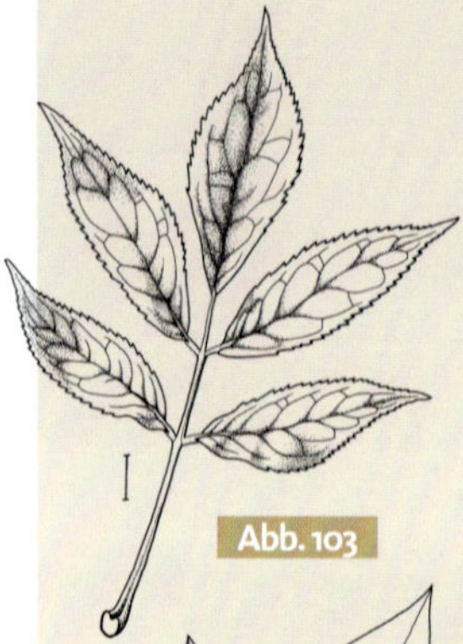

Abb. 103

Abb. 103: *Sambucus racemosa* (Trauben-Holunder). Ähnlich auch *S. nigra* (Schwarzer H.).

Abb. 104a

Abb. 104b

Abb. 104c

Abb. 104d

Abb. 104: *Rubus „fruticosus“* (Echte Brombeere). Innerhalb dieser – in Floren häufig nicht weiter aufgeschlüsselten – Sammelart sollte man zumindest die beiden Hauptgruppen um *R. fruticosus* im engeren Sinn (a, b) und *R. corylifolius* (c, d) zu unterscheiden versuchen. – a, c: Stück eines Schösslings mit Blatt; b, d: Blattstiel quer. (Nach Weber 1995.)

Abb. 105a

Abb. 105: *Quercus robur* (Stiel-Eiche). Das Blatt ist im oberen Drittel am breitesten (a), die Blattunterseite ist (±) kahl (b).

Abb. 105b

Abb. 106

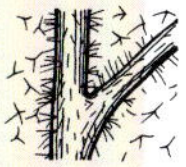

Abb. 106: *Quercus petraea* (Trauben-Eiche). unterscheidet sich von *Qu. robur* durch den längeren Blattstiel, den keilförmigen Spreitengrund (a) und vor allem durch die größtenteils mehrschenkligen Haare auf der Blattunterseite (b).

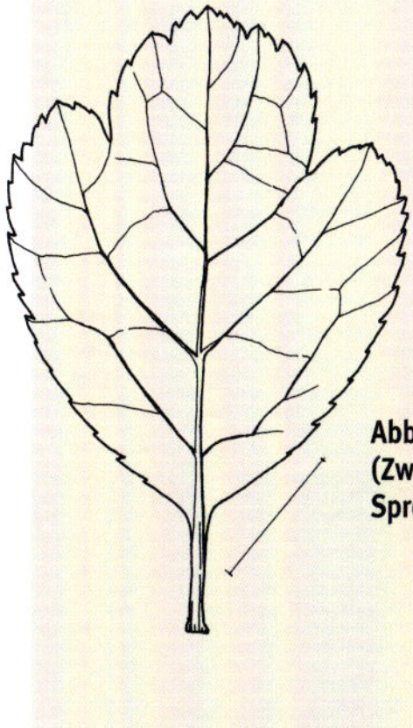

Abb. 107

Abb. 107: *Crataegus laevigata* (Zweigriffeliger Weißdorn). Spreite kaum geteilt.

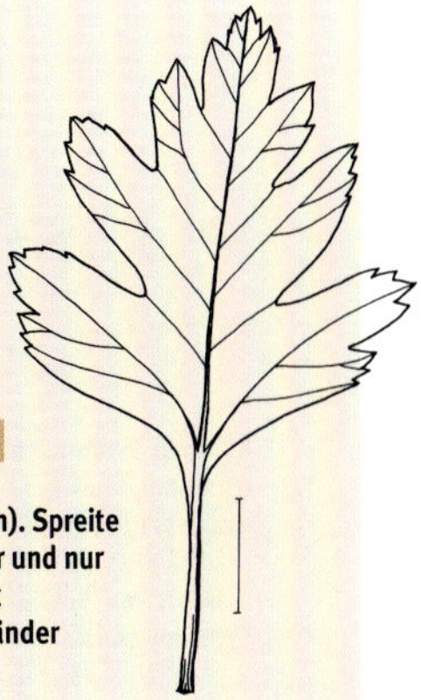

Abb. 108

Abb. 108: *Crataegus monogyna* (Eingriffeliger Weißdorn). Spreite tief gelappt, die Lappen haben aber glatte Seitenränder und nur wenige apikale Zähne. Einen ähnlichen Blattschnitt hat *C. rhipidophylla (= curvisepala)*, dort sind die Lappenränder aber gezähnelt. – Stipeln nicht gezeichnet

Abb. 109

Abb. 109: ***Acer platanoides*** **(Spitz-Ahorn). Alle Hauptnerven der gegenständigen Blätter zweigen von einem Punkt ab.**

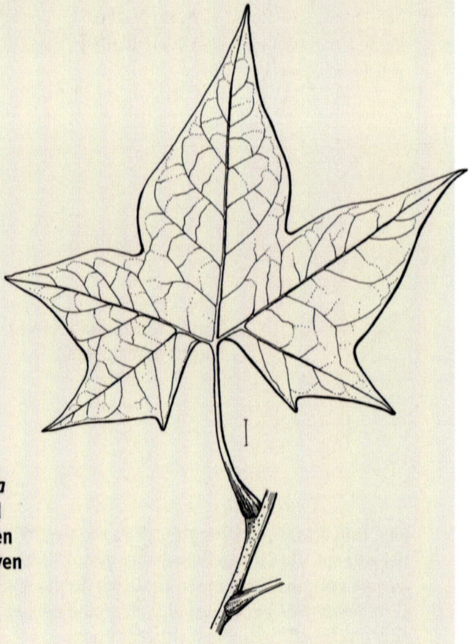

Abb. 110

Abb. 110: ***Platanus hybrida*** **(Platane). Die Blätter sind wechselständig, die beiden untersten der 5 Hauptnerven entspringen nicht dem Spreitengrund.**

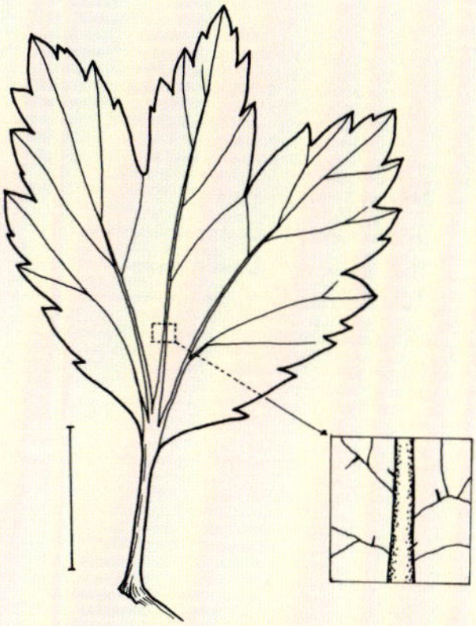

Abb. 111

Abb. 111: *Ribes alpinum* (Alpen-Johannisbeere). Der Endlappen kann auch größer sein als hier dargestellt.

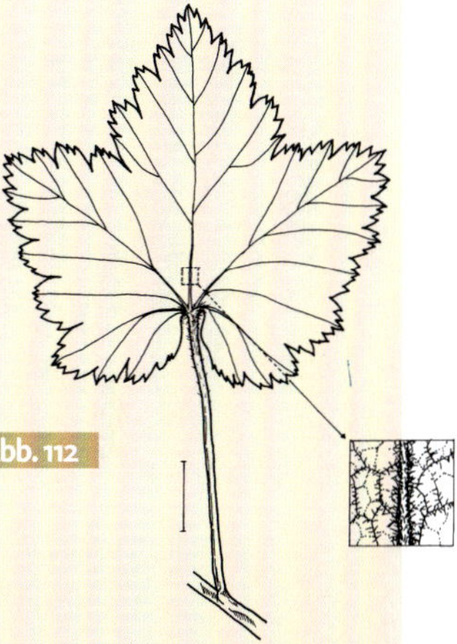

Abb. 112

Abb. 112: *Ribes petraeum* (Felsen-Johannisbeere). Das voll entwickelte Blatt ist mit 6–10 cm Breite etwa doppelt so groß wie das von *R. alpinum*.

Abb. 113

Abb. 113: *Viburnum opulus* (Gemeiner Schneeball). Beachte die 2 Drüsen am Spreitengrund.

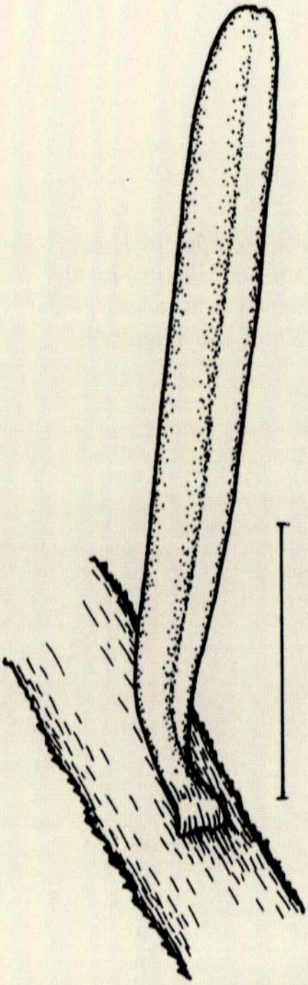

Abb. 114

Abb. 114: *Abies alba* (Weiß-Tanne). Die dargestellte Unterseite der abgeflachten, stumpfen Nadel zeigt 2 helle Längsstreifen.

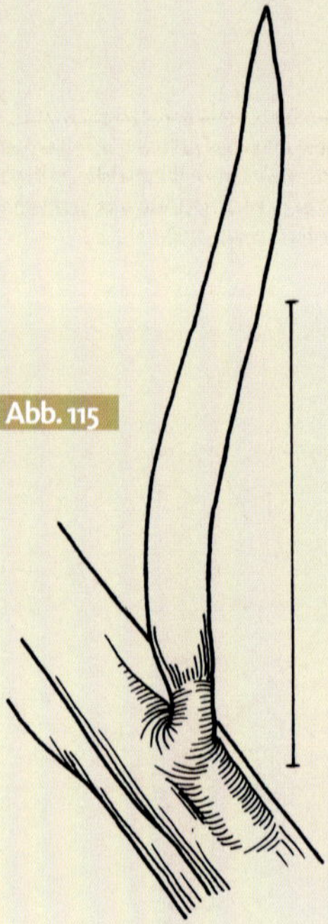

Abb. 115

Abb. 115: *Picea abies* (Fichte). Die Nadel ist 4-kantig und spitz. Beachte den durch eine Einschnürung abgesetzten Blattgrund („Nadelpolster", quer schraffiert), der beim Abfallen der Nadel am Ast verbleibt.

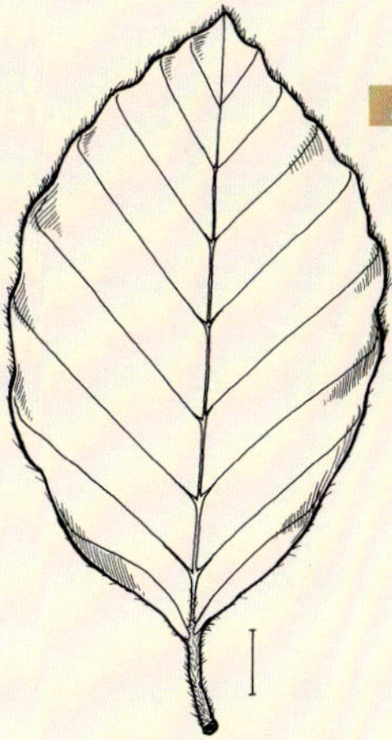

Abb. 116

Abb. 116: ***Fagus sylvatica*** **(Rotbuche). Der Spreitenrand ist etwas gewellt, aber nicht (kaum) gezähnt und vor allem in der Jugend bewimpert.**

Abb. 117: ***Cotoneaster integerrima*** **(Gewöhnliche Zwergmispel) unterscheidet sich von** ***Amelanchier ovalis*** **(vgl. Abb. 128), mit dem er oft gemeinsam vorkommt, durch die Ganzrandigkeit der Spreite.**

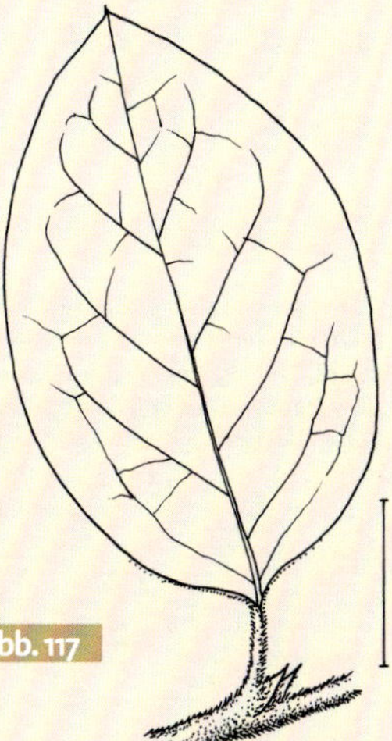

Abb. 117

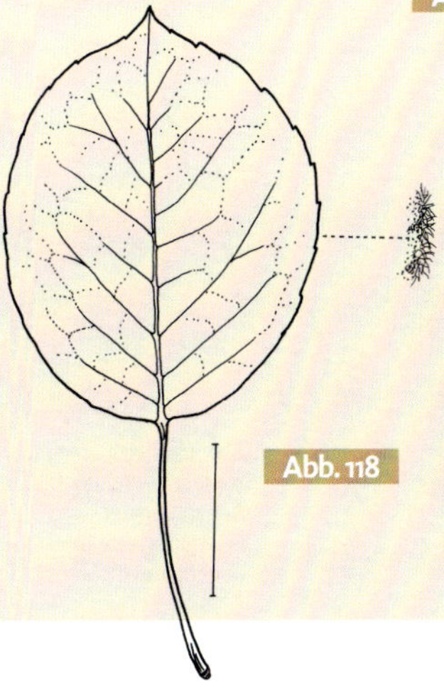

Abb. 118

Abb. 118: ***Pyrus pyraster*** **(Wilder Birnbaum). Der Blattstiel ist fast so lang wie die ± rundliche Spreite. Behaarung der Blattunterseite und Zähnung sind individuell sehr unterschiedlich.**

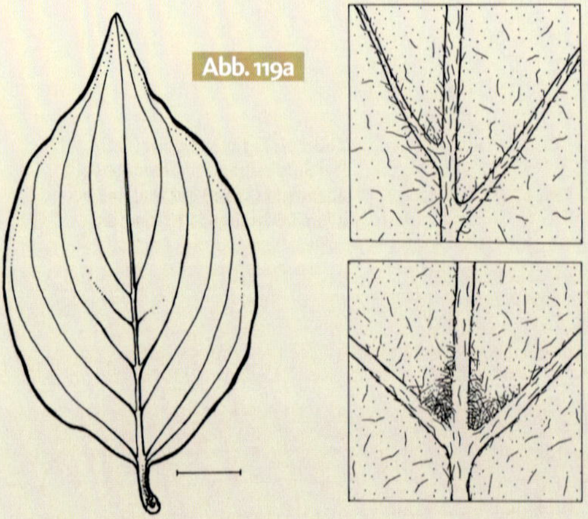

Abb. 119: ***Cornus sanguinea*** **(Roter Hartriegel: a, b) &** ***C. mas*** **(Kornelkirsche: c). Die Blätter beider Arten sind gegenständig, ganzrandig, mit ausgezogener Spitze und mit ± 4 Paar bogenförmigen Seitennerven (a). Bei** ***C. m.*** **bilden die Haare in den Nervenachseln der Unterseite Domatien (c), bei** ***C. s.*** **nicht (b). – Vgl.** ***Rhamnus*** **mit gezähnten (Abb. 135) und** ***Frangula*** **(Abb. 124) mit wechselständigen Blättern.**

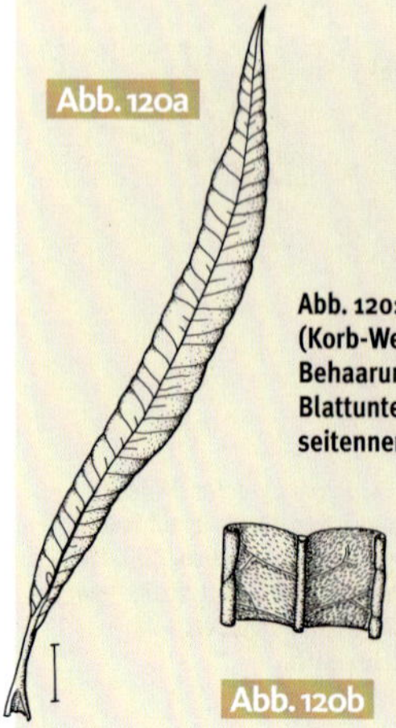

Abb. 120: ***Salix viminalis*** **(Korb-Weide). Die Behaarung der Blattunterseite (b) ist ± seitennervenparallel.**

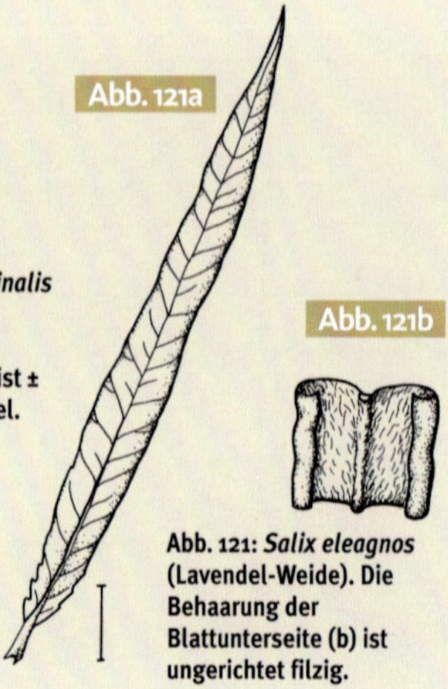

Abb. 121: ***Salix eleagnos*** **(Lavendel-Weide). Die Behaarung der Blattunterseite (b) ist ungerichtet filzig.**

Abb. 122: *Salix dasyclados* (Filzast-Weide). Diese häufig gepflanzte Weide ist wahrscheinlich ein Tripelbastard aus *S. caprea*, *S. viminalis* und *S. cinerea*. Blattform und die (schwachen) Striemen (b) liegen entsprechend zwischen denen der Eltern.

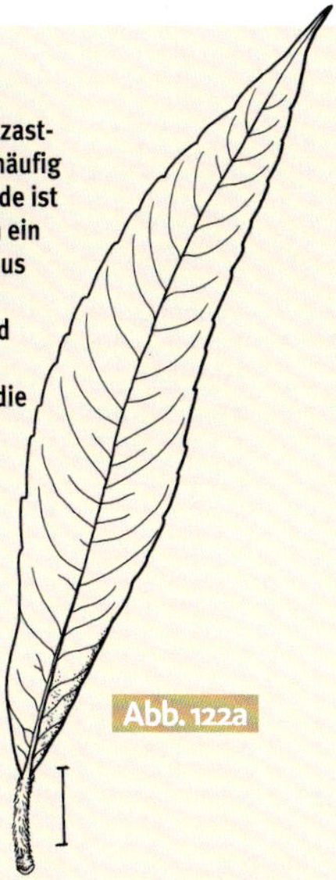

Abb. 122a

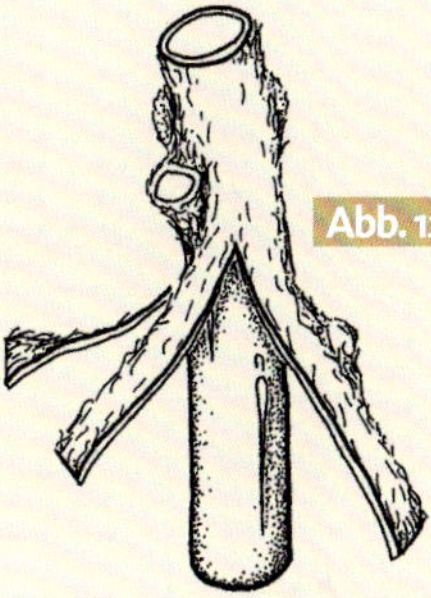

Abb. 122b

Abb. 124: *Frangula alnus* (Faulbaum). Die Seitennerven bilden nahe dem Blattrand verbundene Schlingen.

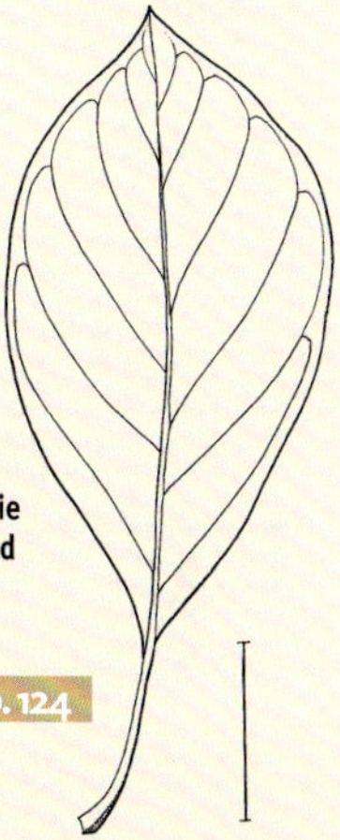

Abb. 124

Abb. 123

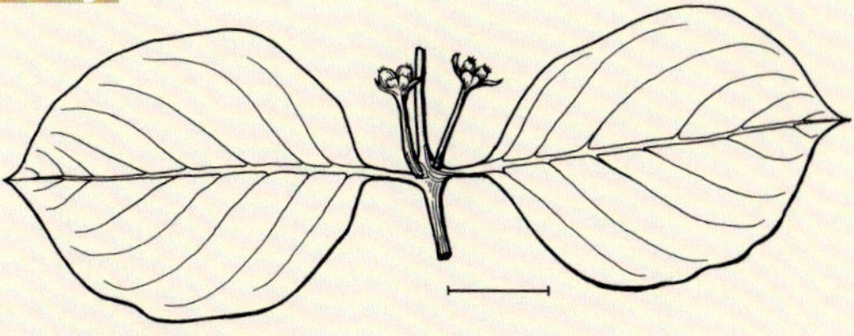

Abb. 123: *Lonicera xylosteum* (Rote Heckenkirsche). Beachte die paarweise teilverwachsenen jungen Früchte.

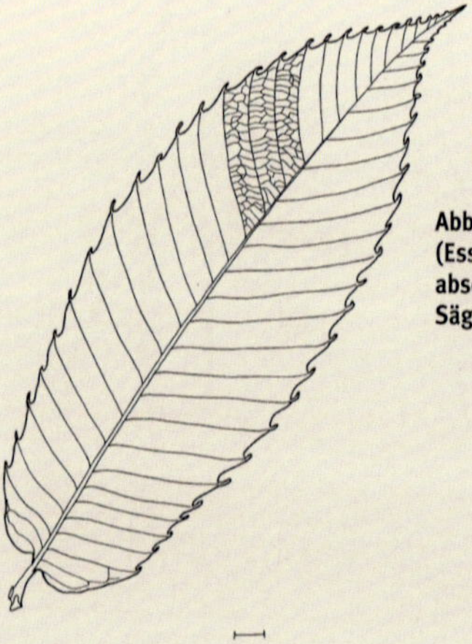

Abb. 125

Abb. 125: ***Castanea sativa*** **(Esskastanie). Auffällig – neben der absoluten Größe – ist die scharfe Sägung des Blattrandes.**

Abb. 126

Abb. 126: ***Prunus avium*** **(Süß-, Vogel-Kirsche) Beachte die (hier: 2) napfförmigen Drüsen am Spreitengrund.**

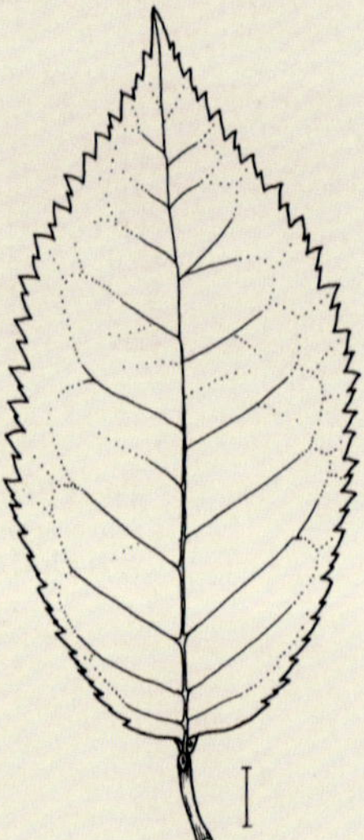

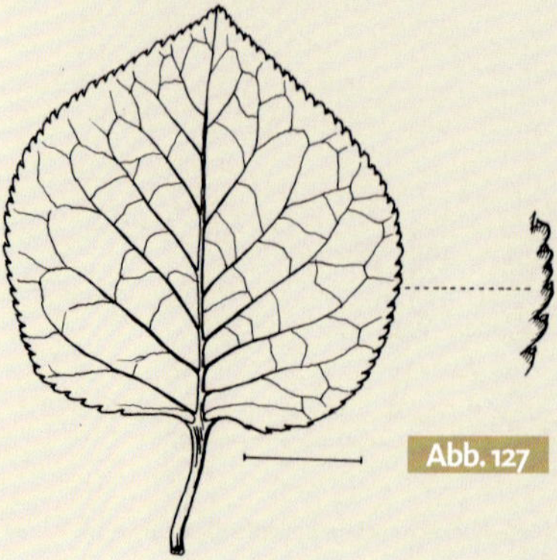

Abb. 127

Abb. 127: ***Prunus mahaleb*** **(Felsenkirsche, Steinweichsel). Das Blatt ist (für eine** ***Prunus*****-Art) auffällig rundlich.**

Abb. 128

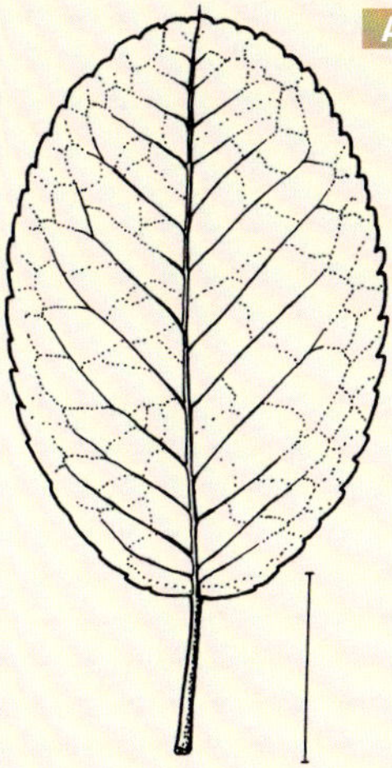

Abb. 128: ***Amelanchier ovalis*** **(Gewöhnliche Felsenbirne). Vgl. Abb. 117.**

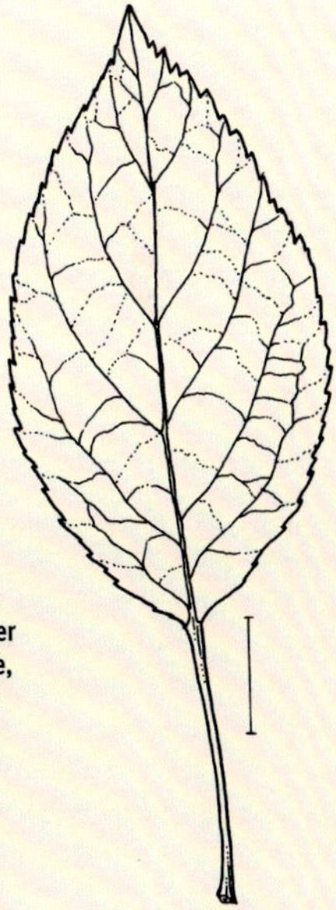

Abb. 129

Abb. 129: ***Malus sylvestris*** **(Holz-Apfel). Der Blattstiel ist deutlich kürzer als die ± ovale, unterseits ± kahle Spreite. (Die spärlichen und sehr kleinen rötlichen Drüsen auf der Blattoberseite sind nicht gezeichnet.)**

Abb. 130

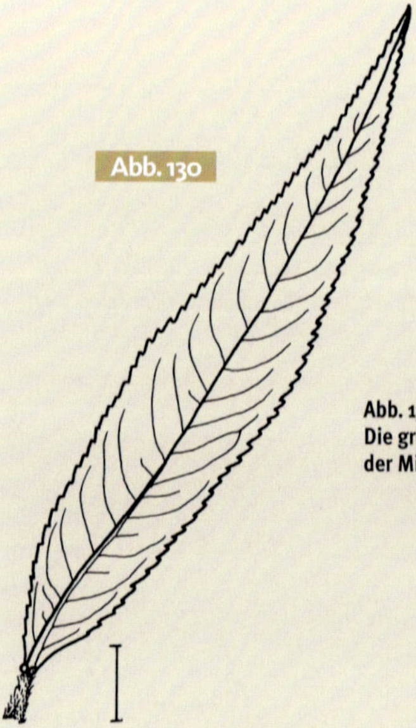

Abb. 130: *Salix alba* (Silber-Weide). Die größte Blattbreite liegt etwa in der Mitte.

Abb. 131

Abb. 131: *Salix fragilis* (Bruch-Weide). Die größte Blattbreite liegt unterhalb der Mitte; die Blattspitze ist dadurch länger ausgezogen.

Abb. 132

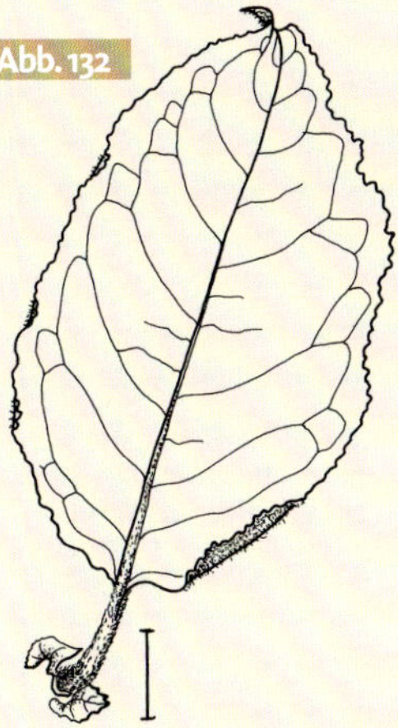

Abb. 132: ***Salix caprea*** **(Sal-Weide).**

Abb. 133a

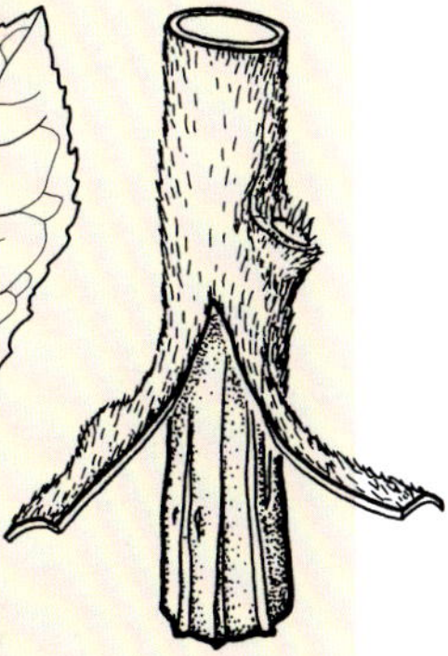

Abb. 133b

Abb. 133: ***Salix cinerea*** **(Grau-Weide, Asch-Weide). a: Blatt; b: Striemen am entrindeten Holz.**

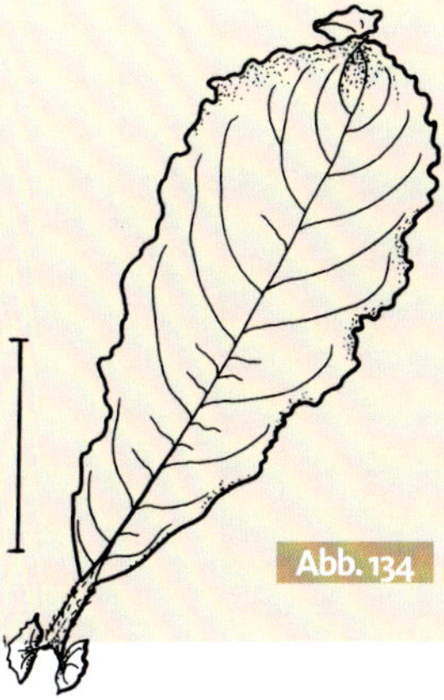

Abb. 134

Abb. 134: ***Salix aurita*** **(Ohr-Weide). Beachte die eingedrehte Blattspitze und den – gegenüber** ***S. cinerea*** **– stärker „ausgebissenen“ Blattrand. Die Striemen entsprechen denen von Abb. 133.**

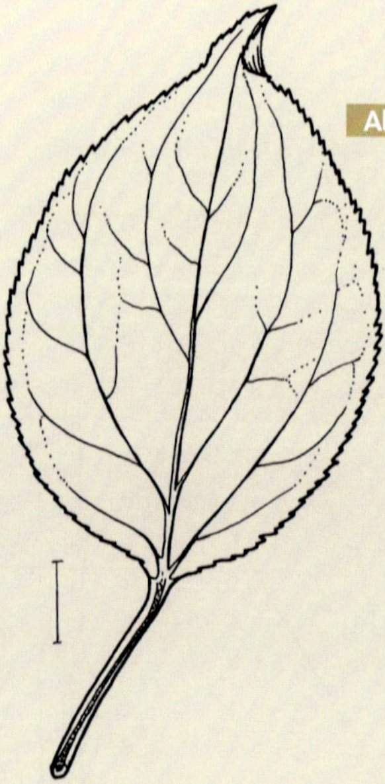

Abb. 135

Abb. 135: *Rhamnus cathartica* (Echter Kreuzdorn). Dekussation und bogenförmige Nerven erinnern an *Cornus* (Abb. 119), doch ist der Blattrand gesägt. Die ebenfalls bogennervigen, aber ganzrandigen Blätter von *Frangula* (Abb. 124) sind wechselständig.

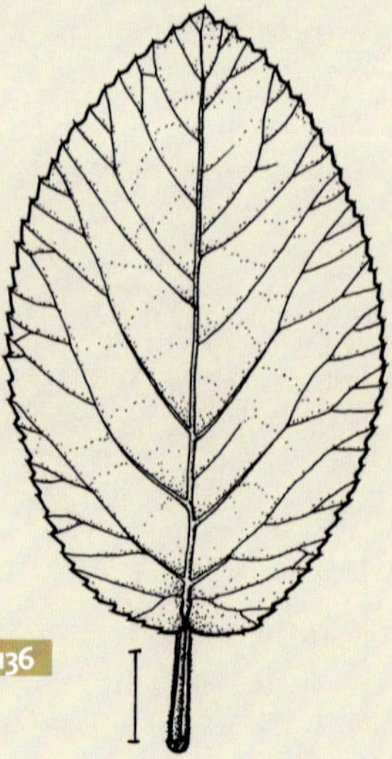

Abb. 136: *Viburnum lantana* (Wolliger Schneeball). Die Spreite ist dicht und etwas rau behaart.

Abb. 136

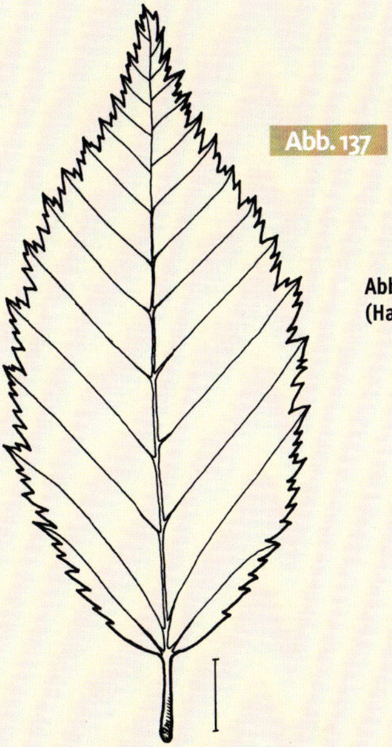

Abb. 137: ***Carpinus betulus*** **(Hainbuche).**

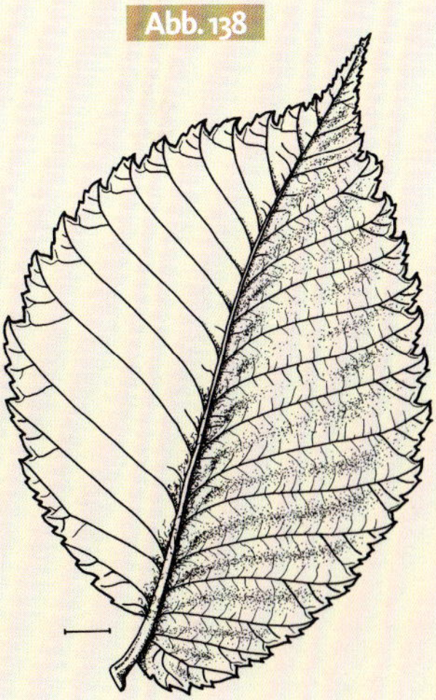

Abb. 138: ***Ulmus laevis*** **(Flatter-Ulme). Die Asymmetrie des Spreitengrundes ist bei dieser Ulme am ausgeprägtesten (die Blattränder sind bis über 1,5 cm versetzt!). Die Seitennerven verzweigen sich – wenn überhaupt – erst kurz vor dem Blattrand. Die dargestellte Blattunterseite ist ± regelmäßig behaart, d. h. die Domatien sind schwach entwickelt.**

Abb. 139

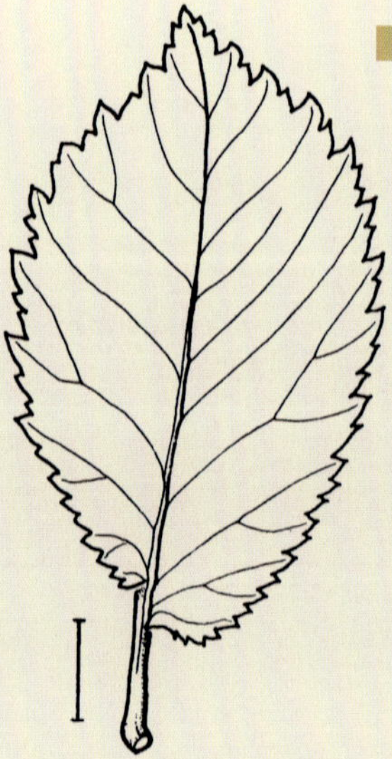

Abb. 139: *Ulmus minor* (Feld-Ulme). Die Zahl der Seitennerven (der „größeren Hälfte“) beträgt meist < 12. Blattunterseits sind nur die Nerven (mit den Domatien) behaart.

Abb. 140: *Ulmus glabra* (Berg-Ulme). Die Zahl der Seitennerven beträgt meist > 12. Einige Blätter am Baum sind 3-spitzig.

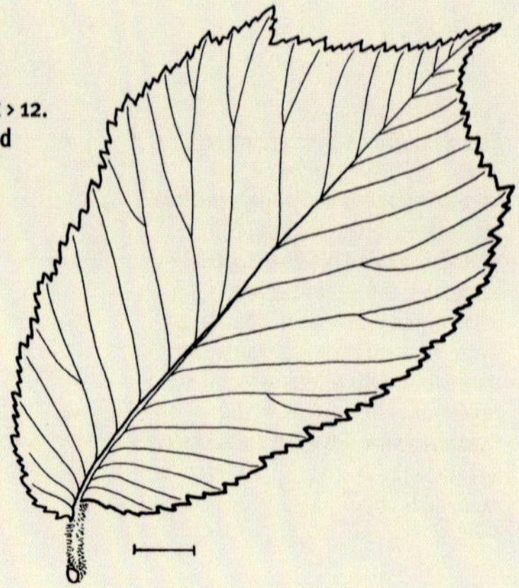

Abb. 140

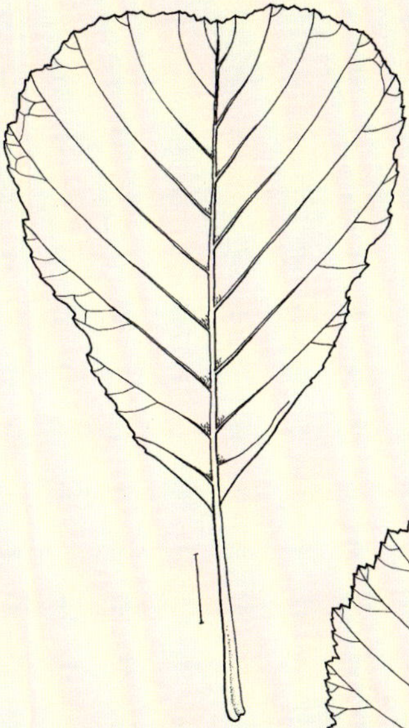

Abb. 141

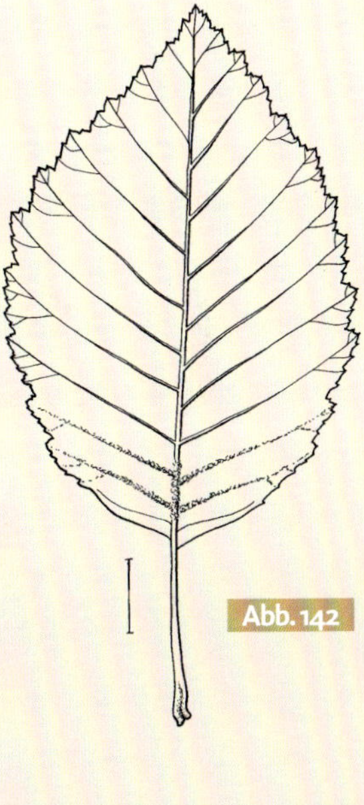

Abb. 142

Abb. 141: *Alnus glutinosa* (Schwarz-Erle) & 142: *A. incana* (Grau-E.). Blattunterseiten. – Bei *A. i.* sind die Nerven diffus behaart, *A. g.* besitzt Domatien. (Vgl. auch Abb. 81e, f.)

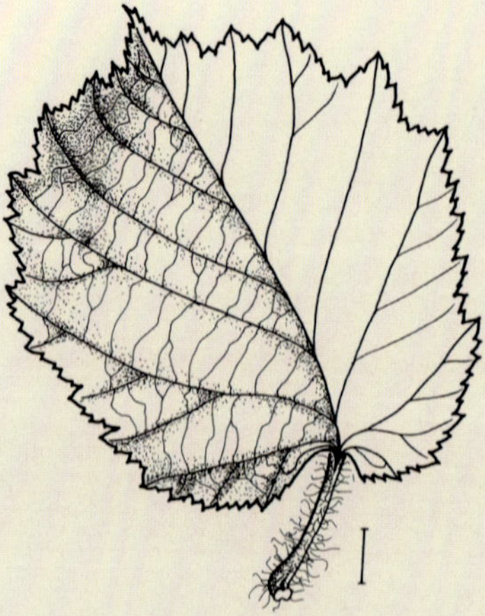

Abb. 143

Abb. 143: ***Corylus avellana*** **(Hasel). Typisch ist die ausgeprägte Blattspitze. Der Spreitengrund ist öfters etwas asymmetrisch.**

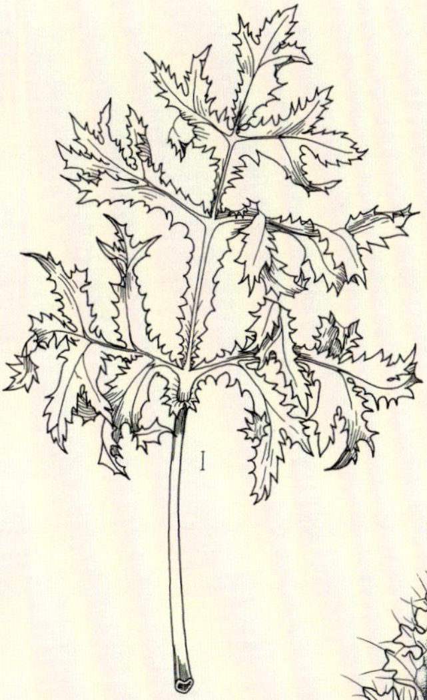

Abb. 144

Abb. 144: *Eryngium campestre* (Feld-Mannstreu).

Abb. 145

Abb. 146

Abb. 145 & 146: *Cirsium palustre* (Sumpf-Kratzdistel). Abb. 145: Grundblatt. Die Blätter sind meist tief gebuchtet und (zumindest in der Jugend) unterseits dicht weiß filzig. Abb. 146: Stängelblatt. Beachte die unterbrochene Flügelung des Stängels.

Abb. 147

Abb. 147: *Cirsium vulgare* (Gemeine Kratzdistel). Blätter tief fiederschnittig, mit teilweise aus der Ebene herausgedrehten Spreitenlappen. Blattunterseite weißlich behaart, Oberseite von feinen Stachelborsten rau (alle anderen hier erwähnten *Cirsium*-Arten sind auf der Blattoberseite kahl oder nur kurz behaart).

Abb. 148

Abb. 148: *Cirsium acaule* (Stängellose Kratzdistel). Die Blätter stehen alle rosettig. Der höchstens 20 cm hohe Stängel ist nicht geflügelt.

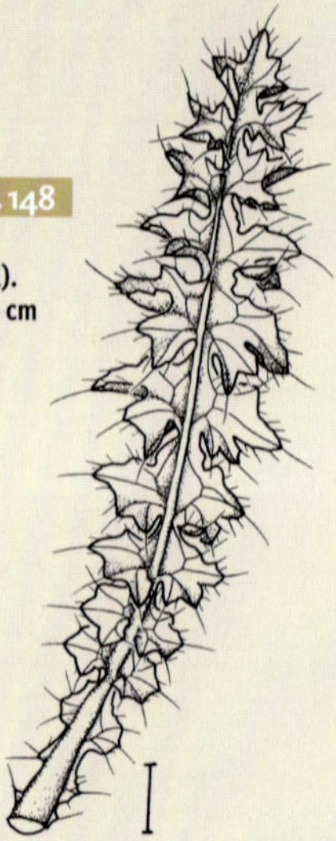

Abb. 149

Abb. 149: *Cirsium eriophorum* (Wollige Kratzdistel). Das Blatt ist 3-dimensional.

Abb. 150

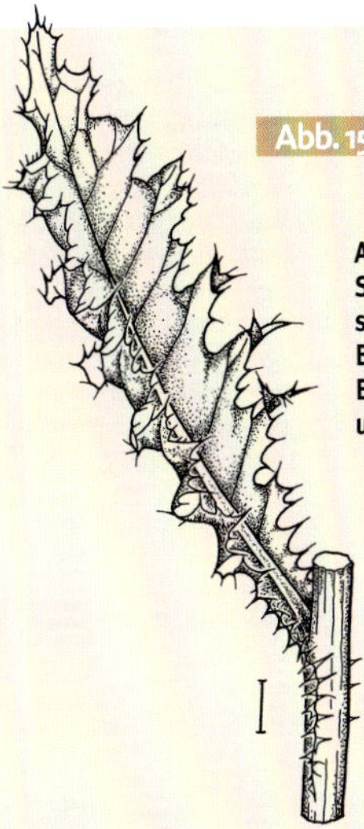

Abb. 150: ***Cirsium arvense*** **(Acker-Kratzdistel). Stängelblatt. Die Blätter laufen nicht oder nur schwach (wie hier) den Stängel herab. Die Buchten des Blattrandes und die Behaarung der Blattunterseite sind individuell sehr unterschiedlich.**

Abb. 151: ***Carduus acanthoides*** **(Weg-Distel). Die Blätter ähneln denen mancher Cirsium-Arten, sind aber unterseits nahezu kahl.**

Abb. 151

Abb. 152

Abb. 152: ***Carduus crispus*** **(Krause Distel). Die Blätter sind z.T. auch stärker eingeschnitten; sie sind unterseits graufilzig.**

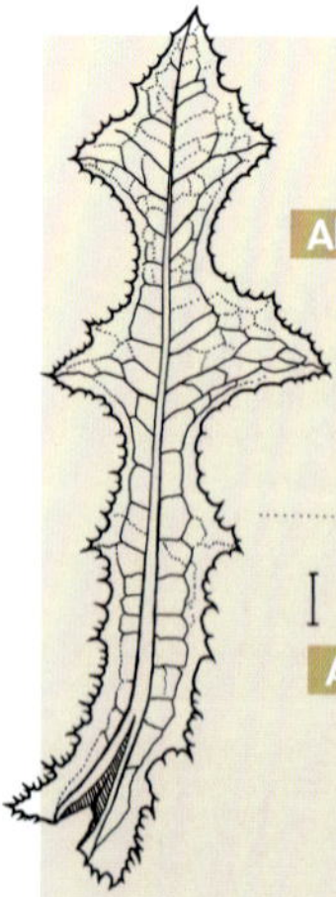

Abb. 153a

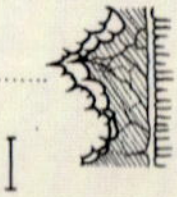

Abb. 153c

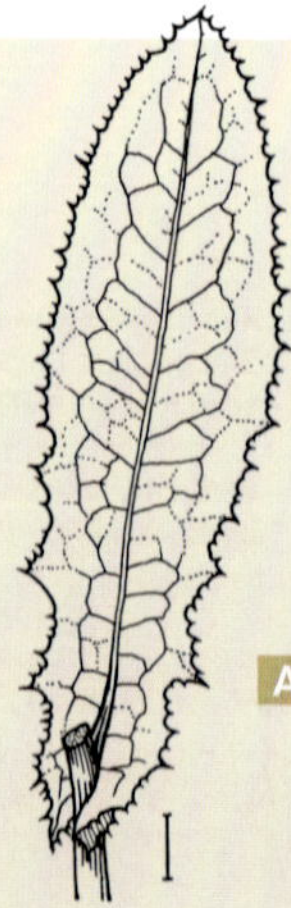

Abb. 153b

Abb. 153: *Lactuca serriola* (Kompass-Lattich). a: typisch gebuchtetes Blatt; b: ± ungeteiltes Blatt; c: Mittelrippe der Blattunterseite, die (leicht abbrechenden!) Stacheln sind länger als der Abstand zwischen ihnen. – Die Blätter stehen meist (nicht immer!) ± senkrecht, zumindest bei voller Besonnung.

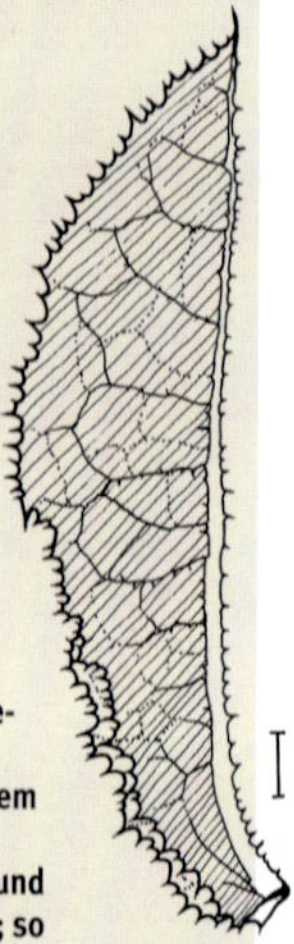

Abb. 154

Abb. 154: *Lactuca virosa* (Gift-Lattich). Zusammengefaltetes Blatt von unten. Der Blattumriss entspricht dem von Abb. 153b, die Stacheln sind aber viel kürzer als in Abb. 153c. – Die Blätter stehen ± waagrecht und haben einen unangenehmen Geruch.

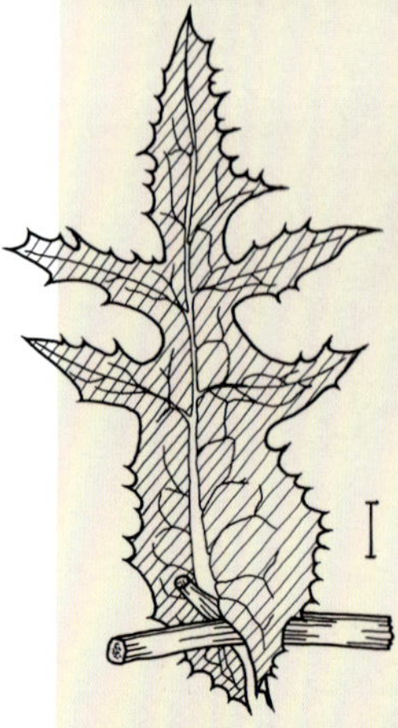

Abb. 155

Abb. 155: *Sonchus oleraceus* (Kohl-Gänsedistel). Der flächig vergrößerte („verlaubte“) Blattgrund umschließt mit spitzem Ende den Stängel horizontal. Der Blattschnitt ist im Übrigen – auch an ein und derselben Pflanze – sehr unterschiedlich; so gibt es auch Blätter fast ohne Einbuchtungen.

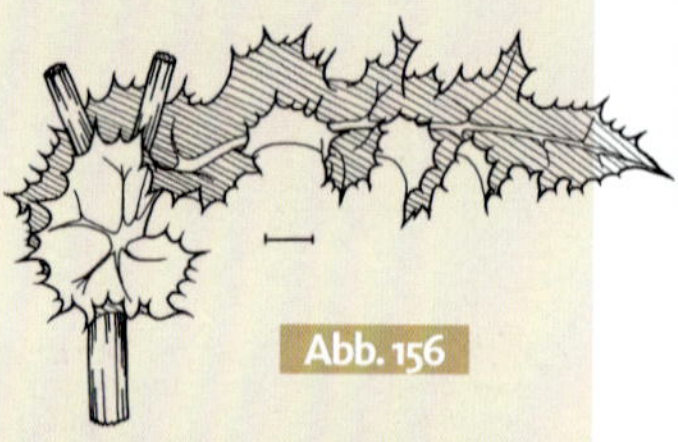

Abb. 156

Abb. 156: *Sonchus asper* (Dornige Gänsedistel). Der schneckenförmige Blattgrund liegt dem Stängel vertikal eng an. Die Blätter sind häufig auch ungeteilt.

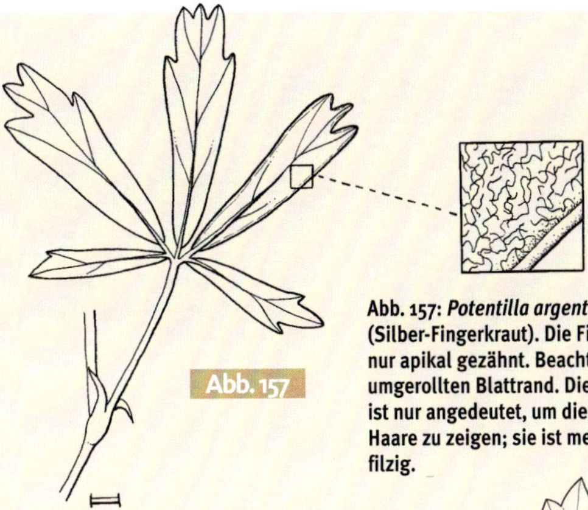

Abb. 157

Abb. 157: *Potentilla argentea* (Silber-Fingerkraut). Die Fiedern sind nur apikal gezähnt. Beachte den umgerollten Blattrand. Die Behaarung ist nur angedeutet, um die krausen Haare zu zeigen; sie ist meist dicht filzig.

Abb. 158

Abb. 158: *Potentilla erecta* (Blutwurz) Die Stipeln (unten) sehen aus wie kleine Fiedern und können ein 5-zähliges Blatt vortäuschen. (Die Fortsetzung des Haupt- [vorne, rechts] und Seitenstängels [hinten] ist abgeschnitten.)

Abb. 159

Abb. 159: *Potentilla recta* (Hohes Fingerkraut). 7-zähliges unteres Stängelblatt. Die Fiedern sind bis zum Grund gezähnt. – Beachte die gezähnten Stipeln. Im Übrigen ist dieser Blatttyp innerhalb der Gattung weiter verbreitet (vgl. Schlüssel 14).

Abb. 160

Abb. 160: ***Ranunculus aconitifolius*** **(Eisenhutblättriger Hahnenfuß). Der Mittelabschnitt der Blätter ist bei** ***R. a.*** **am Grund stärker (oft stielartig) verschmälert als bei** ***R. platanifolius*** **(Abb. 164), seine größte Breite liegt oberhalb der Mitte.**

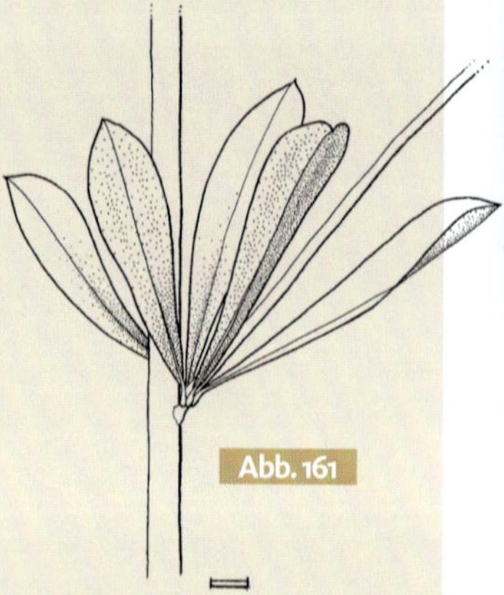

Abb. 161

Abb. 161: ***Dorycnium herbaceum*** **(Krautiger Backenklee). Das (anfangs noch locker behaarte) Blatt ist infolge Wegfalls des Blattstiels und Stauchung der Rhachis 5-zählig gefingert.**

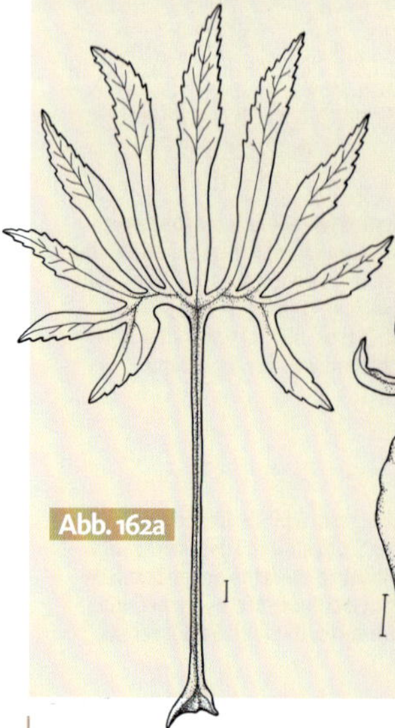

Abb. 162a

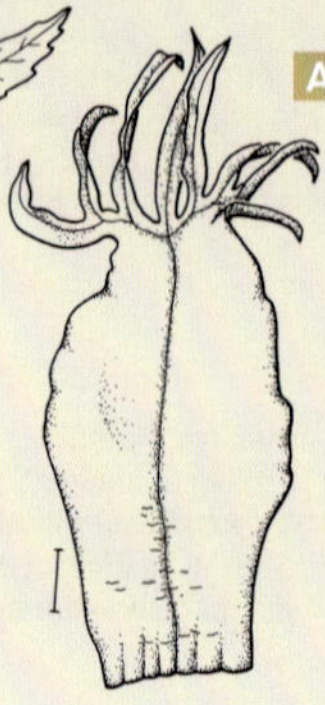

Abb. 162b

Abb. 162: ***Helleborus foetidus*** **(Stinkende Nieswurz). a: Folgeblatt; b: Hochblatt. Das Blatt ist fußförmig gefiedert (pedat), d. h. die Fiedern gehen von einer verbreiterten Basis aus.**

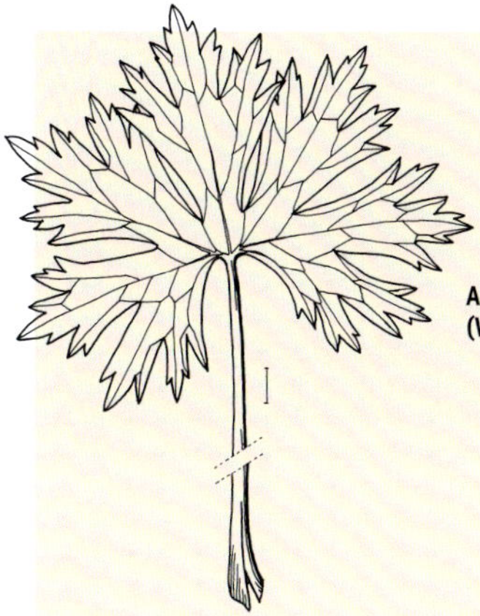

Abb. 163

Abb. 163: *Aconitum lycoctonum* ssp. *vulparia* (Wolfs- oder Gelber Eisenhut).

Abb. 164

Abb. 164: *Ranunculus platanifolius* (Platanenblättriger Hahnenfuß). Der Mittelabschnitt der Blätter ist deutlich mit den Seitenlappen verbunden (vgl. *R. aconitifolius*, Abb. 160).

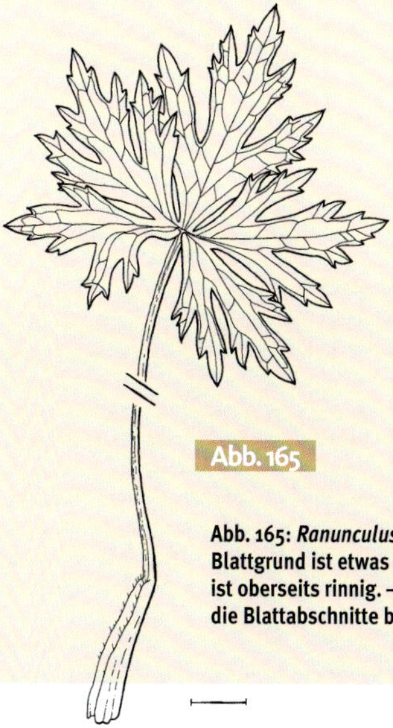

Abb. 165

Abb. 165: *Ranunculus acris* (Scharfer Hahnenfuß). Der Blattgrund ist etwas erweitert, aber stipellos; der Blattstiel ist oberseits rinnig. – Bei den Spätsommerblättern können die Blattabschnitte breiter sein.

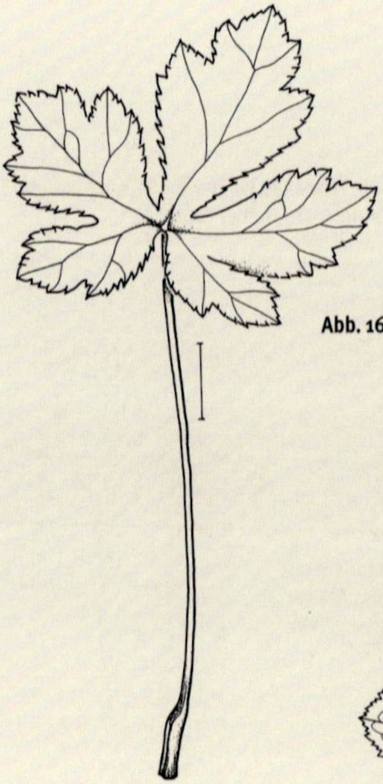

Abb. 166

Abb. 166: *Sanicula europaea* (Sanikel).

Abb. 167: *Astrantia major* (Große Sterndolde). Vgl. die ähnlichen Blätter von *Ranunculus aconitifolius* und *R. platanifolius* (Abb. 160 und 164).

Abb. 167

Abb. 168

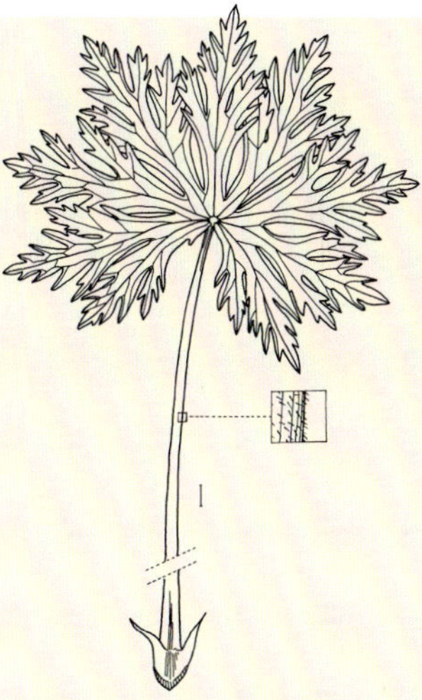

Abb. 168: ***Geranium pratense*** **(Wiesen-Storchschnabel). Zu den Blattmerkmalen der Gattung** ***Geranium*** **vgl. Schlüssel 13.**

Abb. 169

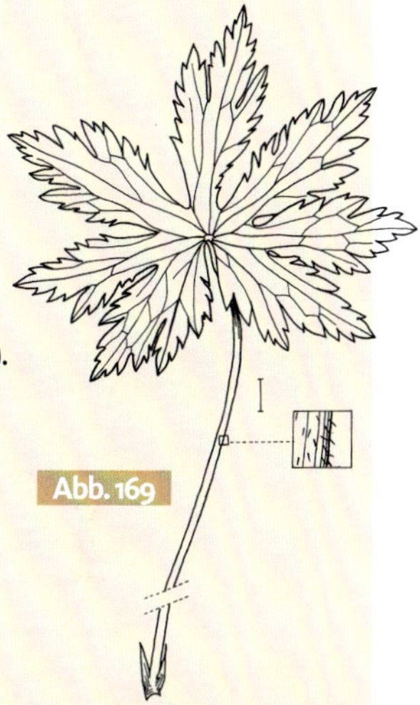

Abb. 169: ***Geranium sylvaticum*** **(Wald-St.).**

Abb. 170

Abb. 170: ***Geranium palustre*** **(Sumpf-St.).**

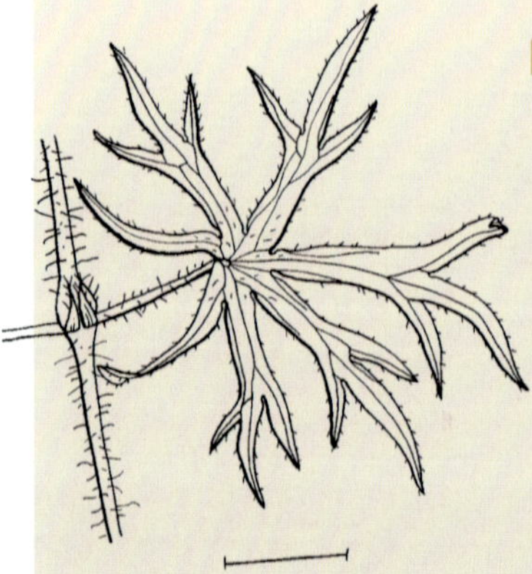

Abb. 171

Abb. 171: *Geranium sanguineum* (Blutroter Storchschnabel). Beachte die zipfelartigen Stipeln. – Die Blätter färben sich im Spätsommer auffällig rot.

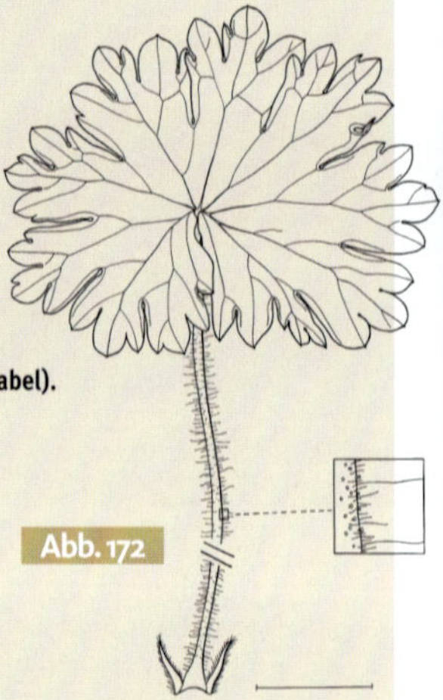

Abb. 172: *Geranium molle* (Weicher Storchschnabel). Zur Behaarung vgl. Schlüssel 13.

Abb. 172

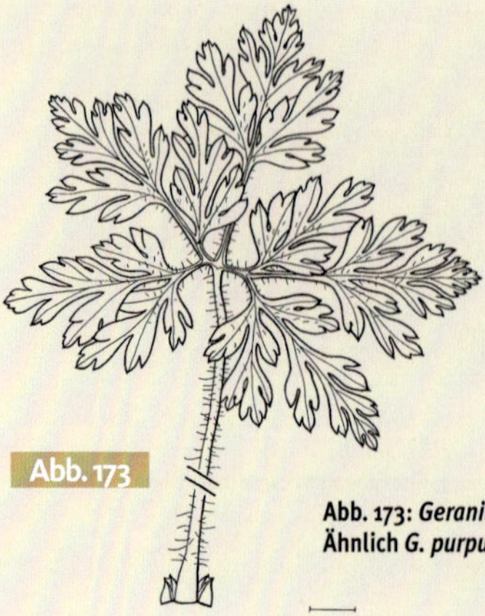

Abb. 173

Abb. 173: *Geranium robertianum* (Ruprechtskraut). Ähnlich *G. purpureum* (vgl. Schlüssel 13).

Abb. 174a

Abb. 174: ***Malva alcea*** **(Sigmarskraut). a: unteres Stängelblatt; b: Kelch mit den eiförmig-lanzettlichen Außenkelch-Blättern.**

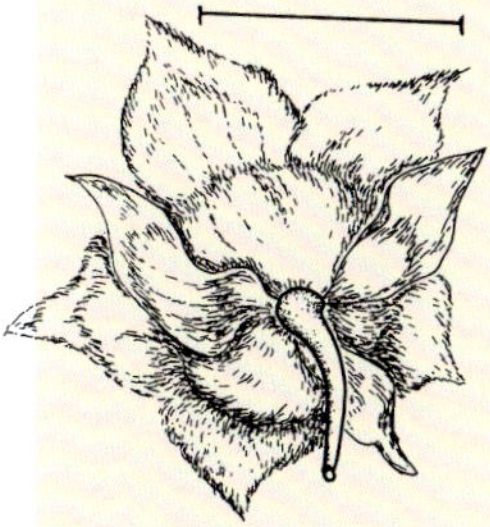

Abb. 174b

Abb. 175: ***Malva moschata*** **(Moschus-Malve). Unteres Stängelblatt. Die Außenkelch-Blätter sind bei dieser Art viel schmaler als in Abb. 174b.**

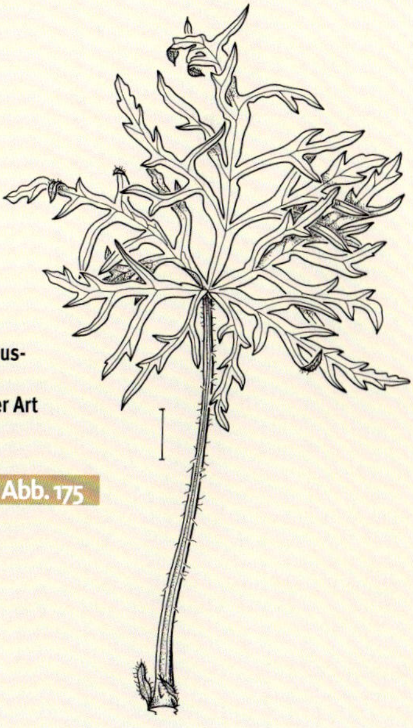

Abb. 175

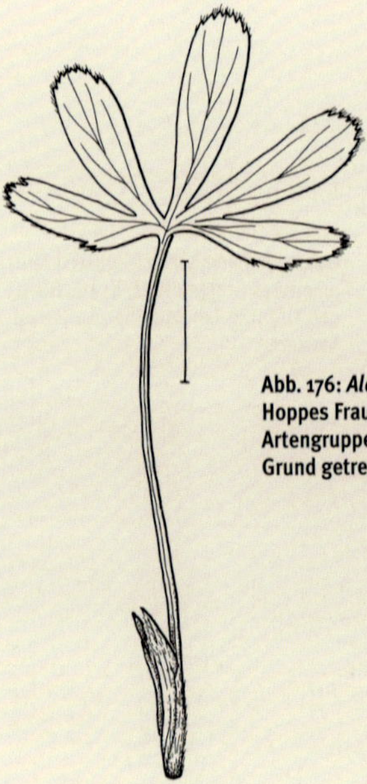

Abb. 176

Abb. 176: *Alchemilla hoppeana* agg. (Artengruppe Hoppes Frauenmantel). Bei der nah verwandten Artengruppe von *A. alpina* sind die Fiedern bis zum Grund getrennt.

Abb. 177: *Humulus lupulus* (Hopfen). Die Pflanze ist Rechtswinder mit „Klimmhäkchen". – Beachte die Interfoliarstipeln.

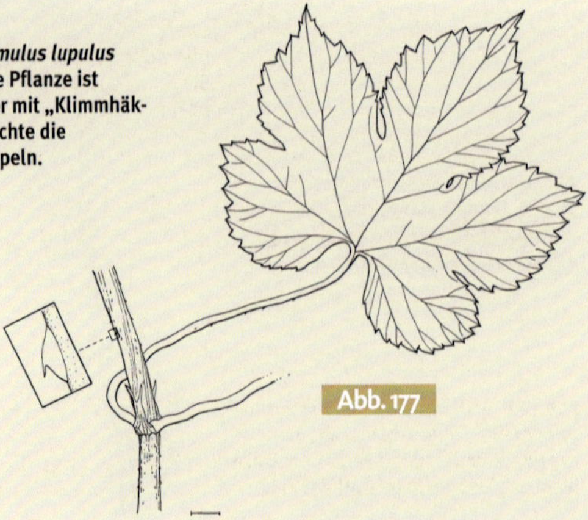

Abb. 177

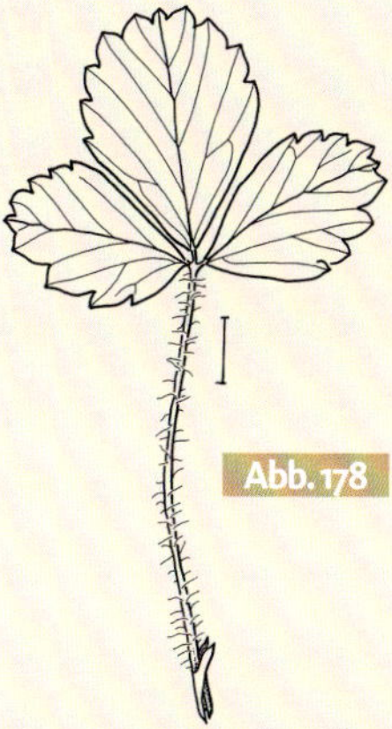

Abb. 178

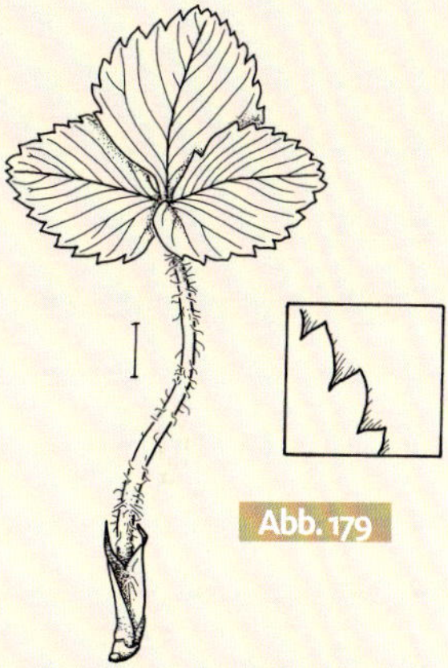

Abb. 179

Abb. 178: ***Potentilla sterilis*** **(Erdbeer-Fingerkraut) & Abb. 179:** ***Fragaria vesca*** **(Wald-Erdbeere). Beachte die unterschiedliche Blattzähnung. Das Blatt von** ***P. s.*** **ist unterseits abstehend behaart, die Pflanze kann Kriechtriebe entwickeln, aber keine fädlichen Ausläufer. Bei** ***F. v.*** **ist das Blatt unterseits anliegend behaart, die Pflanze bildet meist oberirdische Ausläufer aus. – Die Blätter anderer Fragaria-Arten ähneln Abb. 179 (vgl. Schlüssel 14).**

Abb. 180

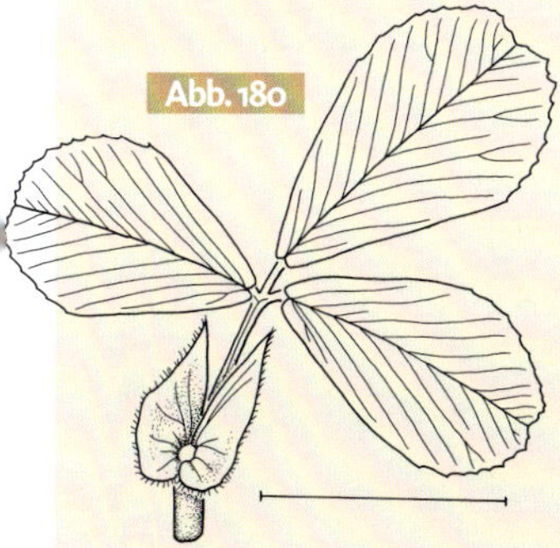

Abb. 180: ***Trifolium campestre*** **(Feld-Klee) (ähnlich** ***T. dubium,*** **Zwerg-K.).**
Die Endfieder ist deutlich gestielt, die Stipeln sind basal verbreitert (vgl. Abb. 193).

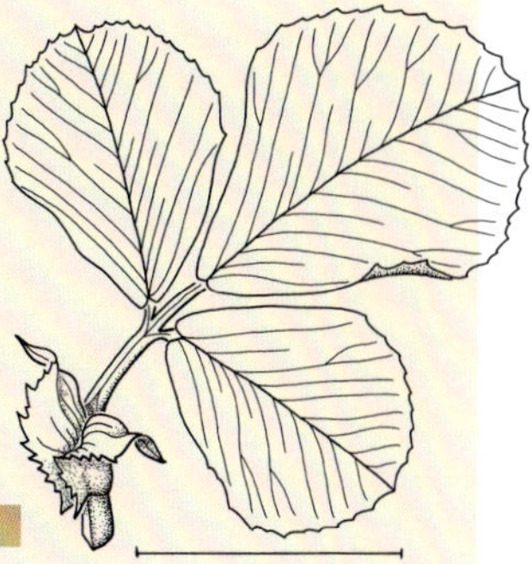

Abb. 181: ***Medicago lupulina*** **(Hopfenklee). Fiedern – im Gegensatz zu** ***Trifolium campestre*** **und ähnlichen Arten – apikal mit Stachelspitzchen. Stipeln oft gezähnt.**

Abb. 181

Abb. 182

Abb. 182: *Melilotus officinalis* (Echter Steinklee).

Abb. 183

Abb. 183: *Eupatorium cannabinum* (Wasserdost). Die ebenfalls 3-teiligen, gegenständigen Blätter mancher *Bidens*-(Zweizahn-)Arten sind meist deutlich gestielt.

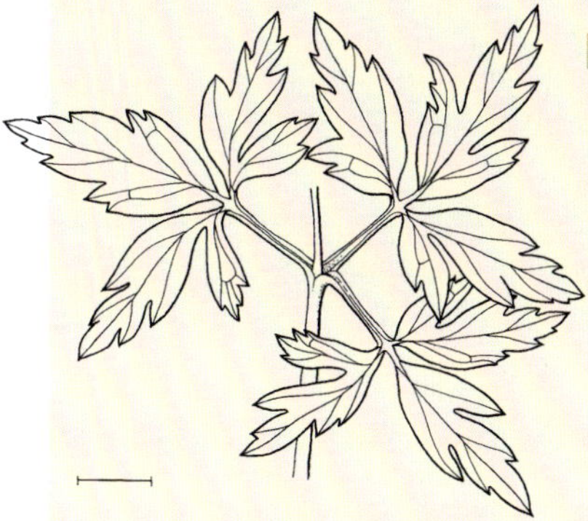

Abb. 184

Abb. 184: *Anemone nemorosa* (Busch-Windröschen). Hochblattwirtel aus drei 3-teiligen Blättern.

Abb. 185: *Ranunculus repens* (Kriechender Hahnenfuß). Die Endfieder ist länger gestielt als es die Seitenfiedern sind. Die Blätter sitzen an kriechenden Stängeln; die Blattscheide ist oft noch stärker entwickelt als dargestellt.

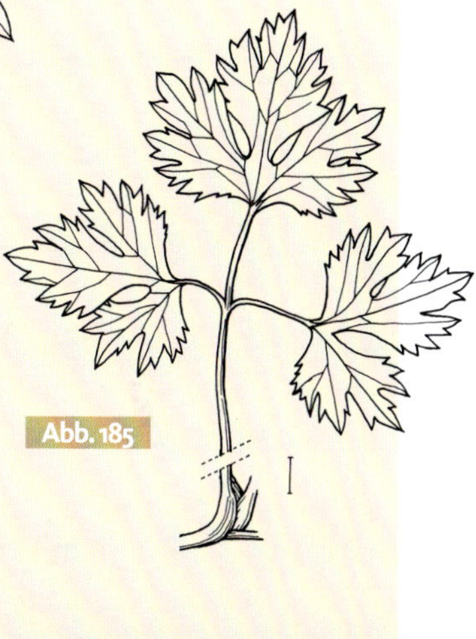

Abb. 185

Abb. 186

Abb. 186: *Ranunculus bulbosus* (Knolliger Hahnenfuß). Die Endfieder ist in einen stielartigen Abschnitt verschmälert.

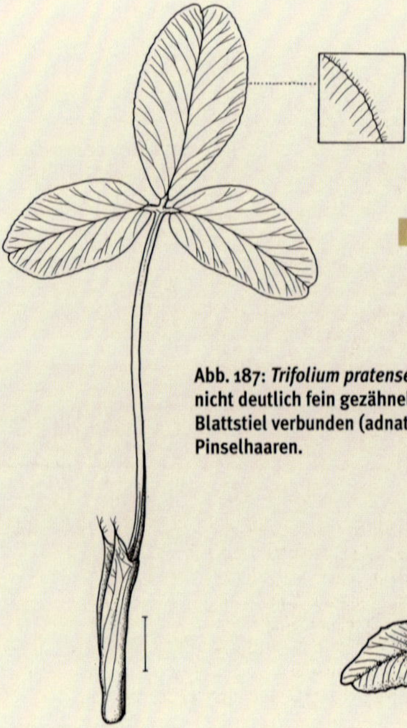

Abb. 187

Abb. 187: ***Trifolium pratense*** **(Wiesen-Klee). Blattrand nicht deutlich fein gezähnelt; Stipeln hoch hinauf mit dem Blattstiel verbunden (adnat), an der Spitze mit einzelnen Pinselhaaren.**

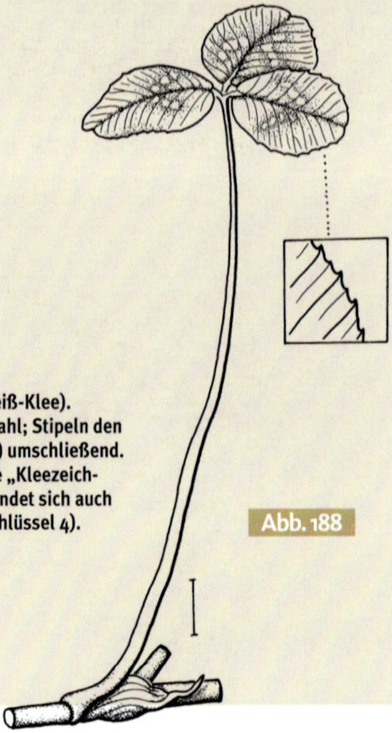

Abb. 188: ***Trifolium repens*** **(Weiß-Klee). Blätter deutlich gezähnelt, ± kahl; Stipeln den kriechenden Stängel (anfangs) umschließend. – Die dargestellte dachförmige „Kleezeichnung" ist nicht konstant und findet sich auch bei anderen Kleearten (vgl. Schlüssel 4).**

Abb. 188

Abb. 189

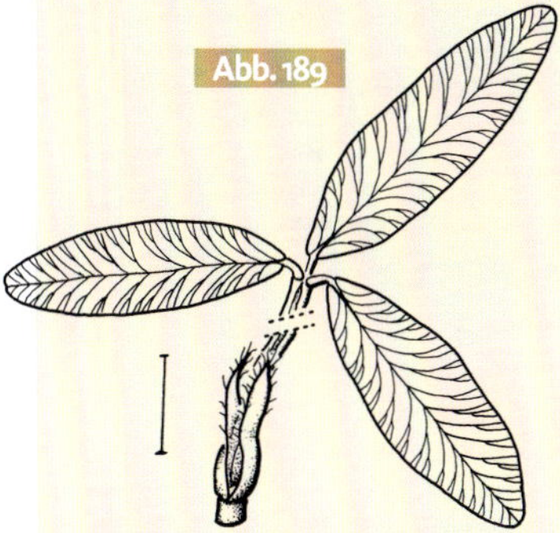

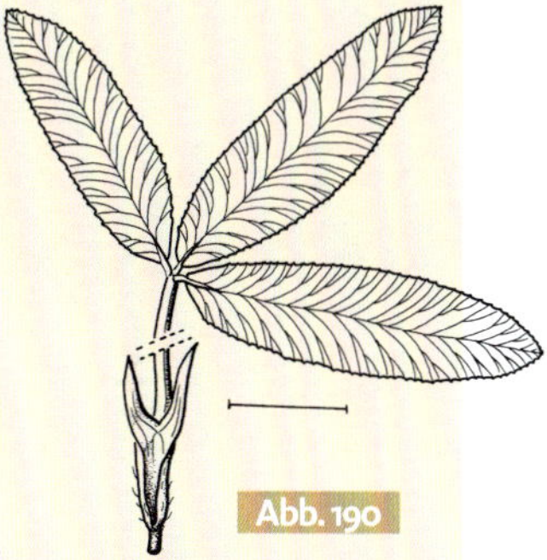

Abb. 190

Abb. 189: ***Trifolium medium*** **(Mittlerer Klee), Abb. 190:** ***T. montanum*** **(Berg-K) & Abb. 191:** ***T. alpestre*** **(Hügel-K.). Alle drei Arten haben schmale, oberseits ± kahle, unterseits dicht behaarte Fiedern und bewohnen ähnliche Biotope. Jeweils typisch ist:** ***T. medium:*** **Fiedern ± (!) ganzrandig (bei den beiden anderen fein gezähnelt);** ***T. montanum:*** **Zipfel der Stipeln bis 4-mal so lang wie breit (bei den beiden anderen Arten › 6-mal);** ***T. alpestre:*** **Stipeln länger als die Hälfte des Blattstiels (die Stipeln der beiden anderen Arten sind sehr oft auch kürzer als hier dargestellt), dabei der freie Teil kürzer als der angewachsene Teil.**

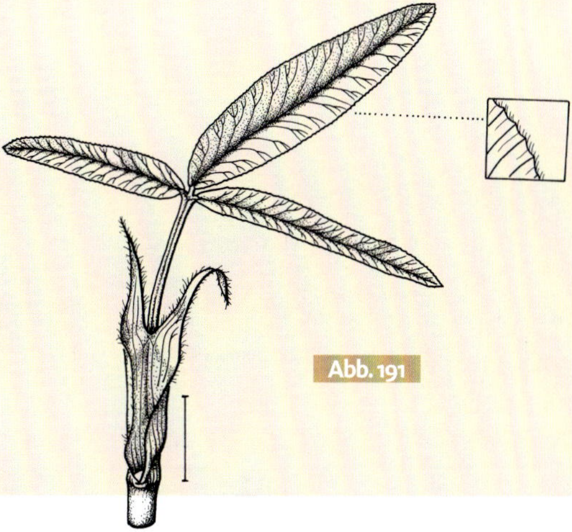

Abb. 191

Abb. 192

Abb. 192: ***Trifolium arvense*** **(Hasen-Klee). Die schmalen Fiedern sind beiderseits dicht weich behaart. Die Stipeln der unteren Blätter sind kürzer als die des hier dargestellten Stängelblattes.**

Abb. 193: ***Trifolium aureum*** **(Gold-Klee) (ähnlich *T. micranthum*, Kleinster K.). Blätter 3-zählig gefingert, d. h. Endfieder nicht gestielt. Stipeln basal nicht verbreitert (vgl. Abb. 180).**

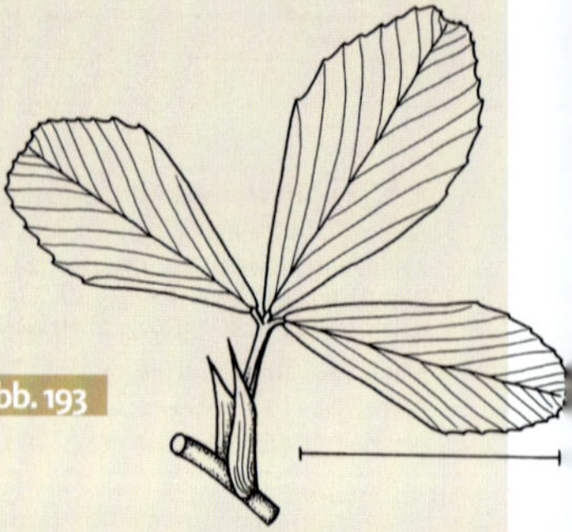

Abb. 193

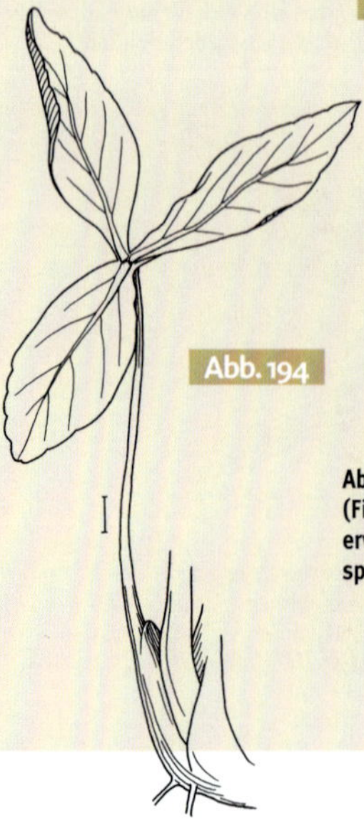

Abb. 194

Abb. 194: ***Menyanthes trifoliata*** **(Fieberklee). Beachte den scheidig erweiterten Blattgrund; am Knoten sprossbürtige Wurzeln.**

Abb. 195

Abb. 195: ***Aquilegia vulgaris*** **(Gewöhnliche Akelei).**

Abb. 196

Abb. 196: ***Adoxa moschatellina*** **(Moschuskraut). Grundblatt.**

Abb. 197a

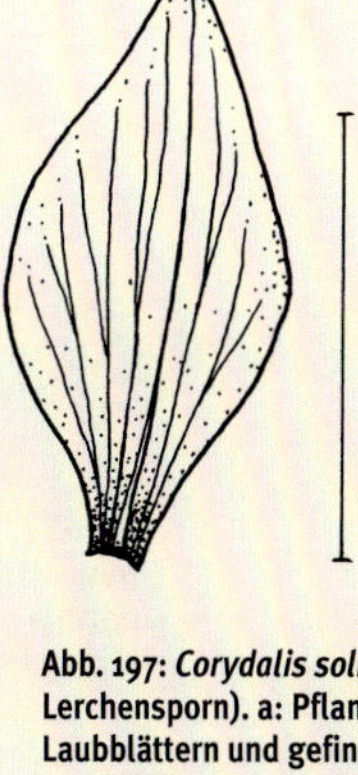

Abb. 197b

Abb. 197: ***Corydalis solida*** **(Gefingerter Lerchensporn). a: Pflanze mit Niederblatt, Laubblättern und gefingerten Tragblättern; b: Tragblatt von** ***Corydalis cava*** **(Hohler Lerchensporn).**

Abb. 198

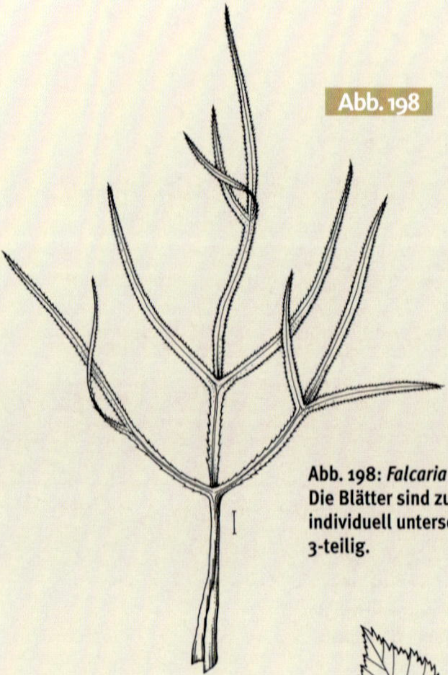

Abb. 198: ***Falcaria vulgaris*** **(Sichelmöhre). Die Blätter sind zunächst 3-teilig, dann – individuell unterschiedlich – 2- oder 3-teilig.**

Abb. 199

Abb. 199: ***Aegopodium podagraria*** **(Giersch). Blatt doppelt 3-zählig; die apikal gerichteten Fiedern 2. Ordnung der Seitenfiedern sind aber mit dem jeweiligen Endabschnitt der Fieder verwachsen.**

Abb. 200

Abb. 200: ***Actaea spicata*** **(Ähriges Christophskraut) & Abb. 201:** ***Aruncus dioicus (sylvestris)*** **(Wald-Geißbart). Actaea unterscheidet sich von** ***Aruncus*** **durch die 3-spitzigen Endfiedern.**

Abb. 201

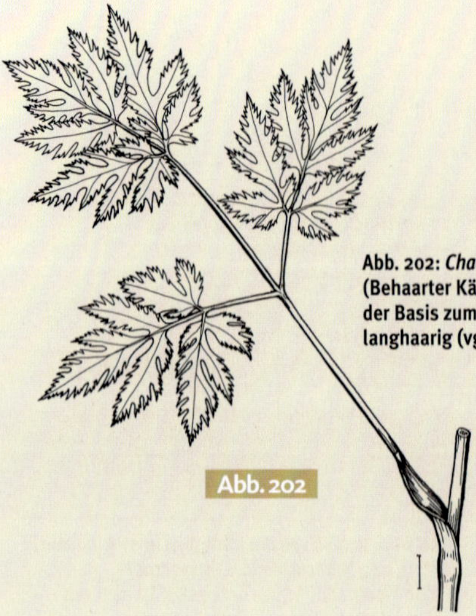

Abb. 202

Abb. 202: ***Chaerophyllum hirsutum*** **(Behaarter Kälberkropf). Stängel an der Basis zumeist abstehend langhaarig (vgl. 4.1.3).**

Abb. 203: ***Anthriscus nitida*** **(Glänzender Kerbel). Stängel basal kurzborstig bis kahl.**

Abb. 203

Abb. 204

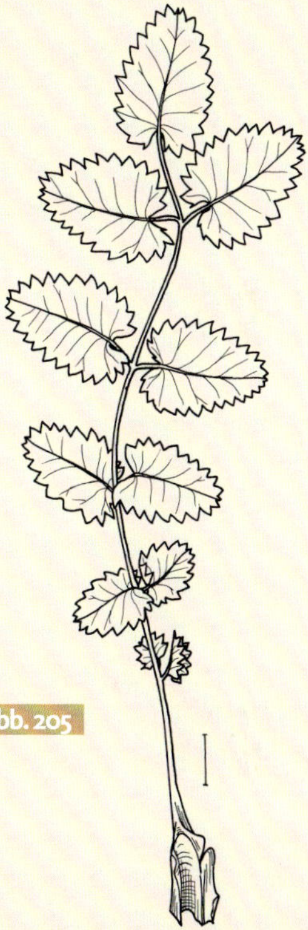

Abb. 205

Abb. 204: *Sanguisorba minor* (Kleiner Wiesenknopf) & 205: *S. officinalis* (Großer W.). Die rundlichen Fiedern von *S. m.* sind kleiner als die ± ovalen von *S. o.* Typisch für *S. m.* ist zudem, dass der Endzahn einer Fieder kleiner ist als die Seitenzähne sind (vgl. *Pimpinella saxifraga*, Abb. 213). – Die Stipeln können bei beiden Arten sehr unterschiedlich ausgebildet sein und sind bei Grundblättern auch oft stark reduziert. Kräftige Exemplare von *S. o.* haben mitunter Stipellen.

Abb. 206

Abb. 206: *Potentilla anserina* (Gänse-Fingerkraut). Beachte die Zwischenfiedern und die zu *einem*, dem Blattstiel „gegenüberstehenden“ Zipfel verwachsenen Stipeln.

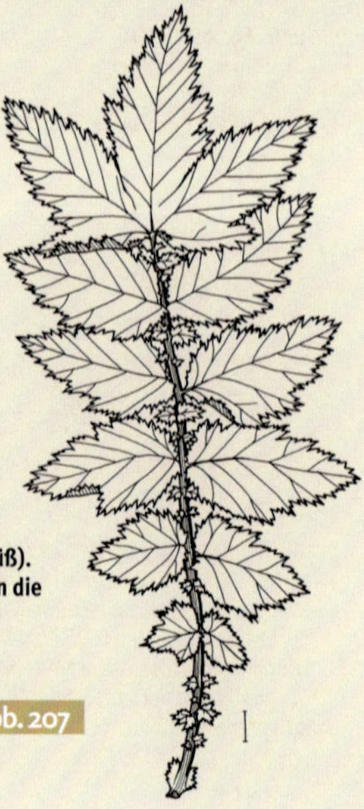

Abb. 207: *Filipendula ulmaria* (Echtes Mädesüß). Mit Zwischenfiedern. Beachte in beiden Fällen die basipetale Abnahme der Fiedergröße.

Abb. 207

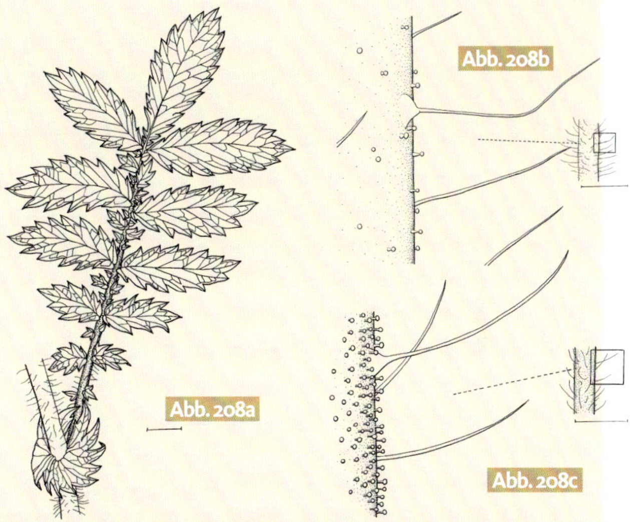

Abb. 208: ***Agrimonia*** **(Odermennig). a: Blatt von *Agrimonia eupatoria* (mit Zwischenfiedern und basipetaler Fiederanlage, vgl. Abb. 207); b: Stängelstück von *A. eu.*; c: von *A. procera.* Den unterschiedlichen Drüsenbesatz zeigt auch die Blattunterseite, dort ist er aber wegen der dichteren Behaarung nicht so gut zu sehen.**

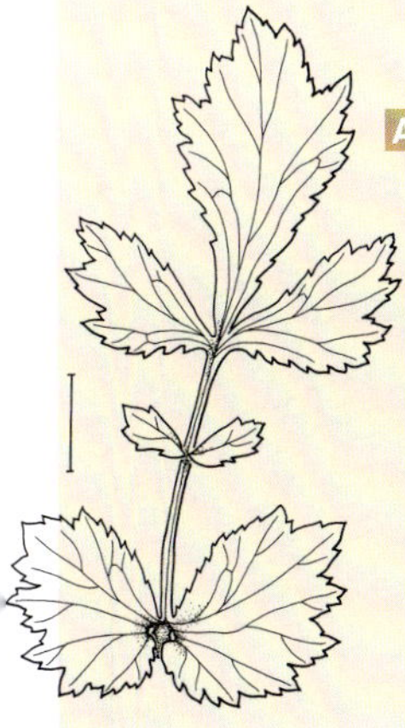

Abb. 209: ***Geum urbanum*** **(Echte Nelkenwurz). Stängelblatt (a) mit laubig entwickelten Stipeln; diese können an den Grundblättern (b) stark reduziert sein oder fehlen. – Beachte auch die Größenverhältnisse der Endfiedern; die ersten Grundblätter bestehen häufig *nur* aus dieser.**

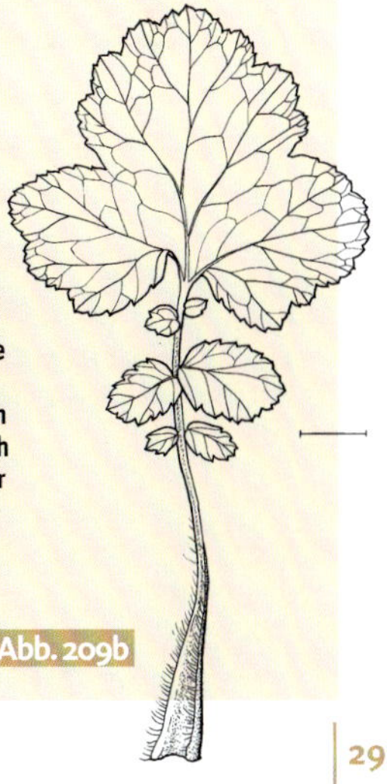

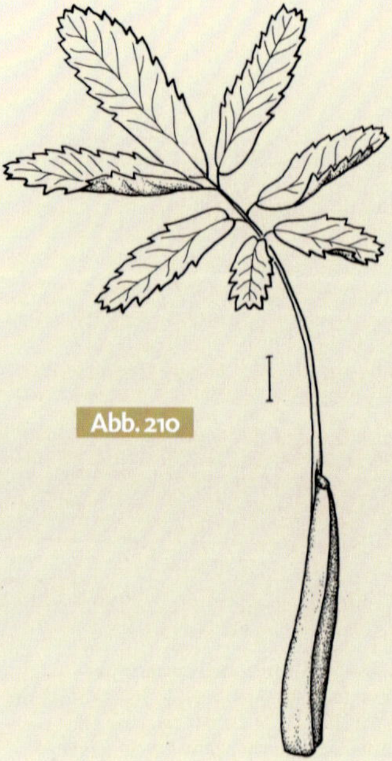

Abb. 210: *Comarum palustre* (Blutauge). Stängelblatt.

Abb. 210

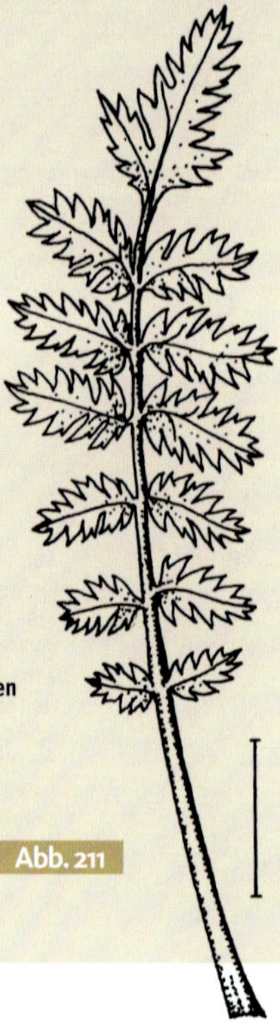

Abb. 211: *Erodium cicutarium* (Gewöhnlicher Reiherschnabel). Blattgröße und -schnitt variieren stark.

Abb. 211

Abb. 212

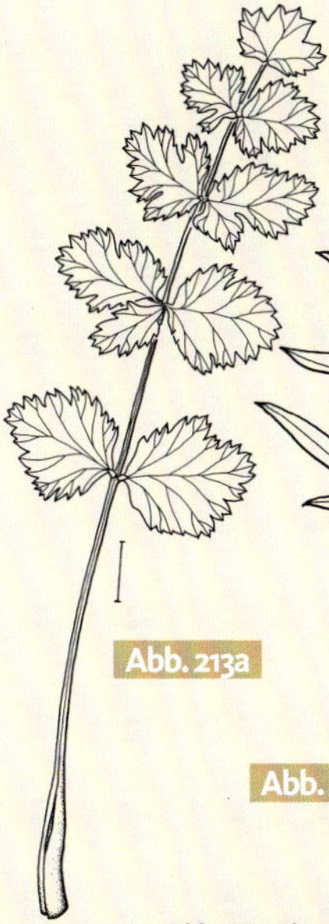

Abb. 213a

Abb. 213b

Abb. 212: ***Pimpinella major*** **(Große Biebernelle).**

Abb. 213: ***Pimpinella saxifraga*** **(Kleine Biebernelle). a: Grundblatt; der Endzahn einer Fieder ist nicht kleiner als die Seitenzähne sind (vgl.** ***Sanguisorba minor,*** **Abb. 204); b: oberes Stängelblatt.**

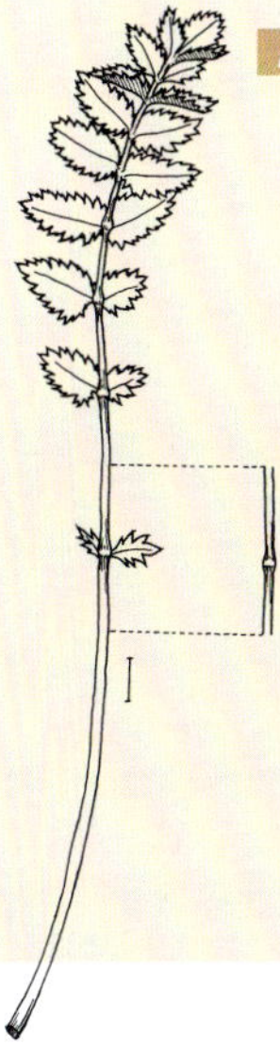

Abb. 214

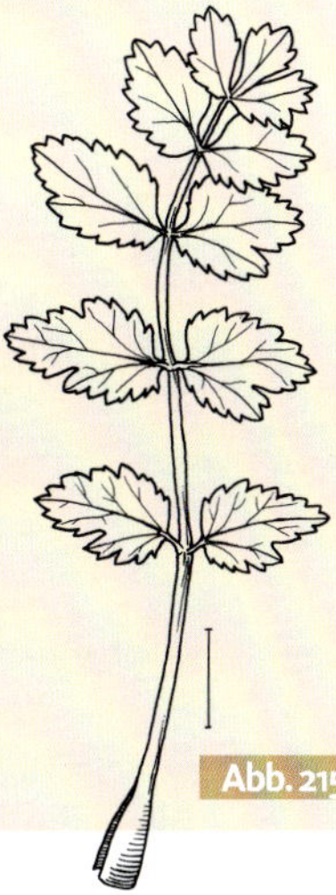

Abb. 215

Abb. 214: ***Sium erectum*** **(Berle) & 215:** ***Apium nodiflorum*** **(Knotenblütiger Sellerie). Vgl. 4.1.3.**

Abb. 216: *Pastinaca sativa* (Pastinak). Die Fiedern sind ± aus der planen Lage herausgedreht und stehen teilweise ± senkrecht zur Blatt„oberfläche“

Abb. 216

Abb. 217: *Cardamine impatiens* (Spring-Schaumkraut). Einzige einheimische *C.*-Art mit stängelumfassenden Öhrchen. Beachte auch die tiefe Zähnung der Fiedern.

Abb. 217

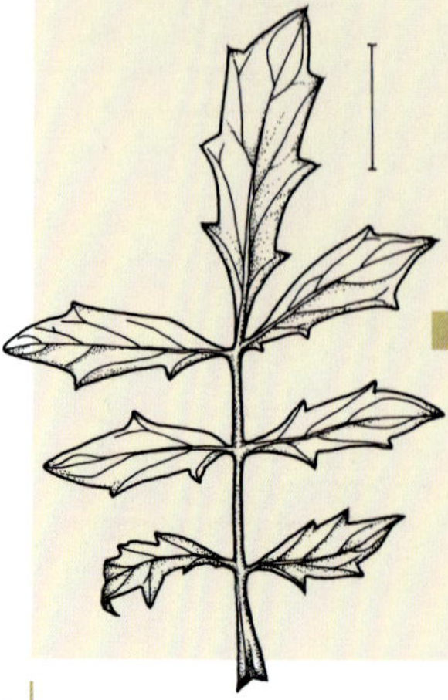

Abb. 218

Abb. 218: *Cardamine amara* (Bitteres Schaumkraut). Vgl. Abb. 235.

Abb. 219a

Abb. 219b

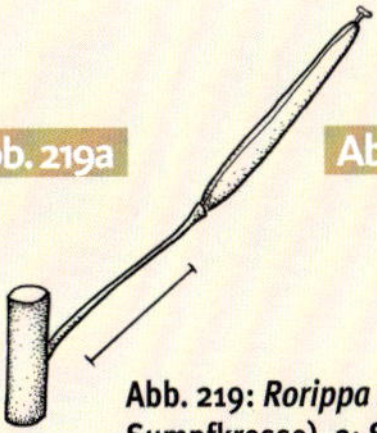

Abb. 219: ***Rorippa sylvestris*** **(Wilde Sumpfkresse). a: Stängelblatt; b: Frucht.**

Abb. 220b

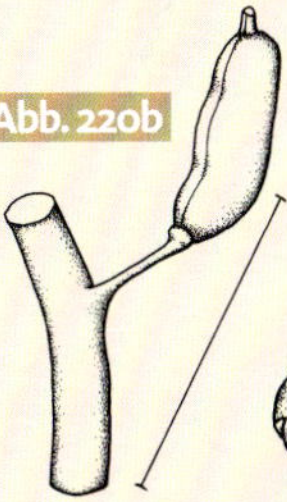

Abb. 220: ***Rorippa palustris*** **(Gewöhnliche Sumpfkresse). a: Stängelblatt; b: Frucht.**

Abb. 220a

Abb. 221a

Abb. 221b

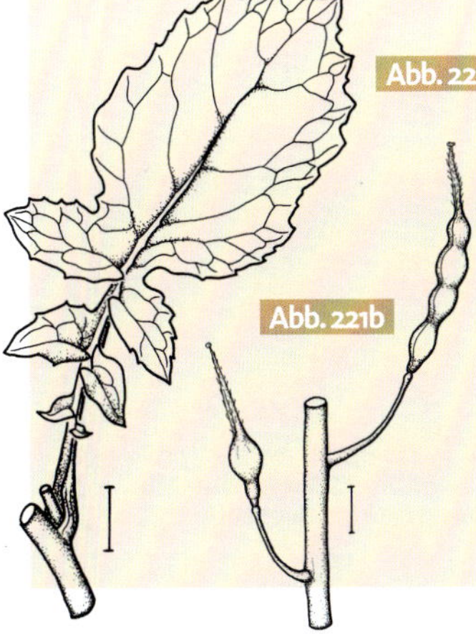

Abb. 221: ***Raphanus raphanistrum*** **(Hederich). a: unteres Stängelblatt; b: Frucht (die Zahl der Samen ist sehr variabel); c: Kelch; beachte den kurzen Zahn auf dem vorderen Kelchblatt und die Aussackung der beiden seitlichen Kelchblätter (vgl. Abb. 290).**

Abb. 221c

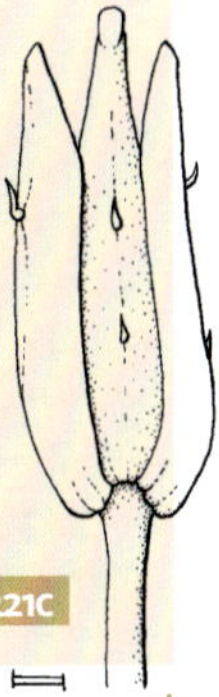

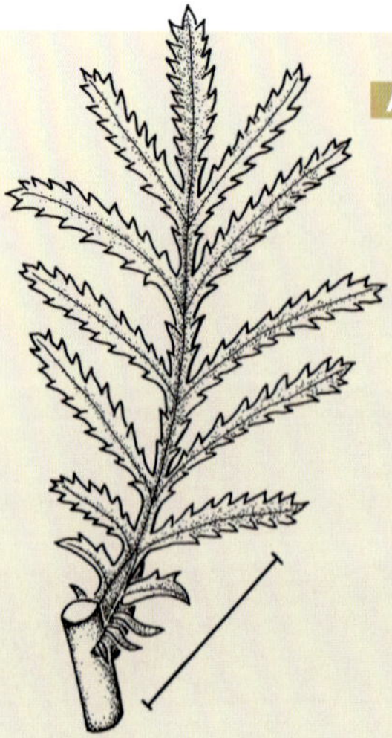

Abb. 222

Abb. 222: *Anthemis tinctoria* (Färber-Hundskamille). Die Blätter sind unterseits dicht anliegend behaart.

Abb. 223: *Tanacetum vulgare* (Rainfarn). Unteres Stängelblatt (die oberen sind sitzend). Beachte die Rhachiszähne zwischen den Fiedern. Die Blätter riechen beim Zerreiben aromatisch.

Abb. 223

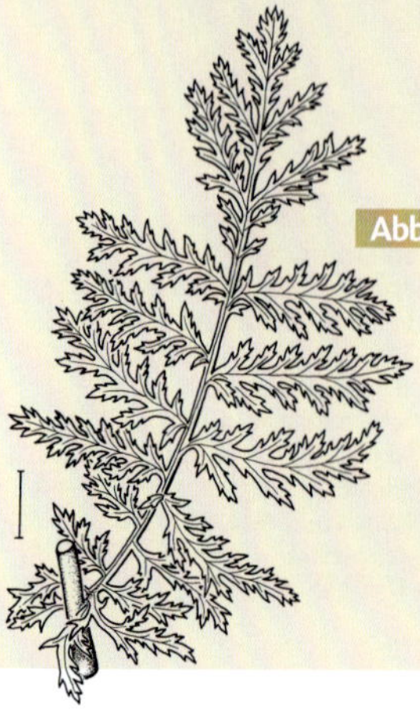

Abb. 224

Abb. 224: *Tanacetum corymbosum* (Doldige Straußmargerite). Rhachis meist ohne Zähne, Geruch nicht aromatisch.

Abb. 225: ***Hippocrepis comosa*** **(Hufeisenklee). Die Blätter sind im Gegensatz zu denen von Abb. 226 und 227 lang gestielt.**

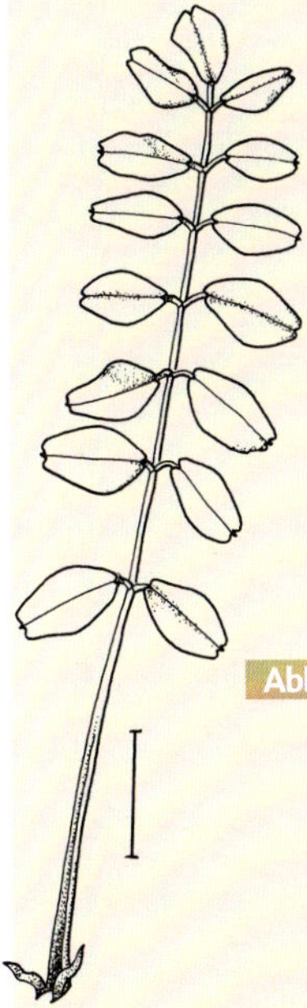

Abb. 225

Abb. 226: ***Securigera varia*** **(Bunte Kronwicke).**

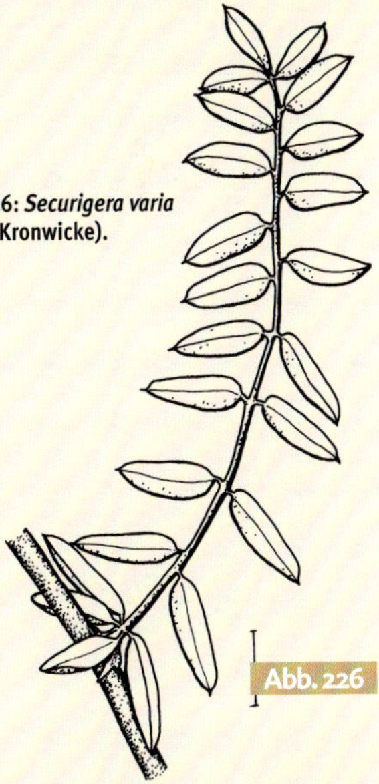

Abb. 226

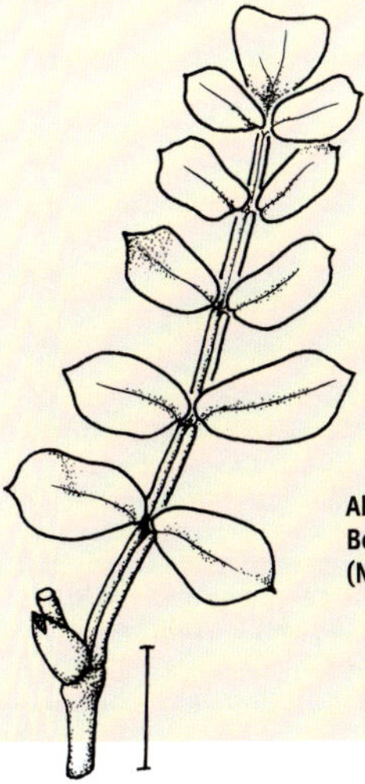

Abb. 227

Abb. 227: ***Coronilla vaginalis*** **(Scheiden-Kronwicke). Beachte das bauchseitig verwachsene Stipelpaar (Name!).**

Abb. 228

Abb. 228: ***Lathyrus linifolius*** **(Berg-Platterbse) & Abb. 229:** ***L. vernus*** **(Frühlings-P.). Bei** ***L. l.*** **sind die ± parallelnervigen Fiedern unterseits blaugrün, der Stängel ist schmal, aber deutlich geflügelt. Die ± netznervigen Fiedern von** ***L. vernus*** **sind unterseits rein grün, der Stängel ist nicht geflügelt. Das Längen/Breiten-Verhältnis der Fiedern kann bei beiden Arten stark schwanken; insgesamt sind die Fiedern von** ***L. l.*** **schmaler (Name!).**

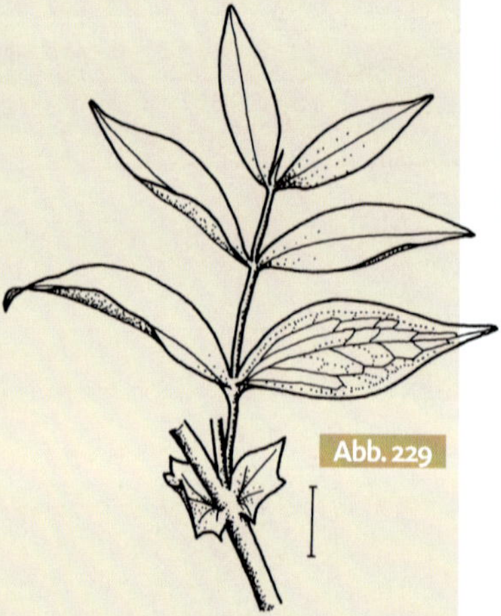

Abb. 229

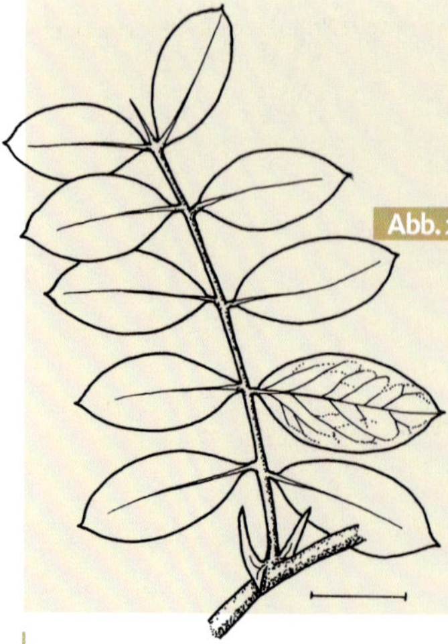

Abb. 230

Abb. 230: ***Lathyrus niger*** **(Schwarzwerdende Platterbse). Das Blatt erinnert ein wenig an die Gattung** ***Vicia*** **(relativ zahlreiche Fiedern mit Netznervatur), doch sind paarig gefiederte Blätter ohne Ranken bei** ***Vicia*** **selten. – Das Blatt färbt sich beim Trocknen schwarz (Name!).**

Abb. 231

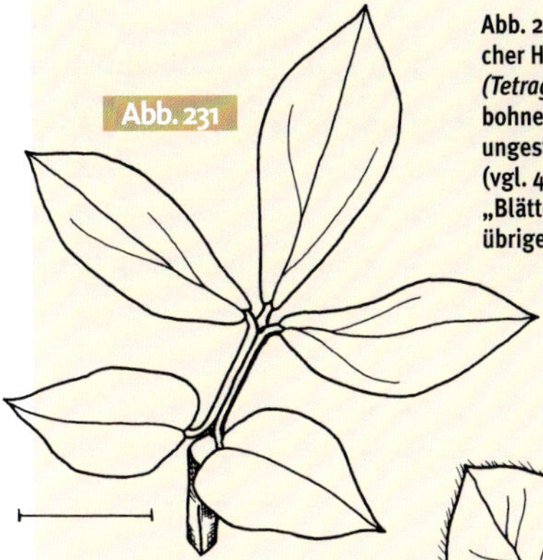

Abb. 231 ***Lotus corniculatus*** **(Gewöhnlicher Hornklee) & Abb. 232:** ***L. (Tetragonolobus) maritimus*** **(Spargelbohne). Das 5-zählig gefiederte Blatt ist ungestielt; die Stipeln sind reduziert (vgl. 4.1.32). Bei** ***L. m.*** **sind die basalen „Blättchen“ deutlich kleiner als die übrigen.**

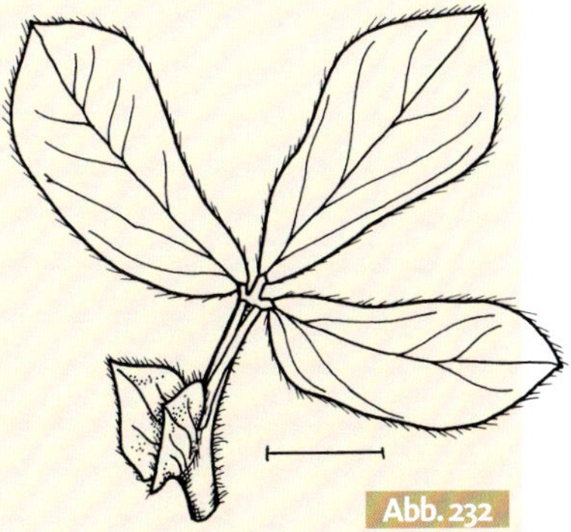

Abb. 232

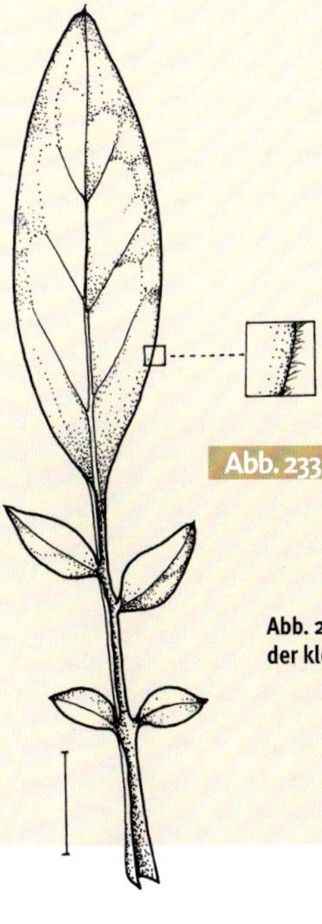

Abb. 233

Abb. 233: ***Anthyllis vulneraria*** **(Wundklee). Die Zahl der kleinen Seitenfiedern schwankt sehr.**

Abb. 234

Abb. 234: ***Cardamine flexuosa*** **(Wald-Schaumkraut). Die apikalen Fiedern sind häufig stärker genähert als hier dargestellt und überlappen sich dann, wenn man das Blatt flachdrückt.**

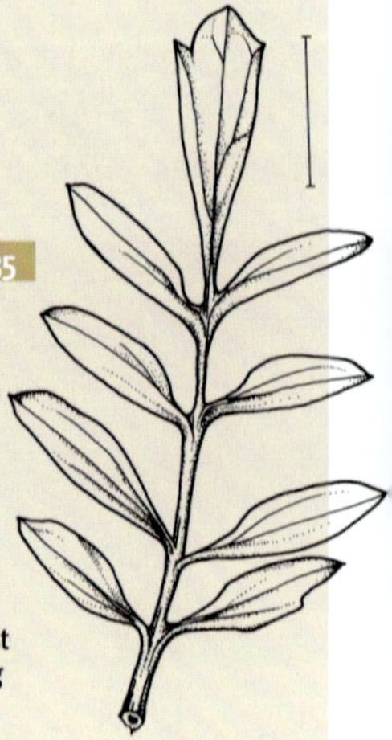

Abb. 235

Abb. 235: ***Cardamine pratensis*** **(Wiesen-Schaumkraut). Untere Stängelblätter. Die Fiedern der oberen Blätter sind jeweils deutlich schmäler. – *C. p.* und *C. amara* (Abb. 218) unterscheiden sich zumeist in der Zähnung der Fiedern, doch ist die Blattform recht variabel. Konstanter ist die Ausbildung einer Grundblattrosette bei *C. p.*, die der (ausläufertreibenden!) *C. a.* fehlt. Außerdem ist der Stängel bei *C. p.* rund und hohl, bei *C. a.* kantig und markig (vgl. auch *Nasturtium*, Abb. 236).**

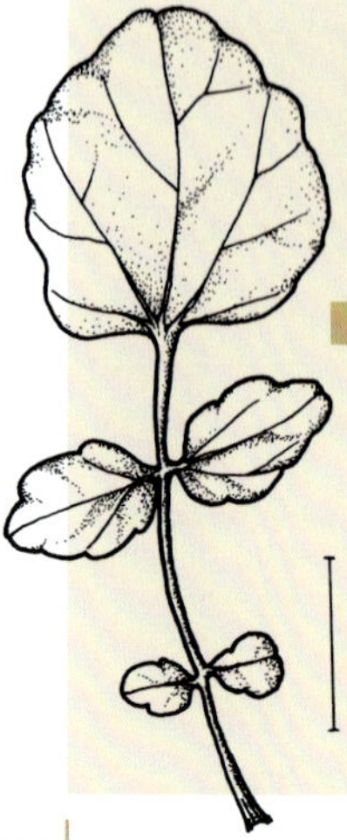

Abb. 236

Abb. 236: ***Nasturtium officinale*** **(Echte Brunnenkresse). Der Stängel ist hohl.**

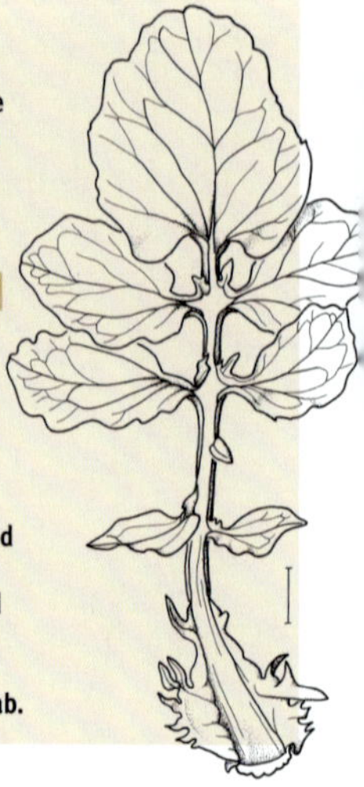

Abb. 237

Abb. 237: ***Barbarea vulgaris*** **(Echtes Barbarakraut). Grundblatt. Bei allen Arten von Barbarea ist der Endabschnitt zumindest der Grundblätter deutlich vergrößert, und zumindest die oberen Blätter umfassen mit verlaubtem Blattgrund den Stängel. – Die Stängelblätter weichen im Blattschnitt meist beträchtlich von den Grundblättern ab.**

Abb. 238

Abb. 238: ***Vicia cracca*** **(Vogel-Wicke). Die hier dargestellte Blattform ist innerhalb der Gattung** ***Vicia*** **weit verbreitet und für die Bestimmung nicht sehr hilfreich.**

Abb. 239

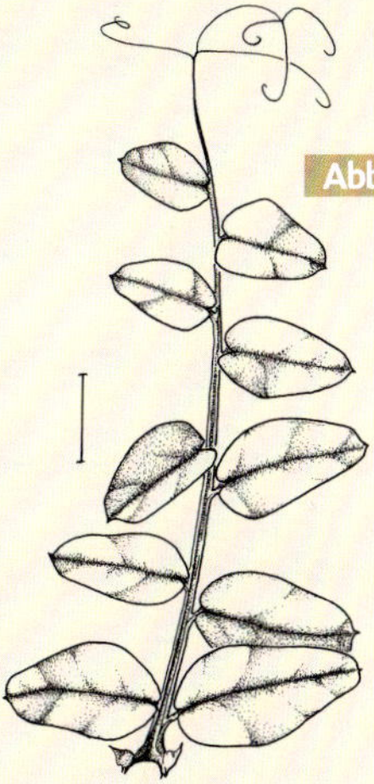

Abb. 239: ***Vicia sepium*** **(Zaun-Wicke).**

Abb. 240

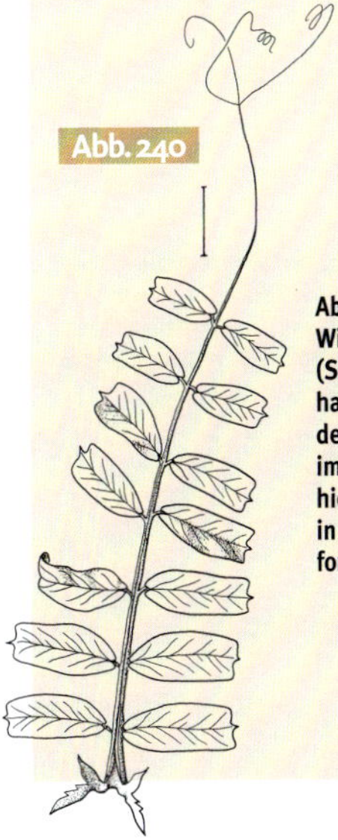

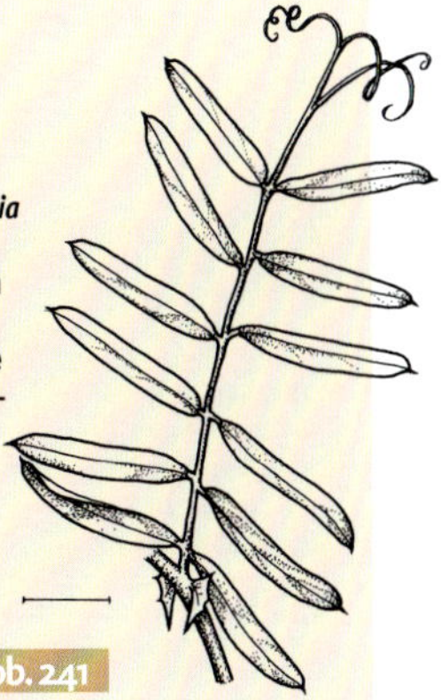

Abb. 241

Abb. 240: ***Vicia sativa*** **(Saat-Wicke) & Abb. 241:** ***V. angustifolia*** **(Schmalblättrige W.). Der habituelle Unterschied zwischen den beiden Blättern ist nicht immer so deutlich erkennbar wie hier dargestellt, da beide Arten – in ihrer weiten Fassung – formenreich sind.**

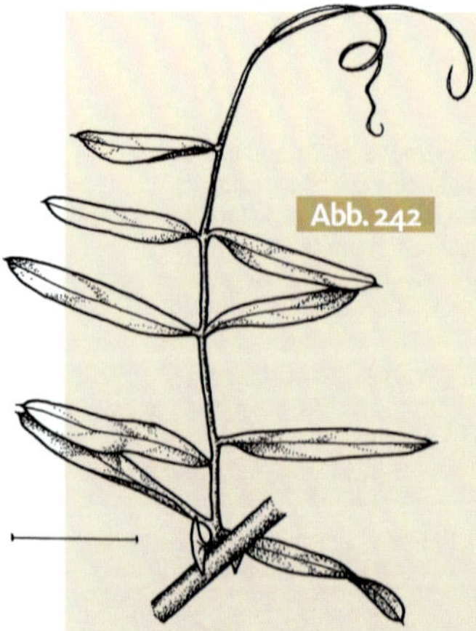

Abb. 242

Abb. 242: ***Vicia tetrasperma*** **(Viersamige Wicke). Zahl der Fiederpaare selten > 4, Fiedern apikal ± gerundet.**

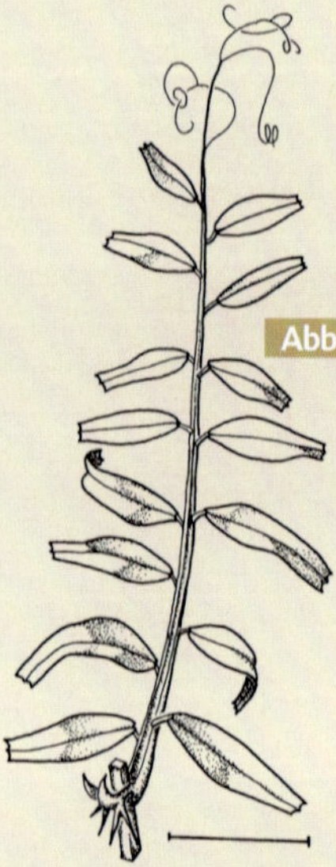

Abb. 243

Abb. 243: ***Vicia hirsuta*** **(Rauhaarige Wicke). Die Fiedern – selten < 6 Paare – sind apikal gestutzt bis ausgerandet, die Stipeln zudem häufig zerschlitzt.**

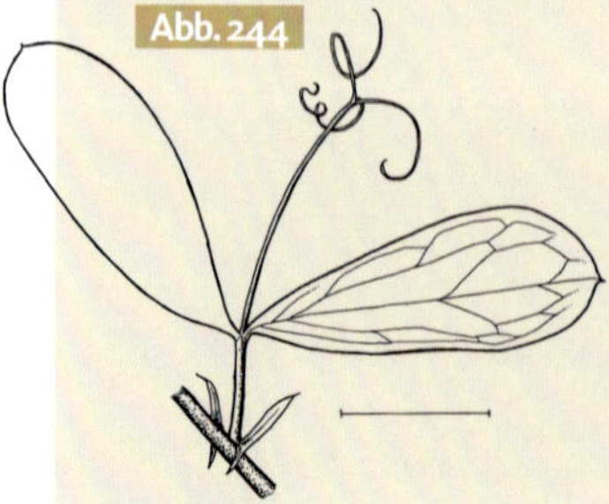

Abb. 244

Abb. 244: ***Lathyrus tuberosus*** **(Knollige Platterbse). Fiedern relativ breit und netznervig, Stipeln stets deutlich kleiner.**

Abb. 245

Abb. 245: ***Lathyrus pratensis*** **(Wiesen-Platterbse). Fiedern parallelnervig, die Stipeln können fast die Größe der Fiedern erreichen.**

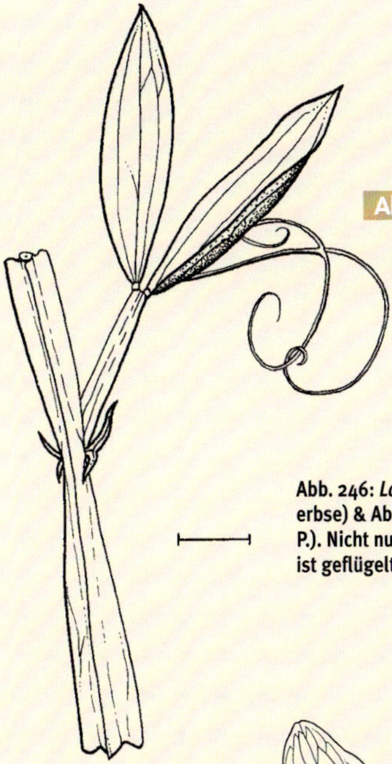

Abb. 246

Abb. 246: *Lathyrus sylvestris* (Wald-Platterbse) & Abb. 247: *L. latifolius* (Breitblättrige P.). Nicht nur der Stängel, auch der Blattstiel ist geflügelt.

Abb. 247

Abb. 248

Abb. 248: ***Pulsatilla vulgaris*** **(Gewöhnliche Küchenschelle).**

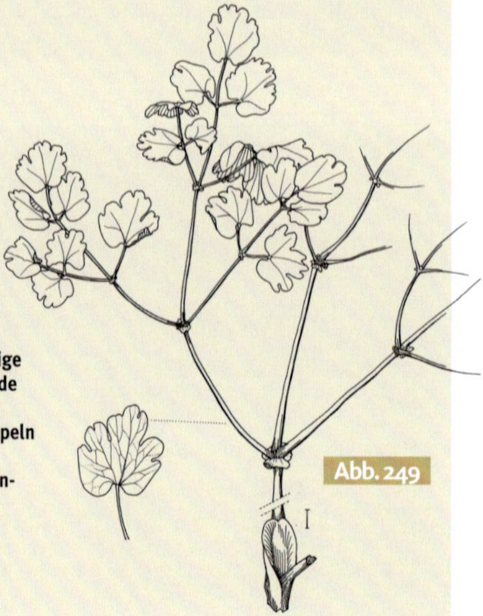

Abb. 249

Abb. 249: ***Thalictrum aquilegiifolium*** **(Akeleiblättrige Wiesenraute). Die Blattscheide hat hier 2 Scheidenlappen ausgebildet, die nicht mit Stipeln verwechselt werden dürfen. Beachte auch die entsprechenden Bildungen an den Verzweigungsstellen des Blattes.**

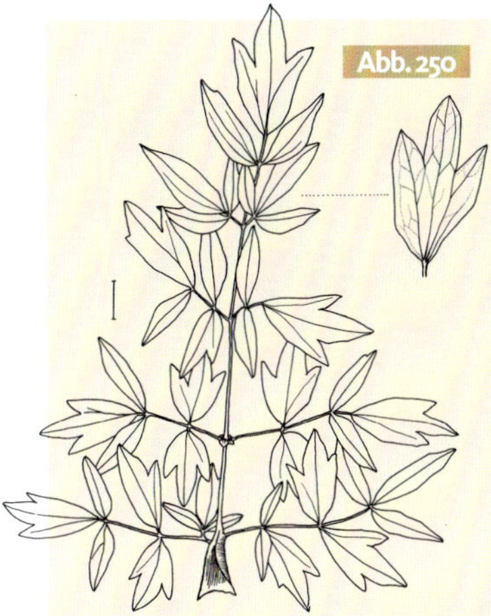

Abb. 250

Abb. 250: *Thalictrum flavum* (Gelbe Wiesenraute). Die häutigen Bildungen an der Basis der Fiedern 1. Ordnung (vgl. auch Abb. 249) sind bei den einzelnen Individuen in sehr unterschiedlicher Zahl pro Blatt (hier: einmal, am 2. Fiederjoch) vorhanden.

Abb. 251

Abb. 251: *Thalictrum minus* (Kleine Wiesenraute). Die Art ist – auch in ihrem Blattschnitt – vielgestaltig.

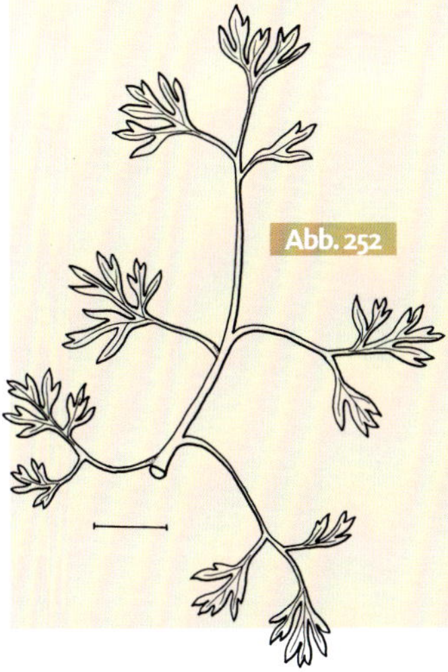

Abb. 252

Abb. 252: *Fumaria officinalis* (Gewöhnlicher Erdrauch). Ähnlich sehen auch die Blätter der meisten anderen *Fumaria*-Arten aus.

Abb. 253

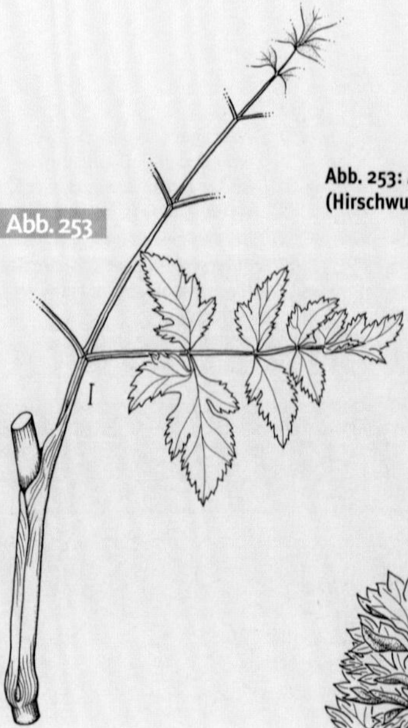

Abb. 253: *Peucedanum cervaria* (Hirschwurz). Stängelblatt.

Abb. 254

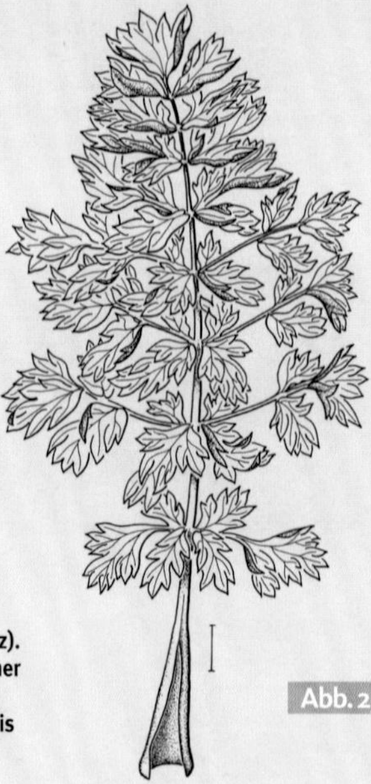

Abb. 254: *Seseli libanotis (= Libanotis montana)* (Berg-Heilwurz). Fiedern 1. Ordnung ungestielt, daher stehen die basalen Fiedern 2. Ordnung kreuzweise an der Rhachis gegenüber

Abb. 255a

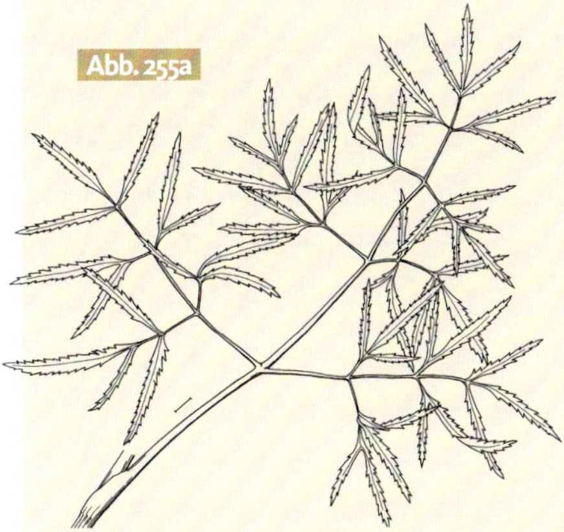

Abb. 255b

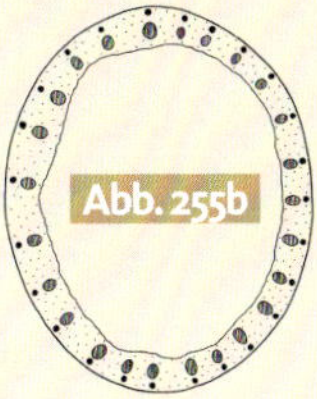

Abb. 255: *Cicuta virosa* (Wasserschierling) & Abb. 256: *Peucedanum palustre* (Sumpf-Haarstrang). a: Spreite; bei *C. v.* sind die Zipfel deutlich gesägt, bei *P. p.* nur fein gezähnelt. – b: Blattstiel, quer; punktiert: weiches (parenchymatisches) Gewebe; schraffiert: Leitbündel; schwarz: Festigungsgewebe. Beachte die Markhöhlen. (255b nach Troll 1959, verändert; 256b nach Foerster. Vgl. auch 4.1.3.)

Abb. 256b

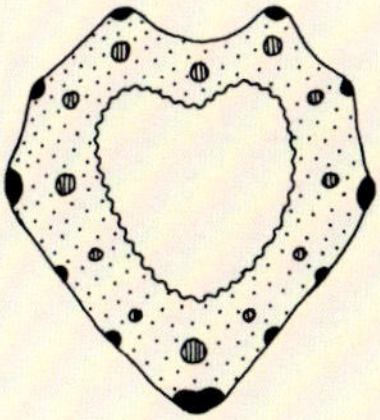

Abb. 256a

Abb. 257a

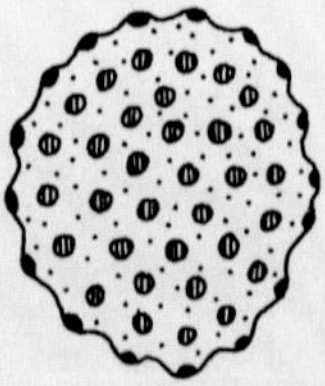

Abb. 257b

Abb. 257: *Silaum silaus* (Wiesensilge) & Abb. 258: *Selinum carvifolia* (Kümmel-Silge). a: Spreite; Segmente bei *Selinum* meist weiß-, bei *Silaum* (frisch) zumeist rotspitzig. Sonst vgl. 4.1.3. – b: Blattstiel quer (nach Foerster); Legende wie in Abb. 255.

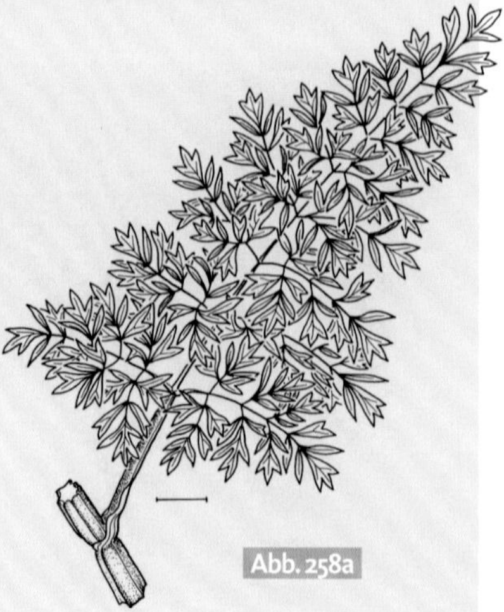

Abb. 258a

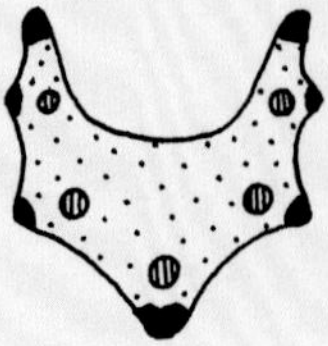

Abb. 258b

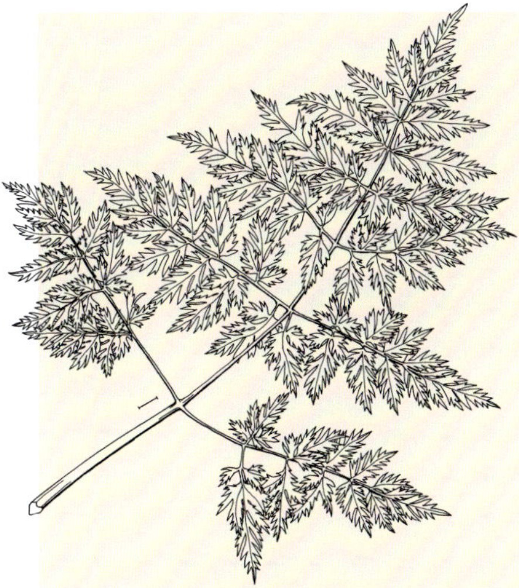

Abb. 259

Abb. 259: *Anthriscus sylvestris* (Wiesen-Kerbel) & Abb. 260: *Chaerophyllum aureum* (Gold-Kälberkropf). *A. s.:* Stiel älterer Blätter meist mit Markhöhle, d. h. alle Leitbündel randlich. *C. a.:* Stängel unterhalb der Knoten verdickt. Blattstiel mit randlichen und mindestens einem zusätzlichen zentralen Leitbündel. (Sonst vgl. 4.1.3.)

Abb. 260

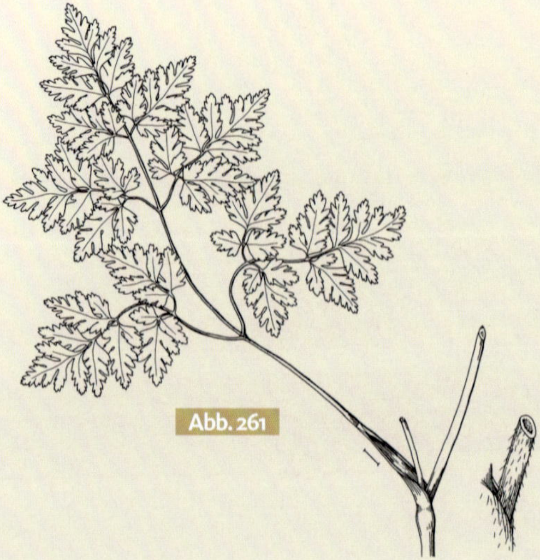

Abb. 261

Abb. 261: ***Chaerophyllum temulum*** **(Taumel-Kälberkropf) & Abb. 262:** ***Torilis japonica*** **(Gewöhnlicher Klettenkerbel).** ***C. t.:*** **Stängel unterhalb der Knoten deutlich verdickt, Blattzipfel gerundet, mit aufgesetztem Spitzchen.** ***T. j.:*** **Stängel nicht deutlich verdickt, Endfieder lang ausgezogen, Blattzipfel zugespitzt.**

Abb. 262

Abb. 263

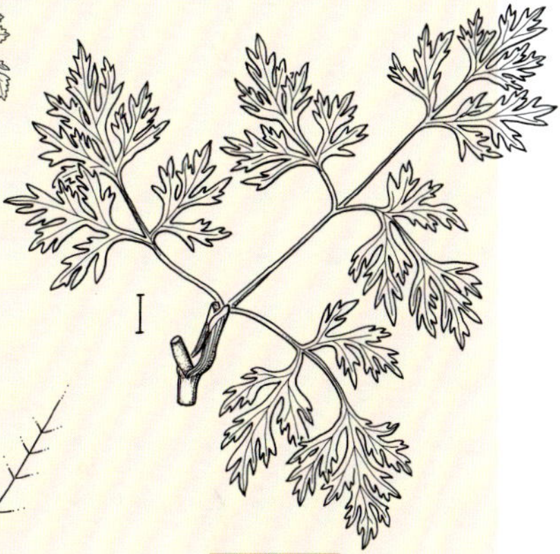

Abb. 264

Abb. 265

Abb. 263: *Conium maculatum* (Gefleckter Schierling), Abb. 264: *Aethusa cynapium* (Hundspetersilie) & Abb. 265: *Chaerophyllum bulbosum* (Knolliger Kälberkropf). Zur Unterscheidung der drei Arten vgl. 4.1.3.

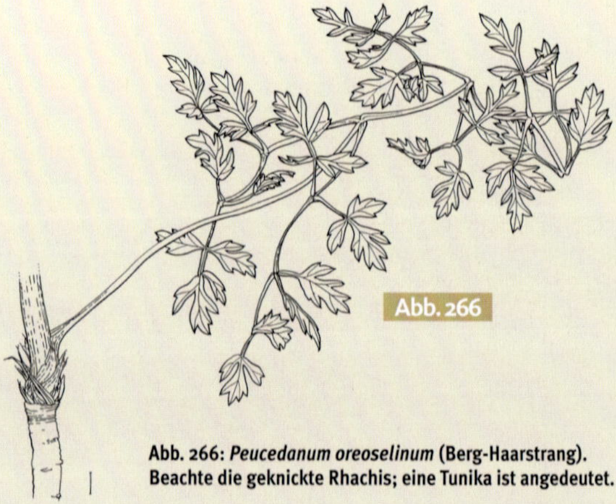

Abb. 266

Abb. 266: ***Peucedanum oreoselinum*** **(Berg-Haarstrang). Beachte die geknickte Rhachis; eine Tunika ist angedeutet.**

Abb. 267: ***Descurainia sophia*** **(Besenrauke). Die Blätter sind mit verzweigten Haaren besetzt (die Haare der verwandten Gattung** ***Sisymbrium*** **sind stets einfach).**

Abb. 267

Abb. 268

Abb. 269: *Achillea nobilis* (Edel-Schafgarbe). Mittleres Stängelblatt. – Die Blätter sind nur 2-3-mal so lang wie breit (nur Rosettenblätter können auch schmaler sein), die Fiedern 1. Ordnung (selten > 10) stehen oft voneinander entfernt. Zumeist entspringen der (geflügelten) Rhachis zahnartige Zwischenfiedern.

Abb. 269

Abb. 268: *Achillea millefolium* agg. (Gemeine Schafgarbe). Mittleres Stängelblatt. – Die Sammelart umfasst zahlreiche Kleinarten, die sich auch im Blattschnitt unterscheiden. Allgemein gilt: Die Blätter sind > 3-mal (–15-mal!) so lang wie breit (insbesondere Rosettenblätter sind also oft noch viel schmaler als hier dargestellt), die Zahl der Fiedern 1. Ordnung beträgt 12–50.

Abb. 270a

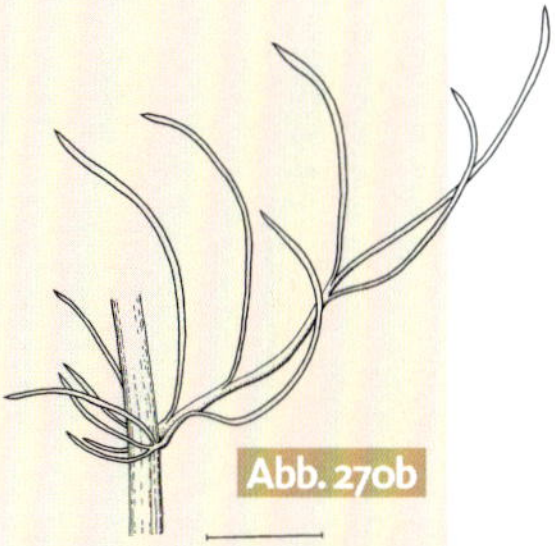

Abb. 270b

Abb. 270: *Artemisia campestris* (Feld-Beifuß). a: gestieltes Grundblatt; b: sitzendes Stängelblatt; die basalen Fiedern umgreifen öhrchenartig den Stängel.

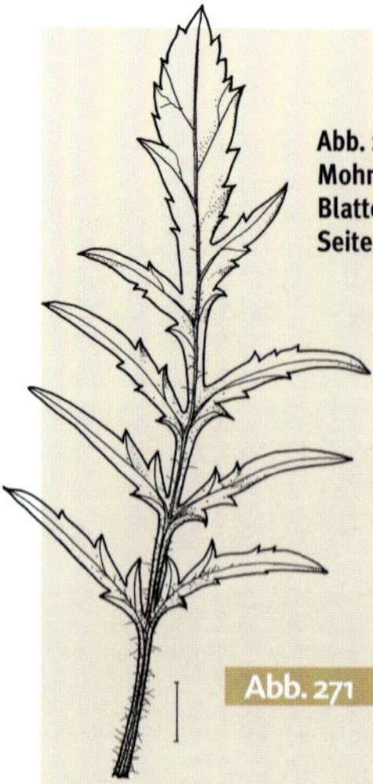

Abb. 271

Abb. 271: ***Papaver rhoeas*** **(Klatsch-Mohn). Der gezähnte Endabschnitt des Blattes ist deutlich größer als die Seitenabschnitte.**

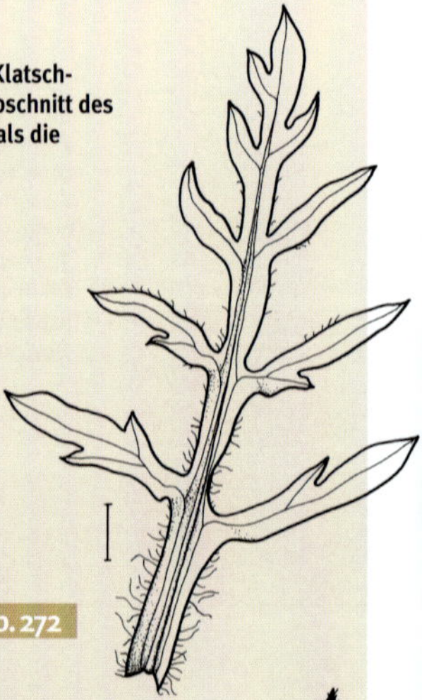

Abb. 272

Abb. 272: ***Papaver dubium*** **(Saat-Mohn). Die Zähne der Seitenfiedern sind – bezogen auf den ungeteilten Mittelteil der Fieder – oft auch noch länger als hier abgebildet.**

Abb. 273: ***Knautia arvensis*** **(Acker-Witwenblume). Unteres Stängelblatt. Die Rosettenblätter sind meist nur gezähnt oder sogar ganzrandig.**

Abb. 273

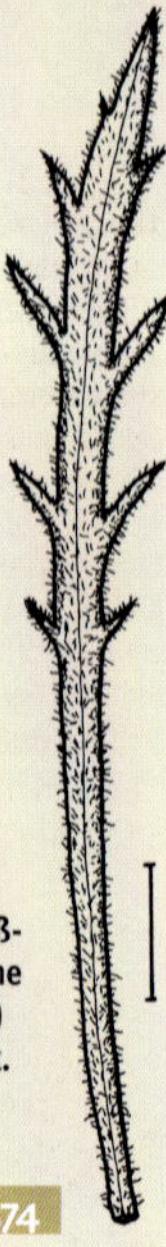

Abb. 274: ***Plantago coronopus*** **(Krähenfuß-Wegerich). Mitunter haben einzelne Zähne noch Seitenzähnchen. – Die (hier: starke) Behaarung ist unterschiedlich entwickelt.**

Abb. 274

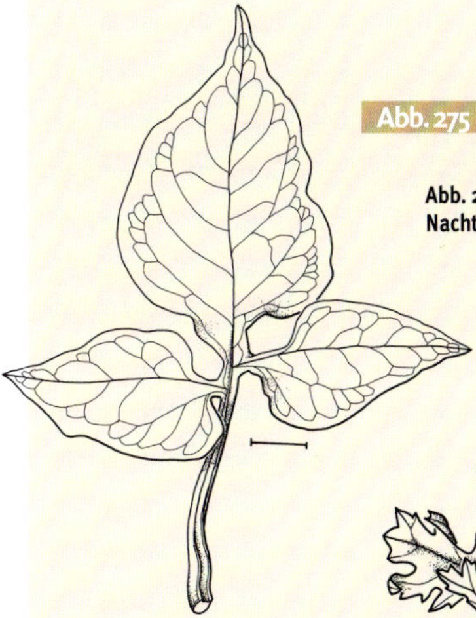

Abb. 275

Abb. 275: ***Solanum dulcamara*** **(Bittersüßer Nachtschatten). Fiederteiliges Blatt.**

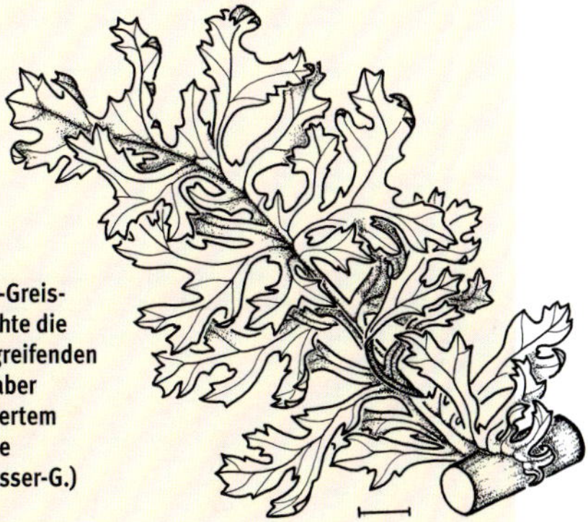

Abb. 276: ***Senecio jacobaea*** **(Jakobs-Greiskraut). Mittleres Stängelblatt. Beachte die zerschlitzten, den Stängel weit umgreifenden Öhrchen. – Ähnlichen Blattschnitt, aber Stängelblätter mit deutlich vergrößertem Endabschnitt haben die Nassbiotope besiedelnde Arten** ***S. aquaticus*** **(Wasser-G.) und** ***S. erraticus*** **(Spreizendes G.).**

Abb. 276

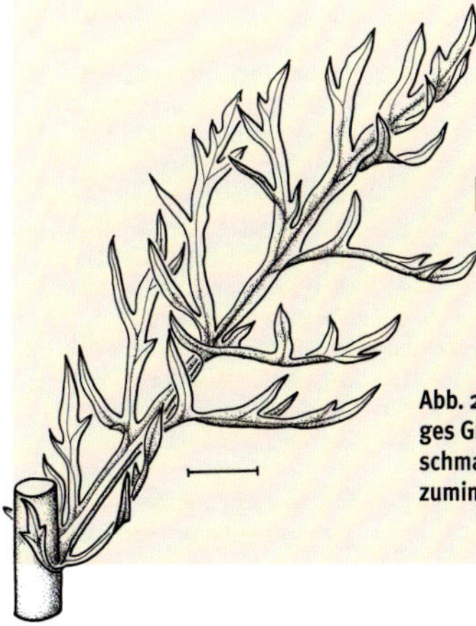

Abb. 277

Abb. 277: ***Senecio erucifolius*** **(Raukenblättriges Greiskraut). Mittleres Stängelblatt. Die schmalen, scharf zugespitzten Fiedern sind zumindest unterseits spinnwebig.**

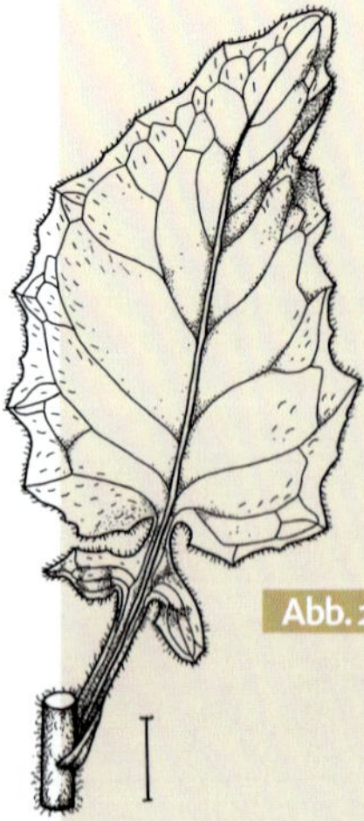

Abb. 278

Abb. 278: *Lapsana communis* (Rainkohl). Unteres Stängelblatt. Es besteht fast nur aus dem großen Endabschnitt, die oberen Stängelblätter sind sogar meist völlig ungeteilt. Die Behaarung ist unterschiedlich.

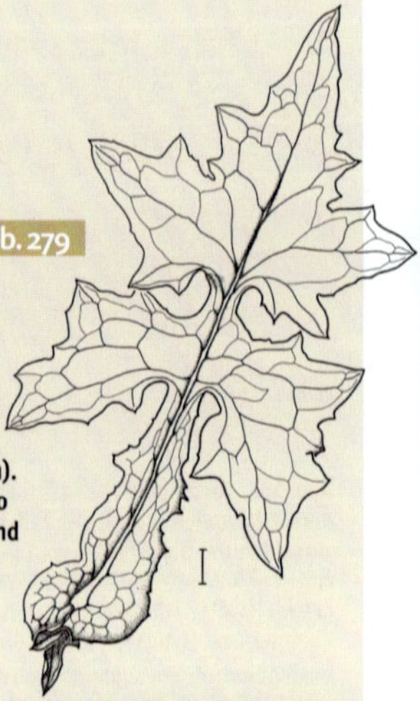

Abb. 279

Abb. 279: *Lactuca (Mycelis)* muralis (Mauer-Lattich). Das stängelumfassende Öhrchen ist nicht immer so groß entwickelt wie hier dargestellt. Die Blätter sind stets kahl.

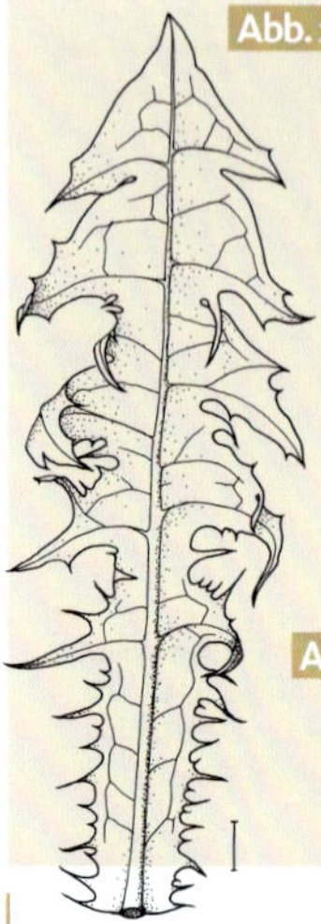

Abb. 280a

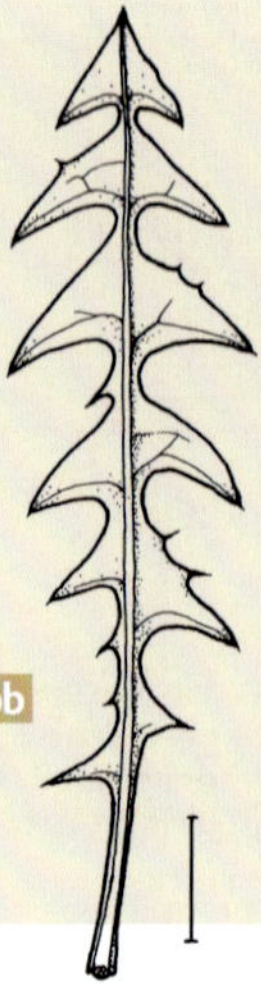

Abb. 280b

Abb. 280: *Taraxacum officinale* agg. (Kuhblume, Löwenzahn). Diese Sammelart enthält eine Vielzahl kaum zu unterscheidender Arten, die sich aber zu etwa 7-10 Gruppen (auch ähnlicher Ökologie) zusammenfassen lassen. Diese unterscheiden sich vielfach auch im Blattschnitt. Beispiele: Ein Exemplar aus der *Taraxacum officinale-* (a) und der *T. laevigatum*-Gruppe (b), wobei letztere durch besonders tiefe Blattteilung auffällt. Fast ganzrandig und sehr schmal (bis › 10-mal so lang wie breit) können die Blätter der *T. palustre*-Gruppe sein.

Abb. 281a

Abb. 281b

Abb. 281: ***Artemisia vulgaris*** **(Gewöhnlicher Beifuß) & Abb. 282:** ***A. verlotiorum*** **(Kamtschatka-B.). Die Fiedern von A. vulgaris sind breiter (Abb. 281a). Es gibt auch Individuen mit schmalen Fiedern (b), doch haben auch diese fast immer 1-3 Zähne, während die von** ***A. verlotiorum*** **höchstens 1 Zahn haben (Abb. 282). – Frische Pflanzen unterscheidet man am schnellsten mittels des aromatischen Geruchs des Letzteren nach Kampfer und Kamille.**

Abb. 282

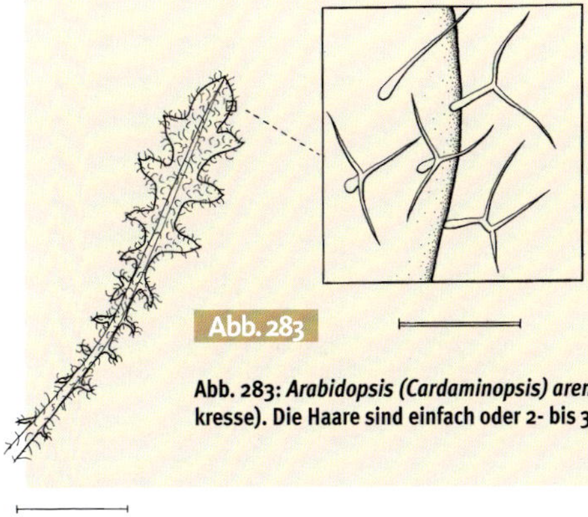

Abb. 283

Abb. 283: ***Arabidopsis (Cardaminopsis) arenosa*** **(Sand-Schaumkresse). Die Haare sind einfach oder 2- bis 3-strahlig.**

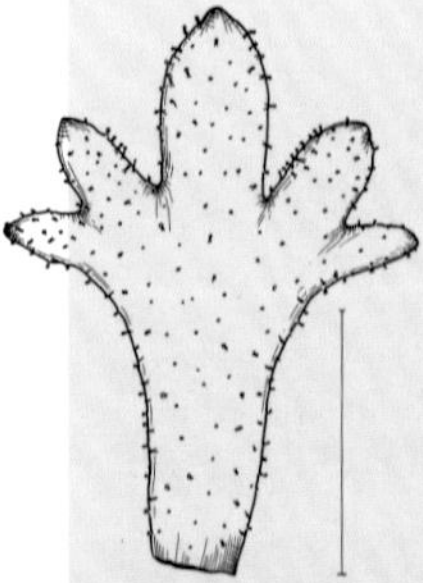

Abb. 284a

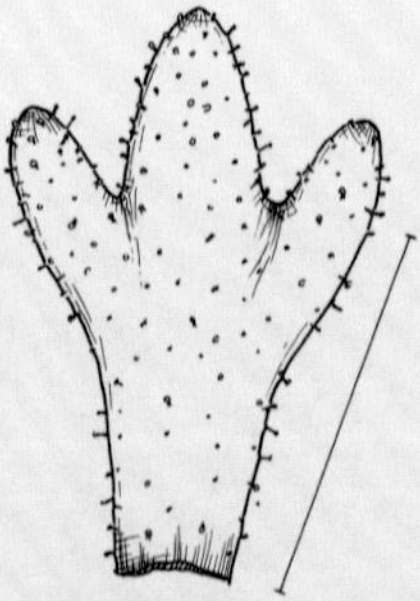

Abb. 284b

Abb. 284: ***Saxifraga tridactylites*** **(Dreifinger-Steinbrech). a: Folgeblatt; b: Hochblatt. Bei Kümmerformen sind oft alle Blätter 3-zipfelig (Name!).**

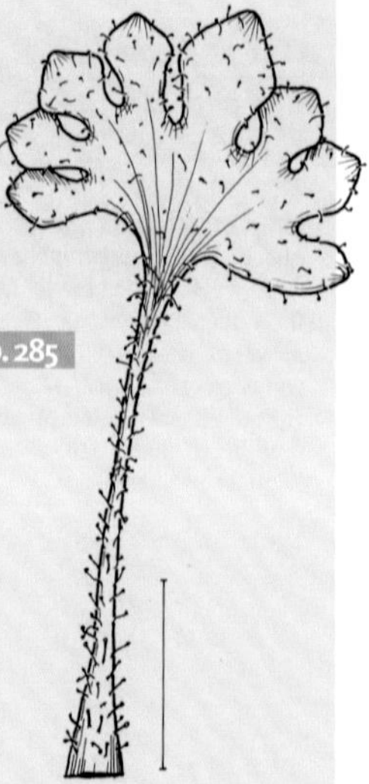

Abb. 285

Abb. 285: ***Saxifraga granulata*** **(Knöllchen-Steinbrech).**

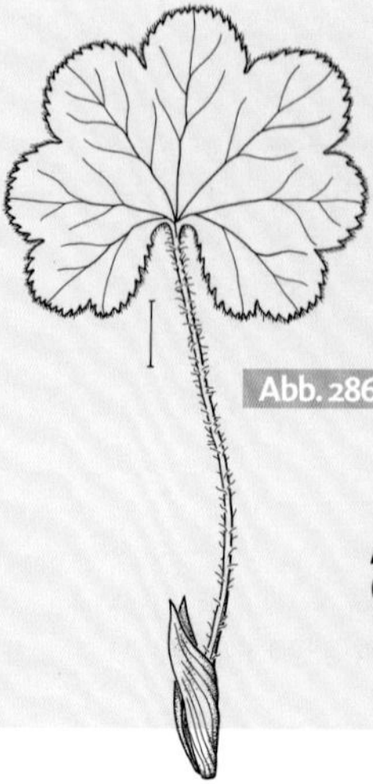

Abb. 286

Abb. 286: ***Alchemilla vulgaris*** **agg. (Artengruppe Gewöhnlicher Frauenmantel).**

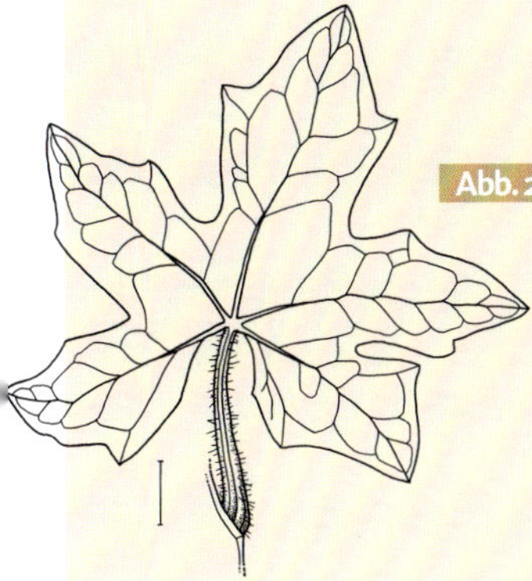

Abb. 287

Abb. 287: *Bryonia dioica* (Zweihäusige Zaunrübe). Laubblatt.

Abb. 288: *Malva sylvestris* (Wilde Malve). a: Blatt mit ± spitzen Blattlappen; b: Frucht mit grubigen Teilfrüchten.

Abb. 288a

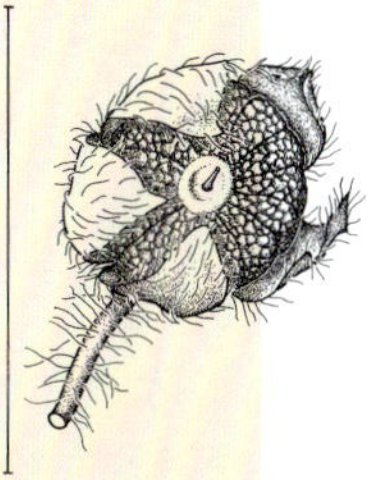

Abb. 288b

Abb. 289a

Abb. 289: *Malva neglecta* (Käsepappel). a: Blatt mit flach-gerundeten Blattlappen; b: Frucht mit glatten Teilfrüchten.

Abb. 289b

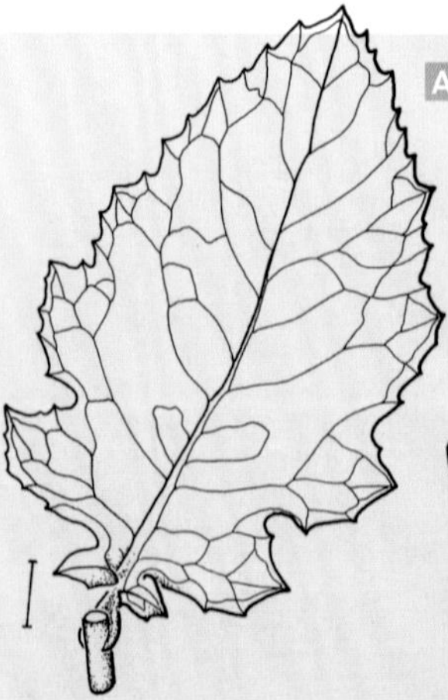

Abb. 290a

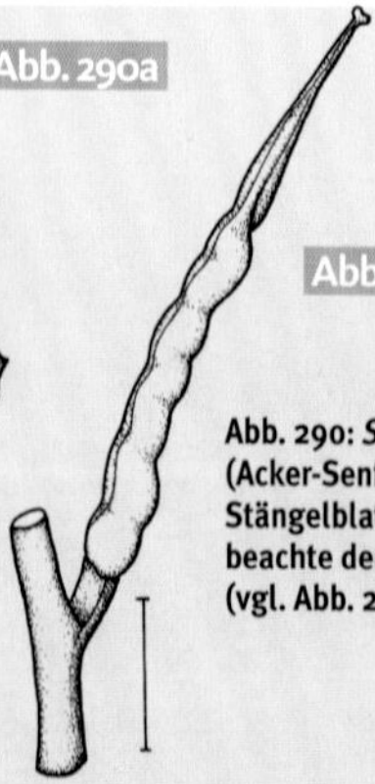

Abb. 290b

Abb. 290: *Sinapis arvensis* (Acker-Senf). a: unteres Stängelblatt, b: Frucht; beachte den Fruchtschnabel (vgl. Abb. 221).

Abb. 291: *Scorzoneroides (Leontodon) autumnalis* (Herbst-Löwenzahn). Rosettenblatt. Die Blätter sind gebuchtet (wie hier) oder fiederteilig und meist völlig kahl.

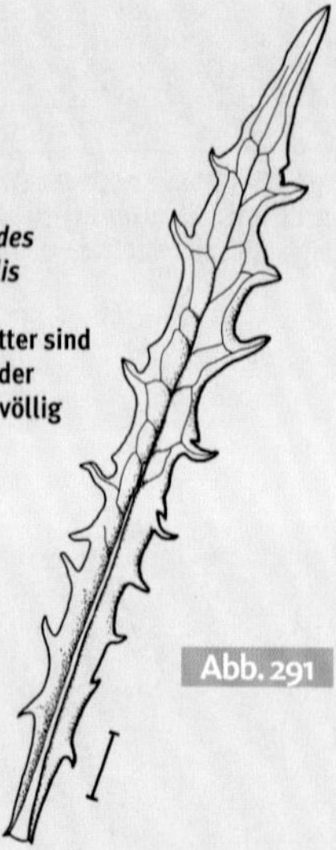

Abb. 291

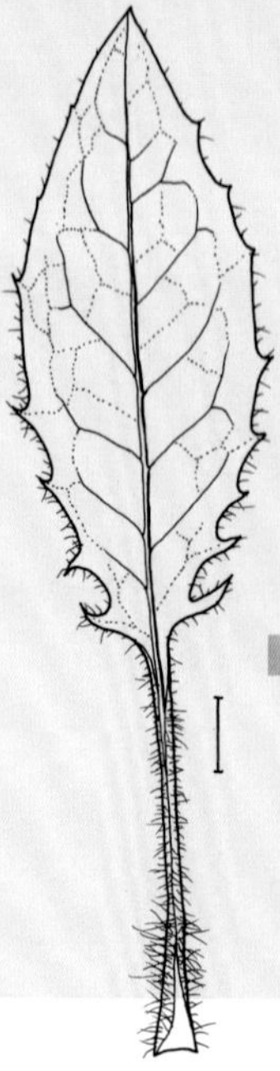

Abb. 292

Abb. 292: *Hieracium murorum (= sylvaticum)* (Wald-Habichtskraut). Der Spreitengrund ist auch stärker gestutzt, die 1–2 basalen Zähne auch zurückgerichtet. Der Blattrand ist zumeist bewimpert, die Blattunterseite häufig weinrot gefärbt. Vgl. auch das ähnliche Blatt von Abb. 100f.

Abb. 293

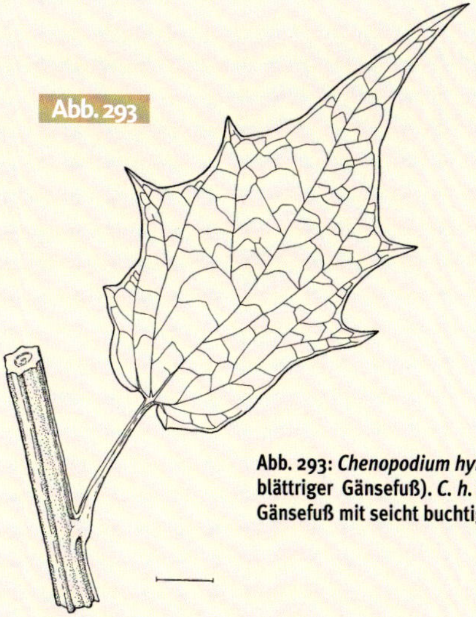

Abb. 293: ***Chenopodium hybridum*** **(Stechapfelblättriger Gänsefuß).** ***C. h.*** **ist der einzige Gänsefuß mit seicht buchtigem Spreitengrund.**

Abb. 294: ***Atriplex prostrata*** **(Spieß-Melde). Beachte die vergrößerten basalen Zähne. Blätter dieser Art gibt es bei** ***Atriplex*** **häufig.**

Abb. 294

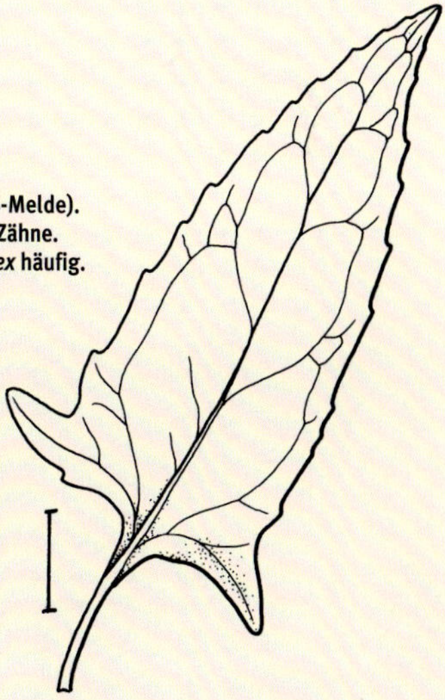

Abb. 295: *Caltha palustris* (Sumpf-Dotterblume). Der Blattgrund – hier nicht wiedergegeben – ist scheidig erweitert.

Abb. 295

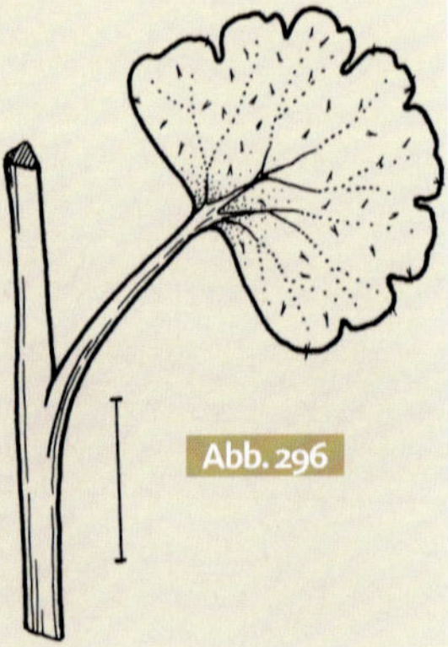

Abb. 296

Abb. 296: *Chrysosplenium alternifolium* (Wechselblättriges Milzkraut). Die Blätter sitzen zerstreut am 3-kantigen Stängel. Der Spreitengrund kann gestutzt (wie hier) oder herzförmig sein (vgl. Abb. 316, *C. oppositifolium*).

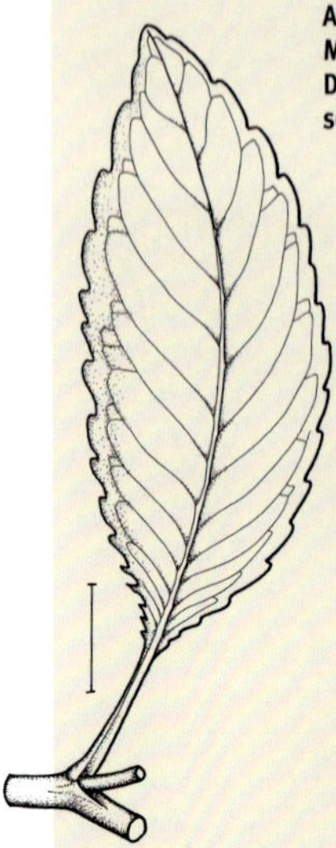

Abb. 297: *Impatiens noli-tangere* (Rührmichnichtan). Blattrand stumpf gezähnt.

Abb. 297

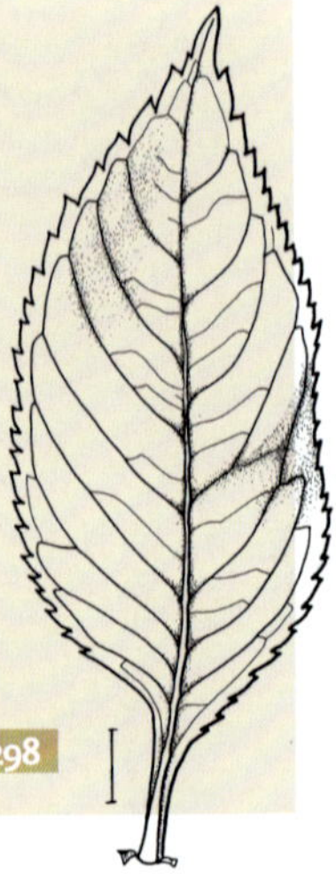

Abb. 298: *Impatiens parviflora* (Kleinblütiges Springkraut). Blattrand gesägt. Am Blattgrund 2 „Drüsen" (vgl. Abb. 319, *I. glandulifera*).

Abb. 298

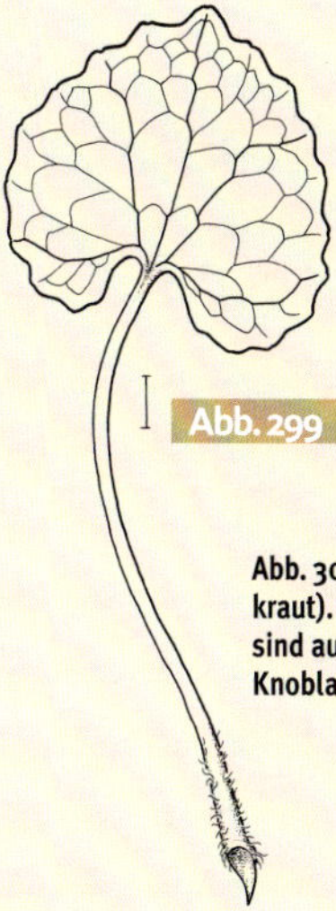

Abb. 299

Abb. 299: *Alliaria petiolata* (Knoblauchsrauke). Rosettenblatt.

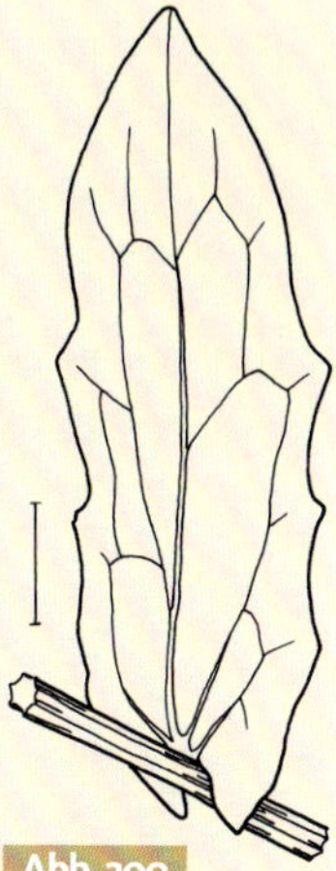

Abb. 300

Abb. 300: *Thlaspi arvense* (Acker-Hellerkraut). Stängelblatt. Typisch für die Art sind auch der kantige Stängel und der Knoblauchgeruch zerriebener Blätter.

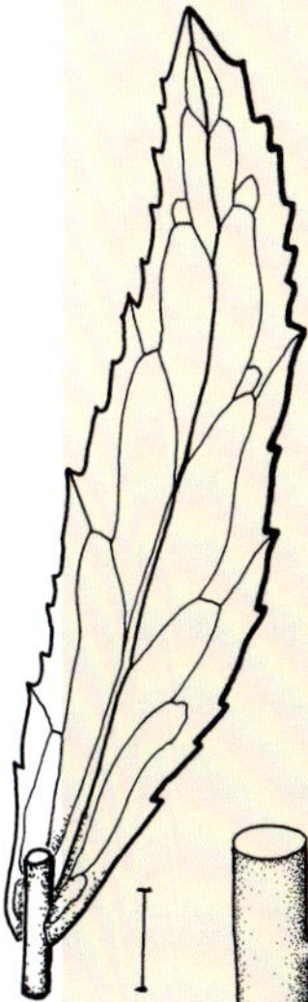

Abb. 301a

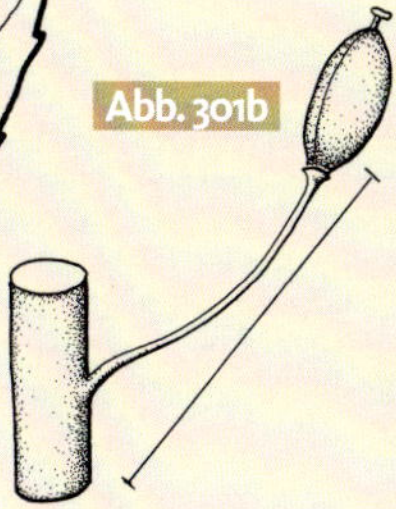

Abb. 301b

Abb. 301: *Rorippa amphibia* (Wasser-Sumpfkresse. a: Stängelblatt; b: Frucht.

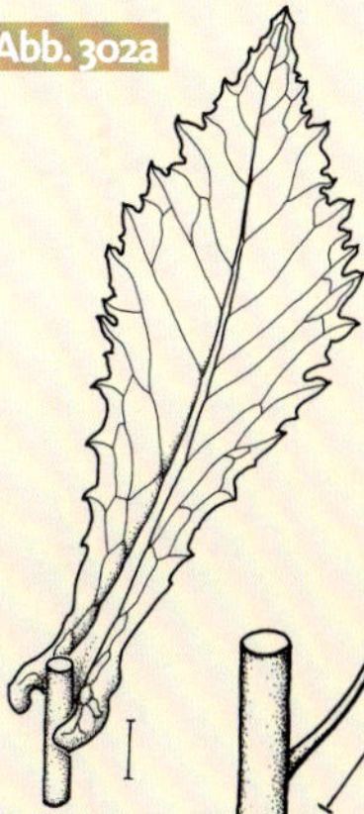

Abb. 302a

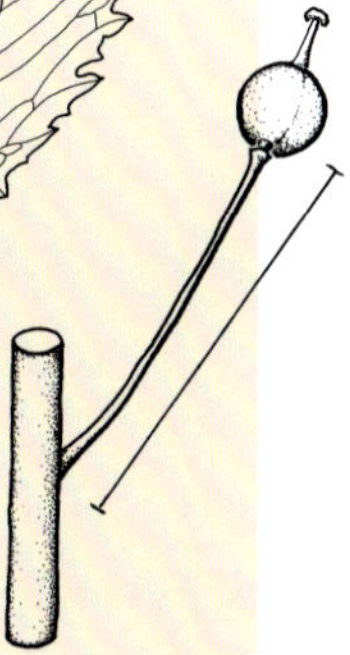

Abb. 302b

Abb. 302: *Rorippa austriaca* (Österreichische Sumpfkresse). a: Stängelblatt; b: Frucht.

Abb. 303: ***Vaccinium myrtillus*** **(Heidelbeere). Blätter sommergrün und mit gesägtem Rand (vgl. Abb. 345,** ***V. vitis-idaea*****).**

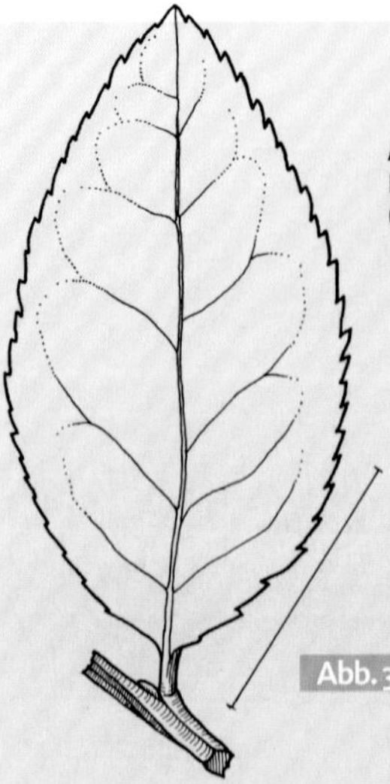

Abb. 303

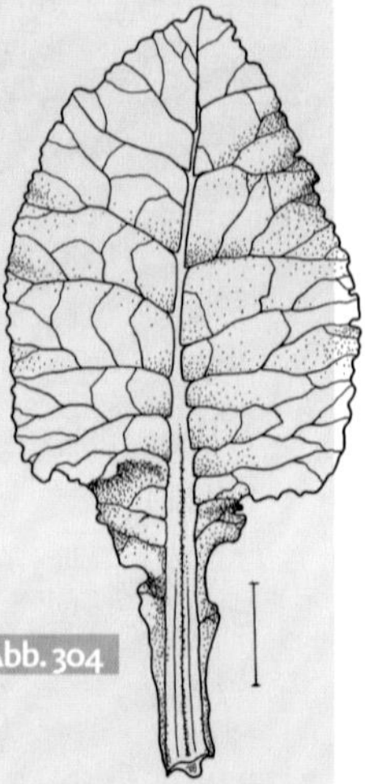

Abb. 304

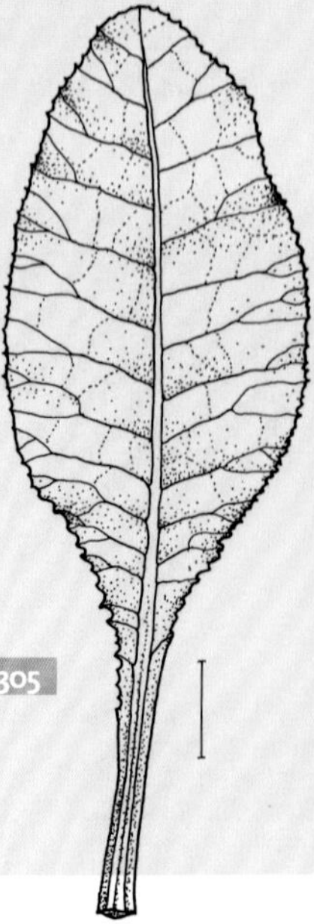

Abb. 305

Abb. 304: ***Primula veris*** **(Echte Schlüsselblume) & Abb. 305:** ***P. elatior*** **(Hohe Sch.).** ***P. v.*** **hat meist sehr plötzlich,** ***P. e.*** **meist allmählich in den Stiel verschmälerte Blätter. Das Merkmal ist nicht zuverlässig, das Indument ist bei der formenreichen** ***P. v.*** **variabel.**

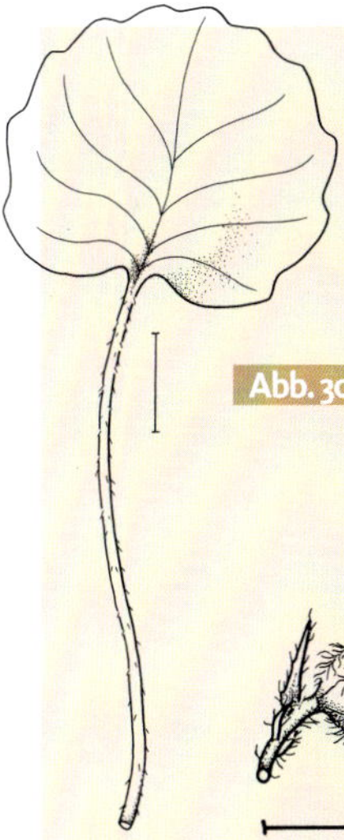

Abb. 306

Abb. 306: ***Soldanella montana*** **(Berg-Troddelblume). Beachte Blattrand und die Drüsenhaare am Blattstiel;** ***S. alpina*** **(Abb. 346) hat am Blattstiel sitzende Drüsen.**

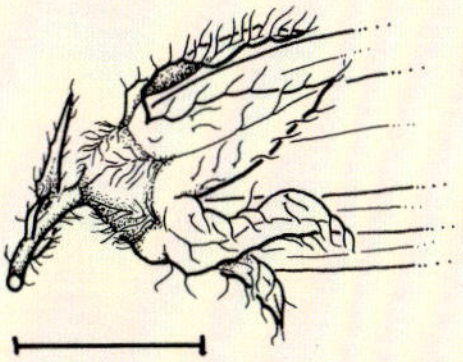

Abb. 307a

Abb. 307b

Abb. 307: ***Campanula trachelium*** **(Nesselblättrige Glockenblume). a: Stängelblatt; b: Kelch, Zipfel der Krone anliegend. Stängel scharfkantig. Ganze Pflanze steifhaarig**

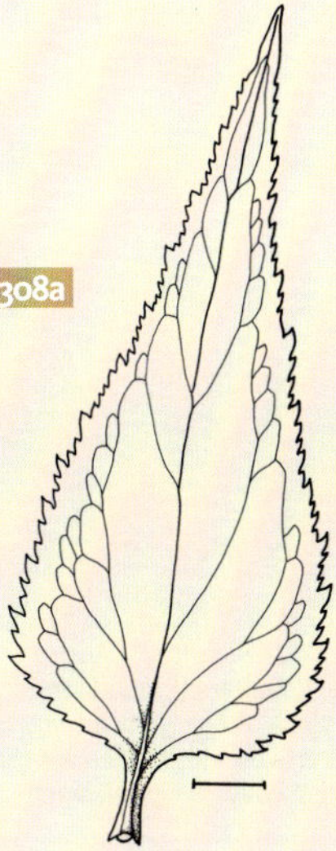

Abb. 308a

Abb. 308: ***Campanula rapunculoides*** **(Acker-Glockenblume). a: Stängelblatt; b: Kelch, Zipfel abstehend. Stängel stumpfkantig. Pflanze zerstreut kurz behaart.**

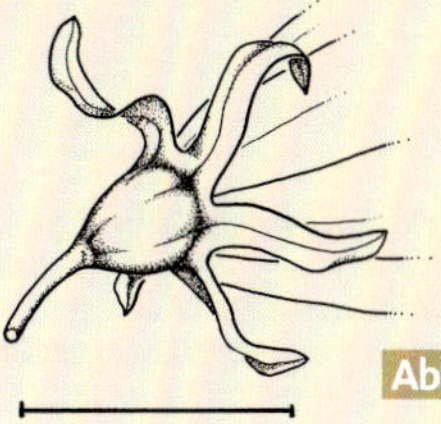

Abb. 308b

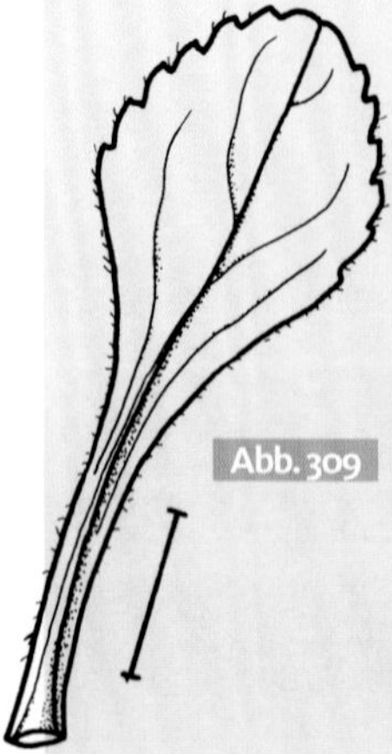

Abb. 309: ***Bellis perennis*** **(Gänseblümchen).**

Abb. 309

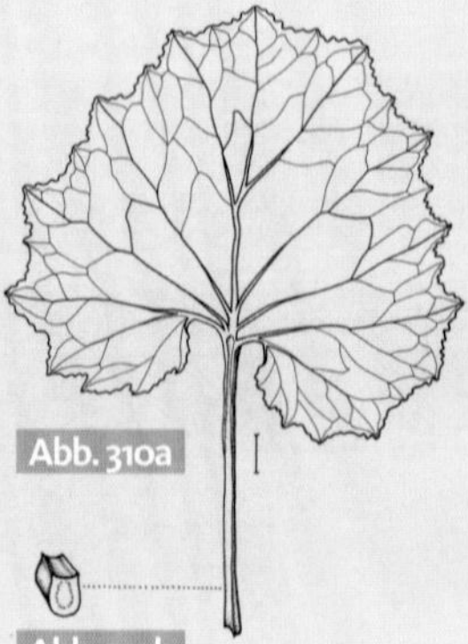

Abb. 310a

Abb. 310b

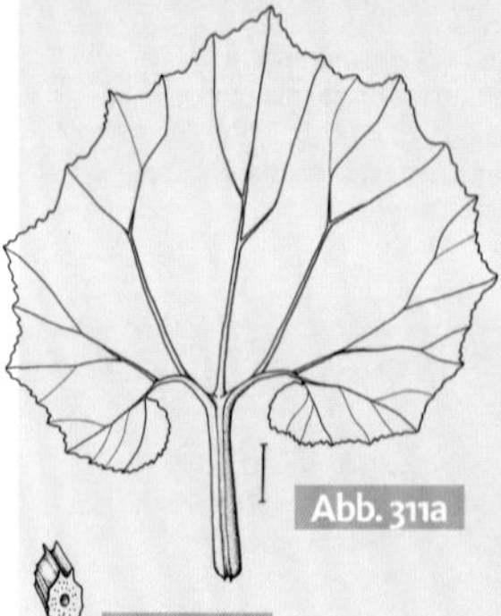

Abb. 311a

Abb. 311b

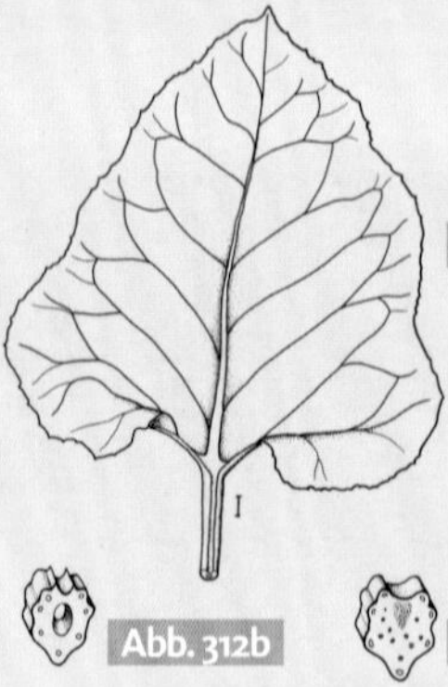

Abb. 312a

Abb. 312b

Abb. 312c

Abb. 310: ***Tussilago farfara*** **(Huflattich), Abb. 311:** ***Petasites hybridus*** **(Gemeine Pestwurz), Abb. 312a–b:** ***Arctium minus*** **(Kleine Klette) & Abb. 312c:** ***A. lappa*** **(Große K.). a: Spreite; b, c: Blattstiel quer. – Von** ***P. h.*** **ist ein sehr kleines Blatt abgebildet, weil bei „normal großen" Blättern ohnehin keine Verwechslungsgefahr mit** ***Tussilago*** **besteht (vgl. Schlüssel 18).**

Abb. 313

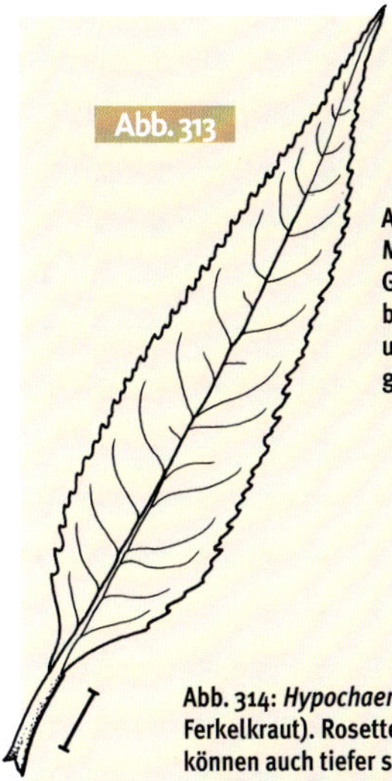

Abb. 313: *Senecio ovatus* (Fuchs-Greiskraut). Mittleres Stängelblatt. – Die Art hat im Gegensatz zu den ähnlichen, ebenfalls Wälder bewohnenden Arten *S. hercynicus* (Harzer G.) und *S. nemorensis* (Deutsches G.) meist deutlich gestielte Stängelblätter.

Abb. 314

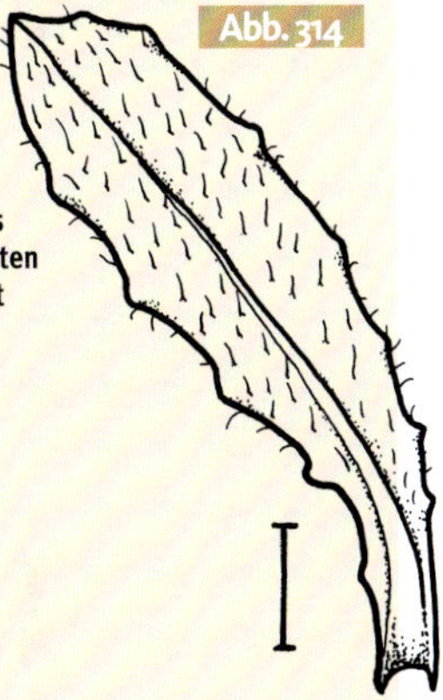

Abb. 314: *Hypochaeris radicata* (Gemeines Ferkelkraut). Rosettenblatt. Die Blattbuchten können auch tiefer sein, die Spreite ist mit borstigen, aber unverzweigten Haaren besetzt. – Die Stängelblätter sind alle schuppenförmig.

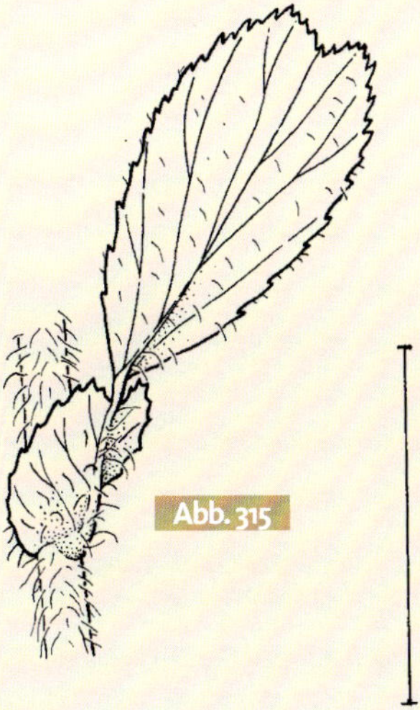

Abb. 315

Abb. 315: *Ononis spinosa ssp. maritimus (= O. repens)* (Kriechender Hauhechel). Die im Grundsatz 3-zähligen Blätter sind vielfach auf die Endfieder reduziert. Die adnaten Stipeln sind wohlentwickelt.

Abb. 316

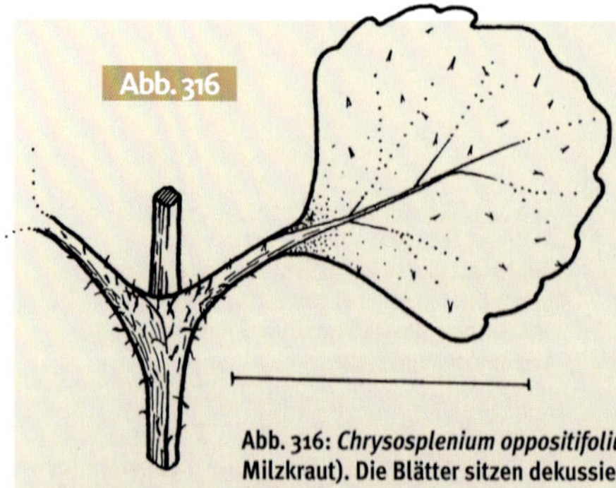

Abb. 316: *Chrysosplenium oppositifolium* (Gegenblättriges Milzkraut). Die Blätter sitzen dekussiert am 4-kantigen Stängel (vgl. Abb. 296, *C. alternifolium*).

Abb. 317: *Circaea lutetiana* (Gewöhnliches Hexenkraut). Bei den beiden seltenen anderen Arten ist der Spreitengrund herzförmig.

Abb. 317

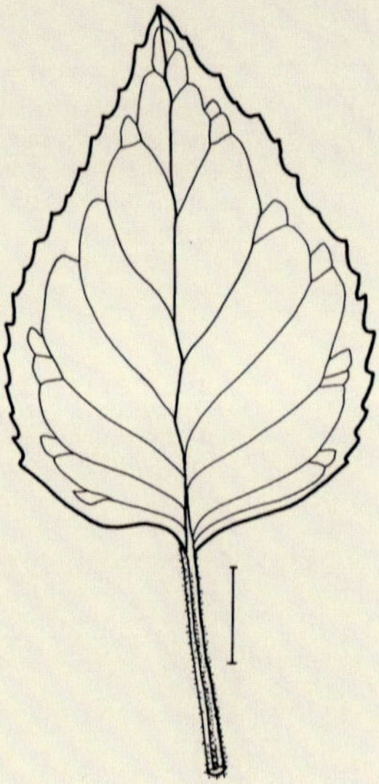

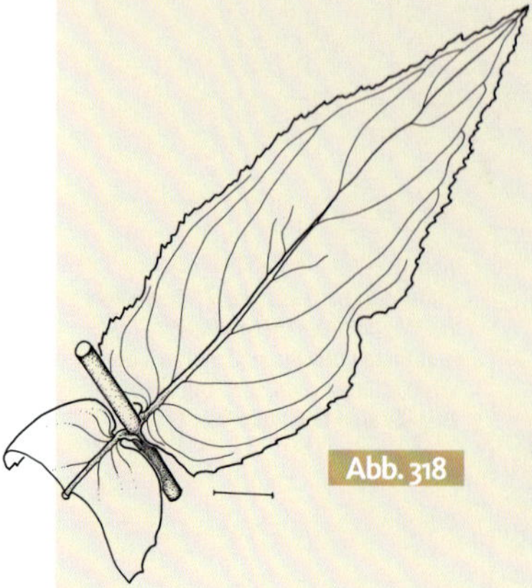

Abb. 318

Abb. 318: *Epilobium montanum* (Berg-Weidenröschen).

Abb. 319

Abb. 319: ***Impatiens glandulifera*** **(Drüsiges Springkraut). Blätter zu zweit (wie hier) oder zu dritt. An der Spreitenbasis, am Blattstiel wie auch am Blattgrund zumeist drüsenartige Zipfel. Letztere können auch bei den anderen beiden Arten auftreten (vgl. Abb. 297, 298).**

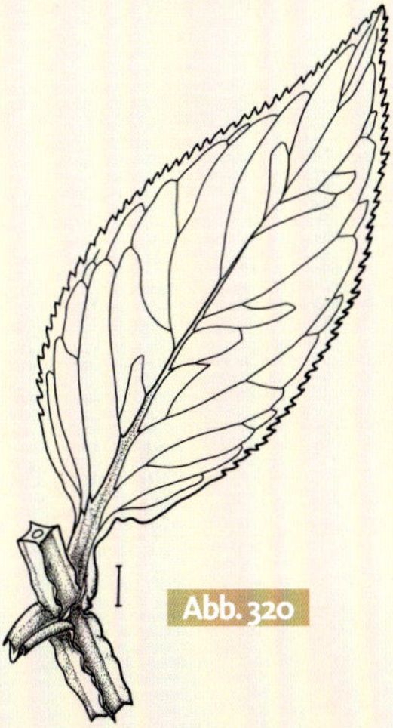

Abb. 320

Abb. 321

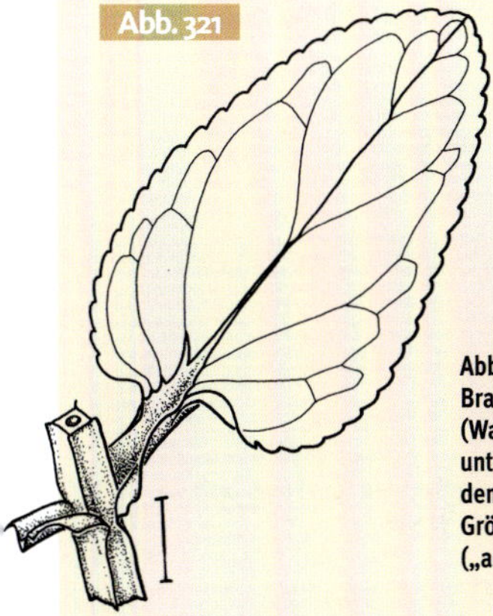

Abb. 320: ***Scrophularia umbrosa*** **(Geflügelte Braunwurz) & Abb. 321:** ***S. auriculata*** **(Wasser-Braunwurz).** ***S. u.*** **und** ***S. a.*** **unterscheiden sich u. a. in der Randzähnung, dem Spreitengrund und in der absoluten Größe. Die namensgebenden Öhrchen („auriculata“) bei** ***S. a.*** **fehlen häufig!**

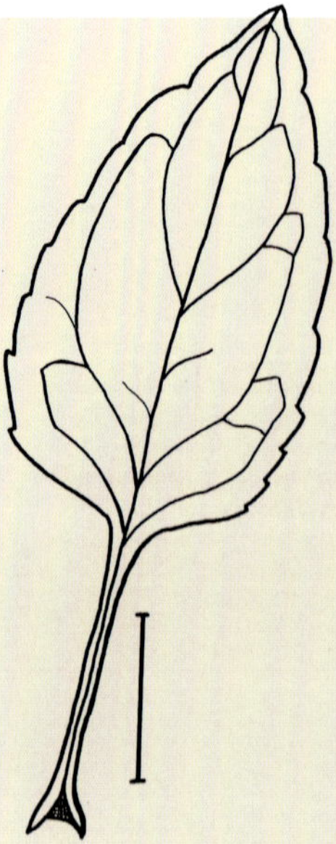

Abb. 322

Abb. 322: *Prunella vulgaris* (Gemeine Braunelle). Rosettenblatt (meist 1,5- bis 2,5-mal so lang wie breit; vgl. *Valeriana dioica*, Abb. 393a) Die Blätter können auch ganzrandig sein.

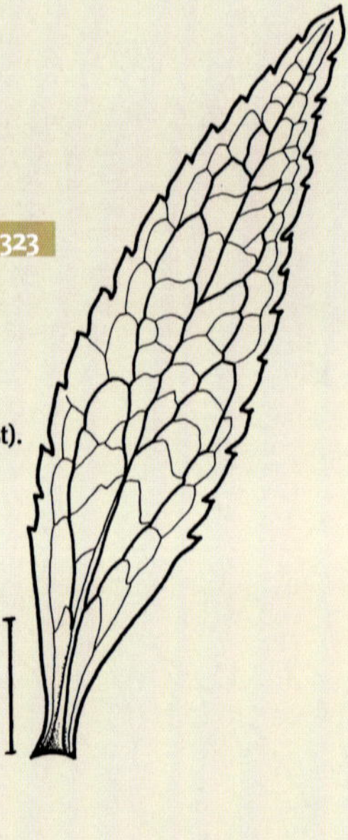

Abb. 323

Abb. 323: *Stachys recta* (Aufrechter Ziest). Beachte die stark runzelige Nervatur.

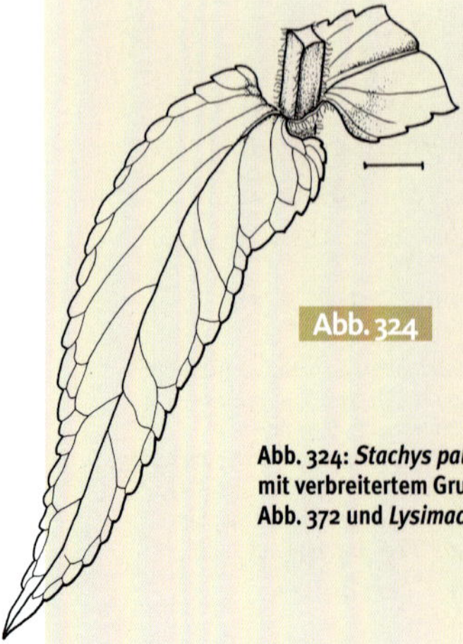

Abb. 324

Abb. 324: *Stachys palustris* (Sumpf-Ziest). Blatt kurz gestielt, mit verbreitertem Grund und gekerbtem Rand (vgl. *Lythrum*, Abb. 372 und *Lysimachia*, Abb. 373).

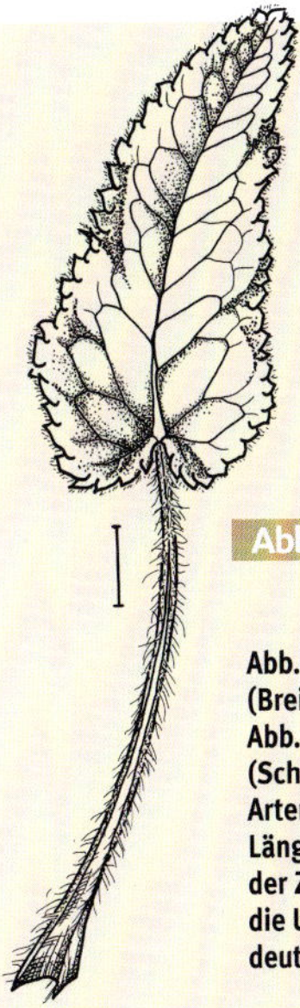

Abb. 325

Abb. 325: *Stachys (= Betonica) officinalis* (Echter Ziest). Grundblatt.

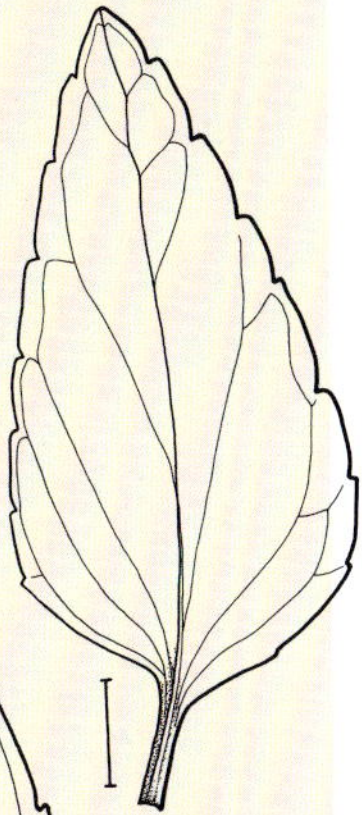

Abb. 326

Abb. 327

Abb. 326: *Galeopsis ladanum* (Breitblättriger Hohlzahn) & Abb. 327: *G. angustifolia* (Schmalblättriger H.). Die beiden Arten unterscheiden sich im Längen/Breiten-Verhältnis und in der Zahl der Randzähne, doch sind die Unterschiede nicht immer so deutlich wie hier dargestellt.

Abb. 328

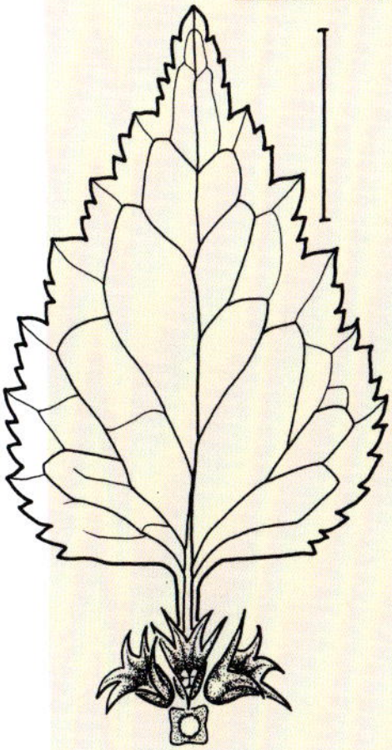

Abb. 329

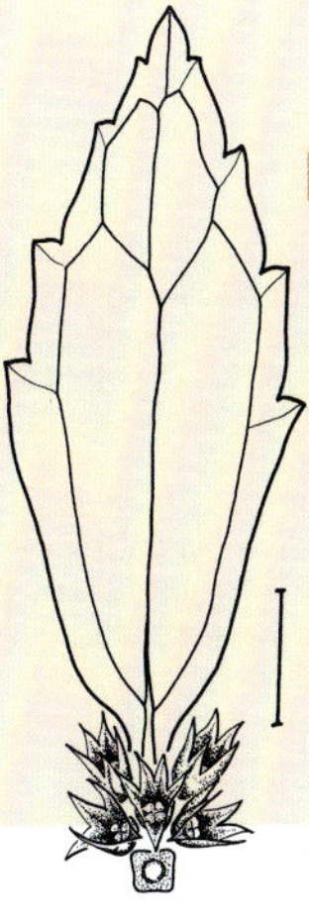

Abb. 328: *Lamium galeobdolon* (Goldnessel) ssp. galeobdolon & Abb. 329: *L. g.* ssp. *montanum*. Vgl. die Form der Tragblätter und die Zahl der Blüten pro Halb„quirl". Bei ssp. *g.* ist zudem an der Stängelbasis hauptsächlich an den Kanten, bei ssp. *m.* ± ringsum behaart.

Abb. 330

Abb. 330: *Lycopus europaeus* (Gemeiner Wolfstrapp). Unteres Stängelblatt; die oberen sind weniger tief eingeschnitten.

Abb. 331

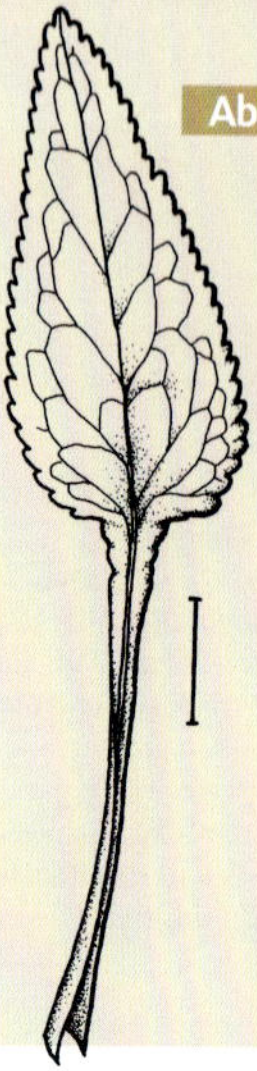

Abb. 332

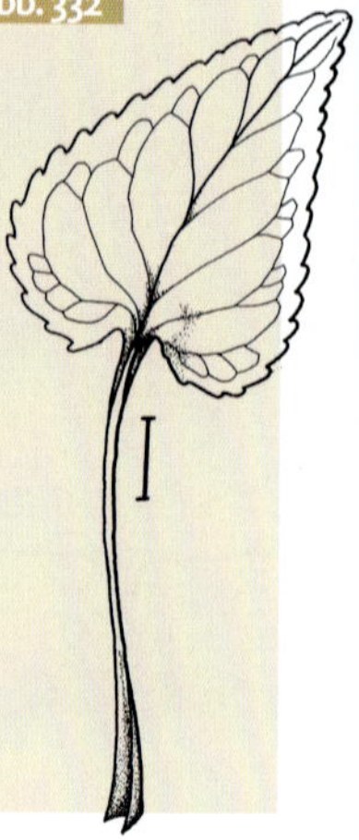

Abb. 331: *Phyteuma nigrum* (Schwarze Teufelskralle) & Abb. 332: *Ph. spicatum* (Ährige T.). Die Spreite des unteren Stängelblattes von *Ph. n.* ist ca. 2-mal so lang wie breit, der Spreitengrund ist meist (!) gestutzt oder abgerundet. Die entsprechende Spreite bei *Ph. sp.* ist so lang wie oder nur wenig länger als breit, mit herzförmigem Spreitengrund und häufig schwarz gefleckt. Diese Merkmale sind nicht immer zuverlässig. Die oberen Stängelblätter sind bei beiden Arten lanzettlich und ungestielt.

Abb. 333

Abb. 334

Abb. 333: *Galinsoga parviflora* (Kleinblütiges Knopfkraut) & Abb. 334: *G. ciliata* (Behaartes K.). Beachte bei *G. c.* den abstehend und z.T. drüsig behaarten Stängel sowie die sehr viel gröberen (großenteils > 2 mm langen) Randzähne. Die Spreite von *G. p.* ist zudem wenigstens oberseits kahl.

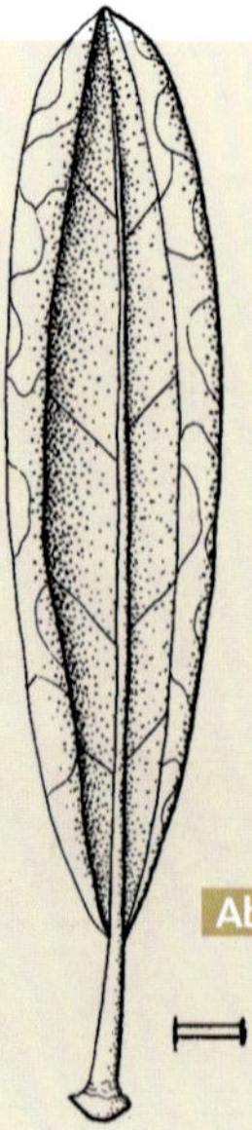

Abb. 335a

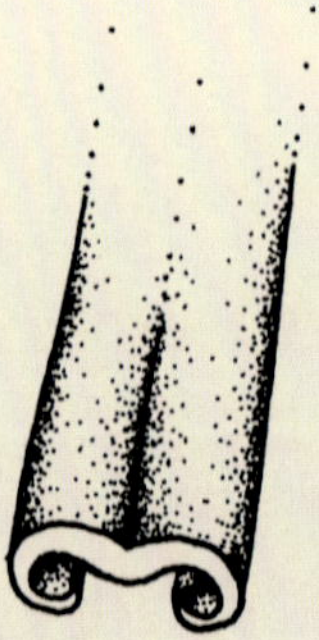

Abb. 335b

Abb. 335: *Andromeda polifolia* (Rosmarinheide). Ericoides Rollblatt von unten (a) und halbiert (b). Von der Blattunterseite ist noch relativ viel zu sehen (vgl. dagegen die folgenden Abb.).

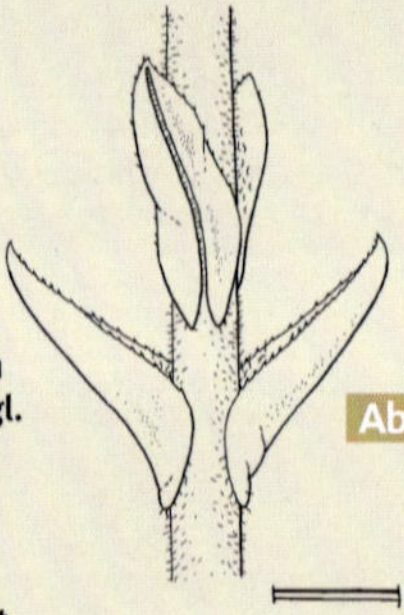

Abb. 336a

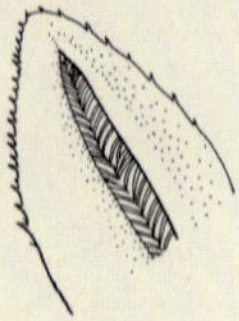

Abb. 336b

Abb. 336: *Calluna vulgaris* (Heidekraut). Die gespornten Blätter stehen dekussiert (vgl. 3.2.1.7). Dass es sich um Rollblätter handelt (b: die Haare des Blattrandes versperren die Sicht auf die Unterseite), erkennt man erst bei näherem Hinsehen.

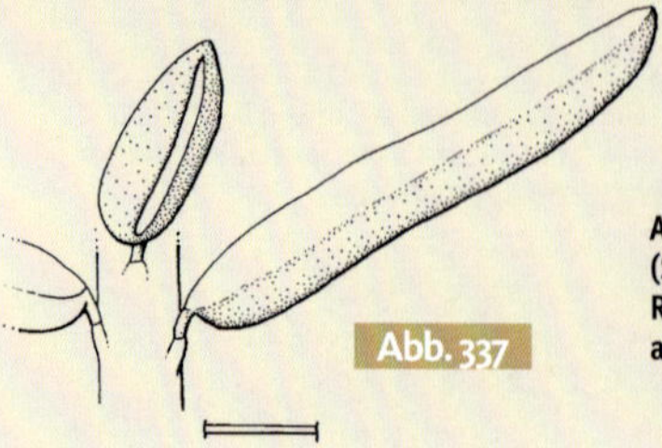

Abb. 337

Abb. 337: *Empetrum nigrum* (Schwarze Krähenbeere). Die Rollblätter sind wechselständig, aber zuweilen quirlig genähert.

Abb. 338a

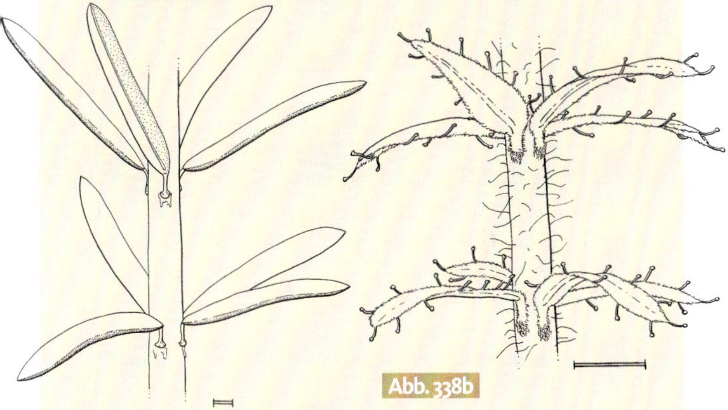

Abb. 338b

Abb. 338: *Erica carnea* (Schnee-Heide; a) & *E. tetralix* (Glocken-H.; b). Beide Arten haben Rollblätter in 4-zähligen Quirlen; beachte die „Rinne“ auf der Blattunterseite und die kurze Verwachsung von Blattgrund und Stängel.

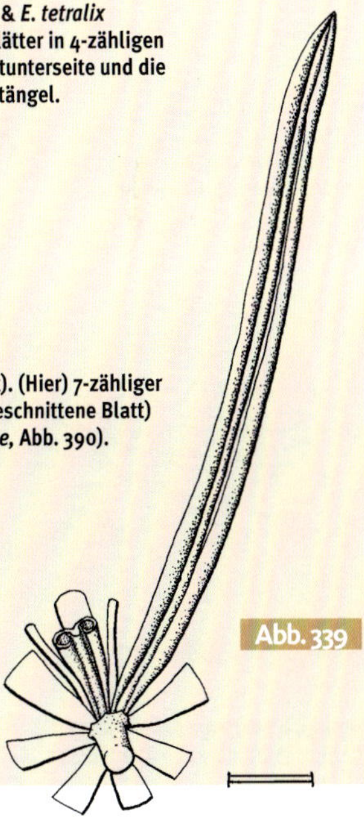

Abb. 339

Abb. 339: *Galium verum* (Echtes Labkraut). (Hier) 7-zähliger „Wirtel“ mit Rollblättern (vgl. das quergeschnittene Blatt) (vgl. auch Kap. 2.1.2.2 und *Galium aparine*, Abb. 390).

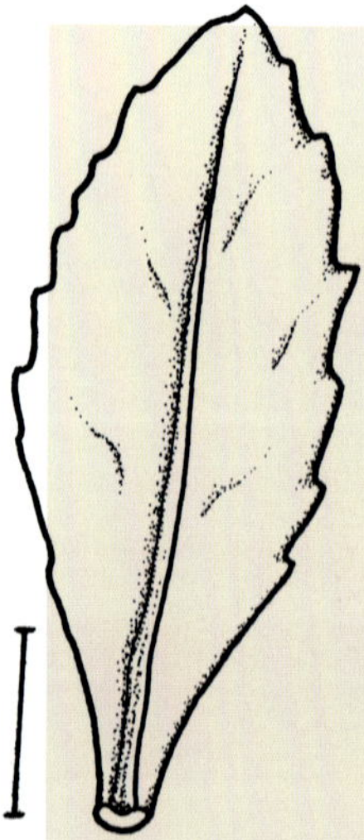

Abb. 340

Abb. 340: *Hylotelephium (Sedum) telephium* s.str. (Rote Fetthenne).

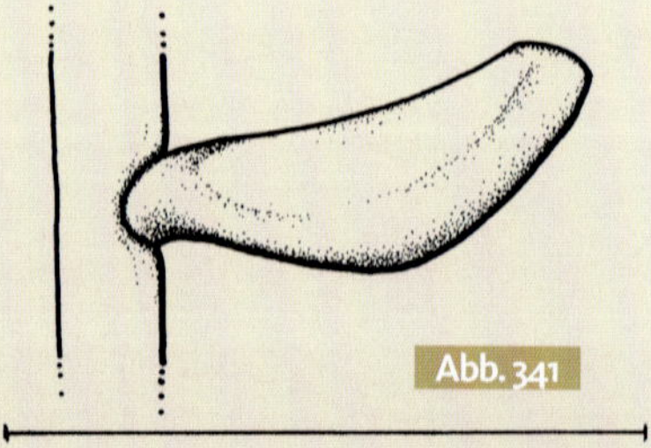

Abb. 341

Abb. 341: *Sedum album* (Weiße Fetthenne) & Abb. 342: *S. sexangulare* (Milder Mauerpfeffer). Ungesporntes bzw. gesporntes Sukkulentenblatt.

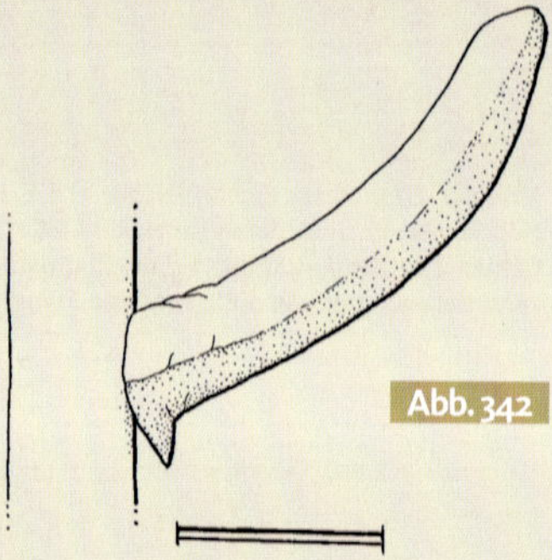

Abb. 342

Abb. 343a

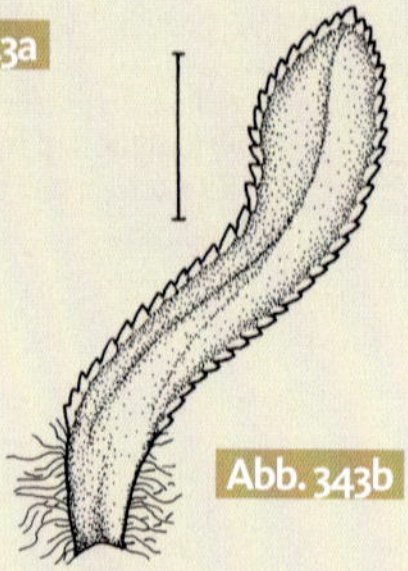

Abb. 343b

Abb. 343: *Saxifraga paniculata* (Trauben-Steinbrech). a: Grundblattrosette; b: Einzelblatt daraus mit randlichen „Kalkdrüsen".

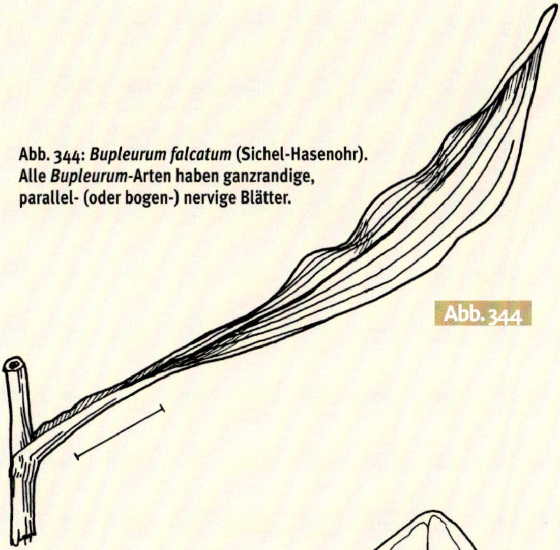

Abb. 344

Abb. 344: ***Bupleurum falcatum*** **(Sichel-Hasenohr). Alle *Bupleurum*-Arten haben ganzrandige, parallel- (oder bogen-) nervige Blätter.**

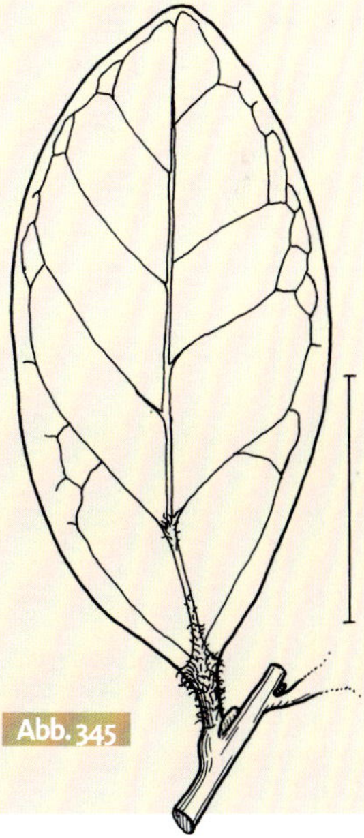

Abb. 345

Abb. 345: ***Vaccinium vitis-idaea*** **(Preiselbeere). Blätter wintergrün, mit glattem Rand und unterseits kleinen Punkten (vgl. Abb. 303, *V. myrtillus*).**

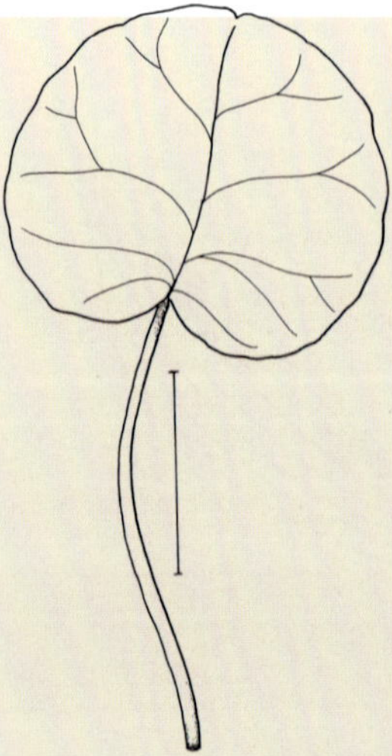

Abb. 346

Abb. 346: ***Soldanella alpina*** **(Alpen-Troddelblume). Vgl.** ***S. montana*****, Abb. 306.**

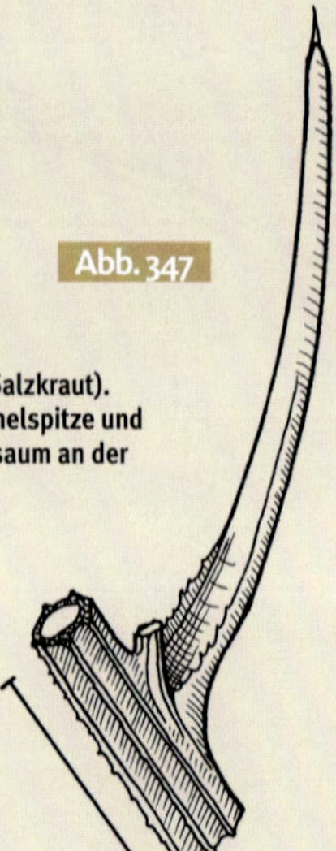

Abb. 347

Abb. 347: ***Salsola kali*** **(Kali-Salzkraut). Beachte die (gelbliche) Stachelspitze und den (hier gezähnelten) Hautsaum an der Basis.**

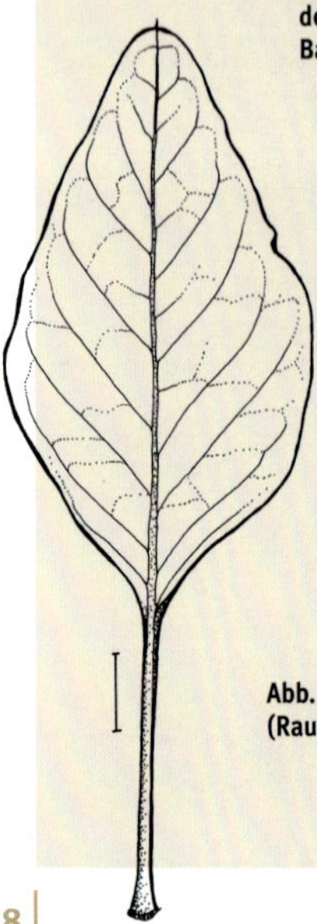

Abb. 348

Abb. 348: ***Amaranthus retroflexus*** **(Rauhhaariger Fuchsschwanz).**

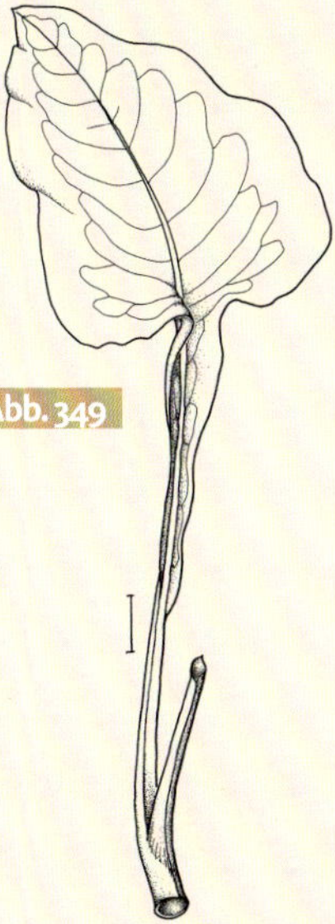

Abb. 349

Abb. 349: ***Polygonum bistorta*** **(Schlangen-Knöterich). Beachte den geflügelten Blattstiel. Basal die lang ausgezogene Ochrea.**

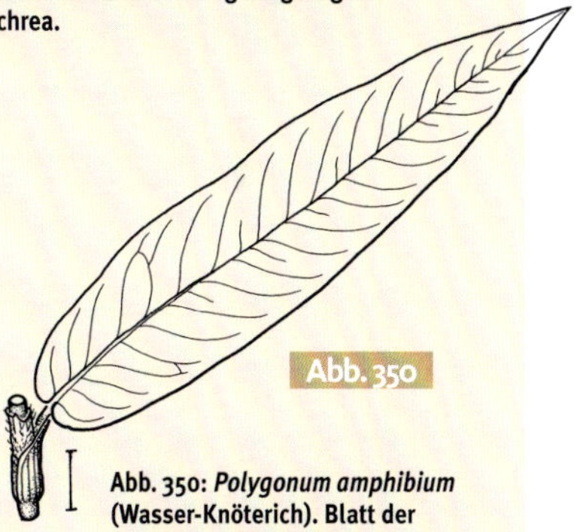

Abb. 350

Abb. 350: ***Polygonum amphibium*** **(Wasser-Knöterich). Blatt der Landform. Der Spreitengrund ist bei dieser Art abgerundet bis herzförmig, nicht verschmälert. – Die Blätter der Wasserform sind im Umriss ähnlich, aber kahl und bis 10 cm gestielt.**

Abb. 351

Abb. 351: ***Polygonum lapathifolium*** **(Ampfer-Knöterich). Die Art ist sehr formenreich.**

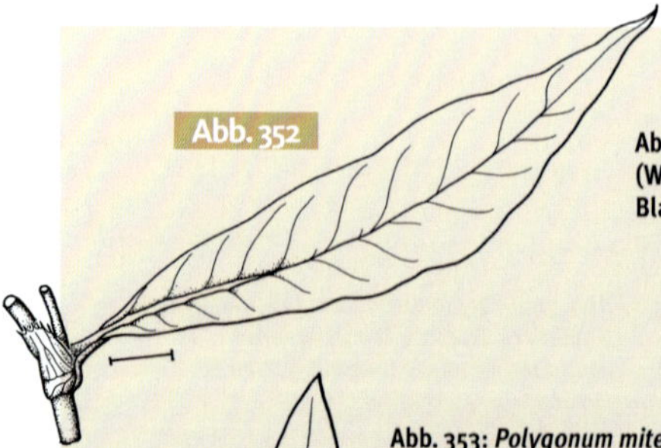

Abb. 352

Abb. 352: ***Polygonum hydropiper*** **(Wasserpfeffer). Das (frische) Blatt schmeckt scharf.**

Abb. 353

Abb. 353: ***Polygonum mite*** **(Milder Knöterich) & Abb. 354:** ***P. minus*** **(Kleiner K.). unterscheiden sich vegetativ vor allem im Längen/ Breiten-Verhältnis der Spreite. Beachte auch die ± parallelen Blattränder bei** ***P. minus.*** **– Diese Merkmale sind nicht immer zuverlässig, weil es auch relativ breitblättrige Populationen von** ***P. minus*** **gibt, die man für** ***P. mite*** **halten könnte.**

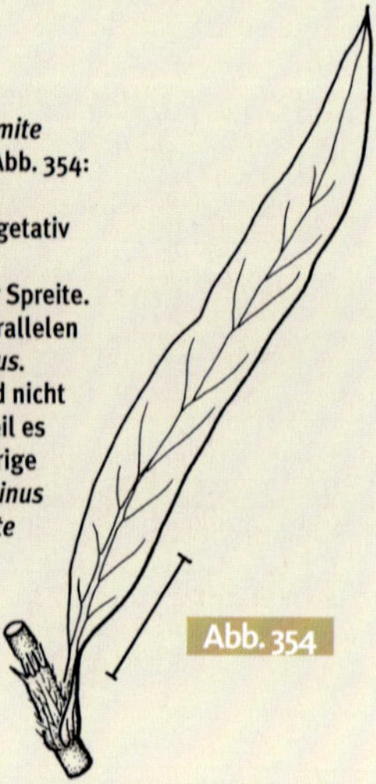

Abb. 354

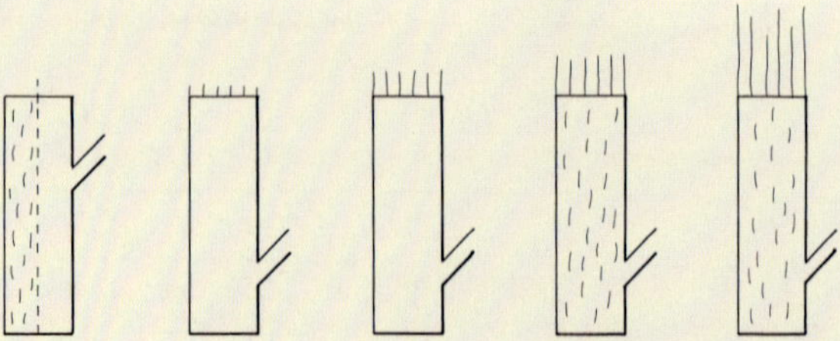

Abb. 355a Abb. 355b Abb. 355c Abb. 355d Abb. 355e

Abb. 355: ***Polygonum*****-Arten, Ochrea (halbschematisch). a:** ***P. amphibium*** **(kahl oder behaart; meist keine Borsten am oberen Rand der Ochrea; der Blattstiel kann auch in der Mitte der Ochrea ansitzen; einzige Mehrjährige der hier genannten Arten); b:** ***P. lapathifolium*** **(Borsten < 1 mm oder fehlend); c:** ***P. hydropiper*** **(Borsten ca. 1, selten bis 2 mm); d: P. persicaria (Bosten ca. 2 mm, selten kürzer); e:** ***P. mite &*** ***P. minus*** **(Borsten bis 6 mm). Bei** ***P. lapathifolium*** **und** ***P. hydro*****piper ist die Ochrea meist kahl, bei den drei Letztgenannten fast immer behaart.**

Abb. 356

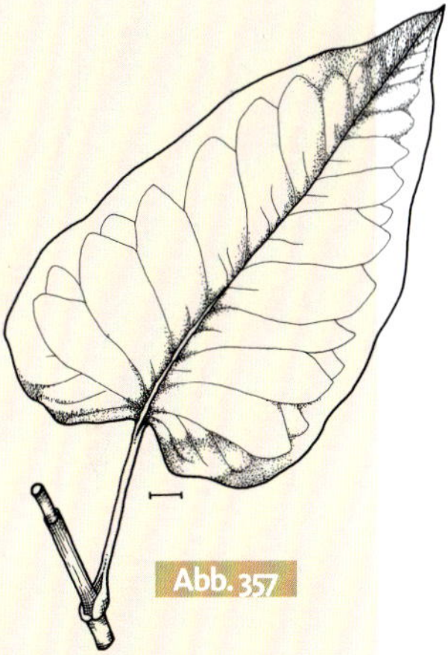

Abb. 357

Abb. 356: *Fallopia (Reynoutria) japonica* (Japanischer Staudenknöterich) & Abb. 357: *F. (R.) sachalinensis* (Sachalin-St.). unterscheiden sich am Spreitengrund, an der Spreitenspitze (sie ist bei *F. j.* meist etwas ausgezogen) und in der absoluten Größe ihrer Blätter (*F. j.*: bis 20, *F. s.*: meist › 20 cm).

Abb. 358

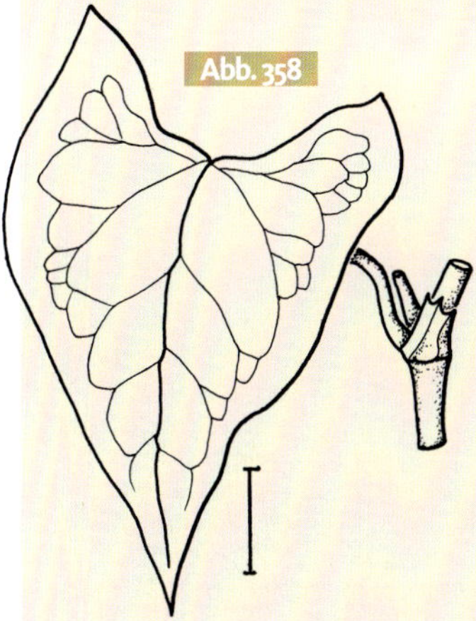

Abb. 358: *Fallopia convolvulus* (Gewöhnlicher Windenknöterich). Das Blatt ähnelt dem von *Calystegia* (Abb. 359), lässt aber die Ochrea erkennen. Der Stängel ist körnig-rau. Ähnliche Blätter hat auch *F. dumetorum* (Hecken-W.) mit ± glattem Stängel.

Abb. 359

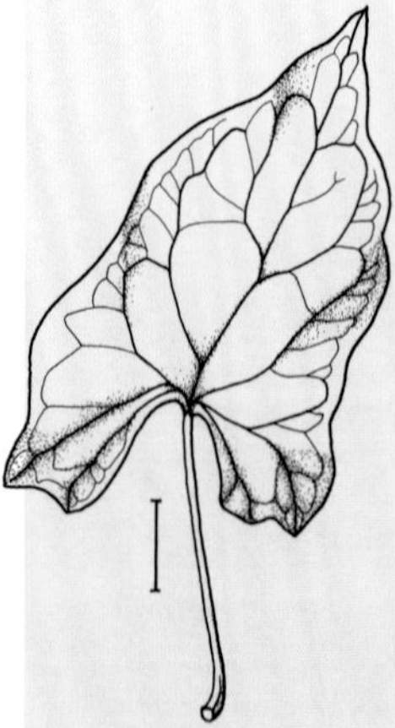

Abb. 359: ***Calystegia sepium*** **(Gemeine Zaunwinde). Vgl. auch *Fallopia convolvulus* (Abb. 358).**

Abb. 360

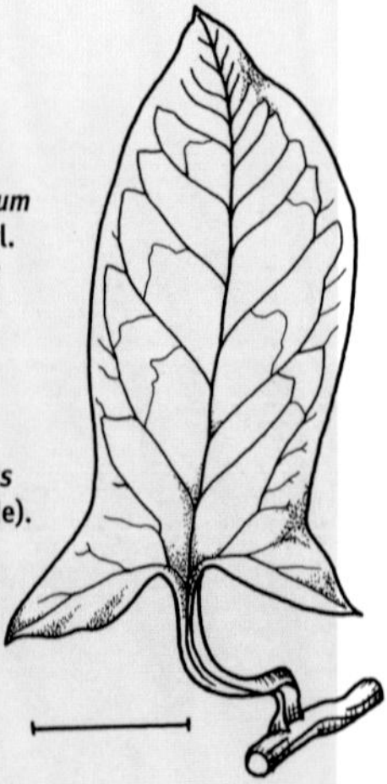

Abb. 360: ***Convolvulus arvensis*** **(Acker-Winde).**

Abb. 361

Abb. 361: ***Rumex acetosa*** **(Großer Sauer-Ampfer). An der Basis die Reste der Ochrea. – Ähnliche, aber schmalere Blätter hat *R. thyrsiflorus* (Rispen-Ampfer).**

Abb. 362

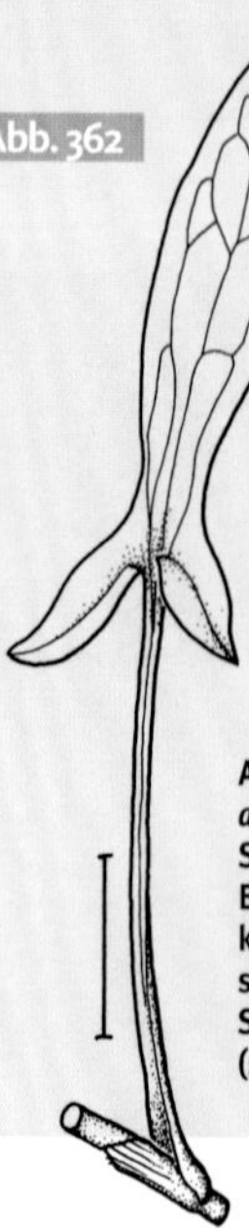

Abb. 362: ***Rumex acetosella*** **agg. (Kleiner Sauer-Ampfer). Die Blattproportionen können unterschiedlich sein, die basalen Spießecken können (selten) auch fehlen**

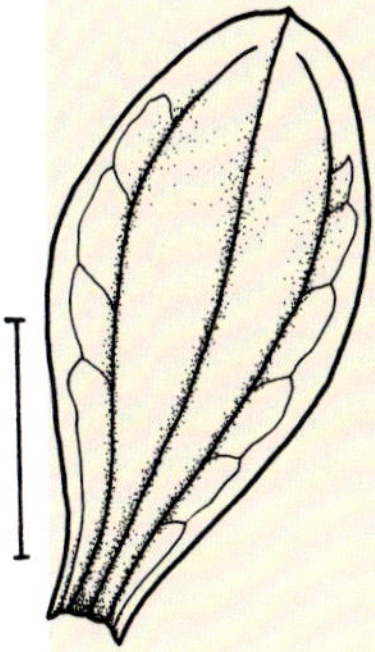

Abb. 363

Abb. 363: *Centaurium erythraea* (Echtes Tausendgüldenkraut). Es ist ein Rosettenblatt dargestellt, daher die Einordnung an dieser Stelle. Die Blätter sind aber eigentlich gegenständig.

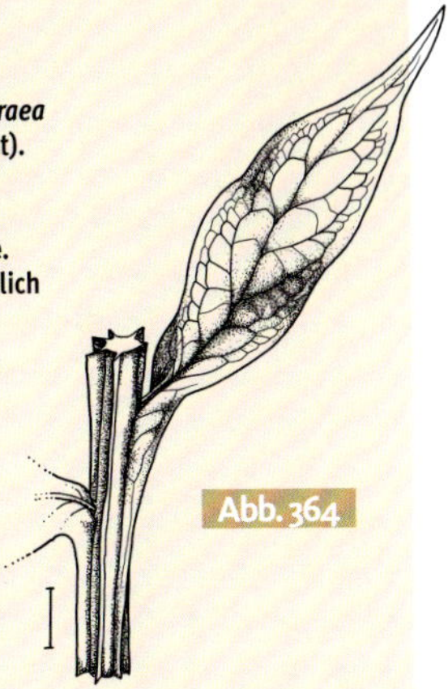

Abb. 364

Abb. 364: *Symphytum officinale* (Gemeiner Beinwell). Der Stängel ist durch weit herablaufende Blattbasen geflügelt.

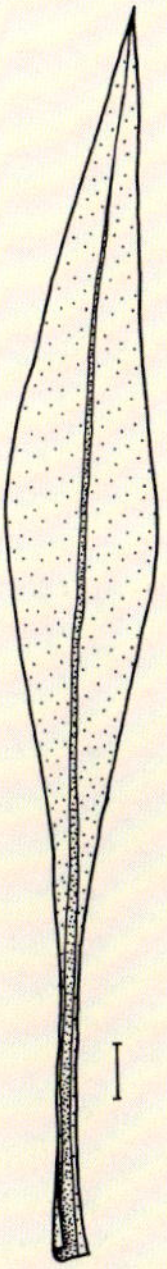

Abb. 365

Abb. 365: *Pulmonaria angustifolia* (Schmalblättriges Lungenkraut).

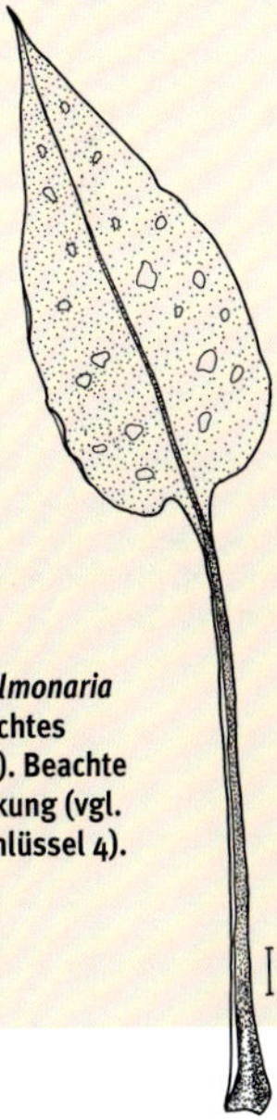

Abb. 366

Abb. 366: *Pulmonaria officinalis* (Echtes Lungenkraut). Beachte die Blattfleckung (vgl. Abb. 100, Schlüssel 4).

Abb. 367

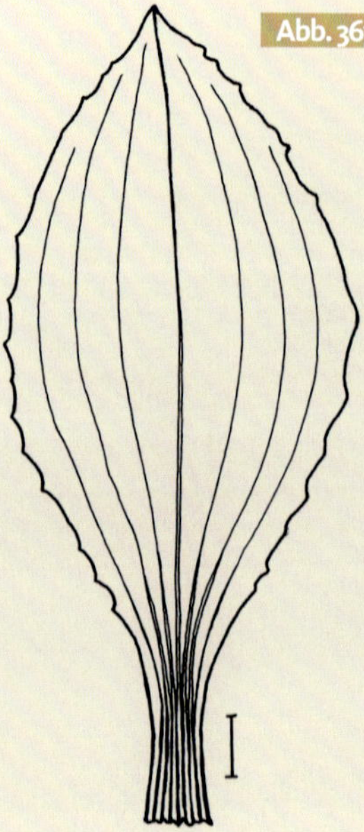

Abb. 367: ***Plantago media*** **(Mittlerer Wegerich). Die breitovalen, sehr kurz gestielten und stets behaarten Blätter sind buchtig gezähnt (wie hier) oder ± ganzrandig. – Die Blätter von** ***P. major*** **sind meist ± kahl und stets länger gestielt.**

Abb. 368: ***Hieracium pilosella*** **(Mausohr-Habichtskraut). Die einzelstehenden, langen Haare sind sehr auffällig. Die Blattunterseite ist grau- bis weißfilzig.**

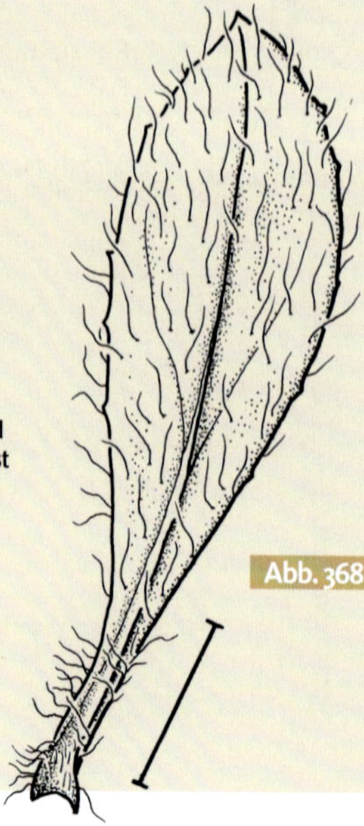

Abb. 368

Abb. 369a+b: *Tragopogon pratensis* (Wiesen-Bocksbart). a: Blatt; b: Köpfchenstiel. Frucht ohne Pappus gezeichnet.

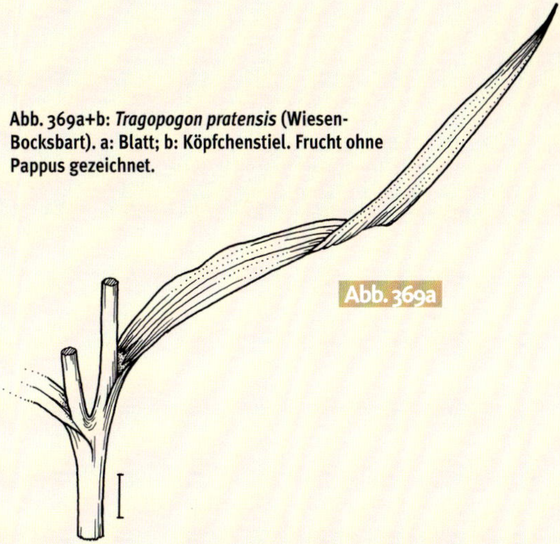

Abb. 369a

Abb. 369c: *Tragopogon dubius* (Großer Bocksbart). Der Stängel ist unter dem Köpfchen keulig verdickt, er ist oben mindestens 1,5-mal so breit wie 3 cm weiter unten. Die gefiederten Pappushaare sind abgebrochen. – Die Blätter entsprechen Abb. 369a.

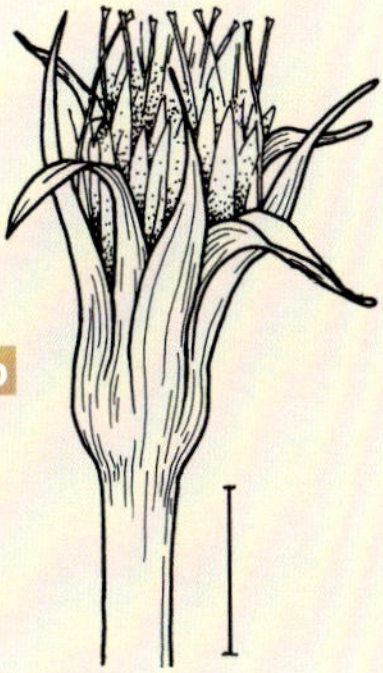

Abb. 369b

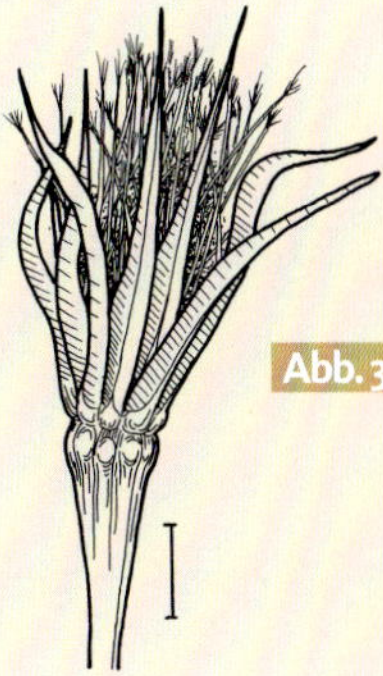

Abb. 369c

Abb. 370: *Chamaespartium sagittale* (= *Genista sagittalis;* Flügelginster). Der Stängel ist breit geflügelt und entwickelt mehr „Assimilationsfläche" als die ungeteilten Blätter.

Abb. 370

Abb. 371: *Linum flavum* (Gelber Lein). Beachte die kleinen hellen Punkte („Drüsen") an der Basis der Blattspreite.

Abb. 371

Abb. 372

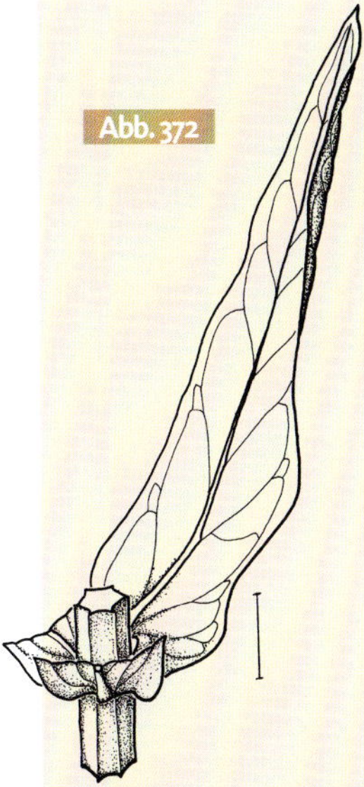

Abb. 372: *Lythrum salicaria* (Blut-Weiderich). Die Blätter stehen in 2- oder (wie hier) 3-zähligen Wirteln. Im Gegensatz zu *Lysimachia vulgaris* (Abb. 373) sitzen sie mit breitem Grund an, im Gegensatz zu *Stachys palustris* (Abb. 324) oder *Epilobium*-Arten (Schlüssel 15) ähnlicher Nassbiotope sind sie ganzrandig.

Abb. 373

Abb. 373: *Lysimachia vulgaris* (Gewöhnlicher Gilbweiderich). Blätter meist zu 3, ± ganzrandig, basal verschmälert (Unterschied zu *Lythrum*, vgl. Abb. 372), Stängel dicht behaart.

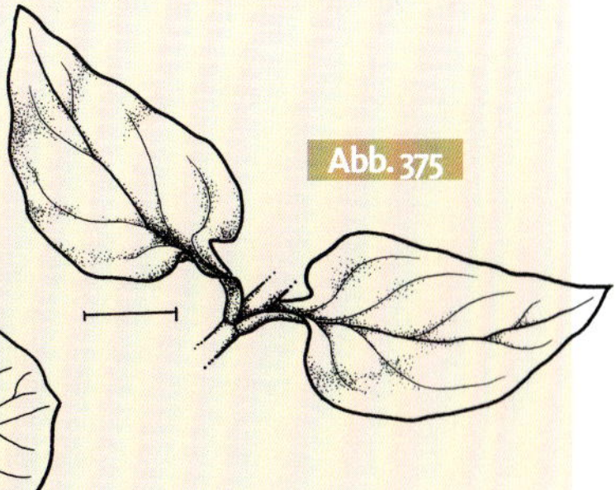

Abb. 375

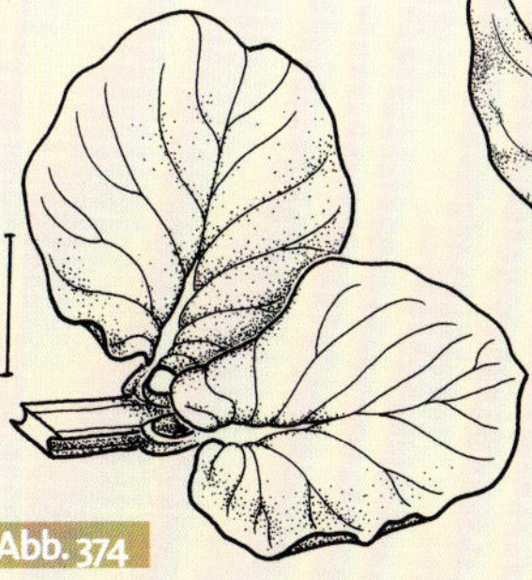

Abb. 374

Abb. 374: *Lysimachia nummularium* (Pfennigkraut) & Abb. 375: *L. nemorum* (Hain-Gilbweiderich). Beide Arten ähneln sich in ihrer kriechenden Wuchsform.

Abb. 376: *Saponaria officinalis* (Gewöhnliches Seifenkraut). Wie häufig bei den Caryophyllaceen hat das Blatt 3 Hauptnerven.

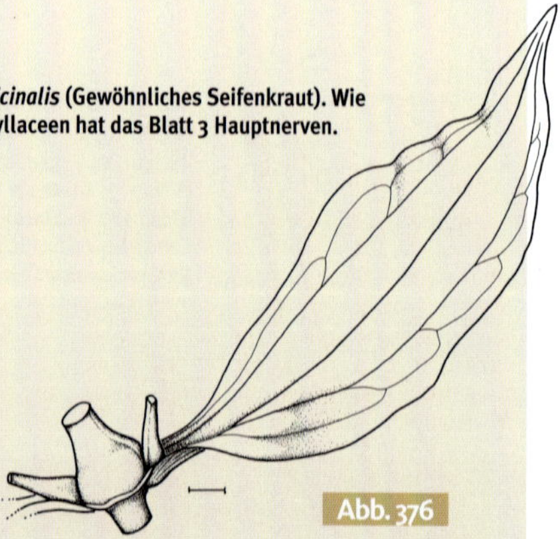

Abb. 376

Abb. 377: *Silene latifolia* ssp. alba (Weiße Lichtnelke). Unteres Stängelblatt. Die Art besiedelt vorwiegend ruderal beeinflusste Standorte. Die oberen Stängelblätter sind kürzer gestielt und zumeist 4- bis 5-mal so lang wie breit.

Abb. 377

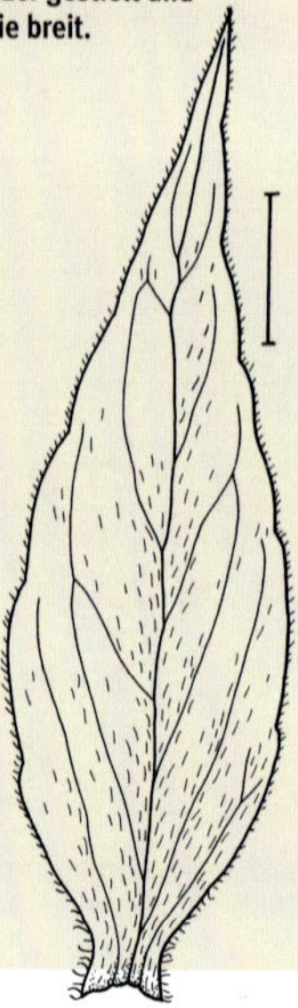

Abb. 378: *Silene dioica* (Rote Lichtnelke). Sie bevorzugt (luft-) feuchte Biotope vor allem höherer Lagen. Die Stängelblätter (wie hier dargestellt) sind im Durchschnitt 2- bis 3,5-mal so lang wie breit, die Grundblätter in einen Stiel verschmälert (ähnlich Abb. 377).

Abb. 378

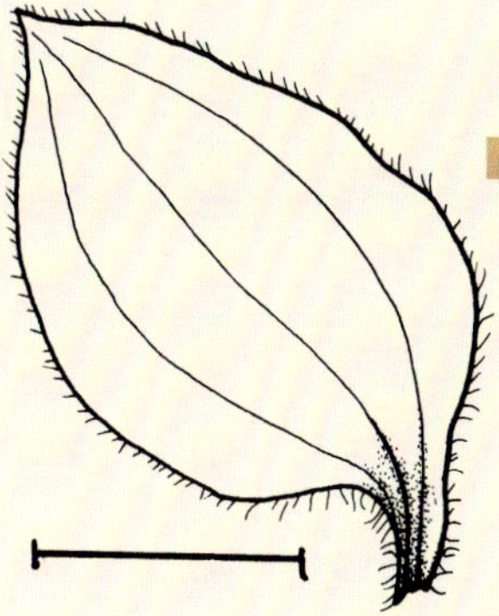

Abb. 379

Abb. 379: *Moehringia trinervia* (Dreinervige Nabelmiere).

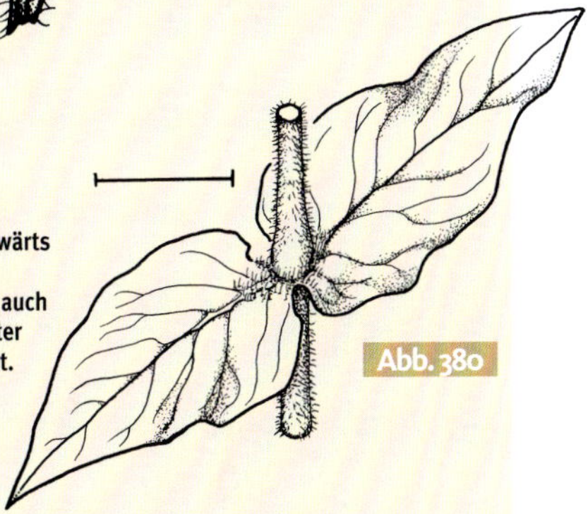

Abb. 380: *Stellaria (Myosoton) aquatica* (Wasserdarm). Der oberwärts drüsige Stängel ist an der Basis 4-kantig; dort können die Blätter auch kurz gestielt sein. Nur junge Blätter sind randlich sehr kurz bewimpert.

Abb. 380

Abb. 381

Abb. 381: *Stellaria nemorum* (Hain-Sternmiere). Die unteren und mittleren Stängelblätter sind ± lang gestielt und randlich bewimpert. Der Stängel ist durchweg rund und drüsenlos.

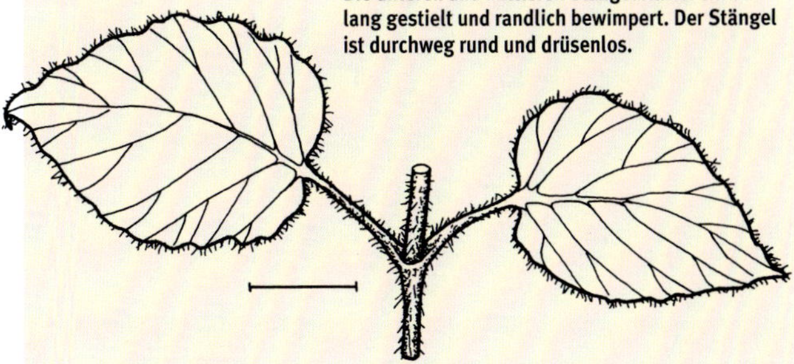

Abb. 382

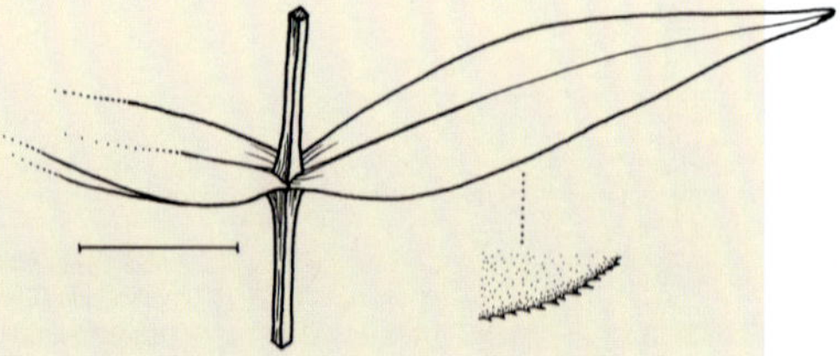

Abb. 382: *Stellaria holostea* (Große Sternmiere), Abb. 383: *St. alsine (= uliginosa)* (Bach-St.), Abb. 384: *St. graminea* (Gras-St.) & Abb. 385: *St. palustris* (Sumpf-St.). Die 4 Arten unterscheiden sich im Längen/Breiten-Verhältnis der Spreite, ihrem Rand und in ihrer basalen Bewimperung. Die lanzettlichen Blätter von St. alsine sind etwa in der Mitte, die linealischen von St. graminea im untersten Drittel am breitesten. – Es sind jeweils relativ breite Blätter wiedergegeben.

Abb. 383

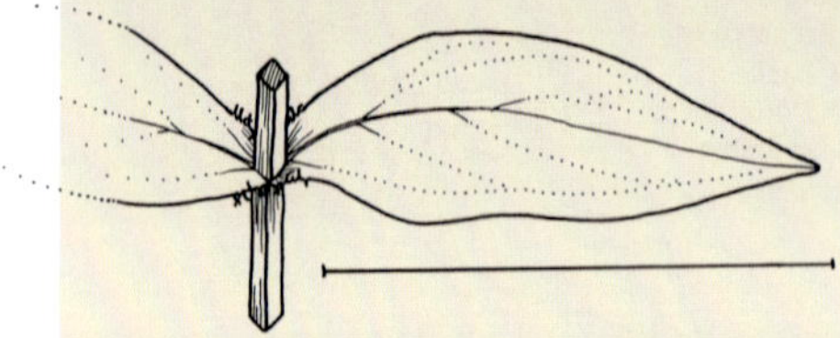

Abb. 384

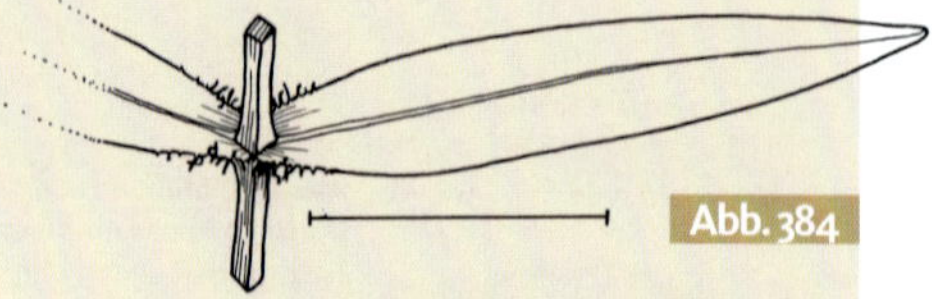

Abb. 385

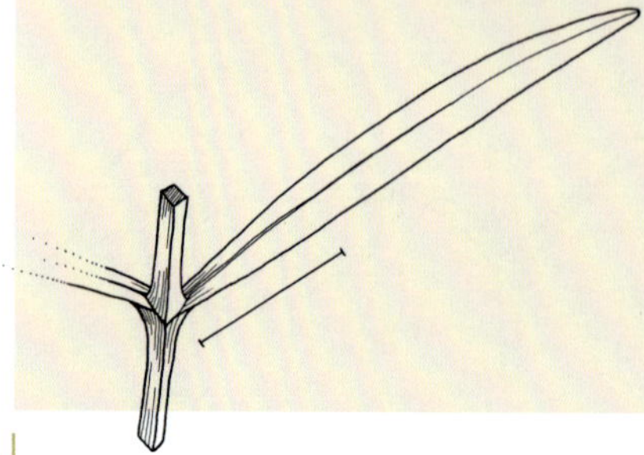

Abb. 386

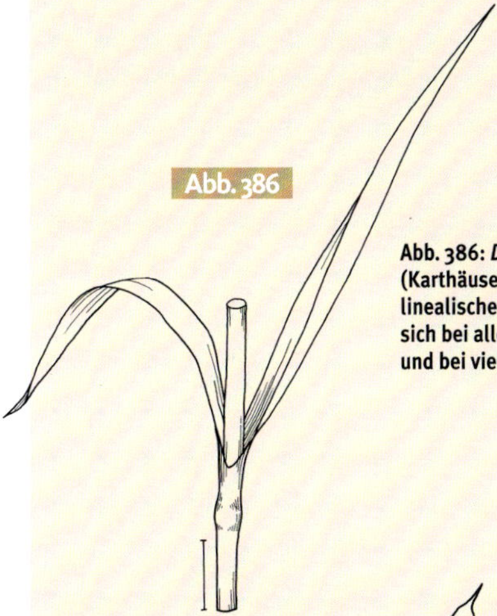

Abb. 386: *Dianthus carthusianorum* (Karthäuser-Nelke). Basal verwachsene, linealische (bis lanzettliche) Blätter finden sich bei allen einheimischen *Dianthus*-Arten und bei vielen weiteren Caryophyllaceen.

Abb. 387

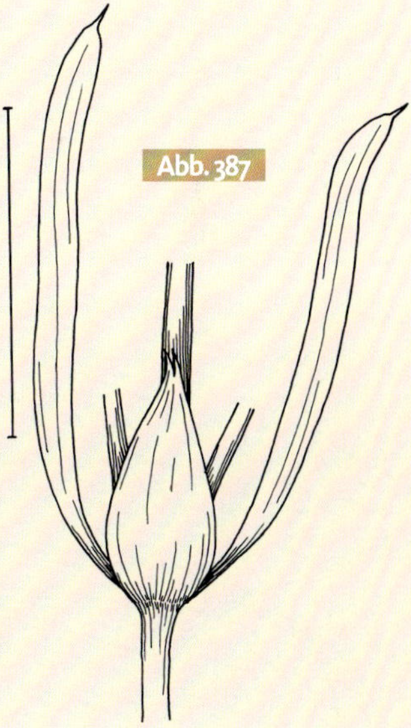

Abb. 387: *Spergularia* spec. (Spärkling). Die Interfoliarstipeln sind für diese Gattung sehr kennzeichnend.

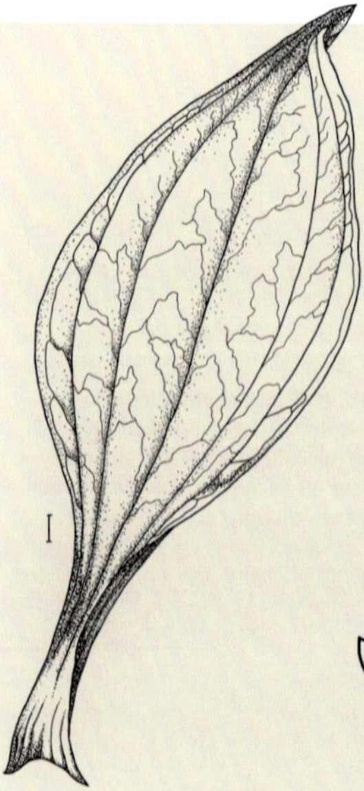

Abb. 388

Abb. 388: ***Gentiana lutea*** **(Gelber Enzian). Vgl.** ***Veratrum album*** **mit wechselständigen behaarten Blättern (Abb. 406).**

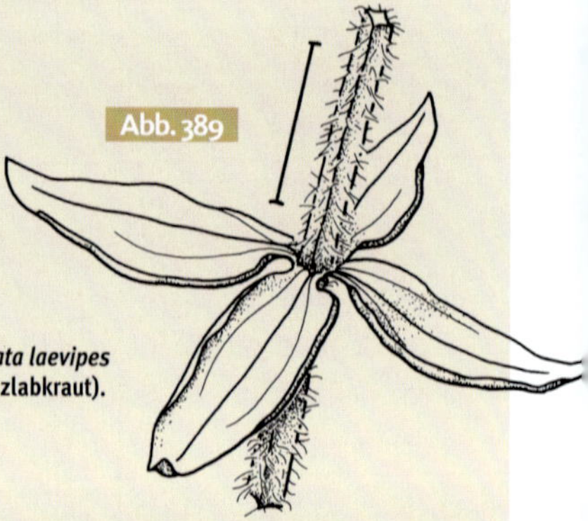

Abb. 389

Abb. 389: ***Cruciata laevipes*** **(Gemeines Kreuzlabkraut).**

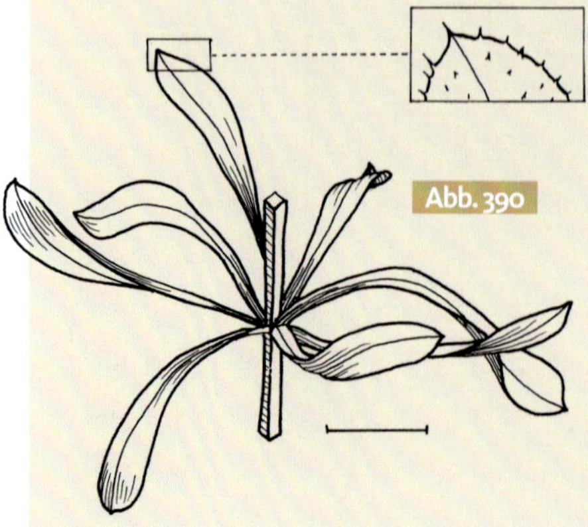

Abb. 390

Abb. 390: ***Galium aparine*** **(Klett-Labkraut). Vgl.** ***Galium verum*****, Abb. 339.**

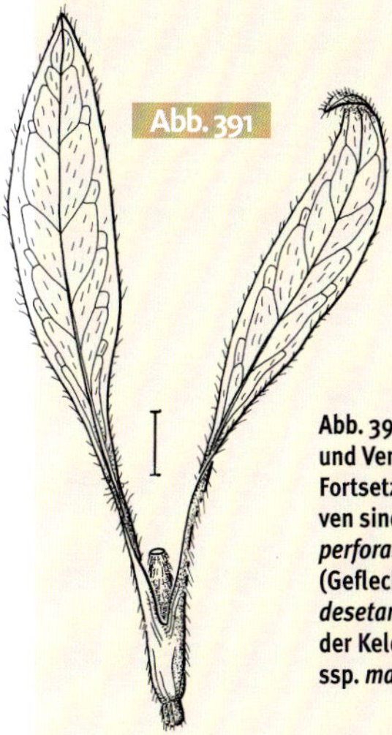

Abb. 391

Abb. 391: ***Succisa pratensis*** **(Gemeiner Teufelsabbiss). Unteres Stängelblattpaar. Die Blätter können auch kahl und/oder (selten) auch seicht gezähnt sein.**

Abb. 392: ***Hypericum maculatum*** **(Geflecktes Johanniskraut) und Verwandte. a: Stängelstück. Beachte, dass die 4 Kanten Fortsetzungslinien der Blattränder bzw. der Blatt-Mittelnerven sind; b–e: Kelchblätter. „Übergangsreihe" von** ***H. perforatum*** **(Tüpfel-Johanniskraut) zu** ***H. maculatum*** **(Geflecktes J.). b:** ***H. perforatum;*** **c:** ***H. maculatum*** **ssp.** ***desetangsii*** **(oft auch nur eine Einkerbung auf jeder Seite der Kelchblattspitze); d:** ***H. m. ssp. obtusiusculum;*** **e:** ***H. m.*** **ssp.** ***maculatum.*** **– Dunkle Drüsen nicht gezeichnet.**

Abb. 392a

Abb. 392b

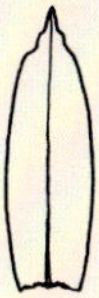

Abb. 392c

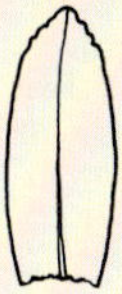

Abb. 392d

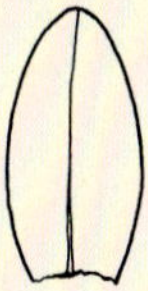

Abb. 392e

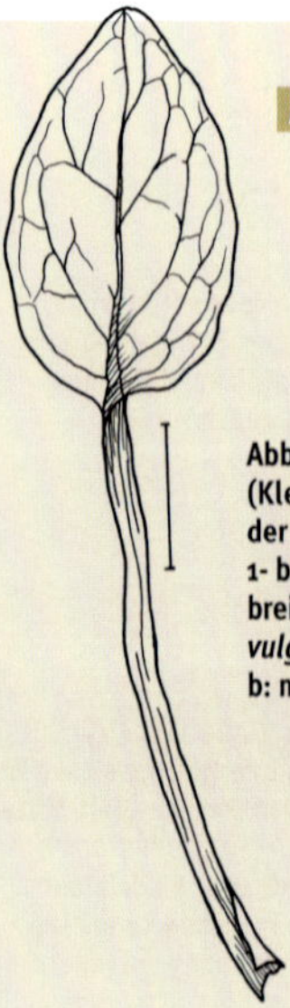

Abb. 393a

Abb. 393: ***Valeriana dioica*** **(Kleiner Baldrian). a: Blatt der Grundrosette (meist 1- bis 1,5-mal so lang wie breit; vgl.** ***Prunella vulgaris*****, Abb. 322); b: mittleres Stängelblatt.**

Abb. 393b

Abb. 394a

Abb. 394: ***Campanula rotundifolia*** **(Rundblättrige Glockenblume). a: Rosettenblatt (auf das der Name Bezug nimmt); b: unteres, c: oberes Stängelblatt.**

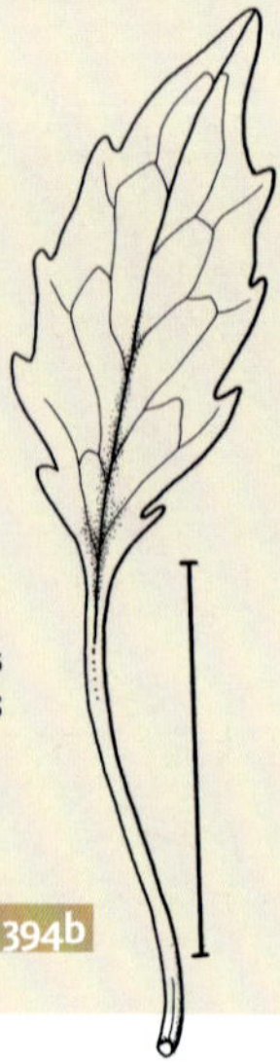

Abb. 394b

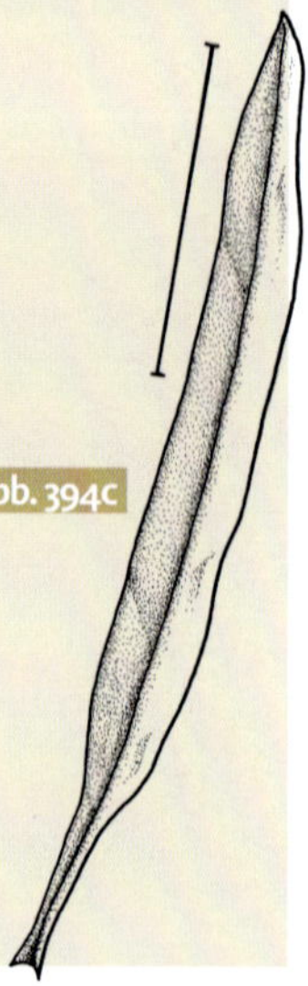

Abb. 394c

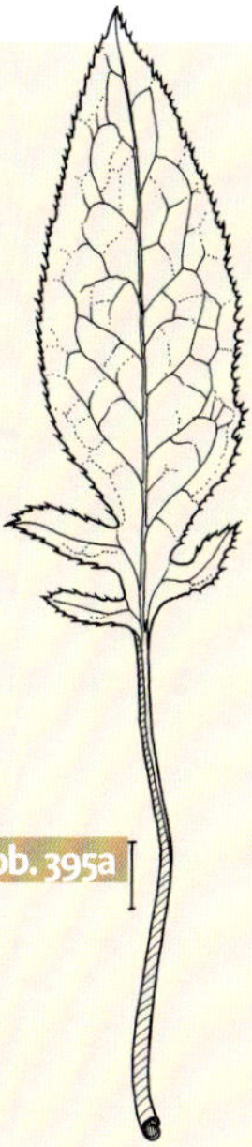

Abb. 395a

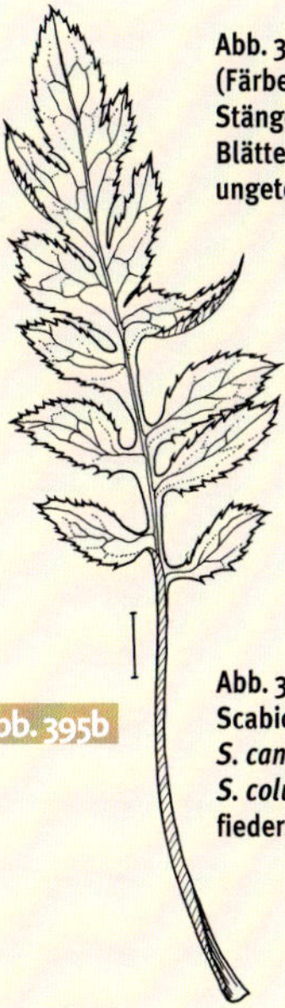

Abb. 395b

Abb. 395: ***Serratula tinctoria*** **(Färber-Scharte). a: unteres, b: oberes Stängelblatt. Die grundständigen Blätter sind zumeist gänzlich ungeteilt.**

Abb. 396: ***Scabiosa ochroleuca*** **(Gelbe Scabiose). Blattfolge: Im Gegensatz zu** ***S. canescens*** **und der häufigeren** ***S. columbaria*** **sind auch die Grundblätter fiederschnittig.**

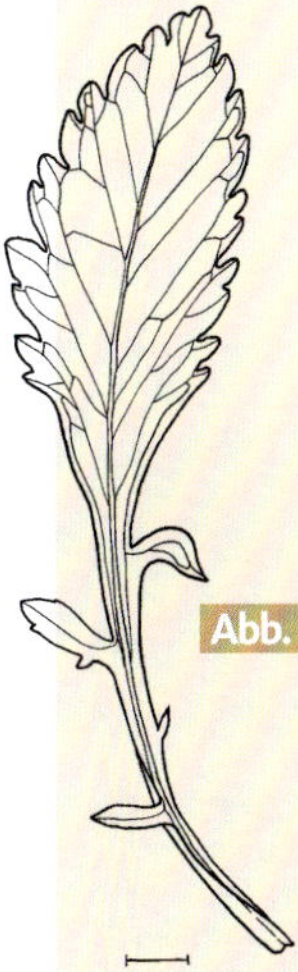

Abb. 396a

Abb. 396b

Abb. 396c

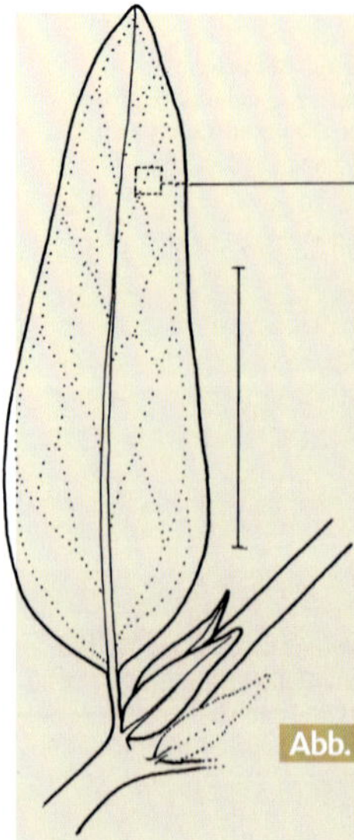

Abb. 397a

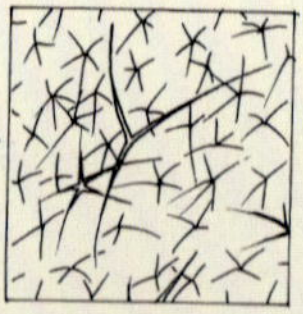

Abb. 397b

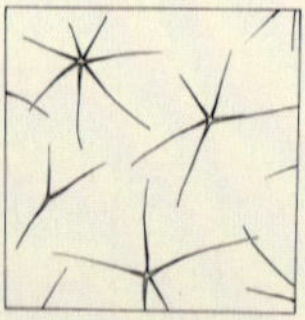

Abb. 397c

Abb. 397: ***Helianthemum nummularium*** **(Gewöhnliches Sonnenröschen). a: Blatt mit Stipeln; b: dicht sternhaarige Blattunterseite von ssp.** ***nummularium*** **(Ausschnitt 0,5 x 0,5 mm); c: Blattunterseite von ssp.** ***obscurum*** **(Ausschnitt 1 x 1 mm, also gleicher Maßstab!).**

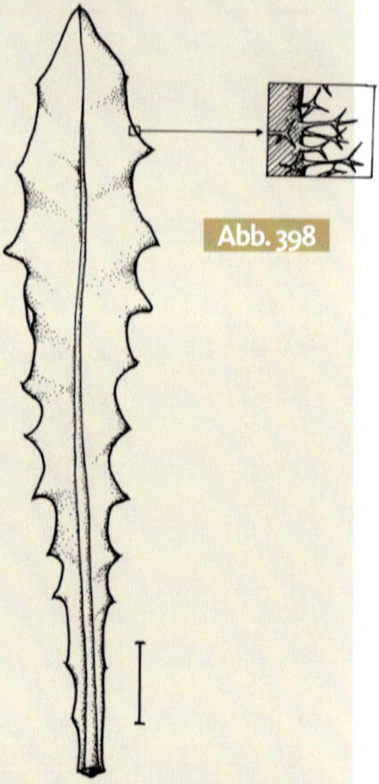

Abb. 398

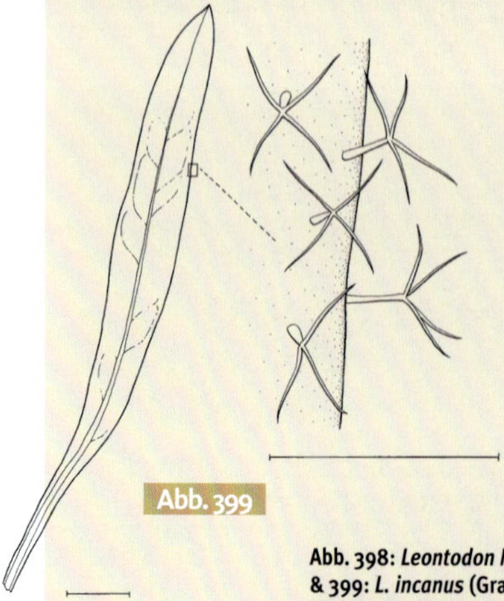

Abb. 399

Abb. 398: ***Leontodon hispidus*** **(Rauher Löwenzahn), & 399:** ***L. incanus*** **(Grauer L.). Rosettenblätter. Die Blattumrisse können unterschiedlich sein (vgl. Schlüssel 17), die Haartypen sind dagegen recht charakteristisch.**

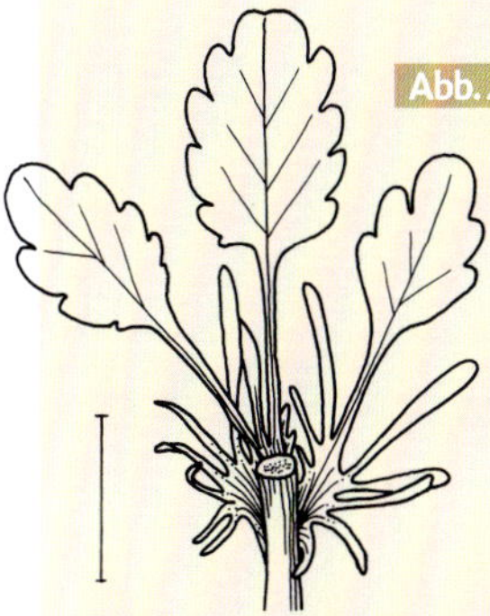
Abb. 400

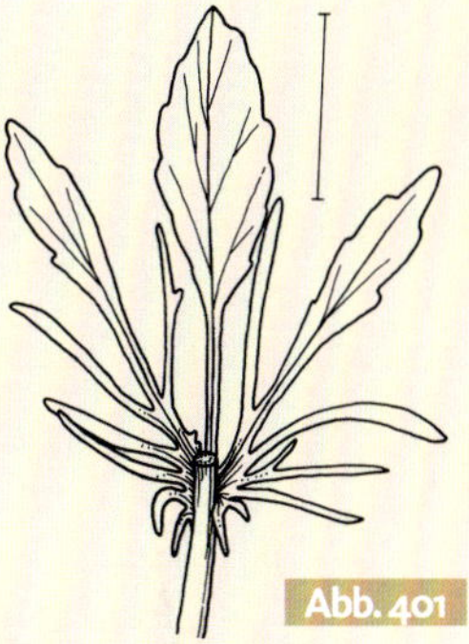
Abb. 401

Abb. 400: ***Viola arvensis*** **(Acker-Stiefmütterchen) & Abb. 401:** ***V. tricolor*** **(Gewöhnliches St.). Stängelblätter; die basal gefransten Stipeln ähneln bei** ***V. a.*** **dem Oberblatt noch stärker als bei** ***V. t.***

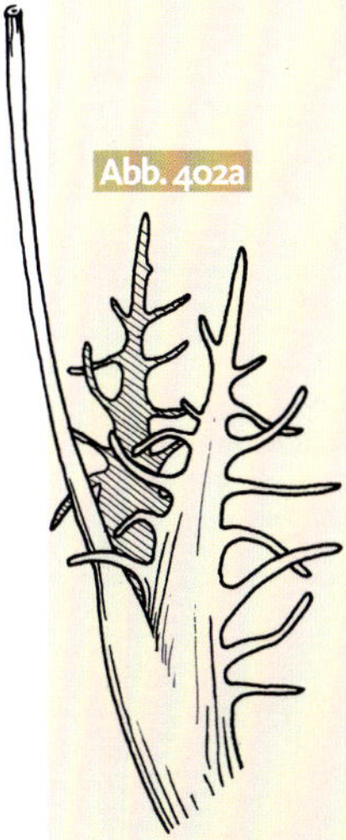
Abb. 402a

Abb. 402b

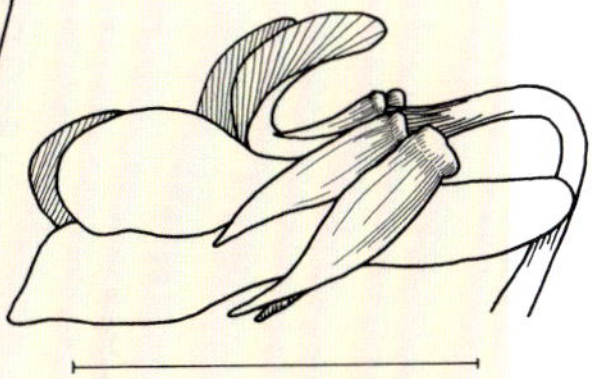
Abb. 403a

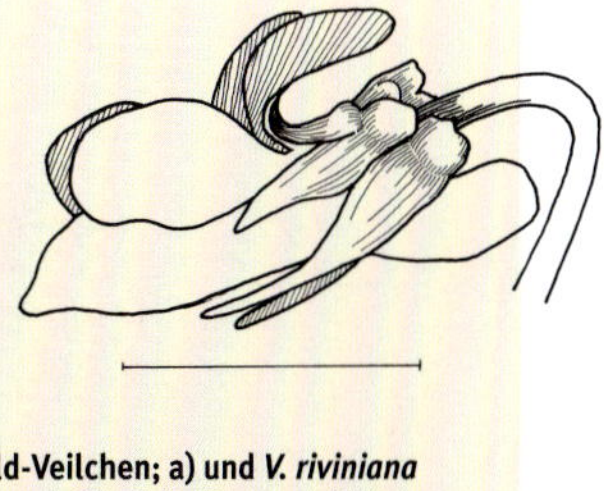
Abb. 403b

Abb. 402 & Abb. 403: ***Viola reichenbachiana*** **(Wald-Veilchen; a) und** ***V. riviniana*** **(Hain-V.; b). Stipeln (Abb. 402) und Blüten (Abb. 403). Die Stipelfransen (Abb. 402a) sind bei** ***V. reichenbachiana*** **meist länger als der ungeteilte Teil der Stipeln. Das „Kelchblattanhängsel" – also die Fortsetzung des Kelchblattes nach hinten – ist viel kürzer als hoch (Abb. 403a), jeweils im Gegensatz zu** ***V. riviniana*** **(b). Beachte in 403 auch die unterschiedlichen Spornproportionen. – Im Kontaktgebiet der beiden Arten gibt es alle Übergänge.**

Abb. 404

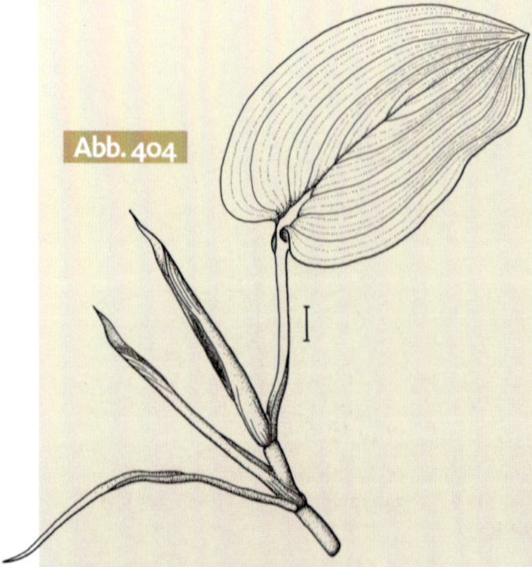

Abb. 404: *Potamogeton natans* (Schwimmendes Laichkraut). Links ein linealisches Tauchblatt, rechts ein spreitiges Schwimmblatt. In der Mitte die beiden dazugehörigen offenen Blattscheiden.

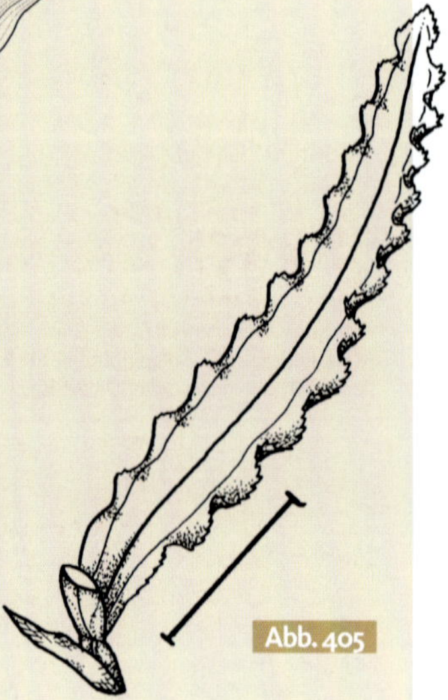

Abb. 405

Abb. 405: *Potamogeton crispus* (Krauses Laichkraut). Tauchblatt. An der Basis die kurze Blattscheide.

Abb. 406

Abb. 406: *Veratrum album* (Weißer Germer). Die Blätter sind behaart. – Vgl. *Gentiana lutea* (Abb. 388) mit gegenständigen Blättern.

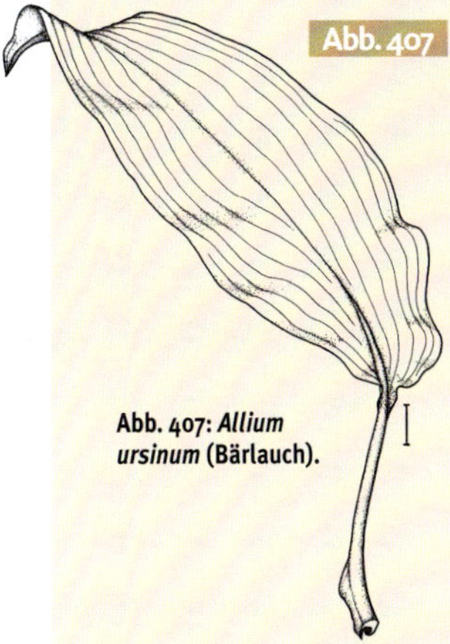

Abb. 407

Abb. 407: *Allium ursinum* (Bärlauch).

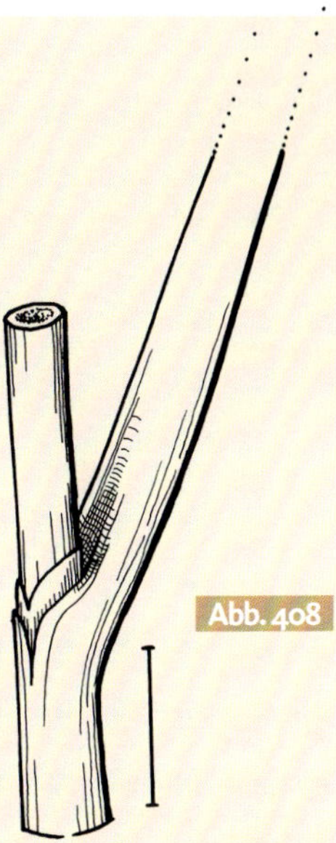

Abb. 408

Abb. 408: *Allium vineale* (Weinberg-Lauch). Röhriges Blatt mit Blatthäutchen.

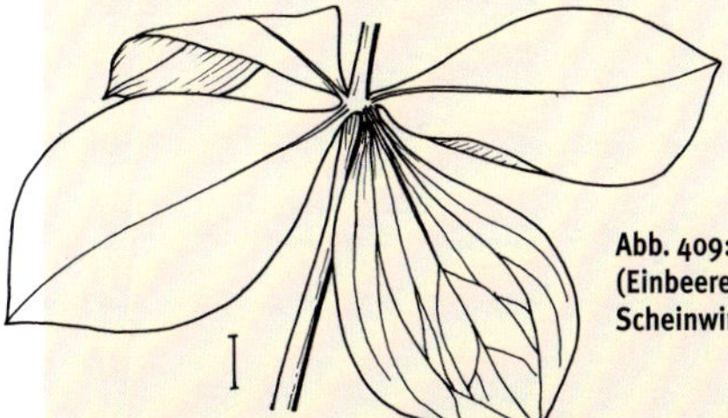

Abb. 409

Abb. 409: *Paris quadrifolia* (Einbeere). 4-zähliger Scheinwirtel.

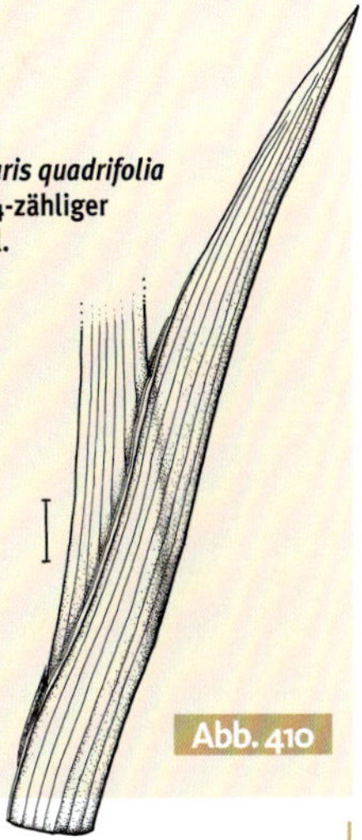

Abb. 410

Abb. 410: *Iris pseudacorus* (Sumpf-Schwertlilie). Das „reitende“ Blatt umfasst an der Basis das folgende, nächstjüngere Blatt (vgl. *Acorus*, Abb. 415).

Abb. 411

Abb. 411: ***Epipactis helleborine*** **(Breitblättrige Sumpfwurz). Der Stängel ist sehr fein behaart.**

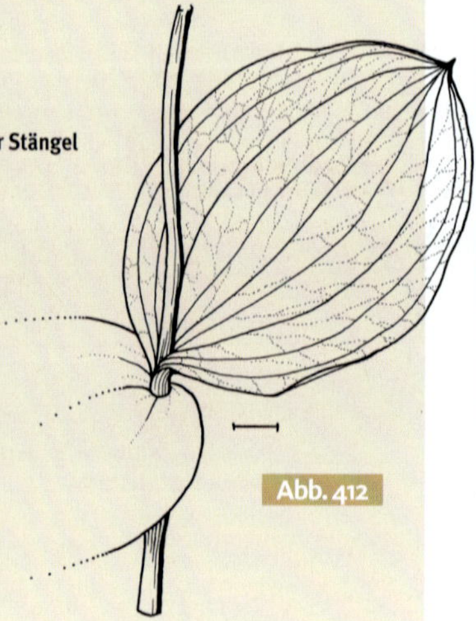

Abb. 412: ***Listera ovata*** **(Großes Zweiblatt). 2-zähliger Scheinwirtel.**

Abb. 412

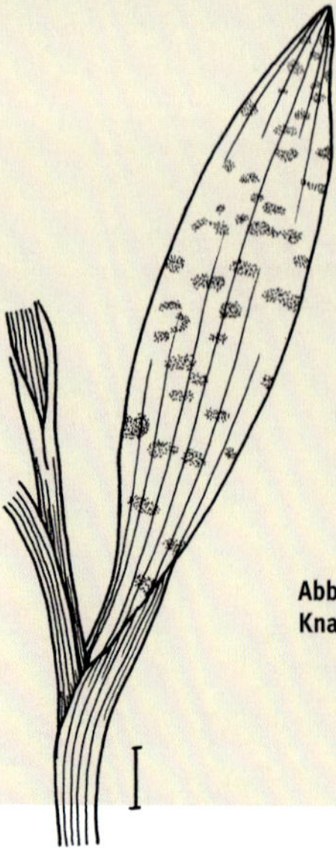

Abb. 413

Abb. 413: ***Dactylorhiza maculata*** **(Geflecktes Knabenkraut). Vgl. auch Abb. 100g.**

Abb. 414

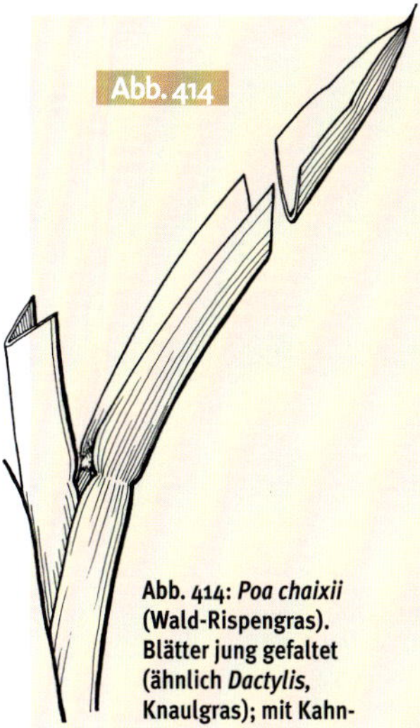

Abb. 414: *Poa chaixii* (Wald-Rispengras). Blätter jung gefaltet (ähnlich *Dactylis*, Knaulgras); mit Kahnspitze.

Abb. 415

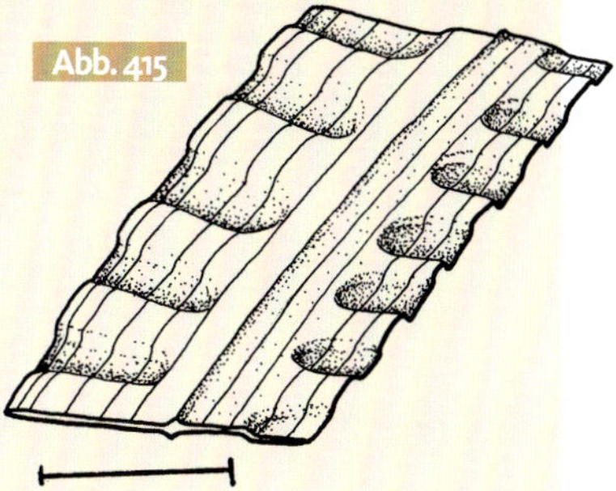

Abb. 415: *Acorus calamus* (Kalmus). Blattausschnitt mit randlichen Wellungen. Sonst ähnlich *Iris* (Abb. 410).

Abb. 416

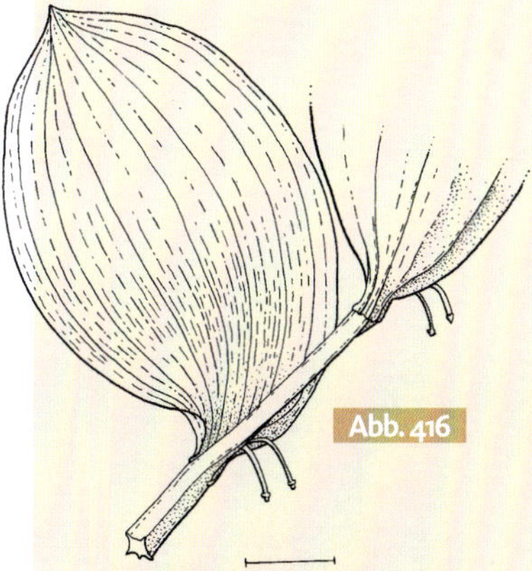

Abb. 416: *Polygonatum odoratum* (Salomonsiegel). Kennzeichnend für die Art ist der scharfkantige Stängel. Die Zahl der Blüten (bzw. hier: der Fruchtstiele) beträgt 1–2.

Abb. 417

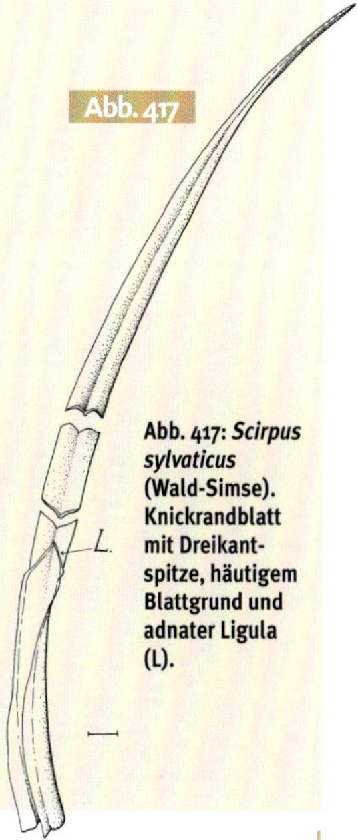

Abb. 417: *Scirpus sylvaticus* (Wald-Simse). Knickrandblatt mit Dreikantspitze, häutigem Blattgrund und adnater Ligula (L).

Abb. 418

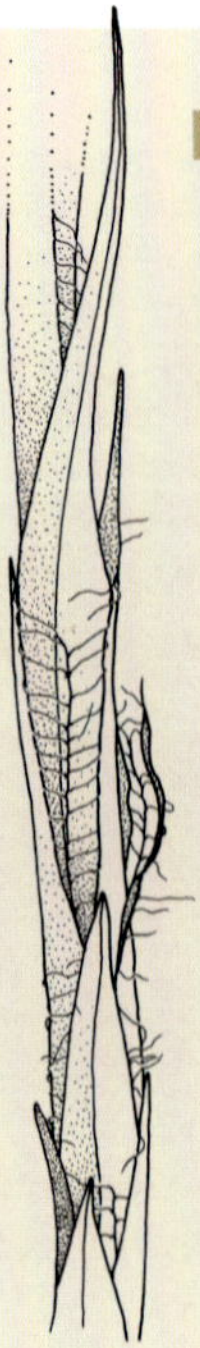

Abb. 418: ***Carex acutiformis*** **(Sumpf-Segge). Blattscheiden netzfaserig verwitternd.**

Abb. 419

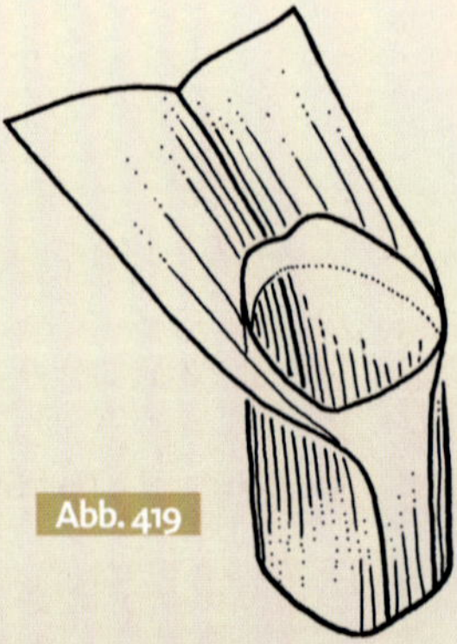

Abb. 419: ***Carex rostrata*** **(Schnabel-Segge). Ligula flachbogig. (Nach Jeremy et al. 1982.) (Vgl. 4.2.12.)**

Abb. 420: ***Carex vesicaria*** **(Blasen-Segge). Ligula hochbogig. (Nach Jeremy et al. 1982.)**

Abb. 420

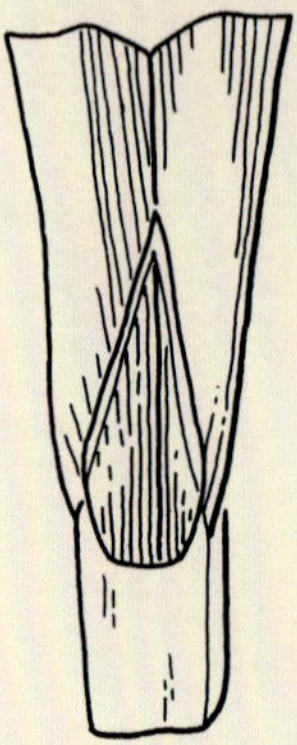

Abb. 421

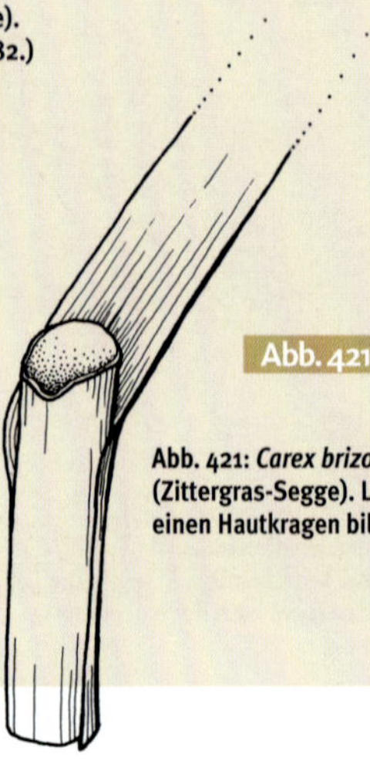

Abb. 421: ***Carex brizoides*** **(Zittergras-Segge). Ligula einen Hautkragen bildend.**

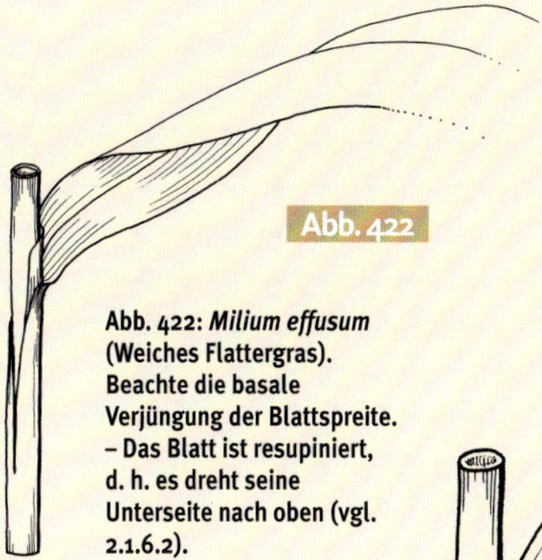

Abb. 422

Abb. 422: ***Milium effusum*** **(Weiches Flattergras). Beachte die basale Verjüngung der Blattspreite. – Das Blatt ist resupiniert, d. h. es dreht seine Unterseite nach oben (vgl. 2.1.6.2).**

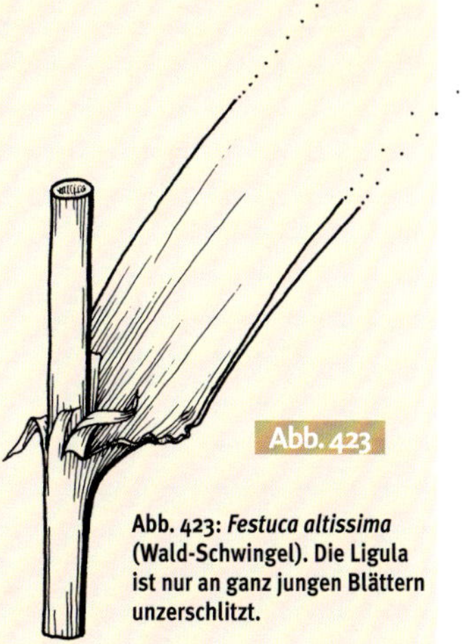

Abb. 423

Abb. 423: ***Festuca altissima*** **(Wald-Schwingel). Die Ligula ist nur an ganz jungen Blättern unzerschlitzt.**

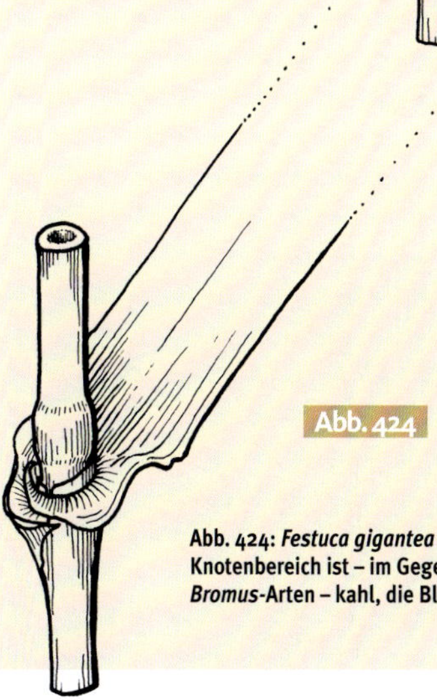

Abb. 424

Abb. 424: ***Festuca gigantea*** **(Riesen-Schwingel). Der Knotenbereich ist – im Gegensatz zu den geöhrten** ***Bromus*****-Arten – kahl, die Blattscheide offen.**

Abb. 425

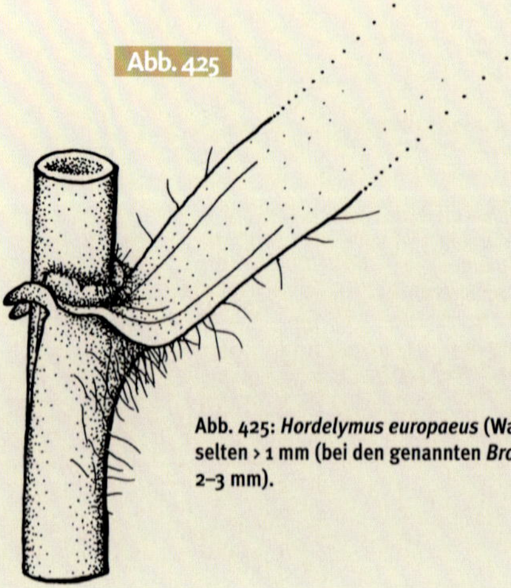

Abb. 425: ***Hordelymus europaeus*** **(Waldgerste). Ligula selten > 1 mm (bei den genannten *Bromus*-Arten meist 2–3 mm).**

Abb. 426: *Melica uniflora* (Einblütiges Perlgras). Beachte den charakteristischen „Sporn" auf der Bauchseite des Spreitengrundes.

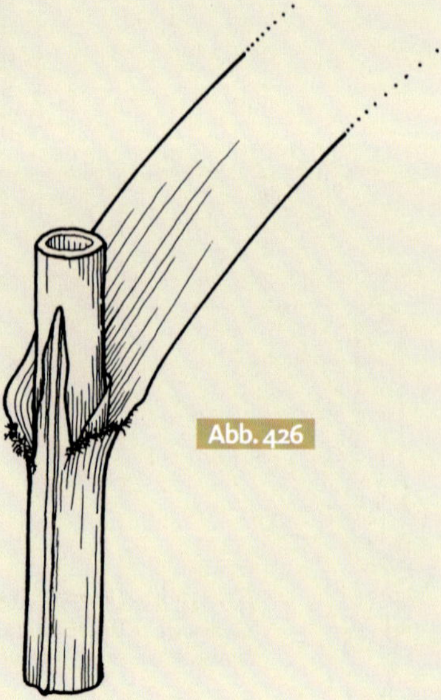

Abb. 426

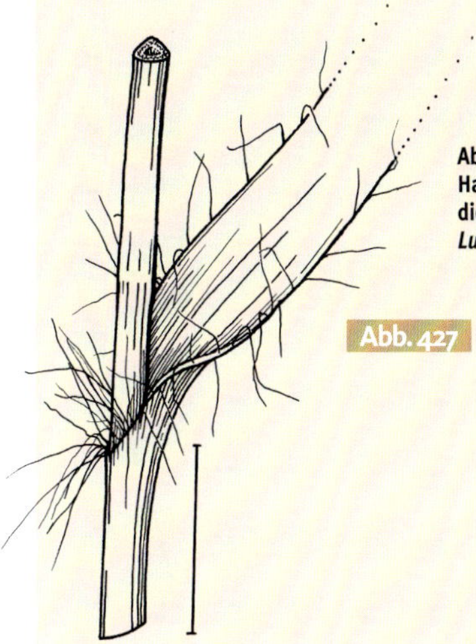

Abb. 427: *Luzula luzuloides* (Weiße Hainsimse). Bewimpertes Blatt (in dieser Form typisch für die meisten *Luzula*-Arten).

Abb. 427

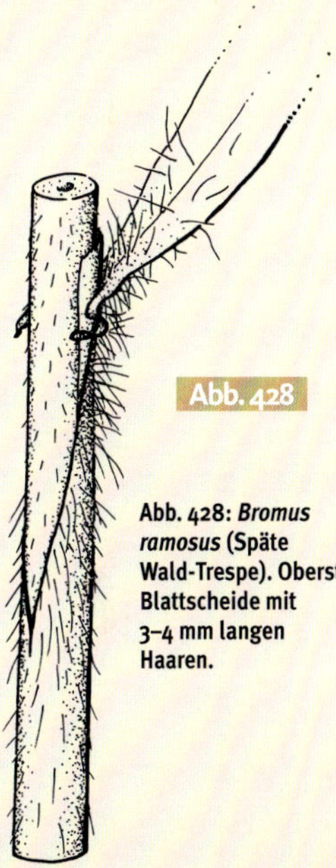

Abb. 428

Abb. 428: *Bromus ramosus* (Späte Wald-Trespe). Oberste Blattscheide mit 3–4 mm langen Haaren.

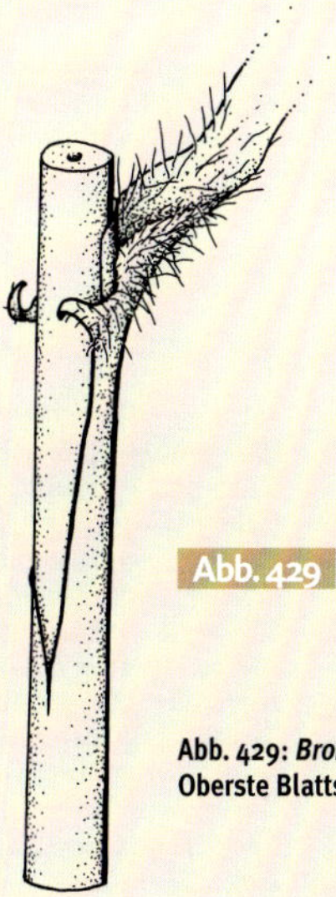

Abb. 429

Abb. 429: *Bromus benekenii* (Benekens Wald-Trespe). Oberste Blattscheide kurz flaumig oder (wie hier) kahl.

Abb. 430

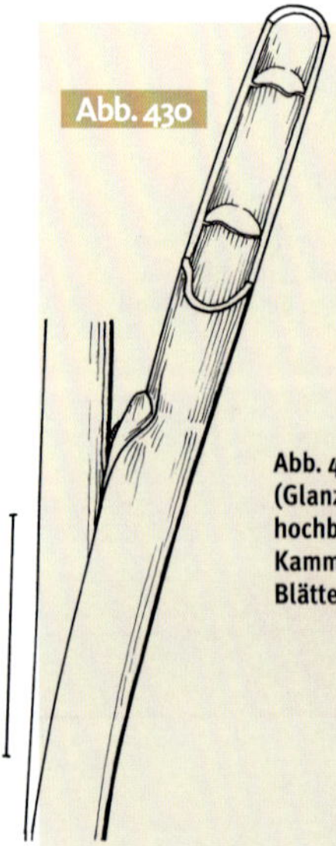

Abb. 430: *Juncus acutiflorus* (Spitzblütige Binse). Seitliche Öhrchen ± flachbogig, wenig herablaufend. Kammern der Blätter ohne „Spinnweben“ (Längsschnitt!).

Abb. 431

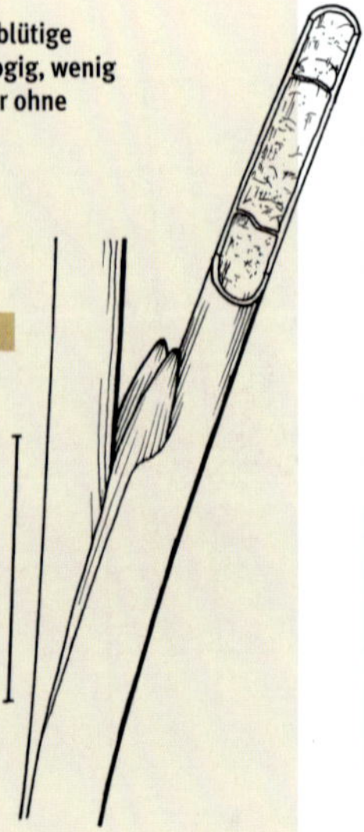

Abb. 431: *Juncus articulatus* (Glanzfrüchtige Binse). Öhrchen hochbogig, weit herablaufend. Kammern (zumindest bei jüngeren Blättern) mit lockeren „Spinnweben“.

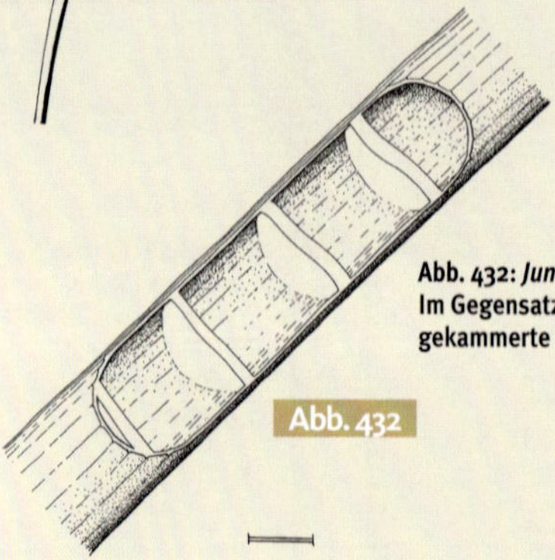

Abb. 432: *Juncus inflexus* (Graugrüne Binse). Im Gegensatz zu Abb. 430 und 431 ist das gekammerte Blatt durch Rippen versteift.

Abb. 432

Abb. 433

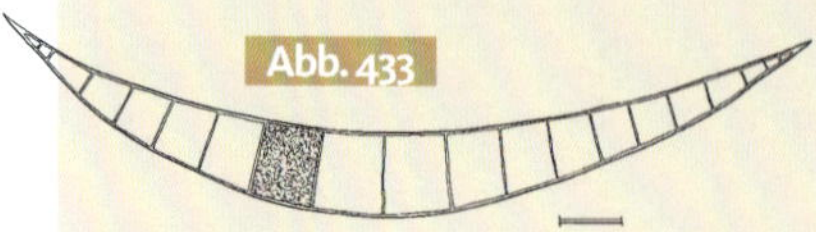

Abb. 434

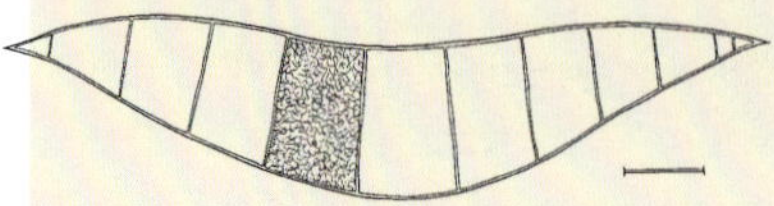

Abb. 433: *Typha latifolia* (Breitblättriger Rohrkolben) & Abb. 434: *T. angustifolia* (Schmalblätriger R.), Blattquerschnitte. Die beiden Arten unterscheiden sich in Blattbreite und Blattanatomie, das Blatt von *T. a.* wirkt zudem dicklicher. Beachte die Zahl der größeren bzw. der randlichen, kleinen Kammern: (10-)16 bzw. ca. 4 bei *T. l.*, ca. 9 bzw. 2–4 bei *T. a.*

Abb. 435: ***Juncus effusus*** **(Flatter-Binse). Oberhalb der Infloreszenz deren röhrenförmiges Tragblatt. Stängel unterhalb der Infloreszenz glatt (bei *J. conglomeratus* mit Längsriefen).**

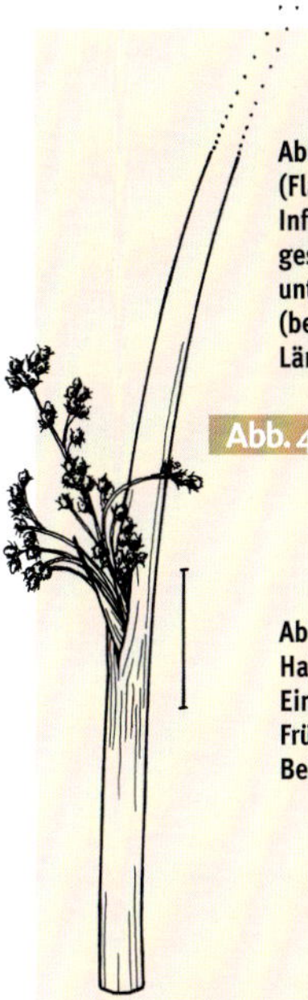

Abb. 435

Abb. 436: ***Luzula forsteri*** **(Forsters Hainsimse). a: Fruchtstand; b: Einzelfrucht. – Blüten (bzw. hier: Früchte) vereinzelt (ähnlich *L. pilosa*, Behaarte H.).**

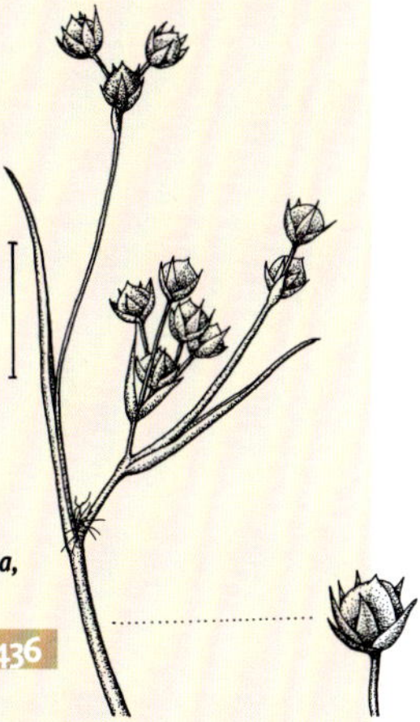

Abb. 436

Abb. 437: ***Luzula luzuloides*** **(Weiße Hainsimse). Blüten zu 2–5 büschelig, Tragblatt › Infloreszenz (bei *L. sylvatica* [Wald-H.] kürzer). (Vgl. Abb. 427.)**

Abb. 437

Abb. 438

Abb. 438: ***Luzula multiflora*** **(Vielblütige Hainsimse). Blüten (bzw. Früchte) in gestielten Ährchen (ähnlich *L. campestris*, [Feld-H.]).**

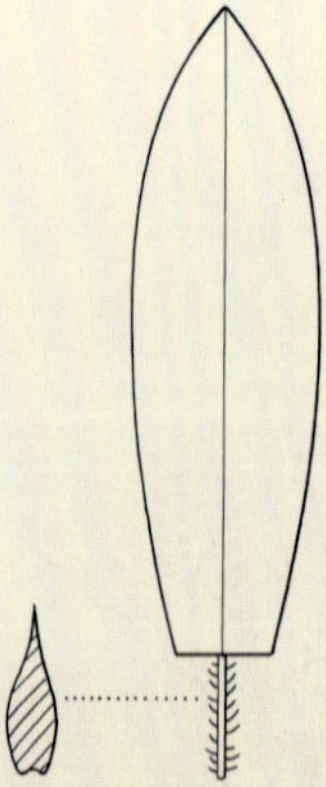

Abb. 439a

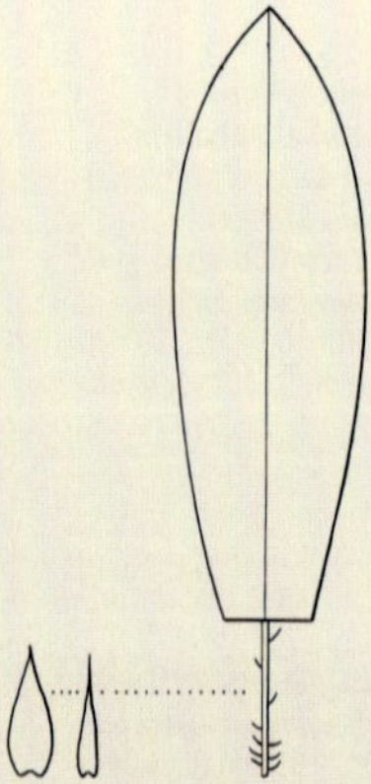

Abb. 439b

Abb. 439c

Abb. 439: *Dryopteris* (Wurmfarn). a, b, d, e: Wedel, schematisch, die Proportionen und den Besatz mit Spreuschuppen (diese jeweils links dargestellt) zeigend; c, f: Einzelfieder 1. Ordnung, diese in c fiederschnittig, in f gefiedert; a: *Dryopteris affinis;* b, c: *D. filix-mas;* d: *D. carthusiana;* e, f: *D. dilatata.* – Beachte die unterschiedlichen Längen/Breiten-Verhältnisse der Spreiten und die jeweilige Stiel/Spreiten-Relation.

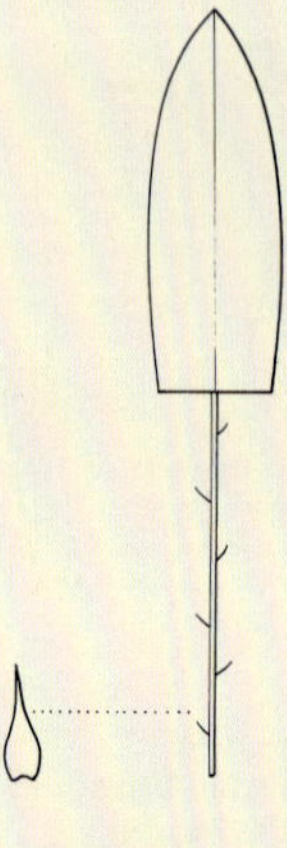

Abb. 439d

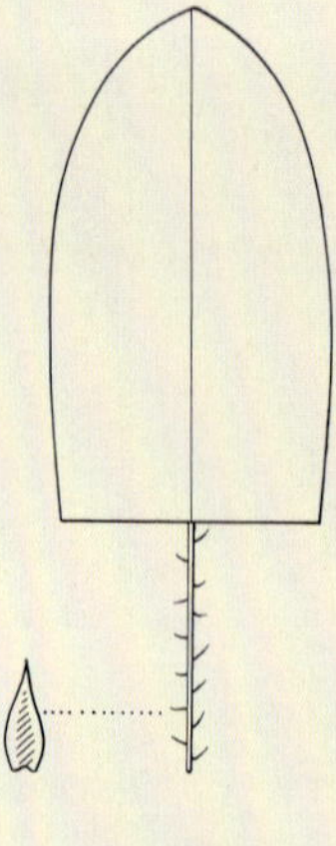

Abb. 439e

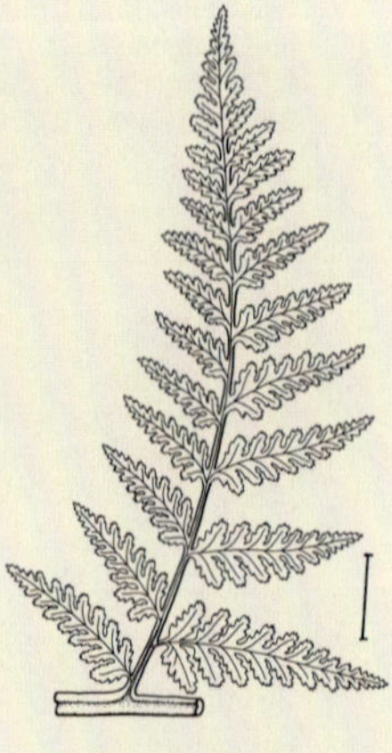

Abb. 439f

Abb. 440: ***Polystichum aculeatum*** **(Gelappter Schildfarn). Fieder 1. Ordnung. Beachte die abweichend gestaltete, zur Wedelspitze hin gerichtete Fieder 2. Ordnung und die grannenspitzige Zähnung der Fiederchen.**

Abb. 440

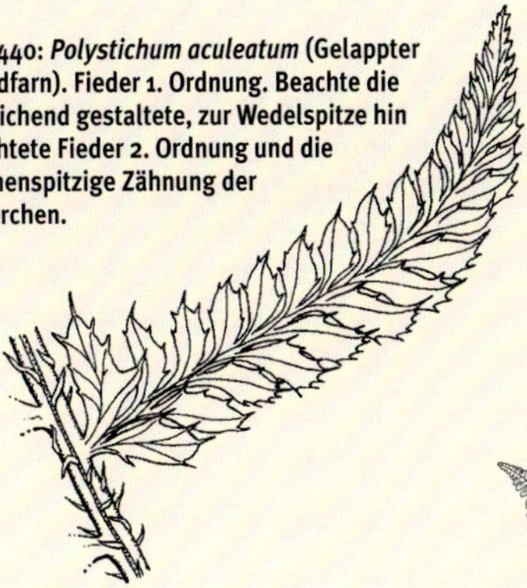

Abb. 441: ***Gymnocarpium robertianum*** **(Ruprechtsfarn).**

Abb. 441

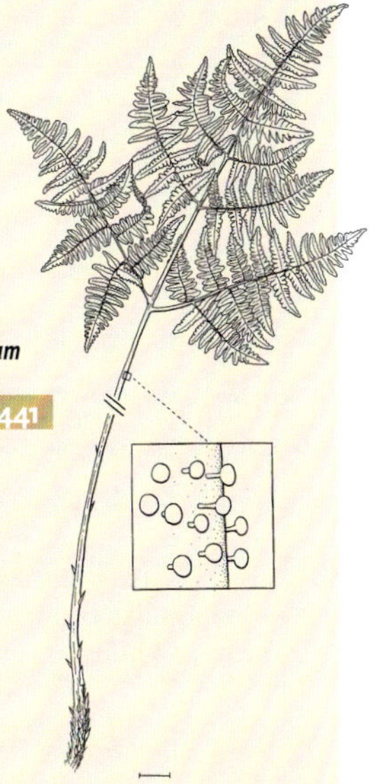

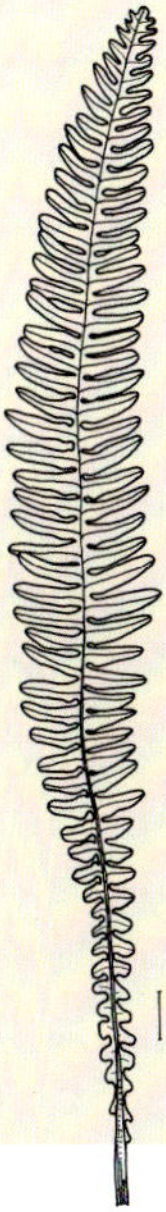

Abb. 442a

Abb. 442b

Abb. 442: ***Blechnum spicant*** **(Rippenfarn). a: steriles Blatt (Trophophyll); b: fertiles Blatt (Sporophyll).**

Kommentiertes Literaturverzeichnis

Ein Buch, mit dem eine Bestimmung der gesamten deutschen Flora mittels vegetativer Merkmale möglich wäre, existiert nicht. In EGGENBERG & MÖHL (2009) und POLAND & CLEMENT (2009) ist allerdings ein breites Spektrum der deutschen Flora abgedeckt. Im Folgenden sind einige Schriften aufgeführt, die hilfreiche Angaben zur vegetativen Bestimmung machen – sei es in Form von (Teil-)Schlüsseln, Abbildungen und/oder Artbeschreibungen.

Es werden nur Bücher angegeben, von denen angenommen werden kann, dass sie auch in irgendeiner Form zugänglich sind. „Bilderbücher“ mit farbigen Gesamtdarstellungen stellen zumeist nur eine Auswahl an Arten dar und betonen dabei naturgemäß die blühende Pflanze. Sie werden deshalb nur dann erwähnt, wenn sie sehr vollständig sind und/oder die Abbildungen auch wesentliche Details der vegetativen Teile erkennen lassen.

Von einigen der zitierten Werke erscheinen in kürzeren Zeitabständen neue Auflagen; es ist deshalb nicht immer die letzte verfügbare Auflage angeführt.

Zeitschriftenartikel sind nicht aufgenommen. Einige sind an den entsprechenden Stellen des Textes zitiert. Sonst wird auf BERGMEIER verwiesen.

BARTSCH, N. (1994): Waldgräser. – 2. Aufl. Alfeld. 254 S.

Enthält neben Poaceen auch Cyperaceen und Juncaceen. Die Fotos sind zur Bestimmung nur bedingt nützlich, das Buch enthält aber einige gute Zeichnungen. Bestimmungsschlüssel nach vegetativen Merkmalen nur für Poaceen.

BERGMEIER, E. (1994): Bestimmungshilfen zur Flora Deutschlands. – Eine kommentierte bibliographische Übersicht. – Floristische Rundbriefe, Beiheft 4, Göttingen. 420 S.

Enthält *keine* Bestimmungshilfen, sondern, wie der Untertitel besagt, „nur“ Literaturhinweise zu solchen – davon aber rund 1700. Mit Angaben, welcher Aspekt in der zitierten Stelle behandelt wird. Ein Standardwerk der floristischen Literatur.

BISCHOFF, G. W. (1857): Wörterbuch der beschreibenden Botanik oder Die Kunstausdrücke, welche zum Verstehen der phytographischen Schriften nothwendig sind. – 2. Aufl. Stuttgart. 231 S. Auch (1839) als „Anhang“ zu seinem Lehrbuch der Botanik (3 Bände in 6 Teilen, Stuttgart 1834–1840) erschienen

Kann immer noch als ein Standardwerk der beschreibenden Terminologie bezeichnet werden.

BOTANICAL SOCIETY OF THE BRITISH ISLES (Hrsg.): BSBI-Handbook 1 ff

Schriftenreihe, innerhalb der jeder Band eine Familie oder Gattung zum Thema hat und deren auf den Britischen Inseln vorkommende Vertreter ausführlich beschreibt. Meist mit sehr guten Abbildungen (auch von Details) und Bestimmungsschlüsseln. Auch für Deutschland empfehlenswert. – Bisher erschienen (z. T. neuere Nachdrucke vorhanden):

Bd.	Jahr	Autor(en)	Kurztitel
1	1982	Jeremy, A.C. & al.	Sedges [Seggen] *enthält auch einen Schlüssel nach vegetativen Merkmalen*
2	1980	Tutin, T.G.	Umbellifers [Apiaceae]
3	1981	Lousley J. E. & Kent, D. H.	Docks and Knotweeds [Polygonaceae]
4	1984	Meikle, R.D.	Willows and Poplars [Salicaceae] *Die Schlüssel arbeiten weitgehend mit vegetativen Merkmalen*
[5	1986	Moore, J.A.	Charophytes [Algengruppe]]
6	1991	Rich, T.C.G.	Crucifers [Brassicaceae]
7	1993	Graham, G.G. & Primavesi, A.L.	Roses [Rosa]
8	1995	Preston, C.D.	Pondweeds [Potamogeton] *Die Schlüssel arbeiten weitgehend mit vegetativen Merkmalen*
9	1997	Dudman, A.A.; & Richards, A.J.	Dandelions [Taraxacum-Kleinarten]
[10	2000	Nelson, E. Ch.	A handbook of exotic seeds and fruits ...]
11	2008	Lansdown, R.V.	Water-starworts (Callitriche) of Europe
12	2009	Murphy, R. J., (ed. T.C.G. Rich)	Fumitories [Fumaria]
13	2009	Cope, T. A. & Gray, A., illustrated by Tebbs, M.	Grasses [Poaceae]
14	2010	Rich, T.C.G., Houston, L., Robertson, A. & Proctor, M.C.F.	Sorbus

Caspar, S.J. & Krausch, H.-D. (1980/81): Pteridophyta und Anthophyta. Band 23 [Bestimmungsschlüssel, Pteridophyten und Monokotyle] und 24 [Bestimmungsschlüssel, Dikotyle, Register und Literatur] der „Süßwasserflora von Mitteleuropa“ (Eds.: H. Ettl, J. Gerloff & H. Heynig). – Stuttgart & New York. [zusammen] 942 S.

Flora mit sehr vielen (guten) Abbildungen (die allerdings den floralen Bereich betonen) und ausführlichen Beschreibungen der einzelnen Taxa. Bestimmungsschlüssel für deutsche Verhältnisse wegen des weiten Gültigkeitsbereiches naturgemäß nicht immer übersichtlich. Enthält auch amphibisch lebende Arten und viele Sumpfpflanzen.

Conert, H.-J. (2000): Pareys Gräserbuch. – Berlin. 592 S.

Umfassende Darstellung aller einheimischen und zahlreicher eingebürgerter Arten. Ausführliche Beschreibungen, hervorragende Abbildungen, vor allem auch von Details. Kein Schlüssel nach vegetativen Merkmalen.

EGGENBERG, S. & MÖHL, A. (2009) Flora Vegetativa. – 2. Aufl. Bern usw. 680 S.

Ermöglicht das Erkennen nach vegetativen Merkmalen aller Schweizer Pflanzen außer Gehölzen und Wasserpflanzen. Unterschiedliche Bestimmungswege; innerhalb größerer Familien führt oft ein einleitender ± dichotomer Schlüssel zu einer Artengruppe, innerhalb derer durch direkten Bildvergleich – zu jeder Art gibt es mehrere Abbildungen – oder durch eine Kombination weiterer Merkmale die Art ermittelt werden kann. Diese Merkmale sind tabellarisch zusammengefasst, oft durch halbschematischen Zeichnungen erläutert und insgesamt sehr übersichtlich. Die tabellarische Anordnung ermöglicht auch ein Bestimmen, wenn nicht alle abgefragten Merkmale bekannt sind. Insofern entsprechen die Tabellen funktionell einem *Multi-Access*-Schlüssel (vgl. 2.11). – Ein für Anfänger und Fortgeschrittene gleicherweise sehr empfehlenswertes Werk.

FISCHER, M.A., OSWALD, K. & ADLER, W. (2008): Exkursionsflora für Österreich, Liechtenstein und Südtirol. – 3. Aufl. Linz. 1392 S.

Auch für Deutschland zu empfehlende „Ergänzungsflora“ mit umfangreichen Einleitungskapiteln in die Morphologie und Biologie der Pflanze und technischen Hinweisen zum Bestimmen. Verwendung z. T. neuartiger Merkmale. Zahlreiche Abbildungen.

FITSCHEN, J. (Begründer)(2002): Gehölzflora. – 11. Aufl., bearbeitet von F.H. MEYER, U. HECKER, H. R. HÖSTER & F.G. SCHROEDER. – Wiebelsheim.

Berücksichtigt neben den einheimischen Gehölzen auch fast alle gepflanzten (Schlüssel daher für „Freilandbotaniker“ ziemlich lang). Ausführliche Einleitung, mehrere Sonderschlüssel (nach vegetativen Merkmalen, nach Früchten, nach Knospen). Zahlreiche sehr gute, leicht schematisierende Strichzeichnungen.

HECKER, U. (2003): Bäume und Sträucher mit Schnellbestimm-System. – 5. Aufl. München usw. 191 S.

Behandelt rund 130 einheimische Gehölze nach jeweils 3 Merkmalen (Blattstellung, -form, Blüte) zuzüglich Bildvergleich (sehr gute Farbfotos). Auch zahlreiche Abbildungen von Früchten, Knospen und Borken.

HECKER, U. (2006): BLV-Handbuch Bäume und Sträucher. – 4. Aufl. München usw. 478 S.

Ausführliche Schilderung aller wichtiger mitteleuropäischen Arten (bei Nadelhölzern auch der häufig angepflanzten) mit zahlreichen farbigen Abbildungen (Fotos und Zeichnungen); viele Detailbilder, auch zu Blatt, Frucht und Borke.

HECKER, U. (2008): Einheimische Laubgehölze nach Knospen und Zweigen bestimmen. – 2. Auflage. Wiebelsheim. 170 S.

Ermöglicht ein Bestimmen winterkahler Gehölze. Mit zahlreichen Zeichnungen und Fotos (auch von Borken).

HEGI, G. (Begründer)(1909 ff): Illustrierte Flora von Mitteleuropa (7 Bände in mehreren Teilbänden). – Unterschiedliche Auflagen, Erscheinungsjahre und Erscheinungsorte der einzelnen Bände.

Ist immer noch das Standardwerk über die mitteleuropäische Flora, aktuell sind jedoch nur die neu erschienenen Bände. Ausführliche Beschreibungen der Taxa unter Einschluss vegetativer Merkmale (die aber in Schlüsseln wenig genutzt werden). Abbildungen von unterschiedlicher Qualität. Für den privaten Nutzer unerschwinglich.

HESS, H.E., LANDOLDT, E. & HIRZEL, R. (1976-1980): Flora der Schweiz und angrenzender Gebiete (3 Bände). – 2. Aufl. Basel & Stuttgart. Zusammen ca. 2690 S.

Umfangreiche Flora mit ausführlichen Beschreibungen der Taxa (inkl. vegetativer Merkmale) und sehr guten Schwarz-Weiß-Abbildungen, die allerdings Details (wie Behaarung usw.) nicht immer wiedergeben. Für den „direkten Vergleich“ zweier möglicher Sippen sehr wertvoll.

HESS, H.E., LANDOLDT, E., HIRZEL, R. & BALTISBERGER, M. (2010): Bestimmungsschlüssel zur Flora der Schweiz und angrenzender Gebiete. – 6. Aufl. 693 S.

„Kurzausgabe“ des vorigen Titels, immer noch reich illustriert.

HICKEY, M. & KING, C. (2009): The Cambridge Illustrated Glossary of Botanical Terms. – 7. Auflage. Cambridge. 208 S.

Erläutert mithilfe von schematischen Zeichnungen botanische Fachausdrücke zur Beschreibung von Pflanzen (also z. B. zum Blattrand oder zum Indument). Aus den englischen Termini lassen sich unschwer die lateinischen Ausgangsbezeichnungen ableiten, deren Kenntnis zum Studium fremdsprachiger Floren unerlässlich ist (z. B. engl. *cuneate* ← lat. *cuneatus* → ital. *cuneato* für einen keilförmigen Spreitengrund; vgl. dazu auch Tab. 2 und 3).

KLAPP, E. & OPITZ VON BOBERFELD, W. (1988): Kräuterbestimmungsschlüssel für die häufigsten Grünland- und Rasenkräuter. – 4. Aufl. Stuttgart. Ca. 125 S.

Mit Bestimmungsschlüssel nach vegetativen Merkmalen. Gute Abbildungen.

KLAPP, E. & OPITZ VON BOBERFELD, W. (2006): Taschenbuch der Gräser. – 13. Aufl. Berlin & Hamburg. 264 S.

Mit Bestimmungsschlüsseln (auch nach vegetativen Merkmalen), guten Strichzeichnungen und zahlreichen Angaben zur Vergesellschaftung und praktischen Verwendung.

LAMBION, J. et al. (2004): Nouvelle Flore de la Belgique, du Grand-Duché de Luxembourg, du Nord de la France et des Régions voisines. – 5. Aufl. Meise. 1092 S.

Für dieser Flora gilt ähnliches wie für die von WEBER (1995). – Die ersten 3 Auflagen sind unter DE LANGHE, J.E. et al. erschienen.

LÜDER, R. (2008): Grundkurs Pflanzenbestimmung. – 4. Aufl. Wiebelsheim. 372 S.

Hat vor allem die blühende Pflanze zum Thema. Auch wegen der zahlreichen Abbildungen und guten Fotos als Einführung in die Familienmerkmale sehr gut geeignet, in den morphologischen Grundlagen nicht immer präzise. Der Bestimmungsschlüssel orientiert sich an SCHMEIL-FITSCHEN.

LÜDER, R. (2009): Grundkurs Gehölzbestimmung. – Wiebelsheim. 436 S.

Enthält mehrere Schlüssel nach verschiedenen Merkmalsgruppen sowie der einzelnen Familien. Zahlreiche größtenteils informative Fotos, Hinweise zum jeweiligen Lebensraum, aber auch themenfremde Randinformationen.

NEUMANN, A. (1981): Die mitteleuropäischen Salix-Arten. – Wien (Heft **134** der Mitteilungen der forstlichen Bundes-Versuchsanstalt Wien). 152 S.

Für jeden unentbehrlich, der sich intensiver mit Weiden befassen will. Umfangreiche Einleitung, zahlreiche (auch ungewohnte) Bestimmungsmerkmale, gute Abbildungen.

PETERSEN, A. (1973): Die Sauergräser. Schlüssel zu ihrer Bestimmung im blütenlosen Zustand. – Berlin. 84 S.

Artengarnitur nicht vollständig. Schlüssel mitunter schwierig nachzuvollziehen, aber ausführliche Artbeschreibungen. Keine Abbildungen zu den einzelnen Arten.

POLAND, J. & CLEMENT, E. (2009): The Vegetative Key to the British Flora. – Southampton. 526 S.

Im Prinzip „klassischer" Bestimmungsschlüssel (im Gegensatz zu EGGENBERG & MÖHL mit sonst ähnlicher Zielsetzung, vgl. dort) unter Verwendung zahlreicher sonst wenig bekannter Merkmale; schon aus diesem Grund auch für Mitteleuropa zu empfehlen. Ob diese Merkmale stets auch für unser Gebiet zutreffen, ist freilich nicht geprüft. Mäßig viele Zeichnungen und Fotos von unterschiedlicher Qualität und Aussagekraft. Eher für den Fortgeschrittenen. – Vgl. Kap. 2.11.

ROLOFF, A. & BÄRTELS, A. (2006) Flora der Gehölze. Bestimmung, Eigenschaften, Verwendung. – 2. Aufl. Stuttgart. 844 S

Neben den Schlüsseln – der Schlüssel für winterkahle Gehölze geht nur bis zur Gattung – insbesondere auch mit ausführlichen Artbeschreibungen. Berücksichtigung von Kultursorten.

ROTHMALER, W. (Begründer): Exkursionsflora. – München

Band 3: Atlas der Gefäßpflanzen (Hrsg. E.J. JÄGER). 11. Aufl. 2007. 753 S.

Sehr guter und vor allem – bezogen auf Deutschland – fast vollständiger Abbildungsband mit zahlreichen (leider oft stark verkleinerten) Habitus- und Detailzeichnungen (schwarz-weiß). Preiswertes und sehr zu empfehlendes Standardwerk.

Band 4: Kritischer Band (HRSG. E.J. JÄGER & K. WERNER). 10. Aufl. 2005. 980 S.

Schlüsselt „kritische Taxa" weitgehend auf, ist aber auch für den Anfänger geeignet. Angaben zu Biologie, Ökologie, Soziologie und Wuchsform. Vorbildliche Zusammenstellung von Fachbegriffen der Beschreibenden Botanik (Phytografie). Im Gegensatz zu SCHMEIL-FITSCHEN auf Deutschland beschränkt. „Traditionelle" Familienumgrenzung.

SCHMEIL, O. & FITSCHEN, J. (Begründer)(2011): Flora von Deutschland und angrenzender Länder. – 95. Aufl., bearb. von S. SEYBOLD. – Wiebelsheim. 863 S.

Wegen der umfangreichen Einleitungskapitel, den zahlreichen Detailbildern und den ausführlichen Hauptschlüsseln auch für den Anfänger gut geeignet. „Kritische Taxa" werden gelegentlich summarisch behandelt. Sonderschlüssel (Holzgewächse, Wasserpflanzen) teilweise nach vegetativen Merkmalen. Berücksichtigt auch die an Deutschland angrenzenden Länder bzw. Landesteile und ist insofern schon eine „Flora von Mitteleuropa". – Vgl. Kap. 2.11.

Anmerkung: Die Abbildungsvorlagen für die Kap. 2 und 3 sowie die Abgrenzung der Familien in Kap. 4 wurden noch der 94. Auflage (2009) entnommen, die Änderungen der 95. Auflage aber berücksichtigt.

SCHUBERT, R. & WAGNER, G. (2000): Botanisches Wörterbuch. – 12. Aufl. Stuttgart; UTB 1476. 734 S.

Umfassendes Nachschlagewerk; mit Worterklärungen, auch von Pflanzennamen

SEBALD, O., SEYBOLD, S. & PHILIPPI, G. (ab Band 5: zuzüglich WÖRZ, A.)(1990-1998): Die Farn- und Blütenpflanzen Baden-Württembergs (8 Bände). – Stuttgart.

Beispiel einer hervorragend ausgestatteten Landesflora mit ausführlichen Beschreibungen der Taxa und meist sehr guten Farbbildern, die häufig auch wichtige vegetative Details erkennen lassen.

VOLGER, E. (1994): Gräserbestimmung nach Photos. – 3. Aufl. Berlin. 107 S.

Das Buch behandelt im wesentlichen nur die vegetativen Organe von *Grünlandgräser*, und eine exakte Bestimmung wird auch nicht immer gelingen. Die zahlreichen Detailfotos – z. B. vom Spreitengrund – und eine tabellarische Zusammenstellung der Merkmale sind aber sehr brauchbar. – Die 3. Aufl. ist gegenüber der 2. von 1982 unverändert, die Nomenklatur damit zusammenhängend teilweise veraltert.

WAGENITZ, G. (2003): Wörterbuch der Botanik. – 2. Aufl. Hamburg. 552 S. (davon 189 S. Literaturverzeichnis)

Definitionen und Worterklärungen botanischer Termini (nicht von Pflanzennamen), mit reichhaltigen wissenschaftsgeschichtlichen Angaben

WEBER, H.E. (1995): Flora von Südwest-Niedersachsen und dem benachbarten Westfalen. – Osnabrück. 770 S.

Umfangreiche Regionalflora mit Bestimmungsschlüsseln, die z. T. neue Merkmale, insbesondere auch der vegetativen Region verwendet und insofern auch außerhalb des eigentlichen Geltungsbereichs nützlich sein kann. Etliche Abbildungen.

Noch ein paar Internet-Adressen zum Einstieg:

http://www.pflanzenbestimmung.de/

http://forum.pflanzenbestimmung.de/

http://www.offene-naturfuehrer.de/

http://www.baumkunde.de/

http://www.floraiberica.org/index.php

Diese vorbildliche Flora ist – soweit erschienen – über das Internet verfügbar. Über die hier zitierte Hauptseite kommt man zu den „familias" bzw. „géneros" (Gattungen). Sie enthält auch zahlreiche mitteleuropäische Taxa. Die Artbeschreibungen sind sehr ausführlich und – mit ein bisschen Übung – auch ohne Spanischkenntnisse verwendbar.

Aus folgenden Büchern, die für die vegetative Bestimmung weniger von Bedeutung sind und die deshalb im obigen Literaturverzeichnis nicht aufscheinen, sind ebenfalls Abbildungen entnommen:

KUTSCHERA, L. & LICHTENEGGER, E.: Wurzelatlas mitteleuropäischer Grünlandpflanzen Band **1** (1982) bzw. **2/1** (1992). – Stuttgart usw. – Vgl. auch 3.3.7.3

TROLL, W. (1937): Vergleichende Morphologie der höheren Pflanzen **I/1.** – Berlin (Nachdruck 1967)

TROLL, W. (1959): Allgemeine Botanik, 3. Aufl. – Stuttgart

Register

Das Register enthält sowohl Fachbegriffe als auch Pflanzennamen. Zu den Fachbegriffen wird normalerweise nur einmal verwiesen, wo diese erläutert bzw. behandelt werden. Die Pflanzennamen sind hier in der gleichen Weise angeführt, wie sie im Text erscheinen. Insbesondere bei den zumeist mit dem deutschen Namen bezeichneten Bäumen kann es deshalb sinnvoll sein, auch unter diesem Namen nachzuschauen. – Wird vom wissenschaftlichen Namen nur die Gattung genannt, bezieht sich die Seitenangabe auf den Textteil (Kap. 1–5), bei den vollständigen Artnamen handelt es sich um ein in Kapitel 6 abgebildetes oder zumindest erwähntes Taxon (ab S. 250).

A

H

M

N

X

Z